O LIVRO DE OURO DO

UNIVERSO

O LIVRO DE OURO DO

UNIVERSO

Mistérios da astronomia e da ciência

Ronaldo Rogério de Freitas Mourão

Rio de Janeiro, 2025

Rua da Quitanda, 86, sala 601A– Centro – 20091-005
Rio de Janeiro – RJ – Brasil
Tel.: (21) 3175-1030

GERENTE EDITORIAL
Raquel Cozer

Diretora editorial
Alice Mello

REVISÃO
Mônica Surrage

PESQUISA ICONOGRÁFICA
Mônica Souza
Cristiane Brito

DIAGRAMAÇÃO E PROJETO GRÁFICO
Filigrana

CAPA
Elmo Rosa

CIP-BRASIL. CATALOGAÇÃO NA FONTE
SINDICATO NACIONAL DOS EDITORES DE LIVROS, RJ.

M89L
2. ed.

Mourão, Ronaldo Rogério de Freitas 1935-2014
O livro de ouro do universo : revisto e atualizado / Ronaldo Rogério de Freitas Mourão. - 2. ed. - Rio de Janeiro : HarperCollins Brasil, 2019.

528 p. : il.

Inclui Glossário ISBN 9788595082328

1. Astronomia. I. Título.

16-30808

CDD: 520
CDU: 52

A Lulu Santos

Como uma onda

Lulu Santos – Nelson Motta

Nada do que foi será
De novo do jeito que já foi um dia
Tudo passa
Tudo sempre passará
A vida vem em ondas
Como um mar
Num indo e vindo infinito

Tudo que se vê não é
Igual ao que a gente viu há um segundo
Tudo muda o tempo todo no mundo
Não adianta fugir
Nem mentir pra si mesmo agora
Há tanta vida lá fora
Aqui dentro sempre
Como uma onda no mar!

TEMPO/ESPAÇO

Olha meu bem o céu
Vê quanta luz, quanta estrela
Quase todas mortas
Só não é chegado para nós o tempo que se apagarão
A gente tá na lanterna do tempo que virá

Lulu Santos

SUMÁRIO

INTRODUÇÃO

A vida humana está associada a fenômenos astronômicos e a ciclos naturais, como o ano e o dia, que permitiram a elaboração dos calendários civis e religiosos, nos quais as grandes festas universais, como a Páscoa, o Natal etc. constituem reminiscências astronômicas de grande importância histórica e econômica para a época em que foram instituídas. Muitas dessas tradições de origem pagã foram absorvidas pelas religiões atuais do mundo ocidental. A grande maioria dos foliões do nosso Carnaval, ao se divertirem, desconhecem que estão inconscientemente fazendo apelo a uma reminiscência astronômica de origem solar.

De fato, desde a mais remota Antiguidade, a importância dos astros foi enorme na vida econômica e social da humanidade. Como não possuíam um calendário preciso que lhes permitisse prever com segurança a ocorrência do início das estações e, portanto, a época da semeadura e colheita, os povos primitivos eram – em especial os camponeses – obrigados a observar o céu. Em função de determinadas estrelas apresentarem brilho muito intenso, sabiam com antecedência quando iria ocorrer a chegada da primavera, do verão, do outono e do inverno. Por outro lado, a observação astronômica, além de ser motivada pela sua principal atividade econômica – a agricultura – era estimulada também pela ausência de luz nos grandes centros da época, o que facilitava muito a observação dos astros. Com efeito, a feérica iluminação das grandes cidades modernas tem afastado o antigo hábito de observação do céu. Assim, ofuscados pelas luzes, não vemos os astros, que regem a nossa vida social em virtude de uma série de tradições de origem astronômica que foram estabelecidas pelas civilizações que nos antecederam.

O homem à procura do segredo do Universo (A Melencolia, Albrecht Dürer, séc. XVI)

MELENCOLIA I
16 3
5 10
9 6
4 15

ASTRONOMIA ATRAVÉS DOS TEMPOS

Astronomia é a mais antiga das ciências. Existem evidências de observações astronômicas entre os povos pré-históricos. Na verdade, ao estudar os sítios megalíticos, como o círculo de Stonehenge, na Inglaterra, e os alinhamentos de Carnac, na Bretanha, os astrônomos e arqueólogos chegaram à conclusão de que os alinhamentos e círculos de menires serviam de autênticos observatórios lunares e solares.

Ao aceitarmos os resultados dessas pesquisas, somos obrigados a concluir que os conhecimentos astronômicos dos homens do neolítico foram muito mais avançados do que até recentemente se supunha. Assim, os astrônomos ingleses Gerald Hawkins (1928-2003) e Fred Hoyle (1915-2001) veem, em Stonehenge, um enorme computador destinado à previsão de eclipses na Idade da Pedra.

ABAIXO:
A astronomia entre os astecas (Manuscrito mexicano, BN, Paris)

AO LADO:
O sistema do mundo na Renascença (séc. XV)

EN · TRINTA · AÑOS
EN · DOZE · ANNOS
EN · DOUS · ANNOS
EN · 365 · DIAS E SEIS ORAS
EN · 273 · DIAS E · 23 · ORAS
EN · 70 · DIAS E · 7 · ORAS
EN · 27 · DIAS E · 8 · ORAS
562375
277084 · 1/3
174324 · 9/10
91086 · 1/10
17532 · 1/3
13160 · 2/3
2369 · 1/7
FOGO
AR
LUNA
MERCURIO
VENUS
SOL
MARS
IUPITER
SATURNO
FIRMAMENTO

ARQUEOASTRONOMIA

Ciência que tem por objetivo estudar os conhecimentos astronômicos dos povos antigos, em especial daqueles do período pré-histórico. Na ausência de uma linguagem, o estudo se faz por intermédio dos monumentos deixados. De fato, os estudos dos sítios arqueológicos como Stonehenge, os grandes menires etc., têm permitido aos arqueoastrônomos concluir que os homens do período megalítico possuíam um notável e sofisticado conhecimento dos fenômenos astronômicos. A arqueoastronomia surgiu do estudo das ruínas dos monumentos pré-históricos, nos quais se observou a existência de alinhamentos com orientações de natureza astronômica. Desse modo, algumas dessas orientações indicavam a posição no céu de astros brilhantes, planetas, estrelas assim como as posições do nascer e do ocaso do Sol e da Lua nas épocas dos solstícios* e equinócios*. Como no início estudaram-se os megálitos* (mega = grande + litos = pedras), adotou-se a denominação de astronomia megalítica para designar esse setor da história da astronomia. No entanto, essa expressão de grande uso entre os franceses e ingleses, no início do século XX, foi na década de 1960 substituída por arqueoastronomia. Esta última designação passou a ter nas últimas duas décadas uma aceitação mais universal. De fato, astronomia megalítica refere-se em geral ao estudo dos sítios megalíticos franceses e ingleses; arqueoastronomia abrange uma extensão maior da cronologia pré-histórica e histórica.

A arqueoastronomia desenvolveu-se graças às pesquisas iniciadas em 1890 pelo astrônomo inglês Sir Norman Lockyer (1836–1920), que pode ser considerado como o moderno fundador desta ciência em virtude dos seus estudos dos monumentos egípcios e dos megalíticos ingleses. Ao contrário da astroarqueologia, a arqueoastronomia é uma ciência que abrange toda cultura e toda forma de indícios relativos à astronomia das civilizações em desenvolvimento. Na realidade, a arqueoastronomia inclui o estudo mais amplo e mais prático da astronomia e suas aplicações sociorreligiosas entre as civilizações antigas. Tal definição se encaixa na disciplina tradicionalmente denominada "história da astronomia". Arqueoastronomia é o estudo das práticas astronômicas, dos sistemas cosmológicos e dos folclores celestes dos antigos e dos povos pré-técnicos por intermédio do material ou saber astronômico legado sob as mais diversas formas; astronomia megalítica, arqueologia astronômica, astronomia arqueológica.

ACIMA:

Sistema do mundo com os signos do zodíaco

NO ALTO:

El Castillo – observatório astronômico maia

ESFERA CELESTE, MOVIMENTO DIURNO E CONSTELAÇÕES

Esta é a primeira viagem que faremos juntos. Uma viagem maravilhosa, diferente, por mundos quase desconhecidos. Por isso, prepare-se. Deixe de lado as preocupações. Esqueça-se da Terra e procure imaginar o mais lindo céu...

"Céu, tão grande é o Céu, e o bando de nuvens que passam ligeiras, aonde elas vão, ah eu não sei, não sei..."

Tomara que você tenha imaginado um céu límpido, sem nuvens, apesar da noite; com um brilhante luar e muitas estrelas piscando o tempo todo.

Pois vamos começar nosso passeio pelo céu, conversando sobre estrelas.

Podemos afirmar que existem mais de seis mil estrelas visíveis a olho nu, isto é, sem o auxílio de aparelhos especiais. É claro que ninguém irá contá-las, uma a uma, para constatar este número. Primeiro, porque do nosso hemisfério não podemos ver todas elas. Segundo, porque o seu número real é incontável.

Observando o céu, numa noite estrelada, você poderá notar que nem todas as estrelas possuem o mesmo brilho ou a mesma coloração. Algumas são avermelhadas... Outras, azuis, quase brancas. E outras, ainda, alaranjadas... Isso sem falar no brilho, que varia muito, de estrela para estrela. Essa variedade de brilho das estrelas pode ser facilmente explicada: elas não estão localizadas à mesma distância da Terra, pelo contrário: situam-se a distâncias as mais diversas...

A visão do céu na Idade Média

No entanto, não é essa a impressão que temos, ao observar o céu. Na verdade, parece que as estrelas estão todas numa mesma superfície redonda que nos envolve completamente. Aliás, os astrônomos representam esta superfície como um enorme globo.

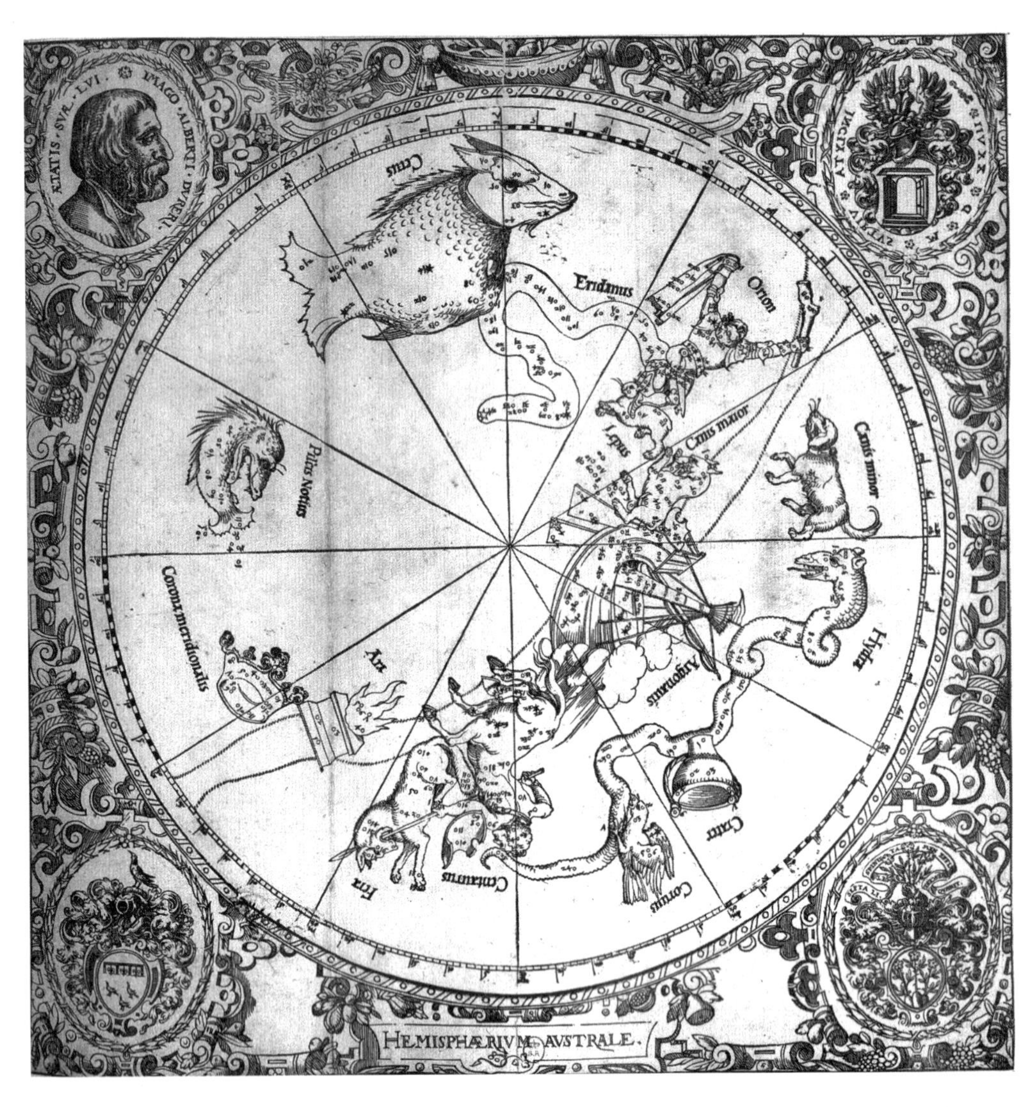

Planisfério do céu austral, antes da descoberta do Cruzeiro do Sul (Albrecht Dürer, séc. XVI)

O poeta Manuel Bandeira, no poema "Canção das Lágrimas de Pierrô", em que fala das proezas do Pierrô e da Colombina, nos dá a ideia da imensidão e da altura dessa esfera de estrelas:

Ele que estava de rastro,
Pula, e tão alto se eleva,
Como se fosse na treva
Romper a esfera dos astros...

A impressão de que as estrelas estão situadas à mesma distância, numa superfície redonda, levou os antigos estudiosos do assunto a denominar de *esfera celeste* a imensa abóbada na qual elas se localizam. Esta ideia, apesar de falsa, é bastante cômoda. Afinal, o estudo da Astronomia fica mais fácil se posicionarmos as estrelas numa imensa esfera.

Mas nem sempre o caminho mais fácil é o verdadeiro. Assim, os astrônomos logo perceberam que a abóbada celeste não era uma enorme esfera de cristal onde o Criador tivesse colocado luzes de diferentes brilhos. A esfera celeste, essa abóbada que o povo denomina céu, é uma criação da nossa mente. Os poetas bem o sabem. Manuel Bandeira, por exemplo, escreveu:

A criança olha
Para o Céu azul.
Levanta a mãozinha,
Quer tocar o Céu.

Não sente a criança
Que o Céu é ilusão
Crê que o não alcança
Quando o tem na mão,

A realidade é bem diferente: as estrelas estão situadas a distâncias diversas, formando desenhos que variam também em dimensão e forma.

Dissemos que as estrelas formam desenhos no céu. De fato... se você observar com atenção uma noite estrelada, poderá notar que algumas estrelas, agrupadas, parecem formar diferentes figuras.

Decerto você já ouviu falar no Cruzeiro do Sul, na Ursa Maior... ou, ainda, na Ursa Menor...

Assim, as pessoas começaram a designar os grupos de estrelas pelos nomes das figuras que elas pareciam formar. E foi essa facilidade em associar as estrelas entre si que levou os antigos astrônomos a classificá-las em grupos. Estes grupos são as *constelações,* que, num total superior a 88, dividem o céu em regiões.

As classificações das estrelas em constelações foram feitas pelos povos primitivos que viviam na Mesopotâmia. Ao que parece, eles tinham a imaginação muito fértil, pois associavam-nas a seres mitológicos ou animais que supunham viver no céu. Um bom exemplo disso é a constelação de Escorpião quase semelhante, na forma, ao animal a que está associado. Podemos observar as duas garras do Escorpião do lado oeste. Já a cauda é constituída por um conjunto encurvado de sete estrelas menos brilhantes. A estrela mais brilhante da constelação de Escorpião é Antares, uma estrela vermelha, próxima ao zênite, ou seja, ao ponto mais elevado que podemos observar, exatamente acima de nossas cabeças.

Se você mora em Belém do Pará, poderá ver Antares um pouco mais ao sul do zênite. Mas se está no Rio Grande do Sul, observa um pouco mais ao norte do zênite. Lá estará Antares, linda como sempre.

O nome pelo qual cada constelação é conhecida pode variar de acordo com a região. Nas ilhas do Pacífico Sul, por exemplo, a constelação de Escorpião é chamada de Palmeira. Os habitantes dessas ilhas sempre que a veem comparam-na a uma única palmeira formada de estrelas.

Agora uma curiosidade sobre a Constelação de Escorpião. A mitologia grega conta que o escorpião foi o animal escolhido pela divina caçadora Diana para matar o caçador Órion, que estava intervindo em suas atividades. Mas o escorpião, por mais que tentasse, jamais conseguiu aferroar Órion. O caçador sempre lograva escapar.

Quando as estrelas da constelação de Escorpião estão aparecendo de um lado do céu, as da constelação de Órion justamente desaparecem do outro lado do horizonte. É que elas estão muito distantes, situadas em lados opostos do horizonte. E assim, tanto na lenda quanto no céu, o escorpião jamais conseguiu alcançar Órion.

Se você tivesse observado o céu, desde o instante em que começou a ler este livro, teria notado que algumas estrelas mudaram de lugar. E se continuasse nesta observação durante toda a noite, veria que as estrelas nascem do lado leste do horizonte e se deslocam paralelamente em direção ao lado oeste, onde desaparecem. Este movimento aparente é produzido pela rotação da Terra em torno do seu eixo. Como se processa durante 24 horas, aproximadamente, chama-se *movimento diurno.* Observe e constate: o movimento diurno dá a impressão de que toda a esfera celeste, inclusive as estrelas, estão se deslocando, *continuamente.*

Nas regiões do Sul, próximas ao Cruzeiro do Sul, vamos notar que as estrelas parecem girar em redor de um ponto, o *polo celeste.* Polo celeste é o ponto no qual o eixo de rotação da Terra penetra na esfera celeste.

Se você estiver no Norte do Brasil, terá maior dificuldade em localizar este ponto, pois ele está muito próximo ao horizonte sul. Já o leitor do Rio Grande do Sul poderá ver o polo celeste bem alto, em relação ao horizonte.

Nas regiões próximas à linha do Equador, todas as estrelas nascem e se põem quatro minutos mais cedo, a cada dia que passa. Ao final de 365 dias, esse adiantamento dará um total de exatamente 24 horas. Por isso, se você observar o céu todas as noites, sempre à mesma hora, notará que o seu aspecto irá se modificando. Algumas estrelas e constelações deixam de ser visíveis, enquanto outras vão surgindo no horizonte do lado leste. E se voltar a observar o céu daqui a três meses, verá que tal modificação será bem mais sensível. Ao término de seis meses, você poderá verificar que todas as constelações visíveis serão diferentes, pois você estará vendo o outro lado do céu estrelado que era invisível em virtude da luz solar.

Carta celeste de Petrus Apianus, 1540

AS CONSTELAÇÕES E O CARNAVAL

Noções como infinito, universo e espaço foram transpostas para o Carnaval por intermédio das obras literárias de dois dos maiores escritores brasileiros – o paulista Mário de Andrade e o poeta mineiro Carlos Drummond de Andrade. De fato, em 1975, o mais cantado enredo que alcançou grande êxito foi "Macunaíma", da Escola de Samba Portela, de autoria de David Corrêa e Norival Reis:

"Vou-me embora, vou-me embora
Eu aqui volto mais não
Vou morar no infinito
E virar constelação."

numa referência a Macunaíma, personagem que acabou sob a forma de uma estrela.

Em 1980, um poema do livro *Claro enigma*, de Carlos Drummond de Andrade, dá origem a um dos mais belos enredos dos anos 1980, "Sonho de um sonho", da Escola Unidos de Vila Isabel, de Martinho da Vila, Rodolfo e Graúna:

"Sonho meu
eu sonhava que sonhava
sonhei
que era um rei que reinava
como um ser comum
era um por milhares
milhares por um
como livres raios
riscando os espaços
transando o universo...

Além da Lua, corpo celeste que mais atraiu a atenção dos músicos, dois outros eventos astronômicos provocaram grande impacto na sociedade no século XX, desencadeando uma ação entusiástica dos carnavalescos: a aparição do cometa Halley, em 1910, e a exploração da Lua, nos anos 1960.

Fenômenos astronômicos nas mentes primitivas

Para os povos primitivos, os fenômenos astronômicos, como o desaparecimento temporário, total ou parcial da Lua e do Sol, eram interpretados como uma luta divina do astro da luz contra o monstro das trevas.

Muitas pessoas acreditavam que a Lua estava sendo atacada pelos maus espíritos ou por enorme monstro em forma de dragão. E, para libertar a Lua, o povo organizava uma série de rituais barulhentos para afugentar ou mesmo matar o dragão que queria destruí-la. Acreditem ou não, isso aconteceu na capital do Pará, em 23 de agosto de 1887. Durante um eclipse da Lua, o povo saiu às ruas em enorme algazarra, disposto a assustar o monstro com o ruído de latas velhas, foguetes e até tiros de revólver e espingarda...

Mas este costume não é exclusivo do folclore brasileiro; era encontrado em todas as culturas primitivas: na China, na Índia, na África e nas Américas do Norte e do Sul. Mesmo no século XVII, na França, ainda observava-se tal ocorrência. Basta lembrar a lenda mundialmente difundida de São Jorge na Lua em luta constante com o dragão.

Essas festividades eram tão importantes que quase todas as civilizações primitivas tinham seus sacerdotes-astrônomos, encarregados de prever os eclipses com grande antecedência. Só que, para conseguir prevê-los, os astrônomos eram obrigados a observar todos os fenômenos celestes e registrá-los, a fim de determinar de quanto em quanto tempo ocorriam.

Foi dessa maneira que, dois mil anos atrás, o sacerdote e astrônomo babilônico Berosus empregou o vocábulo Saros para designar um grande intervalo de tempo. Mais tarde, os caldeus utilizaram-no para nomear o período de 18 anos e 11 dias durante o qual os eclipses

se repetiriam. Uma estimativa muito importante, mas arriscada também: naquela época, era perigoso falhar nas previsões, porque os eclipses do Sol provocavam terror nas pessoas.

Na Antiguidade, as pessoas achavam que se o Sol deixasse de brilhar a vida terminaria no nosso planeta. Quando ocorria um eclipse, dizia-se que o Sol tinha se perdido, que estava doente...

Para os incas, um eclipse total do Sol significava que ele tinha se incendiado. E para os chineses, era o Dragão que o havia devorado.

Para evitar a total destruição do Sol ou da Lua, esses povos organizavam danças selvagens acompanhadas de grande algazarra, e com isso esperavam espantar o monstro devorador de estrelas.

Durante séculos, os eclipses foram considerados prenúncios de crimes políticos ou crises sociais e econômicas. Assim, os astrônomos eram muito bem recebidos nas cortes, pois poderiam anunciar os eclipses com grande antecedência.

Mas ai deles se falhassem! Houve até um caso em que dois sacerdotes-astrônomos chineses foram condenados à morte por não terem previsto um eclipse.

De fato, era hábito, na velha China, preparar com antecedência uma série de rituais que consistiam em atirar setas e bater tambores com o propósito de liberar o Sol do dragão que tentava devorá-lo durante os eclipses. Ora, considerando a importância dos eclipses na organização e disciplina do seu governo, resolveu Chung Wang, quarto imperador da dinastia dos Hsai, condenar à morte os astrônomos Hsi e Ho pelo fato de não terem previsto o eclipse do Sol* de 22 de outubro de 2137 a.C., responsabilizando-os pela azáfama que se registrou.

A previsão dos eclipses não é uma conquista da Astronomia moderna. Há muito que os astrônomos conhecem a periodicidade destes fenômenos, e podem prevê-los com grande antecedência.

No século XVIII, o explorador espanhol Dom G. Juan descreve o comportamento dos peruanos durante o eclipse. Os cantos, as danças, os tambores e o uivar dos cachorros que apanhavam tinham por objetivo provocar a fuga do animal maléfico que eles acreditavam estar devorando o Sol.

A luz zodiacal no Japão (Guillemin, séc. XIX)

Estas previsões são de grande utilidade para os astrônomos e estudiosos em geral. E curiosamente serviram, também, ao navegante

Cristóvão Colombo, descobridor da América, na determinação da longitude, além de terem-lhe permitido sair de situação complicada com os silvícolas das Antilhas.

Conta-se que Cristóvão Colombo teve certas dificuldades em obter com os indígenas alimentos e água, extremamente necessários para a sua viagem de volta. Informado pelos livros de um grande astrônomo judeu, Abraham ben Samuel Zacuto (1450-1522), que um eclipse lunar iria ocorrer exatamente naquela noite, Colombo ameaçou:

– *Ou vocês me fornecem o que desejo, ou apago a luz da Lua!*

Podemos imaginar o fim da história... Logo que o eclipse* começou, os indígenas, apavorados, apressaram-se a atender ao que Colombo pedira...

Ficou célebre na História a previsão feita, em 1774, pelo abade jesuíta italiano Ruggiero Giuseppe Boscovich (1711-1787). Ele previu que não haveria eclipse* durante o reinado de Luís XVI da França. Isso era quase uma garantia de um governo tranquilo, e o abade, em recompensa, foi nomeado diretor do Laboratório de Óptica da Marinha Francesa em Paris (1774-1783). Mal sabia ele que a Revolução Francesa estava a caminho e que no seu decorrer, 19 anos mais tarde, o rei Luís XVI seria condenado à morte.

A partir de então, começou o descrédito de tais previsões, e os astrônomos de ocasião foram perdendo prestígio.

Ao fazer a análise estrutural dos mitos dos povos, o etnólogo francês Claude Lévi-Strauss associou o charivari da tradição europeia à assuada que as sociedades primitivas realizavam durante os eclipses do Sol e da Lua. O charivari é o costume de provocar arruaça por ocasião de casamentos que violem os modelos aceitos como normais por uma sociedade.

Com efeito, tal associação é realmente válida, pois, se o charivari caracteriza as uniões condenáveis, o eclipse* é também uma conjunção* perigosa entre um monstro devorador e um corpo celeste que lhe serve de presa. Assim, se no caso do eclipse* a balbúrdia tem por finalidade colocar em fuga o monstro cosmológico que devora o Sol ou a Lua, no outro, ela tem por fim afastar o monstro sociológico que devora a inocente presa.

Pelo estudo de outras mitologias primitivas, constata-se a existência de uma equivalência universal entre a oposição dos sexos e aquela do céu e da Terra. Considerando-se que o céu possui uma conotação feminina e a Terra uma conotação masculina, obtém-se a equação estruturalista: céu: Terra: sexo x: sexo y.

Tal análise conduz a relacionar dois diferentes contextos: a ordem social (charivari) e a ordem cósmica (eclipse).

NA PÁGINA ANTERIOR: *Eclipse anular do Sol, no Novo México, em 10 de maio de 1910*

ABAIXO: *Esta ilustração sugere o complexo jogo que o Sol e a Lua descrevem periodicamente no firmamento* (Maravilhas da Natureza *de Conrad Lycosthenes, séc. XVI*)

ASTROS ATRAVÉS DOS TEMPOS

Onde estamos? Eis uma questão que surgiu com o próprio homem. De fato, uma das primeiras preocupações do homem foi saber sua posição no Universo. É uma motivação semelhante à que leva o indivíduo a procurar se situar sucessivamente em sua rua, bairro, cidade, estado, país etc. Tal interesse surgiu pela própria contemplação do céu, que se alternava em dias e noites.

A sucessão de dias e noites possibilitou ao homem solucionar um outro problema: o da medida do tempo. Quantos dias se passaram desde que ocorreu determinado fenômeno, como, por exemplo, o início do reinado de um governante? Quanto tempo falta para o próximo período de chuvas e de seca?

Se o dia facilitou a marcação de um período de 24 horas, por sinais em rochas ou nós em cordas como faziam os incas, o ciclo das fases da Lua (crescente, cheia, minguante e depois a Lua nova invisível) induziu os homens a adotarem intervalos de tempo mais longos, de sete dias: as semanas.

A sucessão dos períodos de chuvas e de seca, determinando os períodos de semeadura e colheita, levou o homem primitivo a adotar intervalos de tempo mais longos. Daí surgiu a ideia das estações.

Foi observando o deslocar das estrelas que o homem primitivo teve ideia de associar o aspecto noturno do céu às variações meteorológicas. Assim, diferentes conjuntos de estrelas no céu passaram a significar sinais de uma nova estação climática.

Quadrante mural de Tycho-Brahe, Astronomiae instauratae mechanica *(1598)*

Para memorizar os diferentes aspectos do céu, o homem ajuntou as estrelas em agrupamentos aparentes de estrelas, as constelações, designando-as com os nomes dos personagens e ani-

EFFIGIES TYCHONIS BRAHE O.F.
ÆDIFICII ET INSTRUMENTORUM
ASTRONOMICORUM STRUCTORIS
Aº DOMINI 1587 ÆTATIS SUÆ 40

mais de sua mitologia. Para melhor facilitar a retenção destas constelações na memória, era conveniente associá-las entre si a uma história de cunho popular.

Uma história com a de Órion e Escorpião, cujo relato já fizemos, e o aspecto simbólico de cada constelação permitiram uma melhor memorização verbal das ideias sobre a sucessão dos anos, e das semanas, bem como das mudanças climáticas decorrentes das estações ao longo do ano.

A tradição oral transmitiu, ao longo dos tempos históricos até os dias atuais, não só a ideia de um céu constelado, mas também todo um conjunto de lendas. Em consequência deste pro-

ORION
Ela caput magniq: humeris sic balteus ardet
Sic uagina ensis pernici sic pede fulget.

ACIMA:
Os sistemas do mundo na balança de Copérnico (à direita) e Tycho-Brahe (à esquerda) segundo o Almagestum novum astronomian *(1651) de Giovanni Riccioli*

À ESQUERDA:
Representações da constelação de Órion, segundo Aratus (à direita) e Hyginus (à esquerda)

cesso verbal, uma série de superstições foi sendo adicionada a estas lendas, com o objetivo de explicar tudo aquilo que não se conseguia compreender racionalmente.

Como não encontrava uma explicação, o homem primitivo recorria às lendas e a seus deuses, que tudo explicavam, e por isto deviam adorar as entidades sobrenaturais que pareciam possuir um grande poder sobre os fenômenos naturais. Assim, os astros passaram a ser idolatrados como deuses. A Lua, deusa da noite, o Sol, senhor do dia etc. Daí surgiu a astrolatria, que conduziria mais tarde à astrologia* – um avanço maior em relação à mera ação contemplativa da adoração, pois era uma atividade que envolvia, além da adoração, uma vaga noção de previsão.

A astrologia, que visava inicialmente a prever as estações do ano para fins agrícolas, associava a cada constelação* qualidades e poderes. Deste modo, a constelação de Aquário, o aquadeiro, estava ligada à figura do homem que entornava a água, ou seja, à chuva, com a qual vinha a época da enchente

Em 1588, Tycho-Brahe propôs um sistema intermediário entre o de Ptolomeu e o de Copérnico. Andreas Cellarius, Atlas Coelistis *(1708)*

do rio Nilo; no Egito, as terras ao longo do rio se tornavam mais férteis. Por este motivo, o aparecimento de Aquário no céu acabou associado à fertilidade, a uma época de abundância.

Verifica-se que a astrolatria era uma etapa própria dos povos primitivos nômades, tribos sem morada fixa, que mudavam seu local de residência, segundo as estações, as caças e as colheitas. Logo que o homem primitivo começou a dominar a agricultura, estes povos usaram seus conhecimentos das estrelas para planejar os períodos de semeadura e prever os de colheitas. Destas associações entre os períodos favoráveis à agricul-

ACIMA:
A influência de Dürer aparece na carta do céu em dois hemisférios de Hadji Khalifa, Geographia *(1732)*

ABAIXO:
Constelação dos Gêmeos e de Touro em Gallucci no Theatrum Mundi *(1588)*

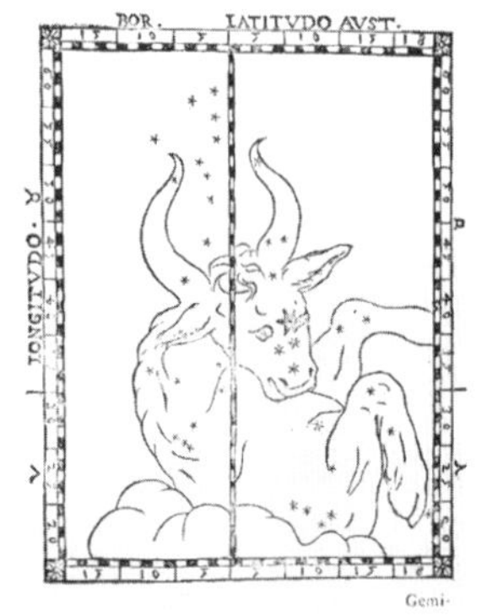

tura e os astros surgiu a astrologia. A partir dessa ideia, verifica-se que os povos que adotaram a astrologia se encontravam numa etapa mais avançada em relação aos que preferiram a astrolatria.

O conhecimento do movimento do céu deu ao homem primitivo a ideia do poder: conhecendo os momentos do nascimento ou do pôr do sol e das estrelas, era possível prever as condições de semeadura e colheita, e desse modo influenciar economicamente a vida e o bem-estar dos componentes de sua tribo.

Seriam os megalitos de Stonehenge uma máquina de prever eclipses construída há três mil anos?

Surgiram os sacerdotes – homens cultos com conhecimentos empíricos da observação do céu e da natureza – que, para manter o poder, evocavam os deuses da velha astrolatria associada à astrologia. Serviam-se dos seus conhecimentos do movimento dos astros para amedrontar e dominar. Aos mais inteligentes da tribo, que poderiam ameaçar o seu poder, eles se associavam para incutir as suas ideias e, inconscientemente, iniciá-los no sacerdócio e no poder.

Assim surgiu a astronomia megalítica. O astrônomo da Pré-História distribuía os menires em alinhamentos ou círculos que serviam como marcos indicadores, referências dos mais importantes pontos do horizonte, como, por exemplo, as posições do nascer e ocaso do Sol, da Lua e das estrelas mais brilhantes, no decorrer do ano. Com estes monumentos de pedras, instituíram-se os primeiros observatórios lunares e solares. O mais célebre deles, o de Stonehenge, Inglaterra, foi estudado de início pelo astrônomo inglês Joseph Norman Lockyer (1836-1920), fundador da arqueoastronomia. Mais tarde, Fred Hoyle e Gerald Hawkins concluíram que este conjunto megalítico devia, na realidade, constituir um enorme computador destinado à previsão dos eclipses na Idade da Pedra.

ACTI
CVS
MERCVRI
MARS.
ANTAR
VENVS
SATVR.
IOVE
AFRICA

Na América pré-colombiana, os povos mais evoluídos possuíam seus observatórios, alguns muito sofisticados. Além da observação dos astros junto ao horizonte, efetuavam suas observações também no zênite*. Todas estas atividades astronômicas estiveram associadas à religião e ao poder das tribos e dos povoados.

Considerados como os fundadores da astronomia, os babilônios, na Mesopotâmia, começaram a observar os astros por motivos místicos, a fim de melhor fundamentarem suas profecias. Como uma precisão maior em suas previsões astrológicas exigia um conhecimento melhor dos movimentos dos astros, dentre eles da Lua, do Sol e dos planetas, começaram a acumular registros aos quais aplicaram pela primeira vez seus conhecimentos matemáticos. Este foi o maior avanço da história da ciência na Mesopotâmia. Os conhecimentos astronômicos na Mesopotâmia incluem, além do movimento da Lua, do Sol e dos planetas, a ideia de que existiam estrelas que, pelo seu movimento lento, imperceptível na época, foram denominadas estrelas fixas. Os 64 agrupamentos dessas estrelas, ou constelações, incluíam as constelações zodiacais, situadas ao longo da eclíptica*, trajetória aparente que o Sol descrevia no céu ao longo de um ano. Essas constelações de importância astrológica auxiliaram na descrição dos fenômenos astronômicos quando ainda não existia um sistema de coordenadas*. Os mesopotâmios foram os primeiros astrônomos a elaborar tabelas das fases da Lua. Além desses conjuntos, conheciam os planetas Mercúrio, Vênus, Marte, Júpiter e Saturno.

Um outro grande povo que, apesar de usar os astros para fins astrológicos, deixou uma enorme contribuição à astronomia foi o chinês. Os melhores registros dos fenômenos astronômicos foram elaborados por estes povos do Oriente. Até hoje, suas observações efetuadas com objetivos astrológicos são utilizadas pelos astrônomos nos estudos de determinados fenômenos, como registros de cometas, novas e supernovas*.

Na China, esses astrônomos-sacerdotes eram encarregados de vigiar o céu e anunciar ao imperador todos os fenômenos que observavam: meteoros, cometas e estrelas. Uma destas observações registrou um fenômeno excepcional:

"Durante o primeiro ano da era Chich-ho, uma estrela apareceu no céu, a algumas polegadas da estrela Tien Kuan. Depois de mais de ano, esta estrela deixou de ser visível."

O cosmógrafo e seus instrumentos, em Fra Mauro de Florença, Sphera Volgare, *Veneza, 1537*

A data registrada pelo astrônomo chinês, de acordo com o nosso calendário, era a de 4 de julho de 1054. A nova estrela, um objeto próximo à estrela Zeta, da constelação de Touro, apesar de ter sido vista pelos povos ocidentais, não foi registrada como um fenômeno real, pois o filósofo grego Aristóteles (384-322 a.C.) considerava o céu como imutável, além da esfera lunar. Esta misteriosa estrela desapareceu, e os homens se esque-

ceram de sua existência. Os séculos foram passando... Até que, no século XVIII, o astrônomo francês Charles Messier (1730-1817), em Paris, registrou em seus catálogos uma pequena nuvem junto à estrela Zeta de Touro. Um século mais tarde, o astrônomo inglês Lord Ross (1800-1867), com um possante telescópio, reobservou a nuvem de Messier, denominada Nebulosa de Caranguejo, em virtude de sua forma.

Um padre, um astrônomo com um astrolábio e um calculador estabelecem o calendário litúrgico do ano, na Idade Média

No século XX, com os modernos processos de pesquisa astronômica, os astrônomos determinaram a velocidade da expansão dos gases nos bordos desta nebulosa e concluíram, pela taxa de expansão, que se tratava do resto de uma estrela que explodiu há 800 ou 900 anos, como os chineses haviam descoberto. Os sacerdotes chineses, como não sofriam a autocensura da ideia aristotélica de um céu imutável, deixaram sua contribuição – hoje tão valiosa. Apesar de procurarem sinais divinos, os sacerdotes-astrônomos chineses, com um espírito desprovido de preconceitos, foram melhores observadores que os europeus na Idade Média.

Na Europa, os grandes pensadores viviam das ideias aristotélicas; o que o mestre havia escrito era irrefutável. O modelo de Universo aceito era o do astrônomo grego Cláudio Ptolomeu (c. 90-168 d.C.), segundo o qual a Terra ocupava o centro do cosmo*. Os movimentos dos astros se faziam em órbitas circulares, pois o círculo era de todas as formas a mais perfeita e, portanto, a mais divina delas.

As velhas ideias do filósofo grego Aristarco de Samos (c. 310-230 a.C.), que viveu na Grécia, no século II a.C., ensinando que o Sol era o centro do Universo, foram abandonadas e esquecidas. Elas colocavam o homem, ser máximo da criação divina, numa posição de segundo plano. Como esta ideia estava deslocada do seu tempo, as gerações que se sucederam não lhe deram importância, esquecendo-a.

Foram precisos longos 15 séculos para que as ideias desenvolvidas na Grécia, onde surgiu o primeiro conceito de cosmo*, e o método científico de investigação fossem retomados no Renascimento, no século XVI, quando a doutrina rígida de Aristóteles começou a ser substituída por um processo de pensamento mais amplo e menos doutrinário, como o dos seguidores dos filósofos gregos Pitágoras (582-497 a.C.) e Platão (427-347 a.C.). De fato, o conceito platônico consistia num ajustamento progressivo do nosso mundo interior de ideias e formas de pensar com o mundo exterior dos fenômenos. Com efeito, foram os gregos que, afastando as ideias místicas, adotaram uma linguagem útil e extremamente consistente, que tornou possível, de modo gradativo, a compreensão dos fenômenos cósmicos.

No século XV, o novo espírito científico conduziu a uma redescoberta dos autores gregos. Foi deles que o astrônomo polonês Nicolau Copérnico (1473-1543) serviu-se para iniciar as séries de ideias que deram origem a sua obra sobre as *Revoluções dos corpos celestes*, em 1543.

Apesar de existir, na época, uma tendência para refutar a doutrina aristotélica, Copérnico, em toda a sua vida, não se afastou da ideia da perfeição do movimento circular, recusou-se mesmo a supor a existência de outra forma de movimento. Até mesmo os grandes revolucionários foram dominados pelas ideias que se tornaram dogmas com o tempo.

Foi preciso que aparecesse o astrônomo e astrólogo alemão Johannes Kepler (1571-1630) para que as leis do movimento dos planetas fossem conhecidas. Fundamentando-se nas observações do planeta Marte, ultraprecisas para a época, do astrônomo dinamarquês Tycho-Brahe (1546-1601), Kepler decifrou o então complexo movimento dos planetas, demonstrando a sua natureza elíptica.

A contribuição de Tycho-Brahe foi enorme na destruição do ponto de vista aristotélico, segundo o qual havia uma matéria celeste e outra sublunar. Assim, as leis da física terrestre, de natureza sublunar, não poderiam ser aplicadas aos corpos celestes situados além da Lua. Ao provar que os cometas de 1577 e a supernova de 1572 eram fenômenos celestes, que ocorriam no mundo supralunar, Tycho-Brahe provocou uma das maiores revoluções nos conhecimentos astronômicos.

Na mesma época, o astrônomo italiano Galileu Galilei (1564-1642), ao dirigir seu telescópio, construído em 1609, para o céu, descobriu que a Via-Láctea era formada de estrelas, o Sol estava

Atlas passando a esfera celeste para os ombros de Hércules, numa gravura de Claude Mellan

coberto de manchas e o planeta Júpiter, com seus satélites, constituía um minissistema planetário. Com Galileu, toda uma ciência dogmática teve um fim – surgiu uma nova astronomia experimental, que iria abalar não só os homens de ciência, mas também a própria teologia, que procurou dogmatizar a ciência.

TYCHO-BRAHE

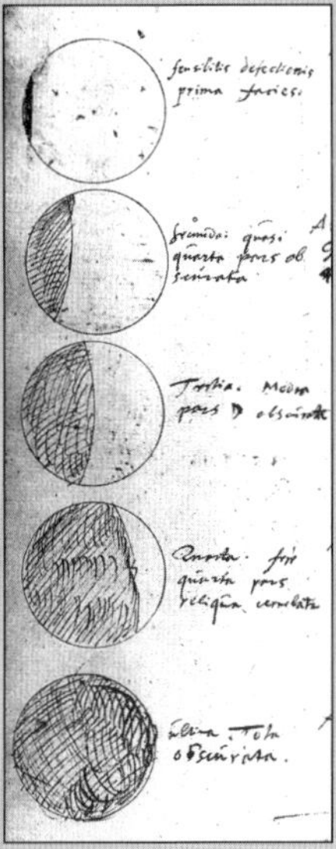

Astrônomo dinamarquês nascido em 14 de dezembro de 1546, em Knudstemp (Schonen) e falecido em 24 de outubro de 1601, em Praga. De origem nobre, muito cedo manifestou gosto pelo estudo da astronomia. A oposição de sua família fez com que se ocupasse dos astros em segredo. Sua primeira e mais importante observação foi a de uma estrela nova em novembro de 1572, na constelação de Cassiopeia, exposta no livro *De Stella Nova* (1576). Em 1576, Frederico II, rei da Dinamarca, construiu o observatório de Uraniburgo, na ilha de Hveen (Suécia), onde Tycho-Brahe observou durante vinte anos. Foi quem primeiro corrigiu suas observações de refração e redigiu um catálogo de estrelas. A observação do cometa de 1577 lhe permitiu supor que os cometas descrevem uma curva regular ao redor do Sol e estão muito além da esfera sublunar. Tal conclusão, assim como a observação da estrela nova de 1572, colocou em dúvida as ideias aristotélicas do Universo perfeito e imutável acima da esfera lunar. Após o falecimento de Frederico II, em 1597, o ódio e a inveja fizeram com que Tycho-Brahe fosse impedido de usar seus instrumentos.
A perseguição foi a tal ponto insuportável que Tycho foi obrigado a deixar sua pátria, homiziando-se em Praga, para onde o imperador Rodolfo II o chamara. Estabeleceu um sistema do mundo, um misto entre o sistema geocêntrico de Ptolomeu e o heliocêntrico de Copérnico. Pelo sistema de Tycho-Brahe, a Terra está imóvel no centro do Universo, com o Sol e a Lua girando à sua volta. Ao redor do Sol orbitariam Mercúrio, Vênus, Marte, Júpiter e Saturno. Em 1601, Kepler entrou para a equipe de Brahe, começando nessa época a elaboração das *Tabulae rudolphinae* (1627). As observações do movimento do planeta Marte (dez oposições) efetuadas por Brahe permitiram o estabelecimento das três leis de Kepler, que reformularam toda a astronomia.

Observação do eclipse do Sol de 1595, segundo desenho de Tycho-Brahe em seu caderno (Biblioteca Real de Copenhague)

ASTROLOGIA

Conhecimento do movimento dos astros e de suas causas com o objetivo de prever por seu intermédio os efeitos futuros. Até o século XVI não é fácil separar os estudos astronômicos dos astrológicos. As observações astronômicas conduziam aos prognósticos dos tempos (astrologia natural) e dos destinos (astrologia judiciária). No início, a necessidade de estabelecer estes prognósticos e de utilizar os astros para navegação estimulou o interesse em realizar observações cada vez mais precisas.

Em consequência, a astronomia passou a ser uma parte ativa da astrologia e da navegação astronômica. Assim, por meio de instrumentos especiais, determinavam-se as posições dos astros, com as quais se aperfeiçoavam as teorias que permitiam a confecção das tábuas astronômicas que, posteriormente, seriam usadas quer na elaboração dos horóscopos, quer na navegação astronômica. Foi através da obra *Introductorium in astronomiam* (1489), versão latina impressa em Augsburgo, por Erhard Ratdolt, e reimpressa em Veneza, em 1506, de autoria do árabe Alkumasar (776–885), que os povos latinos se iniciaram na astrologia judiciária. Na verdade, houve uma versão latina manuscrita deste livro, feita em 1140 por Hermann Segundo. A astronomia com sentido de astrologia não provém da Idade Média. É bem anterior. Os sistemas primitivos eram simultaneamente astronômicos e astrológicos. O sistema ptolomaico está intimamente associado à astrologia, como muito bem se pode depreender através do tratado astrológico *Tetrabíblion*, atribuído a Ptolomeu.

O desenvolvimento da astrologia na Grécia começa depois da expedição de Alexandre à Ásia, quando os gregos entraram em contato com os caldeus, mestres nestas ciências, que lhes apresentaram um fenômeno até então desconhecido dos gregos — as marés. Para se oporem aos que duvidavam do princípio aristotélico, segundo o qual todas as mudanças na Terra eram regidas pelos astros, como admitiam os caldeus, os defensores da astrologia lembravam o fenômeno das grandes marés do Índico, como elemento de confirmação. Entre os romanos, a associação entre as duas artes surge no belo poema astrológico de Marcus Manilius, que recebeu o nome de *Astronomicas*. Em Portugal, o poeta Gil Vicente (c. 1470–1536) utilizou-se dos recursos do seu gênio literário para aniquilar a astrologia e os astrólogos, em seus *Autos*, particularmente na *Farsa dos físicos*. Depois de Gil Vicente, não apareceram em Portugal escritos que apresentassem a astrologia de maneira radiosa, como ocorrera antes.

Esta é a razão pela qual o sistema de Ptolomeu aparece em *Os Lusíadas* com grande rigor astronômico. Isto não significa que, ao longo de *Os Lusíadas*, apareçam alguns vestígios de sua prática, que, durante séculos, marcou a própria linguagem. No século XVI, as expressões correntes como *seu planeta* (III, 19), *sua estrela* (III, 65), *grande estrela* (I, 33) e *benigna estrela* (VI, 47) eram usadas com conotação astrológica. Assim, ao falar de D. Afonso Henriques, Camões faz referência à sua estrela: "sendo ajudado mais de sua estrela desbarata um exército potente" (*Lus.*, III, 65). Como a astrologia integrou-se à medicina, era comum associar-se o domínio dos planetas e signos às diferentes regiões do corpo humano. Observa-se a posição da Lua e dos outros planetas nos signos do zodíaco* para determinar os dias críticos das doenças, com o objetivo de melhor saber as épocas que se devia sangrar, purgar, operar ou mesmo tomar um remédio. As variadas influências dos signos e das estrelas aparecem nestes versos de *Os Lusíadas*:

Se os antigos filósofos, que andaram
tantas terras, por ver segredos delas,
as maravilhas que eu passei, passaram
a tão diversos ventos dando as velas,
que grandes escrituras que deixaram
que influição de signos e de estrelas,
que estranhezas, que grandes qualidades
e tudo sem mentir, puras verdades.

Camões, *Os Lusíadas*, V, 23

Astrólogo diante do Observatório de Paris, segundo Bonnart, Habit d'astrologue *(séc. XVII)*

Origem socioeconômica das festas sazonais

Todas as festas – manifestações e regozijo do povo para comemorar um evento de origem histórica e/ou mística –, além de estarem associadas a uma origem religiosa, exprimem, também, o ritmo das estações, sob a conotação da morte e ressurreição de um deus – a natureza. Com efeito, todas as festas profanas (para as religiões que surgiram mais tarde), que seriam posteriormente adotadas pelo cristianismo, associaram os dias melancólicos e tristes do outono – das folhas caídas – ao culto dos mortos, no início de novembro e, no momento em que a natureza desperta na primavera, depois de longo dormitar invernal, ao culto da ressurreição.

Estas festas, muito importantes para as sociedades agrícolas primitivas, tinham como finalidade, em todos os tempos e em todas as tribos, reunir as populações do campo e, mais tarde, das cidades, com o objetivo de obter uma unidade dos camponeses e dos habitantes dos núcleos civilizatórios. Assim, rompia-se a monotonia dos trabalhos, às vezes de escravos, e conseguia-se estabelecer intervalos de descanso, de alegria e até mesmo de orgia, como ocorre até hoje durante o Carnaval. Um momento de desligamento da dura realidade de um mundo em que tudo dependia do esforço muscular do homem, pois a ciência e a tecnologia ainda não haviam criado as condições da vida moderna, quando a máquina facilita as tarefas e aumenta os momentos de lazer que cada vez mais absorvem a atenção do indivíduo.

Esta ruptura com o cotidiano, além de provocar uma inversão dos hábitos diários, conduzia com frequência a uma ultrapassagem das normas de vida; em consequência, surgiam excessos e mesmo ocasiões de orgia. Para isso contribuíam as bebidas fermen-

Cerimônia dos druidas em Stonehenge, quando os sacerdotes celtas convocavam os povos a visitarem este lugar sagrado nas datas associadas aos fenômenos celestes

tadas – conhecidas desde as épocas mais remotas pelos povos que se liberavam dos condicionamentos sociais. Durante essas festas, a refeição farta, as trocas de presentes, os cortejos, os desfiles, as músicas, as danças e as máscaras davam maior solidez aos diferentes grupos sociais que interagiam e se integravam a esse regozijo mútuo.

Ao lado desse substrato exclusivamente social, existia um fundamento astronômico: em todos os grupos tribais e em todas as religiões, as festas, fossem elas solsticiais ou equinociais, tinham como meta sacramentar o tempo e delimitar o calendário civil e religioso desses povos.

Assim, a mais profana das festas – o Carnaval (do latim *carnevale*), que significa adeus à carne –, é de origem profundamente religiosa. No passado, o Carnaval constituía uma preparação quase indispensável à longa penitência da Quaresma.

Para afastar os fiéis das festas pagãs que ocorriam nos solstícios* e nos equinócios*, a Igreja cristianizou-as, transportando-as para a Páscoa, São João (24 de junho), São Miguel (29 de setembro) e o São Nicolau (25 de dezembro).

Este foi o motivo pelo qual o nascimento de Cristo foi fixado em 25 de dezembro, no século IV, com o objetivo de redirecionar os fiéis das festas pagãs que se comemoravam durante o solstício do inverno. Esta festa, anterior ao aparecimento do cristianismo, era celebrada em homenagem a Mitra, que contava com um grande número de devotos, no Império Romano, em especial depois de Constantino. De fato, Mitra,

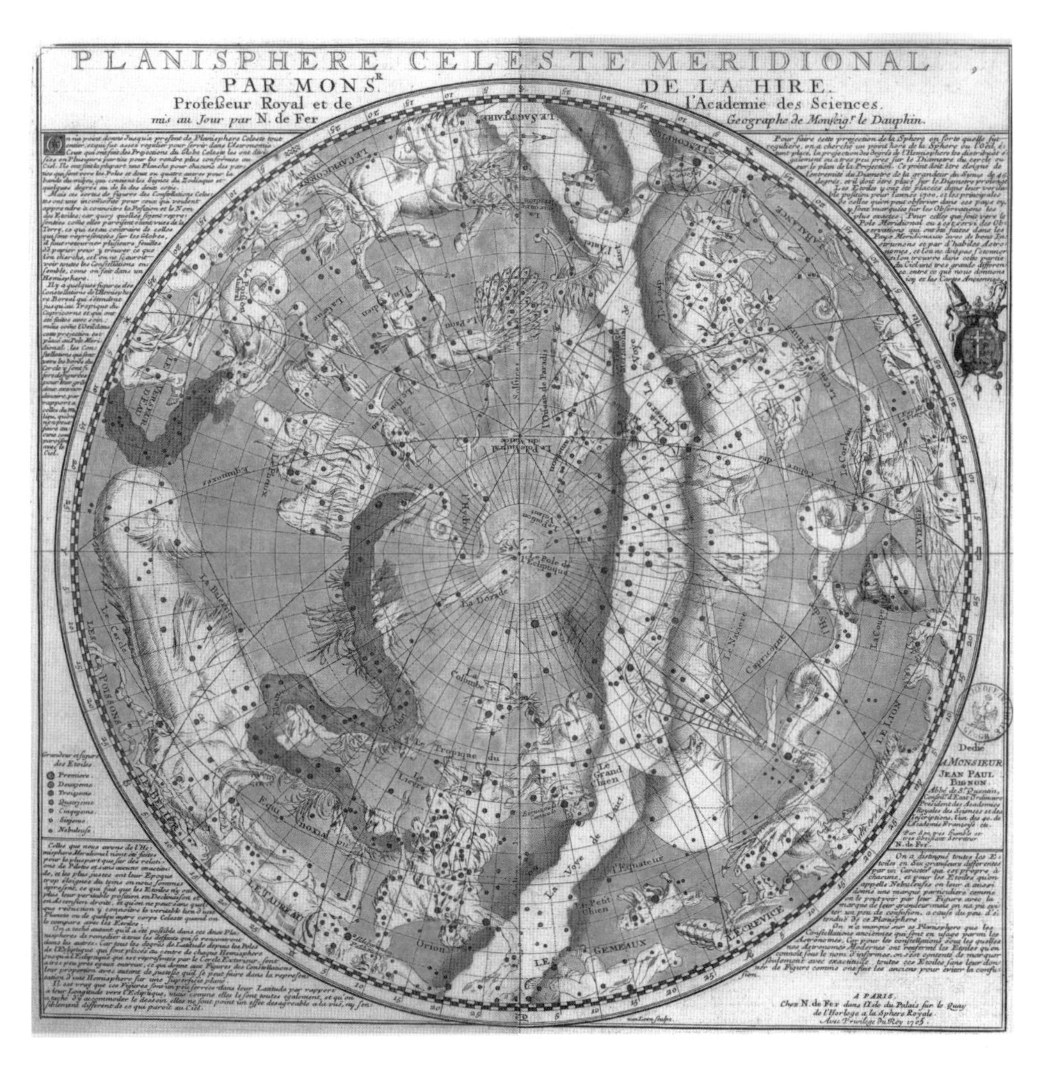

Planisfério celeste de Philippe de la Hire (1705)

divindade persa, primitivamente um dos gêmeos do masdeísmo, religião iraniana organizada por Zoroastro, estava associado ao Sol. Mais tarde, se tornaria o *Sol Invictus*, ou seja, o Sol invencível.

Aliás, o Natal, fixado em 25 de dezembro, nada mais é do que a comemoração de *Natalis Invicti* (Nascimento do Sol Invencível), celebrada pelos adeptos da deusa Mitra, comemorada em Roma durante as saturnais que duravam de 21 a 31 de dezembro.

A evidência destas datas relacionadas aos fenômenos sazonais do equinócio* e solstício* está registrada nos ditos populares para o Hemisfério Norte, como:

"São Luís (21 de junho) é o *mais longo dia do ano*;

Em São Tomás (21 de dezembro), *os dias são mais curtos*;
Em São Matias (21 de setembro), *os dias são iguais às noites em seu curso.*"

Estes ditos populares são, sem dúvida, posteriores a 1582, quando a reforma gregoriana corrigiu o calendário juliano em 11 dias. Por outro lado, os ditos que se seguem estão relacionados aos equinócios e aos solstícios no calendário juliano:

"O dia mais longo de verão"
É o que festeja Barnabé (11 junho)

Santa Lúcia (13 dezembro)
"O mais curto dos dias
A mais longa das noites"

Com efeito, o dia de São Barnabé caía no solstício de verão, e o de Santa Lúcia, no solsitício* de inverno no Hemisfério Norte, quando esses ditos populares foram elaborados, provavelmente no século XIV. Por outro lado, o anterior deve ter sido criado no século XVI, assim como este muito conhecido:

"No dia de São João (24 junho)
Os dias são maiores";

"Páscoa de São Miguel (29 setembro)
Dividem o ano pela metade";

"Natal (25 dezembro) e São João (24 junho)
Dividiam o ano"

Um outro dito popular, indubitavelmente de origem pagã, pois sugere uma relação fantasiosa sobre a previsão do tempo para fins agrícolas, é o seguinte:

"Branco Natal, verde Páscoa
Verde Natal, branca Páscoa"

como se houvesse uma relação entre o clima que iria ocorrer no solstício* do inverno com o do equinócio* da primavera.

Carnaval, a festa cósmica das danças

Desde as mais remotas eras, os diferentes povos estabeleceram algumas festas de grande alegria. Assim, encontram-se entre os egípcios as festas de Ísis e do touro Ápis; as bacanais entre os gregos; as lupercais e as saturnais entre os romanos. Todas envolviam festins, danças e disfarces. Embora seja muito difícil caracterizar a origem verdadeira do Carnaval, parece que os nossos atuais festejos estão intimamente associados às duas últimas festas romanas.

Logo após o início do Ano-Novo, os romanos, nas calendas de janeiro, comemoravam as saturnais, festas instituídas por Janus em memória do deus Saturno que, segundo a lenda, teria transmitido a arte da agricultura aos italianos. Durante as saturnais, as distinções sociais não eram levadas em consideração. Os escravos ocupavam os lugares dos seus patrões, que os serviam à mesa. Nesse período não funcionavam os tribunais e as escolas. Os julgamentos eram suspensos e os condenados não podiam ser executados. Interrompia-se toda e qualquer hostilidade. Os escravos percorriam as ruas cantando e se divertindo na maior desordem. As casas eram lavadas e purificadas. As pessoas de um certo nível social preferiam se retirar para o campo, durante as saturnais, o que permitia ao povo celebrar com maior alegria esse período de liberdade.

Numa sequência lógica aos excessos libertários, os romanos procediam à sua purificação pelas comemorações das lupercais, festas celebradas em 15 de fevereiro, em homenagem ao deus Pã, matador da loba que aleitara os irmãos Rômulo e Remo, fundadores de Roma, segundo a lenda.

Nesses festejos celebrava-se o princípio da fecundidade. Durante as comemorações das lupercais, untados em sangue de cabra e lavados com leite, os lupercos nus, com uma pele de um bode aos ombros, saíam pelas ruas batendo nos pedestres com uma correia de couro. As mulheres grávidas saíam às ruas e se ofereciam às correadas na esperança de escaparem às dores do parto. Por outro lado, as mulheres com desejo de ter um filho também procuravam ser atingidas pelos golpes das correias dos lupercos, na esperança de virem a engravidar.

Como todos esses festejos, que consistiam essencialmente em mascaradas, disfarces e danças, já estivessem de tal modo implantados nos costumes quando do aparecimento do cristianismo, a Igreja só teve uma saída: adotou-os e ao mesmo tempo procurou santificá-los.

De fato, o Carnaval parece ter tido origem nessas antiquíssimas comemorações pagãs, em geral de grande alegria e liberalidade, que eram celebradas durante a passagem do ano e/ou com objetivos de anunciar a próxima chegada da primavera. Com efeito, Carnaval era o tempo de regozijo, que ia desde a Epifania até a Quarta-Feira de Cinzas. Com o tempo essa festa acabou limitada aos últimos dias que antecediam o início da Quaresma, período de quarenta dias que vai da Quarta-Feira de Cinzas até o domingo de Páscoa, e durante os quais os católicos e ortodoxos fazem sua penitência.

O período carnavalesco oscilou e ainda oscila segundo as tradições de cada país. Assim, parece que ele se iniciou primitivamente na Idade Média, em 25 de dezembro, incluindo a festa de Natal, o dia de Ano-Novo e a Epifania (6 de janeiro). Mais tarde, passou a ser comemorado desde o dia de Reis até um dia antes das Cinzas. Em alguns lugares da Espanha, sua comemoração incluiu também a Quarta-Feira de Cinzas. Em alguns países só se comemora na terça-feira, ao passo que no Brasil é festejado no sábado, no domingo, na segunda e na terça-feira.

Na Bahia, comemora-se o Carnaval também na quinta-feira da terceira semana da Quaresma. Trata-se da *micareta*, festa popular carnavalesca que tem sua origem na *Mi-carême*.

Esses festejos de janeiro e fevereiro, ligados às antigas cerimônias pagãs de abertura do ano, foram associados, como já demonstraram os peritos em folclore, às festas cristãs. Não eram simples rituais desprovidos de significação mais profunda, como se poderia supor inicialmente. Na verdade, as festas populares cíclicas dos países cristãos, que serviam para abrir o ano e anunciar a vinda da primavera, estão intimamente associadas ao fenômeno astronômico do solstício de inverno, no Hemisfério Norte, de onde surgiram todas estas práticas. As igrejas católicas e ortodoxas herdaram tais festas ou rituais do mundo pagão, que, por seu lado, as teria recebido do Oriente. Assim, na realidade, todos os festejos cíclicos, como o próprio Carnaval, estariam associados às regiões que apresentam as mesmas mudanças meteorológicas. Ao contrário, em virtude da inversão das estações entre os hemisférios, as festas do Carnaval, comemoradas durante o inverno no Hemisfério Norte, são celebradas, no Hemisfério Sul, em pleno verão.

ECLIPSE DA PAIXÃO DE CRISTO

Embora o astrônomo inglês Roberdeau Buchanan, em *The Mathematical Theory of Eclipses* (1904), tenha utilizado a sua experiência como calculador de eclipses do *Nautical Almanac* durante 23 anos para afirmar que o escurecimento na Crucificação de Cristo não foi causado por um eclipse total do Sol, a questão tem sido periodicamente discutida no meio astronômico e religioso, como ocorreu, em dezembro de 1973, na revista científica *Nature*. Para Buchanan a hipótese do eclipse do Sol foi um argumento usado "por alguns ateus e outros que negam o escurecimento miraculoso da crucificação". A afirmativa de Buchanan de que um eclipse do Sol* não pode ter sido a causa deste escurecimento está totalmente correta. De fato, os meses judeus são lunares, e começavam sempre com a Lua nova. Ora, a Crucificação ocorreu em 14 Nisã, ou seja, 14 dias depois da Lua nova, quando já era Lua cheia. Por outro lado, sabemos que o sacrifício de Cristo se deu durante a *Passaver*, que, pela tradição judaica, ocorre sempre na Lua cheia. Assim, como os eclipses do Sol só acontecem na Lua nova, o escurecimento da Crucificação não poderia ter sido causado por um *eclipse do Sol*.

Buchanan esqueceu que nesse período é possível a ocorrência dos eclipses da Lua, que só podem ocorrer justamente na Lua cheia. Como sugeriram os cientistas ingleses Colin J. Humphreys e W.G. Waddington, do Departamento de Ciência dos Materiais e Metalurgia da Universidade de Oxford, no artigo da *Nature*. A ideia de um eclipse lunar tem a seu favor as referências na Bíblia de que a Lua se apresentou coberta de sangue. No Novo Testamento, segundo o relato de Pilatos: "O Sol escureceu; as estrelas apareceram e todo mundo

*Segundo a Bíblia, um eclipse teria ocorrido em Jerusalém no dia da Crucificação de Cristo (*Elevação da Cruz *de Cornelius de Vos, séc. XVII)*

INRI

Eclipse parcial ao pôr do sol

acendeu as suas lanternas das seis horas até o crepúsculo, quando a Lua pareceu como da cor de sangue." A causa pela qual uma Lua eclipsada é vermelha como o sangue é muito conhecida. Assim, quando a Lua se encontra no interior do cone de sombra da Terra, a luz solar que nos alcança já refratada pela atmosfera terrestre é avermelhada por ter atravessado uma trajetória muito longa das camadas gasosas da atmosfera onde a dispersão preferencialmente propaga os raios azuis deixando passar os vermelhos.

Na realidade, os eclipses estiveram sempre envoltos numa atmosfera tipicamente mística capaz de lançar maior mistério, valorizar os acontecimentos históricos e endeusar os governantes.

Antes de uma análise do que pode ter ocorrido no dia da morte de Cristo, seria conveniente uma consulta aos diversos relatos da época.

"Desde a hora sexta até a hora nona se difundiram trevas sob toda a Terra...", relata São Mateus (27:45-52) em seu evangelho. Tal ideia de um escurecimento no dia da Crucificação de Cristo está registrada nos Evangelhos de São Marcos (15:33-38) e São Lucas (23:44-46). Este último relata: "Era então quase a hora sexta, e toda a Terra ficou coberta de trevas até a hora nona. Escureceu-se também o Sol; e rasgou-se pelo meio o véu do templo..." Para alguns autores, esta afirmativa de que o Sol teria

Eclipse total da Lua (Guillemin, Le ciel, *séc. XIX)*

escurecido sugere a ocorrência de um eclipse do Sol. Os defensores da ideia do eclipse solar citam os relatos de Joel (2:30-31): "E darei a ver prodígios no Céu e na Terra. Prodígio de sangue e de fogo e de vapor e de fumo. O Sol converter-se-á em trevas e a Lua em sangue, antes que venha o grande e terrível dia do Senhor." Do ponto de vista astronômico, o único fenômeno que permitiria ao Sol desaparecer durante o dia seria um eclipse solar total. Por outro lado, a ideia de uma Lua com a cor de sangue supõe a ocorrência de um eclipse da Lua, quando o disco da Lua, pode, às vezes, aparecer tão avermelhado como se estivesse ensanguentado, para usar a imagem da Bíblia. Para confirmar esta ideia de dois eclipses, um do Sol e outro da Lua, existe o relato dos Atos dos Apóstolos (2, 20): "O Sol se converterá em trevas e a Lua em sangue até que venha o grande dia do Senhor."

Todas as passagens dos Evangelhos permitem diversas interpretações, sem que o enigma do escurecimento seja definitivamente solucionado. Convém, no entanto, antes de analisar as soluções possíveis, descrever o sistema de contagem das horas na época.

Na Palestina, não há evidência de que o dia fosse dividido em horas. Existem indícios de que tal divisão já era conhecida nos fins do século VIII a.C. O dia e a noite eram divididos, respectivamente, em 12 partes iguais. Todavia, como não se dispunha de um meio para marcar as 12 horas do dia, adotava-se em geral a divisão do dia em quatro partes, denominadas pela hora inicial de cada uma. Assim, prima (das 6 às 9 horas); hora terceira (das 9 às 12 horas); hora sexta (das 12 às 15 horas) e hora nona ou noa (das 15 às 18 horas). Do mesmo modo, a noite era dividida em quatro partes, denominadas vigílias: a primeira vigília começava às 18 horas; a segunda às 21 horas; a terceira à meia-noite; e a quarta às 3 horas da madrugada.

Após essa explicação sobre o uso das horas entre os antigos, poderemos compreender que o escurecimento ocorrido na Sexta-Feira Santa, desde a hora sexta até a hora nona, corresponde de fato ao período que vai das 12 às 18 horas, ou seja, do meio-dia até as seis horas da tarde.

Em todos esses relatos, subsiste uma impossibilidade: a duração do escurecimento. Por outro lado, convém lembrar que, dos quatros relatos do Evangelho, o mais seguro e talvez fiel, o de São João, testemunha ocular da Crucificação, não se refere às trevas.

Durante toda a vida ativa de Jesus, compreendida provavelmente entre 29 e 33 d.C., ocorreu um só eclipse total do Sol* que durou da sexta à nona hora, como aliás acontece a cada duzentos anos numa mesma região. Trata-se do eclipse* de 24 de novembro do ano 29 do calendário juliano. Tal fenômeno impressionou muito fortemente os seus assistentes, provocando terror, como todos os eclipses na Antiguidade. Assim o descreve o sábio bizantino Fócio (c. 820 - c. 895), no século IX: "Foi um grande eclipse do Sol*, como não se havia visto nos anos precedentes: as trevas foram tão espessas à sexta hora que foi possível ver as estrelas."

Além desse eclipse solar, foram visíveis no período de 26 a 33 d.C. oito eclipses da Lua em Jerusalém.

ECLIPSES LUNARES EM JERUSALÉM NO PERÍODO DE 26 A 33 D.C.

Data (TU)	Dia da semana	Magnitude do eclipse	Máximo do eclipse
16 ago. 26	sexta-feira	0,51%	22h17min
31 dez. 27	quarta-feira	0,70%	22h39min
14 jun. 29	quinta-feira	1,47%	19h59min
9 dez. 29	sexta-feira	0,44%	19h59min
25 abr. 31	quarta-feira	0,37%	20h24min
19 out. 31	sexta-feira	0,24%	3h21min
3 abr. 33	sexta-feira	0,59%	15h06min
27 set. 33	domingo	0,85%	3h48min

O eclipse da Lua no dia da Crucificação – 3 de abril de 33 – começou às 15h06, quando a Lua ainda se encontrava abaixo do horizonte em Jerusalém. O meio do eclipse, quando o disco lunar estava 59% eclipsado, ainda era invisível no Calvário. A Lua rosada nasceu com 20% do seu disco eclipsado às 16h12. Mais tarde, 34 minutos depois, o eclipse terminou, às 16h46.

Na realidade, a coloração dos eclipses da Lua varia com as condições atmosféricas. Parece que os eclipses, mesmo parciais, quando ocorrem muito baixo no horizonte, provocam um avermelhamento muito sensível. A ocorrência desse eclipse deve ter provocado na população de Israel uma associação com os anteriores sinais celestes de sacrifício do Senhor, como está relatado nos Atos.

Este talvez tenha sido o eclipse que os historiadores associaram ao eclipse da Lua em 3 de abril de 33. De fato, no dia da Paixão, em consequencia desse eclipse, a Lua nasceu oculta no Monte das Oliveiras.

Seria bom lembrar que os antigos gregos e romanos, como todos os povos da Antiguidade, possuíam um gosto todo especial por essa espécie de coincidência elaborada *a posteriori*. Inumeráveis são os casos desse tipo de coincidência para valorizar os eventos históricos com fenômenos, ou, como diziam, sinais celestes, como os eclipses, os cometas, os meteoros e estrelas novas etc.

Tudo parece sugerir que as trevas que marcavam a morte de Cristo, no relato evangélico, sejam a justaposição de dois eventos diferentes (os eclipses totais do Sol, de 24 de novembro, e da Lua, de 14 de julho de 29 d.C.), posteriormente confundidos em um único. Assim, o eclipse da Lua de 3 de abril de 33 d.C. provocou uma associação involuntária e inconsciente com o grande eclipse solar de 24 de novembro de 29 e o eclipse total da Lua de 14 de junho de 29, o que em parte justificaria o erro tão comum entre os antigos historiadores.

Talvez o relato mais preciso se obtenha em Atos dos Apóstolos (2, 20), no qual há a seguinte narrativa: "o Sol se converterá em trevas e a Lua em sangue até que venha o grande dia do Senhor", numa clara referência aos eclipses anteriores.

Esta explicação racionalista não impede, aliás favorece, os que pela sua fé acreditam numa *treva milagrosa*, uma vez que os milagres estão acima das argumentações de ordem científica.

Os parisienses durante o eclipse parcial do Sol de 28 de julho de 1851

PÁSCOA, A FESTA DA RESSURREIÇÃO

A comemoração da Ressurreição de Cristo, na Páscoa, é o ponto de partida de todas as festas do calendário eclesiástico.

Ela foi a primeira festa celebrada pelos antigos cristãos, que a comemoravam num domingo. Desde então, esse dia da semana passou a ser observado como uma lembrança do mistério da Páscoa. Na verdade, a Páscoa está associada à paixão de Cristo: a última Ceia aconteceu em uma quinta-feira e a Crucificação, em uma sexta-feira.

Como a Ressurreição ocorreu próximo do equinócio* da primavera e durante a Lua cheia, os calendaristas resolveram que a Páscoa devia ser celebrada quando ocorressem esses dois fenômenos astronômicos. Desse modo, as principais festas religiosas passaram a ser regidas pelo movimento lunar e, consequentemente, deixaram de corresponder em cada ano à mesma data; elas se tornaram, portanto, móveis.

A Páscoa significa o fim da Quaresma, que já no início do século IV constituía um período de quarenta dias. Todo o ciclo das festas móveis dependia, desde o princípio do Cristianismo, da comemoração dominical da Ressurreição de Cristo. Com o passar dos séculos, tal dependência adquiriu um desenvolvimento maior. A ascensão ocupa um lugar na liturgia desde o tempo de Eusébio, no século II. A Trindade e *Corpus Christi* são festas posteriores, assim como a festa da Coroação de Jesus, que também é do ciclo pascoal.

A subida ao céu. Após as esferas celestes, a natureza do céu muda: de cosmológico torna-se espiritual. (Tratado do destino das almas, séc. XII)

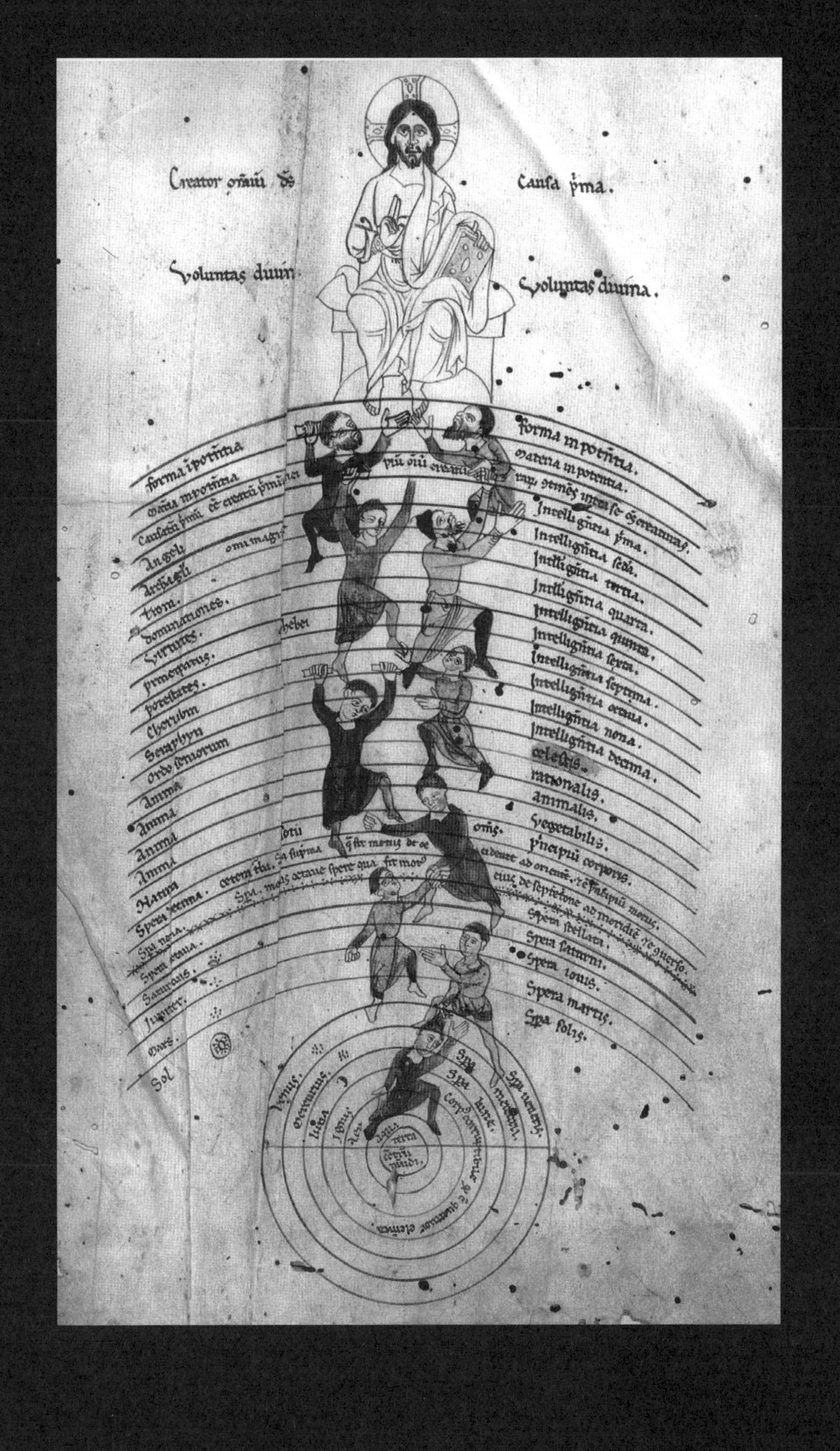
Causa p̃ma.
Voluntas diuina.
forma in potentia.
materia in potentia.
Intelligẽtia p̃ma.
Intelligẽtia seda.
Intelligẽtia tertia.
Intelligẽtia quarta.
Intelligẽtia quinta.
Intelligẽtia sexta.
Intelligẽtia septima.
Intelligẽtia octaua.
Intelligẽtia nona.
Intelligẽtia decima.
celestis.
rationalis.
animalis.
vegetabilis.
Spera stellata.
Spera saturni.
Spera iouis.
Spera martis.
Spa solis.
forma ipotẽtia
Angeli
Archãgeli
Throni.
dominationes.
Virtutes.
principatus.
potestates.
Cherubin
Seraphyn
ordo seniorum
Anima
Anima
Anima
Anima
Natura
Saturnus.
Jupiter.
Mars.
Sol
Venus.
Mercurius.
Luna

Em 376, o Natal, que é uma festa fixa, foi imposto por um decreto apostólico, que o estabeleceu em 25 de dezembro.

No início, a comemoração da festa da Páscoa deu lugar a algumas confusões, não só pelo fato de certos adeptos comemorarem a Crucificação e outros a Ressurreição, mas também em virtude das incertezas nas datas exatas desses acontecimentos. Em Roma, desde César, o equinócio foi fixado em 25 de março e, em Alexandria, por motivos astronômicos, em 21 de março.

Acreditando que o calendário juliano fosse perfeito, o Concílio de Niceia no ano 325 d.C. decidiu adotar regras fixas para determinar as datas das principais festas católicas. Essas regras baseavam-se na suposição de que o equinócio* da primavera (para o Hemisfério Norte) dar-se-ia sempre no dia 21 de março, como se observava em Alexandria. Assim, a Páscoa, segundo os sábios reunidos em Niceia, deveria ser celebrada no primeiro domingo depois do plenilúnio que se segue ao equinócio da primavera.

Só após uma longa discussão, as datas das celebrações de certas grandes festas religiosas foram definitivamente fixadas. Entretanto, à medida que passavam os séculos, o equinócio* da primavera se afastava do dia 21 de março.

Com efeito, no século VIII, a Igreja verificou que a Páscoa, festa da primavera, no Hemisfério Norte, se deslocava pouco a pouco para o verão. Em 1414, no Concílio de Constança, o teólogo e geógrafo francês Pierre d'Ailly (1350-1420) propôs uma modificação na intercalação dos anos bissextos. Novamente, em 1563, a questão da reforma do calendário foi agitada no Concílio de Trento, que recomendou ao papa o estudo desse grave problema. Concluiu-se, então, que o calendário juliano, instituído pelo imperador Júlio César, após consultar o astrônomo egípcio Sosígenes (séc. I a.C.), não era exato, pois não conseguia manter fixo o início das estações.

Após ter sido aconselhado, em 1572, pelos mais esclarecidos astrônomos da época, em particular pelo astrônomo e médico italiano Aloysius Lillius (1510-1576), o papa Gregório XIII propôs, em 1582, quando consultou e obteve o acordo dos principais soberanos católicos, uma reforma do calendário. Tal reforma consistiu primeiramente em diminuir em dez dias o ano de 1582; segundo, que deixassem de ser bissextos e passassem a ser comuns cada três anos num período de quatrocentos anos. Com essas medidas ficou sanado o erro de 3,1132 dias que se acumulavam no fim de quatrocentos anos pela reforma juliana.

Ao legislar sobre a maneira de suprimir esses três bissextos, convencionou-se que todos os anos seculares, que pela regra de Júlio César deviam ser bissextos, apenas o fossem aqueles cujas centenas fossem divisíveis por quatro. Assim, são bissextos pelo calendário juliano os anos 1600, 1700, 1800, 1900 e 2000, enquanto no gregoriano são bissextos somente 1600 e 2000.

Tal correção permitiu estabelecer para o ano gregoriano uma duração média de 365,242 dias; o excedente seria de apenas 0,0003 dias, ou seja, de 1,132 dia em 4 mil anos. Segundo as regras do cômputo eclesiástico, cujas tabelas foram estabelecidas pelos conselheiros do papa Gregório XIII, a Páscoa pode ser celebrada em 35 datas diferentes entre os dias 21 de março e 26 de abril.

As determinações da Páscoa passaram desde então a ser baseadas no movimento médio de uma Lua fictícia, e não no movimento verdadeiro do nosso satélite. Assim, os cálculos astronômicos, com base no movimento verdadeiro da Lua, deixam em evidência que o cômputo gregoriano pode fazer a Lua cheia média cair um dia, ou, às vezes, dois dias, antes ou depois da Lua cheia verdadeira.

Em 1987, a Lua cheia verdadeira caiu no dia 13 de abril, segunda-feira, e a Lua cheia pascoal, no dia 19 de abril, domingo de Páscoa. Vale salientar que o dia 14 de abril foi a Páscoa dos israelitas. O Pessach, ou Páscoa judaica, foi instituído em memória do aniversário da passagem pelo mar Vermelho a pé enxuto, quando o povo de Israel se libertou da servidão no Egito, fato que constitui os primeiros passos para o surgimento da nacionalidade judaica. Tal festa se celebra no dia 15 Nisã, que satisfaz as condições de ser o dia da primeira Lua cheia da primavera. A não exigência de ser um domingo o dia de Páscoa, como ocorre com o calendário católico, faz com que, no calendário lunissolar israelita, a Páscoa seja sempre no plenilúnio.

A Páscoa católica visa a respeitar um fato histórico, a morte de Cristo, que segue o Pessach israelita que se celebra sempre na Lua cheia e inicia-se, segundo a Lei de Moisés, pela imolação do carneiro. A primeira Páscoa cristã, no curso da qual Jesus Cristo instituiu a Eucaristia, ocorreu na noite de quinta-feira, que precedeu a sexta-feira (14 Nisã), enquanto a Ressurreição se efetuou três dias mais tarde, no calendário da época, em 17 Nisã. Se partirmos de dois princípios – o primeiro, que a Ceia se realizou numa quinta-feira; o segundo, que os cronologistas acreditam que a morte de Jesus Cristo se deu no ano 29 ou 33 da nossa época –, é fácil deduzir que foi no ano 33 que ocorreu a Ceia, pois o dia 14 Nisã do calendário israelita corresponde à noite de 2 de abril, quinta-feira, do calendário juliano. No ano 29 de nossa era, o dia 14 Nisã corresponde ao dia 17 de abril, que foi um domingo. Assim, verificou-se que o verdadeiro dia da Ressurreição ocorreu no domingo, dia 25 de abril, que é o verdadeiro aniversário da Ressurreição de Cristo.

Apesar disso, convencionou-se comemorar o aniversário da Ressurreição na Páscoa, quando a própria natureza contribui para que esta seja a mais bela de todas as festas religiosas pois é celebrada próximo à primavera, no Hemisfério Norte, durante a Lua cheia. Com efeito, o Sol, ao passar no equinócio*, distribui por igual os seus raios por todo o planeta; a Lua, por estar no plenilúnio, não deixa de iluminar com os seus

Pessach. A páscoa dos judeus (séc. XIV)

raios os que à noite celebram a Páscoa; e a Terra, por estar entrando na primavera, faz com que os campos comecem a florir e as aves retornem com seus cantos.

Por ser tão belo este período, já na época pré-mosaica os pastores nômades o adotavam para realizar a sua principal festa.

SÃO JOÃO, A FESTA DO SOL

Ao observar as variações periódicas de clima ao longo do ano, o homem primitivo procurou associá-las ao movimento aparente do Sol no céu, descobrindo, com auxílio dos seus monumentos megalíticos, as direções do nascente e poente do Sol durante todo um ano. Com esses observatórios de enormes menires alinhados, os astrônomos da Idade da Pedra descobriram que o Sol, em quatro bem determinadas épocas do ano, nascia e se punha em quatro pontos diferentes do horizonte; tais épocas correspondiam ao início das estações – quatro grandes alterações climáticas. De posse desses conhecimentos, os sacerdotes das tribos primitivas deles se aproveitavam para anunciar e prever o ponto exato do aparecimento do Sol no horizonte, o que lhes fornecia o poder de dominar seus discípulos ou crentes. Mais uma vez o conhecimento – o saber do cosmo – iria ser usado para favorecer os governantes. Assim, criaram-se os altares de menires e, mais tarde, as catedrais de pedra, onde os sacerdotes, que já haviam previsto a ocorrência daqueles fenômenos astronômicos, solicitavam aos crentes com antecedência a necessidade de alguns atos religiosos com os quais seria possível alterar os desígnios da natureza.

Assim, a descoberta dos solstícios deu origem às festas coletivas nas quais o Sol era honrado com o fogo, a luz suprema, que o homem oferecia às divindades pagãs.

Surgiram, desse modo, duas festas dedicadas ao fogo: a festa de verão, que tem lugar no solstício de verão, em 21/22 de junho, e a de inverno, em 21/22 de dezembro. Em virtude da inclemência do clima em dezembro nos países do Hemisfério Norte, a festa de São João passou a ser a mais praticada. Por uma transposição essencialmente cultural, os povos do Hemisfério Sul passaram a comemorar a festa do Sol em junho, durante o dia de São João. Esta manifestação atual, dedicada a um santo da Igreja Católica, atravessou milênios sem sofrer grandes alterações, pois o culto do fogo permaneceu profundamente associado ao coração dos humanos. É a procura do Sol, ente máximo da verdadeira renovação da vida, a que assistimos diária e anualmente.

Na realidade, todas essas festas célticas sazonais datam do Neolítico e estão intimamente ligadas ao conhecimento dos equinócios e dos solstícios. Constituem um prolongamento dos rituais agrários que marcavam as estações do ano.

Estudando o calendário lunissolar dos celtas, descobrimos a existência de quatro festas ao longo do ano. Todas essas comemorações dão lugar a ritos religiosos, assim como a diversões e jogos, alguns dos quais atravessaram os tempos e chegaram até os nossos dias, como tradições do nosso folclore.

Convém lembrar que quase todos os monumentos megalíticos e pré-cristãos, assim como algumas de nossas igrejas cristãs, estão orientados do ponto de vista cósmico. Será bom recordar que as festas célticas deram origem às atuais festas católicas.

O FUTEBOL E A ASTRONOMIA

Entre os jogos que os celtas celebravam entre o inverno e a primavera, havia um que deve ter dado origem ao futebol. Esse futebol céltico possuía regras bem-definidas. Inicialmente era jogado uma só vez em cada ano. As duas equipes, cada uma com doze jogadores, compostas de um lado por indivíduos casados e do outro por solteiros, deveriam deslocar uma bola de couro, de volume considerável e cheia de lascas, por isso só deslocável com o pé; cada grupo procurava defender o seu lado. As extremidades do campo em que se realizava esse jogo possuíam posições bem determinadas geograficamente. Uma ficava ao lado leste, na direção do Sol nascente, e a outra do lado oeste, na direção do Sol poente. O deslocamento de leste para oeste, segundo a marcha aparente do Sol, representado pela bola, era um dos modos de cultuar o astro do dia e a sua luz que preparava as riquezas da primavera. A esses jogos da primavera seguia-se a preparação de outro jogo de origem religiosa e solar, nos solstícios. Era a festa do jogo, do deus do Sol, que se pratica até hoje no dia de São João, no Hemisfério Norte.

Maracanã e Maracanãzinho fotografados pelo satélite Ikonos

NATAL, A FESTA DO NASCIMENTO DO SOL

Existem eventos que pela sua natureza quase não são questionáveis. Um deles refere-se ao Natal. Habituados que estamos a comemorá-lo todos os anos em 25 de dezembro, jamais poderíamos supor que o nascimento de Jesus tivesse ocorrido em outra data.

No entanto, é justamente o nascimento de Cristo o acontecimento histórico que mais tem atraído a atenção de inúmeros astrônomos, em particular daqueles interessados em problemas históricos e preocupados com a procura de uma explicação racional para o grande mistério da Estrela de Belém. Para alguns autores, ela teria sido um mero sinal divino cientificamente inexplicável. Todavia, nem todos pensam do mesmo modo. Assim, para alguns notáveis astrônomos, dentre eles o alemão Johannes Kepler (1571-1630), o fenômeno luminoso que apareceu no céu na época do nascimento de Cristo deve ter sido um evento astronômico transitório. Talvez um cometa, um meteoro, uma conjunção* de astros, a explosão de uma estrela. Considerando que alguns desses fenômenos astronômicos foram observados antes e depois do nascimento de Cristo, será conveniente, antes de tentar associá-lo à Estrela de Belém, determinar a data mais provável do nascimento de Jesus. Como ainda existem sérias dúvidas quanto ao dia e ano em que Cristo nasceu, os historiadores procuram utilizar-se de fatos históricos bem conhecidos, assim como de fenômenos astronômicos, para estabelecer uma cronologia comparada que possa conduzir à mais provável data do nascimento

Dante e Beatriz contemplam o céu estrelado e o céu espiritual, povoado de anjos e de eleitos.
(A Divina Comédia, *de Dante Alighieri, Veneza, Marcolini, 1544)*

B
D

de Cristo e desse modo explicar a natureza da visão observada pelos Reis Magos, como se acha relatada na Bíblia.

Por definição, Jesus nasceu no ano 1 de nossa era, pois o seu nascimento é o evento que marcou o início da Era Cristã. Na realidade, a verdade é outra. Tudo começou em 525 d.C., quando Dionísio, o Pequeno (séc. VI), fixou o nascimento de Cristo em 25 de dezembro do ano 754 *ab urbe condito* (depois da fundação de Roma). Desde então esta é a data de origem do nosso atual calendário. Ao corresponder o ano 1 depois de Cristo ao ano 754 depois da fundação de Roma, Dionísio, o Pequeno, cometeu um erro de cálculo da ordem de pelo menos cinco anos. Ele não havia considerado nem o ano zero (algarismo que seria introduzido na Índia no século IX d.C.) nem os quatro anos em que o Imperador Augusto reinou com o seu próprio nome de batismo, Otávio.

Por outro lado, com o auxílio de acontecimentos históricos citados na Bíblia poderemos determinar com maior precisão os prováveis anos nos quais teria nascido Jesus. De início, segundo São Mateus, sabe-se que Jesus nasceu durante o reinado de Herodes, que faleceu no ano 4 a.C., talvez em abril ou maio. Essa última conclusão prende-se ao fato de que a morte de Herodes ocorreu antes da Páscoa dos judeus e foi precedida por um eclipse da Lua. Ora, como o único eclipse lunar visível em Jericó foi o da noite de 12 para 13 de março do ano 4 a.C., como foi mencionado por Flavius Josephus, supõe-se que a morte de Herodes se deu provavelmente no mês seguinte ao do eclipse. Em síntese: tudo indica que Herodes morreu entre 13 de março e 11 de abril, pois foi nesse último dia que se iniciou a Páscoa dos judeus.

Uma outra ocorrência que tem auxiliado os historiadores foi o massacre dos inocentes, quando todas as crianças de menos de dois anos foram sacrificadas por ordem de Herodes, que se baseou nas informações dos magos para enviar seus soldados a Belém com o fim de matar o novo Messias que tanto temia. Por esse fato se conclui que Jesus, na época, deveria ter menos de dois anos. Seria conveniente lembrar, por outro lado, que essa data pode corresponder à concepção, e não ao nascimento, pois entre os orientais era tradição iniciar a contagem da idade a partir daquele instante.

Um outro ponto de referência na fixação da data de nascimento de Jesus foi a época do recenseamento ordenado pelo Imperador Augusto, levado a cabo por Quirínio, governador da Síria. Se aceitarmos o termo recenseamento como *census*, isto é, como um inventário de população, a data correspondente será 7 ou 6 a.C. Todavia, se tomarmos, como o fazem alguns autores, esse termo no sentido de *cens*, ou seja, de imposto, que deve ter sido posterior em um ou dois anos ao citado inventário, é aceitável supor que o mesmo ocorreu entre 5 ou 4 a.C. Considerando todos esses elementos chegamos à conclusão de que a data de nascimento de Jesus deve situar-se entre 7 e 5 a.C.

No atlas celeste de Cellarius, as constelações são seres mitológicos e foram

Em que dia do ano nasceu Cristo? O Natal, em 25 de dezembro, começou a ser celebrado em todo o mundo como o dia do nascimento de Jesus depois do ano 336 d.C. Antes, essa data era aceita como o solstício do inverno no Hemisfério Norte. Era o meio do inverno, dia depois do qual os dias começavam a se alongar. A festa pagã do *dies solis invicti natalis*, ou seja, o dia do nascimento do Sol invicto, era celebrada no dia que coincidia com os meados da saturnália, estação durante a qual os trabalhos cessavam. Nesse dia em que o Sol começava a se dirigir para o Norte, as casas eram decoradas com árvores, presentes eram trocados entre os amigos, ceias e procissões eram realizadas pelos povos pagãos em homenagem ao Sol que voltava à sua posição elevada. Como os primeiros cristãos comemoravam esse feriado, a Igreja decidiu transformar tal cerimônia pagã numa festa cristã. Assim, o dia 25 de dezembro passou a representar o dia do nascimento de Cristo. No Oriente, o nascimento foi inicialmente celebrado em 6 de janeiro, data que estava associada à Estrela de Belém.

Essa comemoração tinha como objetivo substituir a cerimônia pagã que, em 6 de janeiro, se comemorava no templo de Kore em Alexandria e em algumas regiões de Arábia, quando se celebrava Kore, a virgem que deu à luz Aion.

Em 194 d.C., Clemente de Alexandria propôs a data de 19 de novembro do ano 3 a.C., enquanto outros pretendiam que o nascimento ocorresse em 30 de maio ou 19/20 de abril. Mais tarde, em 214 d.C., Epifânia propôs o dia 20 de maio. Nessas datas existem confusões entre a época da concepção e a do nascimento. No entanto, essas datas parecem concordar com a velha tradição de que Cristo teria sido concebido na primavera e nascido em meados do inverno (essas estações referem-se ao Hemisfério Norte).

Segundo os relatos da Bíblia, o nascimento de Cristo pode ser determinado em função de São João Batista. Assim, Zacarias, o pai de João Batista, foi o sacerdote da ordem da Abias (Lucas 1, v 8) que teria servido no templo na sexta semana depois da Páscoa, semana anterior ao Pentecoste. Como todos os sacerdotes também serviram durante o Pentecoste, Zacarias teria deixado Jerusalém rumo a sua casa no décimo segundo dia do mês do calendário israelita Sivan, ou seja, em 12 de junho do nosso calendário. Ora, como Isabel, sua esposa, concebeu seu filho depois do seu retorno (Lucas 1, v 24), conclui-se que João Batista deve ter nascido 280 dias mais tarde, ou seja, por volta do dia 27 de março. Lucas (1, v 36) registrou ser Cristo seis meses mais jovem que João Batista, o que faz supor ter o nascimento de Cristo ocorrido em setembro seguinte, ou seja, no outono do ano 7 a.C. A primitiva tradição cristã registrava que Jesus nasceu um dia depois de um Shabbath judeu, isto é, em um domingo. Crenças astrológicas tradicionais indicam como o dia mais provável o sábado, dia 22 de agosto de 7 a.C. Seria conveniente lembrar que, no calendário judeu,

o dia começa ao pôr do sol, de modo que, se considerarmos a legenda segundo a qual Cristo nasceu depois do pôr do sol, podemos aceitar que o seu nascimento ocorreu em 23 de agosto do ano 7 a.C.

Estes são os elementos históricos que permitem determinar a época do nascimento de Cristo. Embora todas as hipóteses racionais deixem uma dúvida sobre a data exata em que Jesus veio ao mundo, os versados em problemas religiosos são unânimes em afirmar que ela teria ocorrido nos meados do inverno nos anos 7 a 5 a.C. Se aceitarmos que o nascimento de Cristo ocorreu em fins de agosto, a visita dos Reis Magos deve ter ocorrido no início do mês de setembro, o que, aliás, combina melhor com a ideia de que a Estrela de Belém tenha sido a conjunção tríplice* de Saturno e Júpiter ocorrida em 7 a.C. Assim, a primeira conjunção* visível em maio teria sido o sinal que levou os Reis Magos a se afastarem em direção a Jerusalém, aonde devem ter chegado no início de setembro. Por outro lado, tal conclusão torna mais fácil a aceitação de que Jesus Cristo tenha nascido numa manjedoura. De fato, como era verão no Hemisfério Norte em agosto/setembro, não era necessário um abrigo que os protegesse melhor do frio. Nada mais lógico do que aceitar a beleza desses três eventos, quer pelos seus aspectos religiosos, quer pelo fato de serem festas sazonais, só comparáveis às da Semana da Páscoa. Para aqueles que não têm a graça da fé, o Natal e a Páscoa são, respectivamente, festas solsticial e equinocial, ambas de rara beleza cósmica.

A Santa Noite, *Corregio, c. 1530*

A CORRESPONDÊNCIA DOS CALENDÁRIOS E O NASCIMENTO DE CRISTO

Calendário			Fenômenos astronômicos	Fatos históricos
Cristão		Romano		
12 a.C.	11	742	Cometa Halley, de 25 de agosto a 1º de novembro	
11 a.C.	10	743		
10 a.C.	9	744	Cometa (?)	
9 a.C.	8	745		Saturno governa a Síria. Quirínio é o imperador.
8 a.C.	7	746	Conjunção de Júpiter e Saturno, em março.	César Augusto decreta que tudo deveria ser taxado.
7 a.C.	6	747	Conjunção tríplice de Júpiter e Saturno em Peixes. 29 de maio 28 de setembro 4 de dezembro	Recenseamento de Quirínio Nascimento de Cristo, segundo a Bíblia.
6 a.C.	5	748	Conjunção de Júpiter, Saturno e Marte em fevereiro.	Massacre dos inocentes.
5 a.C.	4	749	Cometa em Capricórnio, de março a maio.	Pagamento dos impostos.
4 a.C.	3	750	Eclipse da Lua em 13 de março. Nova de Águia em abril.	Morte de Herodes (abril/maio).
3 a.C.	2	751	Conjunção de Vênus/Júpiter em Leão: 12 de agosto.	Natal: 18 de novembro, segundo Clemente.
2 a.C.	1	752	Conjunção de Vênus/Júpiter em Leão: 17 de junho.	Natal: 6 de janeiro, segundo Epifânio.
1 a.C.	0	753		
1 d.C.	1	754		Natal: 25 de dezembro, segundo Dionísio, responsável pelo erro de 5 anos.

ESTRELA DE BELÉM

"Tendo, pois, nascido Jesus em Belém de Judá, em tempo do Rei Herodes, eis que vieram do Oriente uns magos a Jerusalém, dizendo: 'Onde está o Rei dos Judeus, que é nascido? Porque vimos no Oriente sua estrela e viemos adorá-lo'."

Esse primeiro versículo do capítulo II do Evangelho de São Mateus tem provocado uma enorme discussão teológica e astronômica sobre a natureza do corpo celeste descrito pelos Reis Magos.

Os mais diversos fenômenos astronômicos e meteorológicos foram sugeridos, no passado, para explicar a natureza da Estrela de Belém: auroras, meteoro globular (bola de fogo), luz zodiacal, meteoros, chuvas de meteoros, o planeta Vênus (estrela vespertina ou matutina), estrelas variáveis (especialmente as do tipo semelhante a Mira Ceti), a estrela Canopus, cometas, novas* e supernovas*.

A hipótese de que a Estrela de Belém foi um cometa parece ter sido proposta pela primeira vez pelo teólogo e perito cristão Orígenes (183-254), que supõe ter sido o cometa Halley o astro visto pelos magos.

No século VIII, o monge, cronologista e historiador inglês, o Venerável Bede (673-735), em sua *História eclesiástica dos ingleses* (731), afirmou que os cometas não se deslocavam jamais para o sul e por essa razão a Estrela dos Magos não poderia ter sido um deles, uma vez que aquele sinal luminoso os conduziu em direção ao sul quando eles se deslocavam de Jerusalém para Belém. Com uma explicação tão frágil, a teoria continuou agrupando os seus adeptos. Desse modo, um notável contemporâneo do Venerável Bede e doutor da igreja grega, São João Damasceno (fim do séc. VII – 749), defendeu durante toda a vida a hipótese de a Estrela de Belém ter sido um cometa, assim como Geoffrey de Meaux, em 1338. Contra tal ideia se levantou o sacerdote católico Guillau-

me d'Auvergene (1180-1249), bispo de Paris de 1228 a 1248 e autor de *De Universo.* Em 1665, o astrônomo francês R. Lutz escreveu em sua obra *Questões curiosas sobre o cometa de 1664*: "A estrela que surgiu para os Reis Magos, durante a adoração do Nosso Senhor no presépio, não foi seguramente um cometa, mas uma estrela milagrosa que Deus concebeu. Com efeito, quando os reis paravam em seu caminho, a estrela parava também; quando eles avançavam, ela avançava também, o que não pode caracterizar um cometa natural."

A estrela nova de 1572, observada por Tycho-Brahe, na constelação de Cassiopeia foi associada à estrela de Belém (J. Bayer, Uranometria*, 1603)*

Analisando-se os registros chineses de cometas, verificou-se que a tese do cometa Halley é inaceitável. De fato, tal hipótese exigiria um erro de 11 anos na data atualmente atribuída ao nascimento de Jesus Cristo, pois a passagem desse cometa no início da nossa Era Cristã deu-se em 25 de agosto do ano 12 a.C., quando astrônomos chineses assinalaram a sua presença na constelação* de Gêmeos. Por outro lado, os outros dois cometas registrados nos anais chineses apareceram, o primeiro em março do ano 5 a.C., na constelação de Capricórnio, e o segundo, em abril do ano 4 a.C., na constelação de Águia, respectivamente. Todos os dois muito tarde. Ainda que não possamos afirmar com segurança, é pouco provável que a Estrela de Belém tenha sido um cometa.

Apesar de ser geralmente representada nos presépios como um cometa, é mais provável que somente uma das hipóteses de supernova ou de configuração planetária especial pudesse sobreviver dentro do contexto misterioso que sempre envolveu a mais bela das festas cristãs.

Em 11 de novembro de 1572, o astrônomo Tycho-Brahe (1546-1601) descobriu uma brilhante estrela, próxima ao zênite, na constelação de Cassiopeia. Sua cintilação e magnitude atingiu uma tal intensidade que foi visível a olho nu mesmo durante a luz do dia. Esta estrela permaneceu observável durante mais de 17 meses, período no qual inúmeras hipóteses surgiram para explicar o aparecimento dessa nova estrela, uma vez que a imutabilidade dos céus era um dogma aceito como divino e jamais posto em dúvida. Esse evento abalou totalmente os alicerces de um céu perfeito, fixo e imutável.

O médico, matemático e filósofo italiano Gerolamo Cardano (1501-1576) viu nessa nova estrela a mesma que conduziu os Reis Magos a Belém, enquanto o escritor e teólogo protestante suíço Théodore de Bèze (1519-1605), discípulo de Calvino, que colocou o teatro a serviço da religião, afirmava que essa aparição anunciava a chegada à Terra do segundo Salvador, como a de Belém havia anunciado a chegada do primeiro.

Outros cronistas da época, entre eles Stoffer e Leovittius, achavam que o Anticristo teria nascido, enquanto alguns supunham que o fim do mundo se aproximava, anunciando-se o julgamento final para breve. As estrelas, como diziam, iriam cair do céu!

Hoje, sabe-se que as novas são estrelas que se tornam bruscamente muito luminosas. Elas aparecem subitamente. Brilham intensamente por alguns dias, enfraquecendo lenta e gradualmente até atingir o seu brilho primitivo. Em virtude de sua aparição brusca, elas são denominadas estrelas novas. O vocábulo é impróprio, pois elas existiam antes da explosão que as tornou visíveis a olho nu.

Conhecem-se dois tipos de estrelas explosivas: as novas e as supernovas. A luminosidade das novas é multiplicada por um fator de 10 mil vezes, durante dois ou três dias. As supernovas se tornam ainda mais luminosas: o brilho é multiplicado por um fator de 100 milhões de vezes o seu brilho normal.

A cada ano se descobrem, em média, na nossa Galáxia, cinco novas. As supernovas são bem mais raras: uma a cada trezentos anos. Até o momento se conhecem três supernovas observadas em nossa Via-Láctea: a estrela de Tycho (SNI572), a estrela de Kepler (SN1604) e a supernova de 1054, registrada pelos chineses e japoneses.

A origem e a causa dessas explosões são ainda desconhecidas. Algumas novas são recorrentes, com um ciclo de reaparecimento bastante regular.

Foi baseado no ciclo de recorrência da estrela Alpha Coronae Borealis que o astrônomo norte-americano Richardson aventou a hipótese de ter sido a Estrela de Belém essa nova situada na constelação da Coroa Boreal, que na época era visível próximo ao zênite em Belém de Judá.

Entretanto, convém lembrar que o seu brilho de segunda magnitude teria sido pouco notável para impressionar os magos. Mais de quatro dezenas de estrelas do céu têm magnitude superior.

Para os astrônomos ingleses David H. Clark, John H. Parkinson, ambos pesquisadores do Laboratório Muflord de Ciência Espacial da Universidade College de Londres, e F. Richard Stephenson, do Instituto de Ciência Lunar e Planetária da Universidade de Newcastle, a Estrela de Belém deve ter sido uma brilhante nova, registrada pelos astrólogos chineses na primavera do ano 5 a.C. O ano de ocorrência desse fenômeno não está em contradição com o provável ano de nascimento de Jesus, que, segundo os especialistas católicos, deve ter ocorrido entre os anos 5 e 7 a.C.

Em 10 de outubro de 1604, Brunowski, aluno de Kepler, descobriu uma estrela supernova na constelação de Ofiúco (SN1604 Ofiúco). Seu brilho máximo, segundo as estimativas da época, foi equivalente ao dos planetas Júpiter e Vênus. Em fins de março de 1605, após sete meses durante os quais apresentou algumas oscilações de brilho, essa estrela deixou de ser visível.

O aparecimento desse novo objeto celeste levou o nosso grande astrônomo à redação, em 1606, de quatro opúsculos: I – *Sobre a estrela nova no pé do Serpentário*; II – *Sobre uma estrela de terceira magnitude no Cisne*; III – *Sobre a estrela nova do pé do Serpentário*; IV – *Sobre o verdadeiro ano notálico de Jesus Cristo, o nosso Salvador.*

O surgimento da estrela nova foi antecedido, em 17 de dezembro de 1603, por um belo e raro fenômeno de grande importância astrológica: a conjunção de Júpiter e Saturno, além de ter fascinado a mente mística de Kepler, lhe sugeriu a ideia de que a Estrela de Belém estivesse relacionada a uma conjunção análoga. De fato, após longos cálculos, Kepler concluiu que no ano 748, em Roma, ou seja, no ano 6 a.C., ocorreu um fenômeno astronômico semelhante, que poderia ter anunciado o aparecimento da Estrela.

Mais tarde, ao prever a conjunção tríplice* de Júpiter e Saturno para o ano 1623, Kepler relançou a hipótese de que uma conjunção* idêntica, ocorrida no ano 7 a.C., poderia ter sido o sinal luminoso assinalado pelos Reis Magos, quando do nascimento de Cristo.

Uma conjunção tríplice não é, como a princípio sugere o nome, uma aproximação de três planetas, mas a sucessão de três conjunções de dois planetas num curto período. Durante a conjunção de dois astros, as suas coordenadas* celestes atingem valores quase idênticos num determinado instante. Numa linguagem popular, poderíamos dizer que a conjunção é a aproximação aparente de dois astros.

As conjunções tiveram na Antiguidade uma grande influência sobre as mentes primitivas. Acredita-se que essas aproximações conjugavam as forças astrológicas específicas de cada astro.

Segundo Kepler, a grande conjunção não substituiu, na realidade, a Estrela dos magos, como lhe atribuem vários autores. De acordo com as concepções aceitas na época, os fenômenos celestes influenciavam os acontecimentos terrestres ou eram sinais dos mesmos. Dessas ideias participava Kepler, que acreditava ter sido a tríplice conjunção um evento destinado unicamente a chamar atenção dos magos para aquela região do céu, onde brilhou a Estrela anunciadora da chegada do Messias. Segundo o relato Kepler: "Tendo sido comunicado aos magos o aparecimento dessa estrela milagrosa, Deus, acomodando-se aos modos de pensar da época, teria feito com que a Estrela brilhasse no momento em que também ocorria uma tríplice conjunção de planeta, como aconteceu com a nossa estrela." Evidentemente, Kepler, nesse texto, aceitou que a nova estrela não constituía uma estrela normal, mas um astro milagroso. De fato, em outro trecho de sua obra, observa: "A Estrela de Cristo tem muita coisa em comum com a nossa Estrela (trata-se da nova de 1604), pois ambas coincidiram na época de sua aparição com uma conjunção tríplice."

Essa interpretação de Kepler para a tese da Estrela de Belém encontrou vários opositores, assim como não lhe faltou o apoio de eminentes cientistas, dentre eles o famoso cronologista alemão Christian Ludwig Ideler (1766-1842), que, ao refazer os cálculos de Kepler com auxílio das tábuas de Delambre, editadas no início do século XIX, deduziu que a tríplice conjunção* kepleriana ocorreu, na realidade, no ano 748 da fundação de Roma, ou seja, com maior precisão, respectivamente: a primeira, em 20 de maio; a segunda, em 27 de outubro; e a terceira, em 12 de novembro do ano 7 a.C.

Seria conveniente lembrar que a máxima aproximação entre esses planetas foi de cerca de um grau, ou seja, o dobro do diâmetro aparente da Lua cheia. Era impossível, portanto, observá-los com o aspecto de um único astro, como está relatado na Bíblia (Mateus, II:9).

Em oposição às ideias de Kepler e de Ideler, o sacerdote John Stockwell atribuiu à Estrela observada pelos magos a conjunção planetária ocorrida em 8 de maio do ano 6 a.C., quando os planetas Vênus e Júpiter se apresentaram muito próximos no céu oriental.

No século XIX, o astrônomo inglês C. Pritchard, na revista da *Royal Astronomical Society* de Londres, confirmou que uma conjunção tríplice* de Júpiter e Saturno, segundo os seus cálculos, ocorreu em 29 de maio, em 29 de setembro e em 4 de dezembro do ano 7 a.C., na constelação* de Peixes, que, astrologicamente, está relacionada ao povo judeu.

Atualmente, um dos maiores defensores de que a Estrela de Belém ocorreu a partir dessa conjunção tríplice* é o astrônomo inglês David W. Hughes, do Departamento de Física da Universidade de Sheffield, da Grã-Bretanha.

Na verdade, toda hipótese submetida à luz da ciência deixou uma dúvida sobre a data de nascimento de Cristo, que os próprios peritos cristãos são unânimes em afirmar que teria ocorrido sete anos antes da data atualmente aceita.

Tudo parece indicar que jamais se encontrará uma comprovação de qual estrela teria sido a que anunciou a chegada do Salvador.

OS REIS MAGOS E A SUA ASTRONOMIA

Quem eram na realidade os magos? De onde vieram? Os magos eram sacerdotes-astrônomos de uma das seis tribos que, segundo Heródoto, constituíam o povo meda: os paretacenos, os busas, os estrucatas, os arizantos, os búdios e os magos. Os medas não formavam um grupo autóctone. Sua origem provém de um amplo processo de deslocamento de populações indo-europeias, entre as quais se encontram também os persas. Eles ocuparam a Média, que compreendia uma vasta região do nordeste da Pérsia, limitada a oeste pela Mesopotâmia e Armênia, ao norte pela Armênia, a leste pelo mar Cáspio e o grande deserto da Pérsia e ao sul pela Pérsia propriamente dita e a Susiana. O nome Média derivou da denominação atribuída aos habitantes dessa região: medas.

Os magos parecem ter sido uma tribo que exercia primordialmente funções sacerdotais. Pelos helênicos foram considerados como os sacerdotes dos iranianos e mais tarde, pelos romanos, como sacerdotes de Zoroastro. De todos os medas, os magos foram aqueles que mereceram uma especial atenção dos antigos gregos e judeus, que os conheciam como notáveis sacerdotes dedicados à adoração dos astros, cujo movimento aparente conheciam com grande precisão para as suas atividades religiosas. Eram, na realidade, astrólogos, intérpretes de sonhos e adivinhos. O vocábulo magia, de origem grega, significava inicialmente trabalho de magos.

Depois da ascensão de Zoroastro ou Zaratustra, que viveu no século VII a.C., os magos se tornaram os sacerdotes da religião zoroástrica. Os três sábios do Oriente que levaram presentes ao menino Jesus eram magos. Foi no século VI d.C. que a tradição mudou

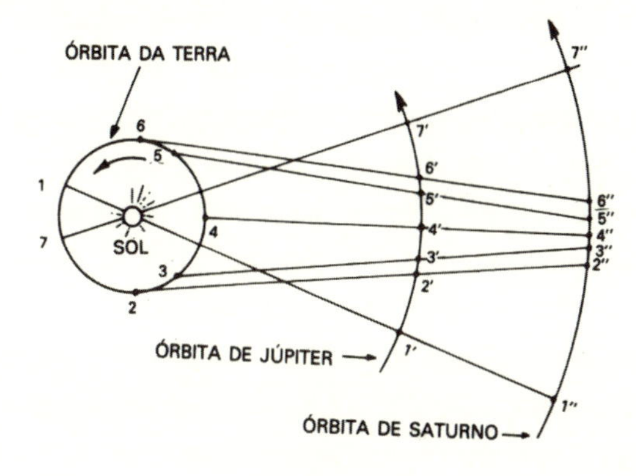

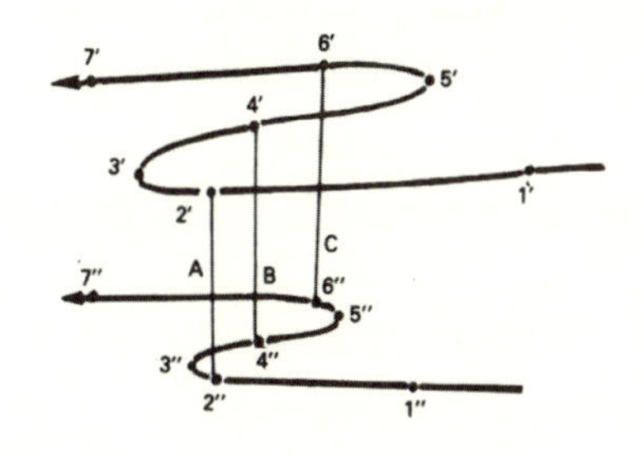

Conjunção tríplice dos planetas Júpiter e Saturno, representada na figura acima pelos segmentos A, B e C

os magos em reis. Seu número foi fixado em três em virtude da natureza dos seus presentes. Segundo a tradição oriental, os magos que visitaram Jesus eram 12.

Os ensinamentos do zoroastrismo tornaram-se as diretrizes da civilização persa. Os poderosos governantes da Pérsia, Ciro e Dário, conseguiram difundir tal religião em todo o Império. No entanto, depois que Alexandre, o Grande, conquistou a Pérsia, no século IV a.C., o zoroastrismo começou a extinguir-se. Com o advento de Maomé, a religião zoroástrica desapareceu da Pérsia. Atualmente, os seus únicos seguidores são os pares da Índia e da Pérsia. A Bíblia do zoroastrismo é o *Zend-Avesta* ou simplesmente *Avesta*.

Aqueles que procuram estudar as primeiras tentativas de conhecer os astros não podem desconsiderar os esforços feitos pelos magos na interpretação dos fenômenos celestes. Uma das melhores fontes para conhecer as ideias astronômicas dos magos é a tradução do escritor Anquetil du Perron do *Zend-Avesta,* publicada em Paris em 1771, em três volumes.

Zoroastro foi considerado por alguns autores como um astrônomo célebre. Uma das orações do *Avesta* diz: "Anuncie, Zoroastro, que aqueles que amam as coisas do céu obterão uma excelente recompensa."

Pelas meditações do *Avesta*, que teria sido redigido por Zoroastro, pode-se ter uma ideia da astronomia dos magos.

O nosso planeta – a Terra – estaria, segundo o *Avesta*, em repouso sobre a água. De acordo com os relatos de Plutarco, em *Ísis e Osíris*, Zoroastro considerava a Terra como plana.

Conhecia a desigualdade dos dias e das noites. Dividia o ano de 365 dias em quatro estações e 12 meses, sem subdividi-los em semanas. O seu ano de 365 dias e cinco pequenos tempos aproximava-se dos 365 dias e um quarto, deduzido pelos sacerdotes egípcios a partir do nascer helíaco* de Sírius.

O Sol, que o *Avesta* cantava em sua ação, deveria ser conduzido por um carro com quatro cavalos, ideia muito análoga à do Febo-Apolo da mitologia greco-romana. Além disso, o Sol, entre os magos da Pérsia, constituía um olho que vigiava a Terra, como nas concepções dos egípcios, chineses e gregos. Como no Egito, os magos adoravam o Sol três vezes por dia: ao nascer, no meio-dia e no ocaso. Segundo alguns autores, havia uma divergência entre os egípcios e os magos: estes últimos não adoravam no ocaso, fenômeno que não devia ser comemorado, mas sim à tarde.

A Lua era também motivo de adoração, pois, segundo o *Avesta,* "com a Lua nova e cheia surgiam todas as produções". Para o Imperador Juliano, "a Lua era a causa de todas as coisas". Segundo Zoroastro, ela guardava a semente do Touro, o qual associavam ao crescente lunar como uma representação dos cornos desse animal. Aliás, Plutarco identificava as estátuas da deusa egípcia Ísis, que possui cornos em sua cabeça, à Lua.

Os magos adoravam também os planetas. Eles acreditavam que eram emissores de calor. Mercúrio era designado como Tir; Vênus era Anahid; Marte, Behram; Júpiter*, Anhouma; Saturno, Kevan.

Segundo Heródoto, os persas ofereciam seus sacrifícios ao Sol, à Lua, à Terra, ao Fogo e ao vento, assim como a Celeste, ou seja, ao planeta Vênus.

Na cosmologia* dos magos, encontramos, como relata o astrônomo francês Camille Flammarion (1842-1925) em sua *Histoire du Ciel* (1872): "Um emblema engenhoso de um ovo misterioso que representava a forma esférica do mundo." Tal ideia nos lembra a concepção moderna do ovo primitivo que, segundo o astrônomo belga George Henry Lemaitre (1894-1966), seria a origem do Universo que hoje se expande. Aliás, segundo Zoroastro, as injustiças que se observavam no Universo seriam consequência da existência de duas ações dualistas no mundo: uma causa primeira do bem, representada por Ahura-mazda, o deus da luz, a que se opunha o princípio do mal, representado por Angro-mainius (Arimã), rei das trevas. Na origem do mundo Zoroastro imaginou o "tempo sem limites", quando Ahura-mazda criou o ovo que Angro-mainius (Arimã) perfurou, introduzindo o mal.

A cosmogonia* zoroástrica é muito análoga à das religiões da época, com uma criação sucessiva da Terra, das árvores, dos animais, colocando no final a criação do homem.

Todas essas ideias da astronomia primitiva desenvolvidas pela figura misteriosa de Zoroastro se aproximam de determinadas concepções idênticas muito difundidas no vale do Nilo, na Pérsia, na Arábia, na China e mesmo nas tribos que viveram na América Central. Parece que a estrutura do pensamento humano seguiu uma mesma sequência evolutiva, fazendo com que a astrolatria tivesse sido um dos primeiros estágios da história da astronomia primitiva.

Em resumo, os magos eram originários de uma tribo meda na qual os homens mais importantes desempenhavam funções sacerdotais, na religião persa. Ora, a astrologia* era uma das principais ocupações dos sacerdotes persas, a quem o povo atribuía forças e conhecimentos secretos devido às suas previsões astronômicas. Desse modo, a palavra magos passou a ser sinônimo de feiticeiro nas obras astronômicas gregas. Com este sentido foi usada nos livros bíblicos (Atos, 8:9.11; 13:6,8; e Mateus, 2:1es) designando os sábios do Oriente. Por outro lado, é muito difícil afirmar se os magos eram sacerdotes persas ou astrólogos babilônios. Tanto uns como outros acreditavam na influência dos astros sobre os acontecimentos terrestres, assim como na sua ação anunciadora dos eventos benéficos e maléficos. Sabe-se pela Bíblia que moravam no Oriente, o que pode significar Arábia, Mesopotâmia, Babilônia ou Pérsia. Aceitando essas hipóteses, e considerando a importância astrológica da conjunção tríplice* de Saturno e Júpiter, somos levados a acreditar que esse fenômeno tenha muito provavelmente constituído a chamada Estrela de Belém. Por outro lado, analisando os prováveis caminhos percorridos pelos magos, concluímos que, se partissem de quaisquer desses pontos, chegariam a Jerusalém a tempo de assistir aos primeiros dias de Jesus.

É hábito comemorar a visita dos Reis Magos ao menino Jesus em 6 de janeiro. Entretanto, a escolha dessa data é uma convenção religiosa. Na realidade, a visita deve ter ocorrido em outro dia e mês do ano em que nasceu Jesus. No Oriente, até o século IV, o nascimento de Cristo foi celebrado em 6 de janeiro. Assim também o início do Ano-Novo foi, até 1564, comemorado no dia de Natal. Na França, sob o reinado dos merovíngios, o ano começava em 1º de março, dia de revista das tropas; sob os carolíngios, começava no Natal, e sob os capetos, nos dias 22 de março e 25 de abril.

ASTRONOMIA NA MESOPOTÂMIA

Na Mesopotâmia surgiu, vários milênios antes da nossa era, uma das mais velhas civilizações. Seus fundadores, os sumerianos, foram os primeiros a cultivar a astronomia. Parece justo reconhecê-los como os fundadores da astronomia, apesar de terem sido também os criadores da astrologia. De fato, no início, observavam os astros por motivos místicos, com o objetivo de fundamentar suas profecias.

Com o tempo, os primitivos, que assim observavam os astros, pois acreditavam estar escrito neles o seu destino, deixaram as suas pretensões místicas para se limitarem a observar pela simples observação. Assim, passaram de astrólogos a astrônomos. Tal mudança na análise dos fenômenos celestes ocorreu no primeiro milênio antes de Cristo. Surgem, assim, as primeiras aplicações de métodos matemáticos para exprimir as variações observadas nos movimentos da Lua e dos planetas. A introdução da matemática na astronomia foi o avanço fundamental na história da ciência na Mesopotâmia.

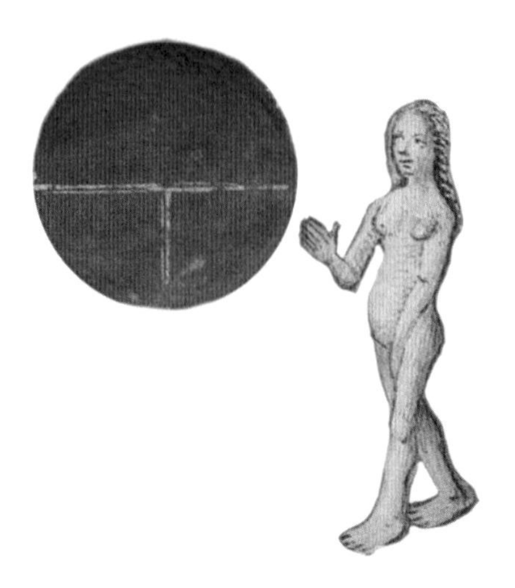

Os mesopotâmicos viam os planetas como carneiros selvagens em oposição às estrelas, carneiros domesticados e guiados pelo pastor Órion (Bathelemy, o inglês, De proprietabus rerum, *1372)*

Sa turnus
Ju piter
mars
Ve nus
mer cure
le soleil
la lune

ASTRONOMIA CHINESA

A astronomia na China, como na Mesopotâmia, foi essencialmente religiosa e astrológica. Há dificuldade de reconstituir todo o conhecimento astronômico chinês, pois no ano 213 a.C. todos os livros foram queimados por decreto imperial. O que existe de mais antigo em matéria de astronomia remonta ao século IX a.C.

Os chineses previam os eclipses, pois conheciam sua periodicidade. Só no início da Era Cristã aparecem as primeiras previsões teóricas baseadas no movimento da órbita lunar. Em resumo, até o surgimento do pensamento grego, as cosmologias* são rudimentares. Não surgiu nenhuma explicação do mundo digna de se considerar sensata. Todas as explicações são fundamentadas nas aparências mais imediatas.

ACIMA:

Na antiga China, os eclipses solares eram qualificados de "anormais" e associados a um dragão, ocupado em devorar o Sol

NA PÁGINA AO LADO:

Observação de eclipse na China por volta de 1840. Enquanto os astrônomos estudavam o fenômeno no telescópio, os servos apavorados se prostavam no chão para conjurar os maus presságios

ASTRONOMIA EGÍPCIA

É necessário chamar a atenção para o papel desempenhado pelo Egito na difusão das ideias e conhecimentos mesopotâmicos. Foi por intermédio dos egípcios que os astrólogos e os astrônomos babilônicos chegaram ao Ocidente. A astronomia egípcia, contudo, é bem inferior à dos caldeus. Seus conhecimentos astronômicos eram bastante rudimentares, pois a economia egípcia era essencialmente agrícola e regida pelas enchentes do Nilo. Por esse motivo, o ritmo da vida religiosa dos egípcios está relacionado com o Sol.

ACIMA:
No antigo Egito, o barco era um símbolo importante associado ao transporte da alma após a morte. Sua forma em crescente era associada à Lua, onde as almas deveriam passar antes de atingir o Céu

AO LADO:
Akhenaton e sua esposa Nefertiti fazem oferendas a Aton, cujos raios transmitiam o "ankh", símbolo da vida no antigo Egito

Zodíaco de Denderah. Esta abóboda circular em baixo relevo representando o céu foi encontrada no tempo de Esneh, em Denderah, no Egito, durante a campanha de Napoleão (Museu do Louvre, Paris)

PIRÂMIDES

Importantes monumentos arqueológicos do Egito, que, além de servirem de túmulo para os faraós, tiveram uma grande importância astronômica em virtude de sua orientação, quase perfeita para a época em que foram construídas. A grande pirâmide de Gizé parece ter servido de observatório. As suas duas galerias foram escavadas uma em direção ao Norte, para a estrela Alfa do Dragão (Alpha Draconis), a Estrela Polar da época (2000 a.C.), e a outra em direção ao Sul, com inclinação que correspondia exatamente à altura meridiana das Plêiades, cuja passagem pela fresta equivalia à meia-noite no início do ano. Por outro lado, convém salientar que as suas quatro faces são voltadas respectivamente para os quatro pontos cardeais. Na época, a estrela Sirius passava pelo meridiano* perpendicularmente à face da Grande Pirâmide, o que não ocorre hoje devido à precessão dos equinócios*. Assim, parece que, além de túmulo real, era um monumento astronômico orientado em direção à estrela polar da época (Alfa do Dragão) e está relacionada ao culto de Sothis, ou seja, à estrela Sirius, principal divindade que anunciava a chegada benéfica das inundações do rio Nilo.

Astronomia grega

Foi na Grécia que surgiu o conceito de cosmo e o método científico de sua investigação, da maneira como é interpretada atualmente. De fato, foram os gregos que, afastando as ideias místicas, adotaram uma linguagem útil e extremamente consistente, que tornou possível, gradativamente, a compreensão dos fenômenos cósmicos. Seis séculos antes de Cristo, Tales de Mileto já estava convencido da curvatura da Terra, e sabia que a Lua era iluminada pelo Sol. Assim, Pitágoras falava da esfericidade da Terra, da Lua e do Sol, da rotação da Terra e da revolução de, pelo menos, dois planetas interiores, Mercúrio e Vênus, em torno do Sol.

Após a dissolução dos estados gregos, a ciência encontrou novo lar em Alexandria, onde a investigação do céu, baseada em medidas sistemáticas, produziu rápidos avanços. Em vez de se limitarem aos resultados numéricos, é notável como os grandes astrônomos gregos ensaiavam a aplicação das leis da geometria ao cosmo. Aristarco de Samos, que viveu na primeira metade do século III a.C., tentou comparar quantitativamente as distâncias Sol-Terra e Lua-Terra, bem como os diâmetros destes três corpos celestes. Em consequência de tais pesquisas, Aristarco foi o primeiro a adotar e ensinar o sistema heliocêntrico.

As ideias de Aristarco estavam tão deslocadas do seu tempo que as gerações que se sucederam não lhe deram importância, esquecendo-as.

Logo após as importantes descobertas de Aristarco, o filósofo grego Eratóstenes de Cirene (276-196 a.C.) realizou, entre Alexandria e Siena, no Egito, a primeira medida de um grau de arco sobre a superfície da Terra. Comparou a diferença em latitude entre os

Teoria dos planetas superiores no sistema de Ptolomeu, segundo Cellarius (Andreas Cellarius, Harmonia macrocósmica, *1661)*

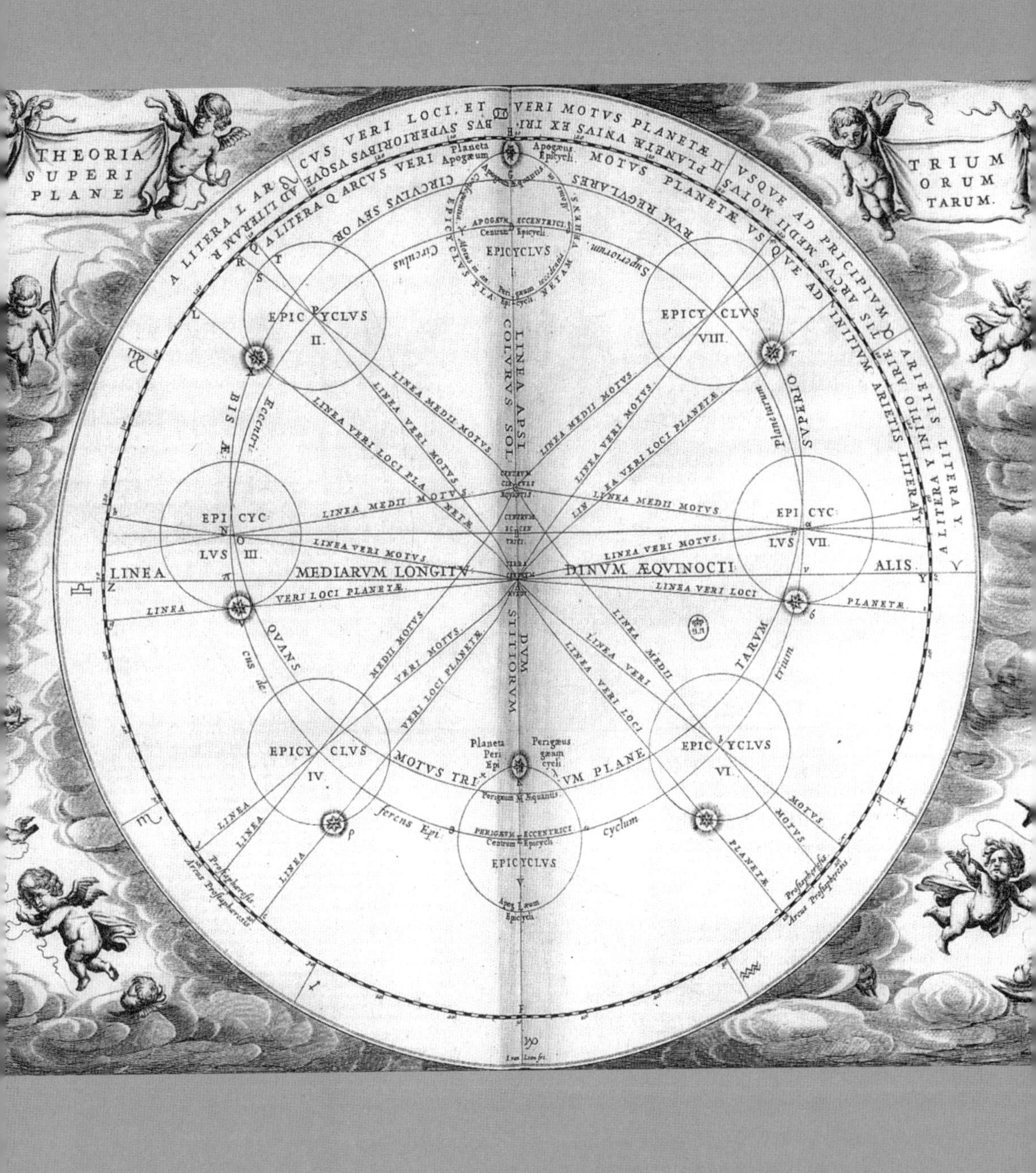

THEORIA SUPERI PLANE
TRIUM ORUM TARUM.
A LITERA L ARCVS VERI LOCI, ET VERI MOTVS PLANETÆ II VSQVE AD PRICIPIVM ARIETIS LITERA Y.
EPICYCLVS II.
EPICYCLVS VIII.
EPICYCLVS
EPICYC LVS III.
EPICYC LVS VII.
EPICYCLVS IV.
EPICYCLVS VI.
EPICYCLVS V.
LINEA APSI COLVRVS SOL
STITIORVM
LINEA MEDIARVM LONGITVDINVM ÆQVINOCTIALIS.
LINEA MEDII MOTVS
LINEA VERI MOTVS
LINEA VERI LOCI PLANETÆ
Planeta Apogæum
Apogæus Epicycli
Planeta Perigæum Epicycli
Perigæus
Centrum Epicycli
ferens Epicyclum

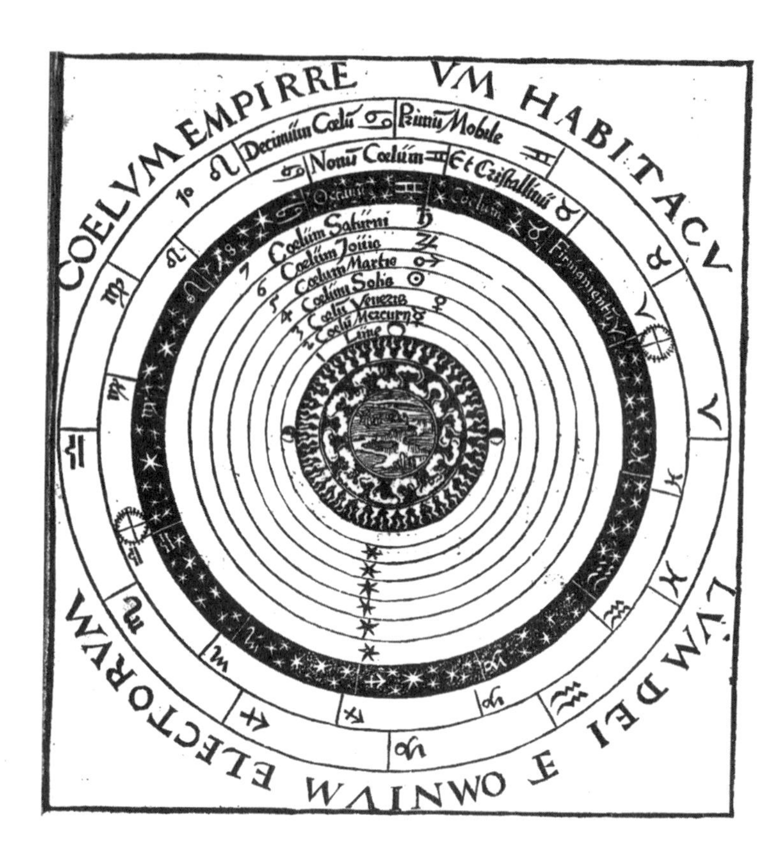

AO LADO:
Sistema do mundo segundo Aristóteles, com as modificações introduzidas na Idade Média cristã no sistema original, tais como o céu cristalino e o Empírio, casa de Deus e dos seus eleitos (Petrus Apianus, Cosmographicus, *1524)*

dois lugares, situados ao longo de uma rota muito usada pelas caravanas, deduzindo os primeiros valores da circunferência e do diâmetro da Terra, com exatidão notável para a época.

O primeiro grande observador da Antiguidade foi o astrônomo e filósofo grego Hiparco (séc. II a.C.), cujo catálogo estelar só foi ligeiramente ultrapassado em precisão no século XVI.

O aperfeiçoamento gradativo das observações, por um lado, e o desenvolvimento de novas técnicas matemáticas, por outro, constituíram o material com o qual a teoria do movimento dos planetas adquiriu formas definitivas, através do astrônomo e matemático grego Ptolomeu (c. 100-c. 170). Embora o *Almagesto*, como é mais conhecida a sua obra, tivesse sido fundamentado, principalmente, nas observações e investigações de Hiparco, Ptolomeu situou a Terra no centro do cosmo. Os movimentos da Lua e do Sol pelo céu podem ser representados aproximadamente por percursos circulares.

ABAIXO:
Esfera armilar metálica, segundo Copérnico, c. 1725

Por sua atitude intelectual, o *Almagesto* mostra claramente a influência da filosofia de Aristóteles, e seu esquema de ideias tornou-se, eventualmente, o dogma de uma doutrina rígida, o que contribuiu para a surpreendente durabilidade do sistema ptolomaico. Após o declínio da Academia de Alexandria, os cristãos, na Síria, e depois os árabes, em Bagdá, desenvolveram o trabalho de Ptolomeu.

CLÁUDIO PTOLOMEU

Astrônomo, astrólogo, geógrafo e matemático grego, nascido em Pelusa, entre os anos 90 e 100 d.C., e falecido em Canope, cerca de 170 d.C. Suas teorias e explicações astronômicas dominaram o pensamento científico até o século XVI. Sua primeira e mais famosa obra, a *Syntaxis Mathématica*, tornou-se mais conhecida como *Almagesto* na versão árabe. Além de propor uma teoria geométrica para explicar matematicamente os movimentos e posições aparentes dos planetas, do Sol e da Lua, o *Almagesto* constitui o mais valioso e completo resumo do conhecimento astronômico daquela época. O livro desfrutou de uma autoridade absoluta entre os antigos, tanto entre os bizantinos e os árabes como entre os latinos no Ocidente. Até a época de Copérnico e Galileu, esta permaneceu sendo a obra de referência da astronomia. Também ficou famoso por suas contribuições expostas na obra *Geographica*, em que escreveu os métodos de projeção utilizados na cartografia de sua época, bem como traçou as primeiras cartas geográficas.

Os oito livros de sua *Geographica*, escrita depois do *Almagesto*, têm uma importância que permanece ainda considerável e atual do ponto de vista histórico, se considerarmos as recentes publicações com citações e referências a essa obra. Deixou também importantes contribuições em matemática, através do avanço do estudo da trigonometria. Aplicou suas teorias na construção de astrolábios e relógios de Sol. No campo da óptica, explorou as propriedades da luz, especialmente a refração e a reflexão.

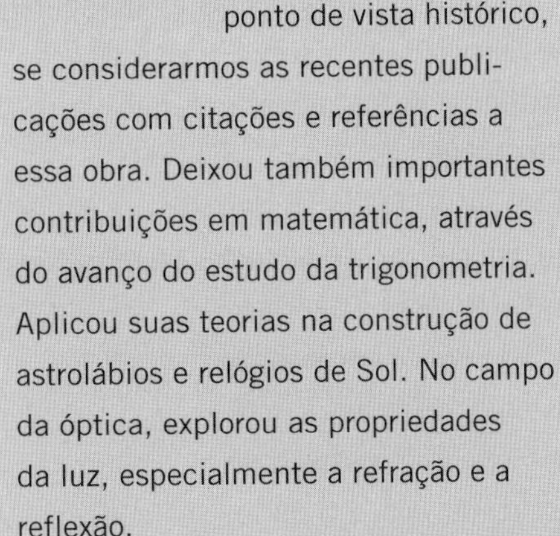

ASTRONOMIA NA IDADE MÉDIA

A tradução, os comentários e os dados que se foram anexando ao *Almagesto* formaram as fontes essenciais para o primeiro livro-texto de astronomia do Ocidente, o *Tractatus de Sphaera* (Tratado da esfera), de Johannes de Sacrobosco, forma latinizada de John Holywood (1200-1256), astrônomo inglês que ensinou na Universidade de Paris até a sua morte. Sua obra foi várias vezes reeditada, ampliada e comentada, tornando-se o principal texto de instrução acadêmica até o tempo de Galileu.

De súbito, novo espírito científico e novas ideias apareceram no século XV, primeiro na Itália e, posteriormente, mais ao norte. Só recentemente começaram a ser apreciadas as penetrantes meditações do cardeal Nicolau Cusano (1401-1464), matemático e astrônomo de ascendência alemã. É interessante ressaltar que suas ideias sobre o Universo infinito e sobre a investigação quantitativa da natureza brotaram de reflexões religiosas.

Em 1492, Colombo descobriu a América e, poucos anos mais tarde, o astrônomo polonês Nicolau Copérnico (1473-1543) apresentou o sistema heliocêntrico. A base intelectual deste novo pensamento veio, em parte, do fato de terem sido aproveitados, no Oeste, pelas

Astrônomo árabe com um astrolábio esférico e uma efeméride astronômica

Visão do Gênesis. A chama embaixo, à direita, fornece o calor que deu origem ao homem. O círculo central é o tapete estrelado da Via-Láctea (Hildegarde de Bingen, Codex Illuminatus, *c. 1180)*

ولم يقل انه دايرة لانه لا يكون دايرة حقيقية وبيان ذلك ان
التدوير ينزل عند تربيع الاوج نصف الخط الذي يتردد عليه وهو
بقدر ما بين المركزين وسمى البعدين مركز العالم ومركز التدوير
حينئذ بقدر نصف ما بين البعدين منتصف الابعد والاقرب

وكان من الواجب ان يكون ما بين البعد الابعد والاقرب الى مركز
التدوير ذلك القدر حتى يكون المدار دايرة فاذن المدار المذكور

ليست بدايرة

ABAIXO: *Em 1377, Nicola Oresme enviou um tratado de astronomia ao rei da França, Carlos V. Na realidade, tratava-se de uma tradução francesa do* De caelo *de Aristóteles (Nicole Oresme,* Livre du Ciel et du Monde, *1377)*

NA PÁGINA AO LADO: *Entre os astrônomos árabes do fim do século XIII, Nasar-al-Din-al-Tusi, no observatório de Maragha, foi um dos primeiros a alterar os modelos de Ptolomeu (al-Tusi,* Memória de astronomia, *1389)*

escolas bizantinas, muitos trabalhos da Antiguidade, após o saque de Constantinopla, pelos turcos, em 1453. Decerto, informações muito fragmentadas fornecidas pelos antigos sobre o sistema heliocêntrico tiveram grande influência sobre Copérnico. Assim, em 1510, Copérnico enviou para alguns astrônomos de renome um pequeno tratado que é um resumo das ideias contidas em sua obra-prima *De revolutionibus orbium coelestiurn* (Sobre as revoluções dos corpos celestes), publicada pela primeira vez em Nuremberg, em 1543.

Durante toda a vida, Copérnico manteve a ideia da perfeição do movimento circular, sem supor a existência de outra forma de movimento. Seguindo as tradições das escolas pitagóricas e platônicas, Kepler foi o primeiro a obter ótimos resultados, tratando de modo mais amplo o aspecto físico-matemático da teoria do movimento planetário. Partindo das observações do astrônomo dinamarquês Tycho-Brahe (1546-1601), cuja precisão ultrapassou todas as anteriores, o as-

trônomo alemão Johannes Kepler (1571-1630) descobriu as leis que regem o movimento planetário.

Pela mesma época, o astrônomo italiano Galileu Galilei (1564-1642) utilizou seu telescópio, construído em 1609; dirigindo-o para o céu, descobriu, em rápida sucessão, os mares, as crateras e outras formações montanhosas da Lua; as principais estrelas dos aglomerados* das Plêiades e das Híades; os quatro satélites maiores de Júpiter e sua revolução livre em torno do planeta; a primeira indicação dos anéis de Saturno e as manchas solares.

À ESQUERDA: *Aristóteles e Ptolomeu, fundadores do antigo sistema do mundo, e Copérnico no frontispício da obra de Galileu* Diálogo dos dois sistemas do mundo *(1632)*

ABAIXO: *Sistemas medievais, segundo Hildegarde de Bingen, à direita, e Grossuin de Metz, à esquerda*

As observações da supernova de 1572, por Tycho-Brahe, e da de 1604, por Kepler e Galileu, e, finalmente, o aparecimento de diversos cometas provocaram uma extraordinária revolução nos conhecimentos astronômicos. Ao contrário do ponto de vista aristotélico, não haveria mais diferenças básicas entre a matéria celeste e a terrestre, e as leis que governam a faísca terrestre também deveriam ser aplicadas à astronomia.

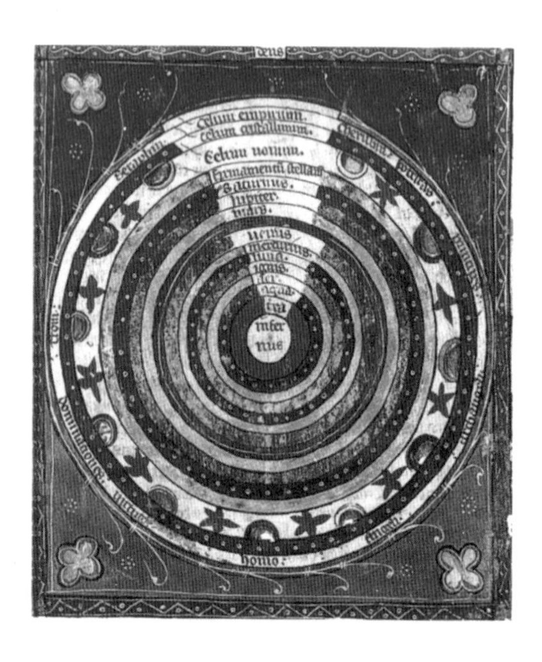

GALILEU GALILEI

Sábio italiano nascido em Pisa, em 18 de fevereiro de 1564, e falecido em Arcetri, em 8 de janeiro de 1642. Seu pai, o músico Vincenzo Galilei (1533-1591), residente em Florença, decidiu enviá-lo para a Universidade de Pisa, com a idade de 17 anos, para estudar medicina. Apesar de ser mais conhecido por sua contribuição à astronomia, ao utilizar uma luneta para observar o céu, em particular as manchas solares, os vales e as montanhas lunares, os quatro satélites maiores de Júpiter e as fases de Vênus, sua principal contribuição à ciência foi no campo da física, ao descobrir as leis que regem a queda dos corpos e o movimento dos projéteis. Em sua obra, *Diálogo sobre os sistemas máximos* (1632), defendeu a teoria de Copérnico, segundo a qual a Terra gira ao redor do Sol. Chamado a Roma pela Inquisição, que o acusava de "suspeita grave de heresia", Galileu foi obrigado a abjurar em 1633 e, mais tarde, condenado à prisão perpétua, pena que foi reduzida para prisão domiciliar. Sua última obra, *Discursos e demonstrações matemáticas, sobre duas novas ciências* (1638), permitiu rever e aprimorar seus primeiros estudos sobre o movimento e os princípios da mecânica em geral. Este livro possibilitou ao físico inglês Isaac Newton a formulação da lei da gravitação universal. A atitude de Galileu simboliza a defesa da pesquisa científica sem interferências filosóficas e teológicas. Por influência do cientista brasileiro Carlos Chagas Filho, o papa João Paulo II encaminhou, em 1979, uma revisão do processo de condenação eclesiástica do astrônomo. Em outubro de 1992, o Vaticano reconheceu seu grave erro.

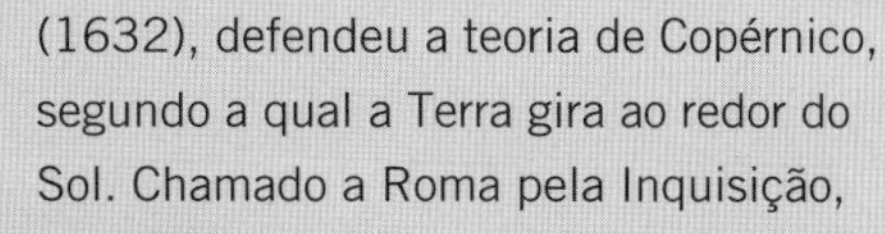

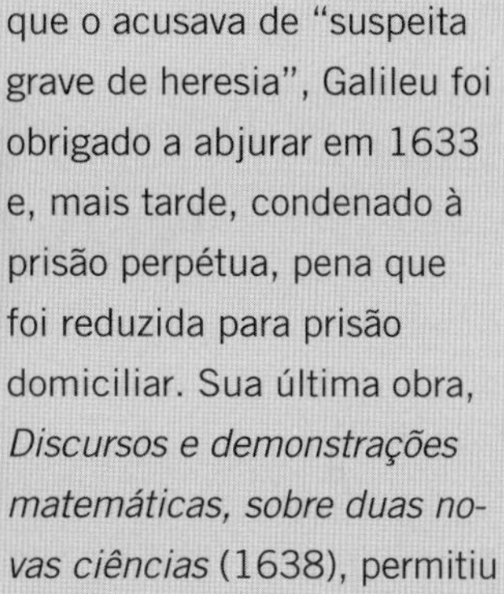

ACIMA:
Galileu

À ESQUERDA:
Na gravura ao lado, o sistema de Ptolomeu está representado sem os epiciclos (Andreas Cellarius, Atlas coelestis, *1708)*

NOVA ASTRONOMIA

Uma época de filosofia natural surge com Newton. Sua obra monumental fixa as bases da mecânica teórica. Da combinação de suas teorias com a lei de gravitação, surge a confirmação das leis de Kepler e, num só golpe, o estabelecimento, em bases científicas, da mecânica terrestre e celeste. No domínio da óptica, Newton inventou o telescópio refletor, discutiu o fenômeno da interferência, desenvolvendo as ideias básicas dos principais ramos da física teórica.

Os trabalhos astronômicos de Newton são apenas comparáveis aos de Gauss, que contribuiu para a astronomia com a teoria da determinação de órbitas, com trabalhos importantes de mecânica celeste, de geodésia avançada e pela criação do método matemático dos mínimos quadrados. Em tempo algum outro matemático abriu novos campos de investigação com tanta perícia na resolução de certos problemas fundamentais, como Gauss.

São dessa época os importantes trabalhos de mecânica celeste desenvolvidos por Euler, Lagrange e Laplace, e os dos grandes observadores, como F.W. Herschel, J.F.W. Herschel, Bessel, F.G.W. Struve e O.W. Struve. Finalizando este resumo, vale a pena lembrar uma data histórica para a astronomia – a da primeira medida da distância de uma estrela e, consequentemente, da determinação de sua distância, por Bessel (61 Cygni) e F.G.W. Struve (Vega), em 1838. Esta importante realização é basicamente o ponto de partida para o progresso das pesquisas do espaço cósmico.

A taça cósmica, no interior da qual Kepler via sólidos simétricos que se inseriam uns dentro dos outros (J. Kepler, Prodromus dissertationum cosmographicum, *1596)*

TABULA III. ORBIUM PLANETARUM DIMENSIONES, ET DISTANTIAS PER QUINQUE REGULARIA CORPORA GEOMETRICA EXHIBENS.

ILLUSTRISS.º PRINCIPI, AC DÑO, DÑO, FRIDERICO, DUCI WIR-TENBERGICO, ET TECCIO, COMITI MONTIS BELGARUM, ETC. CONSECRATA.

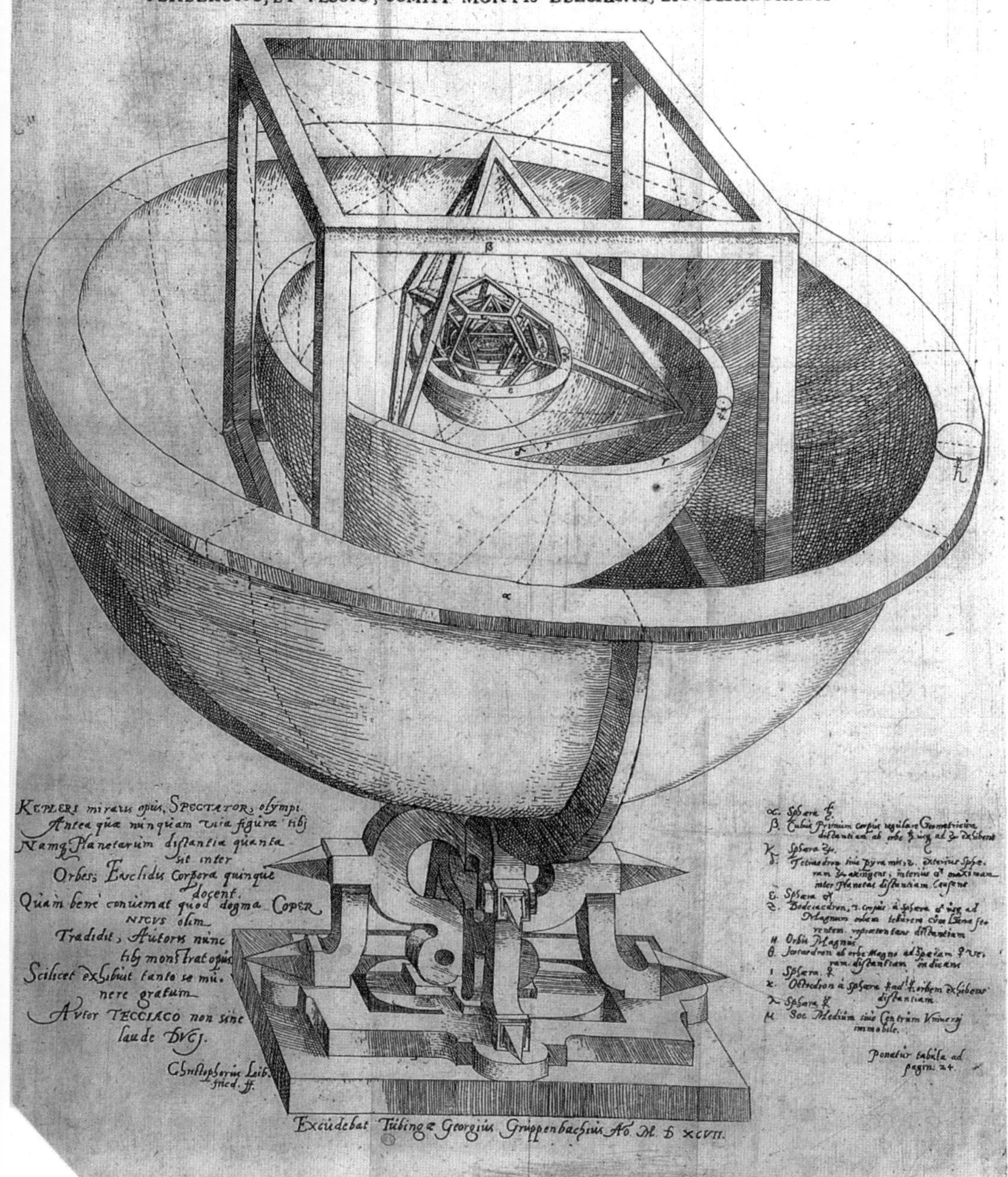

JOHANNES KEPLER

O astrônomo alemão Johannes Kepler nasceu em Weil der Stadt, na Suábia, entre a Floresta Negra, o Neckar e o Reno, em 27 de dezembro de 1572, às 14h30, e morreu em Regensburg (Ratisbona), em 15 de novembro de 1630. Quase todas as informações sobre a sua origem e vida derivam de uma espécie de horóscopo genealógico, que o próprio Kepler preparou aos 26 anos de idade. Esse documento contém mais de análise psicológica que de astrologia. Filho de família muito pobre, Kepler descreve o pai, Heinrich Kepler, como um "homem vicioso, inflexível, briguento e destinado a um péssimo fim". A mãe, Catarina Guldenman, filha de um estalajadeiro, possuía também caráter instável; era, segundo a própria descrição do filho, "pequenina, delgada, faladeira e briguenta de mau-caráter". Aliás, não havia muita diferença entre as duas Catarinas, mãe e avó, que viviam envolvidas pela magia e pelo feitiço
(a mãe quase acabou na fogueira, como uma de suas tias). Heinrich, um de seus irmãos, era epiléptico, mal de família. Kepler foi uma criança enfermiça. Adulto, continuou doente, míope e torturado. Além de ter sofrido toda sorte de doenças da pele, como furunculose e crises de abscessos, foi vítima também de várias moléstias gastrintestinais. De personalidade introspectiva, seu caráter complexo dificultou-lhe o relacionamento com os colegas e mestres. Além de miopia, sofria de poliopia anocular (visão múltipla), razão pela qual Kepler não foi jamais um excelente observador. Em 1575, a família de Kepler se instalou em Leonberg, onde frequentou irregularmente a escola. Trabalhou de 9 aos 11 anos de idade na taverna do pai e, depois, duramente como operário agrícola. São dessa época as suas primeiras recordações astronômicas. Em 1577, conta que a mãe se encaminhou com ele a um ponto bem elevado da cidade para ver um cometa. Aos 8 anos de idade assistiu a um eclipse da Lua que, segundo sua descrição, "parecia inteiramente vermelha". Trata-se, provavelmente, do eclipse de 31 de janeiro de 1580. Tendo a sorte de nascer no Ducado de Wurttemberg, logo após a reforma Luterana, num momento em que se fazia necessário propagar a fé através do ensino quase obrigatório, sua inteligência precoce o destinou, aos 12 anos, ao pequeno seminário de Adelberg e mais tarde à Universidade de Tubingen. Na Universidade de Tubingen, onde ele estudou teologia, música, matemática e, principalmente, geometria e astronomia, Kepler encontrou como mestre um dos mais estimados astrônomos da época, o copernicano Michael Maestlin. A grande contribuição de Maestlin foi ter iniciado Kepler no gosto pela astronomia, dando

especial atenção à sua educação e formação, o que aliás constituiu o principal motivo de sua fama. Kepler pretendia ser teólogo. A vaga de uma cátedra, na escola protestante de Graz, e a de matemática, dos Estados de Estíria, o induziram a abandonar a Universidade de Tubingen e, portanto, a carreira religiosa. Nomeado, em 1593, *Matematicus* em Graz, Kepler passou a ensinar o sistema de Copérnico, quando teve início a elaboração de sua extensa obra científica. Em 25 de abril de 1597, Kepler casou-se com a filha de um rico moleiro, Barbara von Muhleck, de 23 anos, e já viúva duas vezes. Desse casamento, que durou 14 anos, Barbara gerou três filhos, dos quais um faleceu. Kepler a descreve como de "temperamento estúpido, mau humor, solitária e melancólica". Barbara não o tornaria feliz e, principalmente, não compreenderia nem daria o justo valor à obra de seu marido, o que parece ser uma sorte comum aos gênios. Em 1º de janeiro de 1600, Kepler foi cassado da cátedra de Graz como protestante, o que o obriga a se dirigir a Praga, onde se tornou discípulo e assistente de Tycho-Brahe, a quem sucederia. Em 1611, ano tenebroso em Praga, morre um de seus filhos; em janeiro de 1612, sua esposa, epiléptica, enlouquece e morre. Kepler então deixa Praga e se instala em Linz, onde é nomeado Matemático Provincial. Em 1613 casa-se de novo, com Suzana Reutinger. Logo após, em 1620, surgem as acusações de que sua mãe pratica magia negra, o que o obriga a longas estadas em Leonberg, onde a defende junto aos inquisidores. Na verdade, a personalidade forte de Catarina Kepler havia provocado por parte de seus vizinhos as acusações caluniosas. Mas após dois anos de prisão ela foi liberada. Os últimos anos de vida de Kepler não foram menos infelizes que os primeiros. Tratado como filho de feiticeira, permaneceu em Linz até 1626, onde sofreu dificuldades. Sempre pobre, mal pago, Kepler morreu em 15 de novembro de 1630, em Ratisbona, no meio de uma viagem na qual tentava em vão obter o reembolso de uma dívida, sem assistir ao trânsito* de Mercúrio, que previra. Além de ter formulado e verificado as três leis do movimento planetário, conhecidas como leis de Kepler, realizou contribuições no campo da óptica e também desenvolveu um sistema infinitesimal em matemática, que foi um antecessor do cálculo. Sua mais importante obra foi *Astronomia nova* (1609), na qual expõe seus esforços para calcular a órbita de Marte. Neste tratado encontra-se a exposição de duas destas leis. No cemitério de São Pedro, onde foi enterrado, lê-se o seguinte epitáfio de sua própria autoria: "Os Céus medi, e agora meço as sombras/meu espírito ao céu esteve sempre preso/e agora à Terra jaz meu corpo preso." A obra de Kepler é vasta e bastante diversificada, compreendendo, segundo a *Bibliografia Kepleriana* de Max Caspar e M. List, Munique, 1968, mais de 86 títulos. Na verdade, Kepler ocupou-se da astronomia, cronologia, física, matemática, anatomia dos olhos e também de astrologia, e foi precursor dos romances de ficção científica ao descrever uma viagem à Lua, em 1620.

ASTRONOMIA MODERNA

A astronomia, como ciência de observação, teve o seu desenvolvimento intimamente ligado aos seus métodos e instrumentos, cuja insuficiência fez com que ela ficasse limitada à astrometria, até o advento da luneta de Galileu. Foram então vencidas as principais barreiras filosóficas existentes contra as interpretações de certos fenômenos registrados desde a mais remota Antiguidade, como a variação de brilho de algumas estrelas.

Apesar de Ptolomeu ter a noção da diversidade das radiações das estrelas, e de o astrônomo holandês David Fabricius (1564-1617) ter analisado as variações dessas radiações ao descobrir, em 1596, a primeira estrela variável, na constelação da Baleia, foi somente no século XIV que apareceu a astrofísica.

O físico alemão Joseph von Fraünhofer, em 1814, foi quem primeiro teve a ideia de estudar a luz do Sol decomposta por um prisma. As incontáveis raias espectrais então observadas só foram explicadas pelo físico alemão Gustav Robert Kirchhoff. Cinco anos depois, o astrônomo e físico inglês William Huggins aplicou o método espectroscópico às estrelas. Estes três importantes feitos, que iriam permitir o estudo da composição química das estrelas e o rápido desenvolvimento da física, no século XIV, foram as bases sobre as quais surgiu a astrofísica.

A espectroscopia estelar, a construção dos grandes telescópios, a substituição do olho humano pelas emulsões fotográficas e células fotoelétricas e os objetivos de sistematização e classificação, que traduzem as ideias filosóficas de Descartes, fizeram a astronomia evoluir mais nestes últimos cinco decênios do que nos cinco milênios de toda a sua história. A partir deste momento, a história da astronomia, em consequência do desenvolvimento tecnológico da segunda metade do século XX, sofreu uma tal mu-

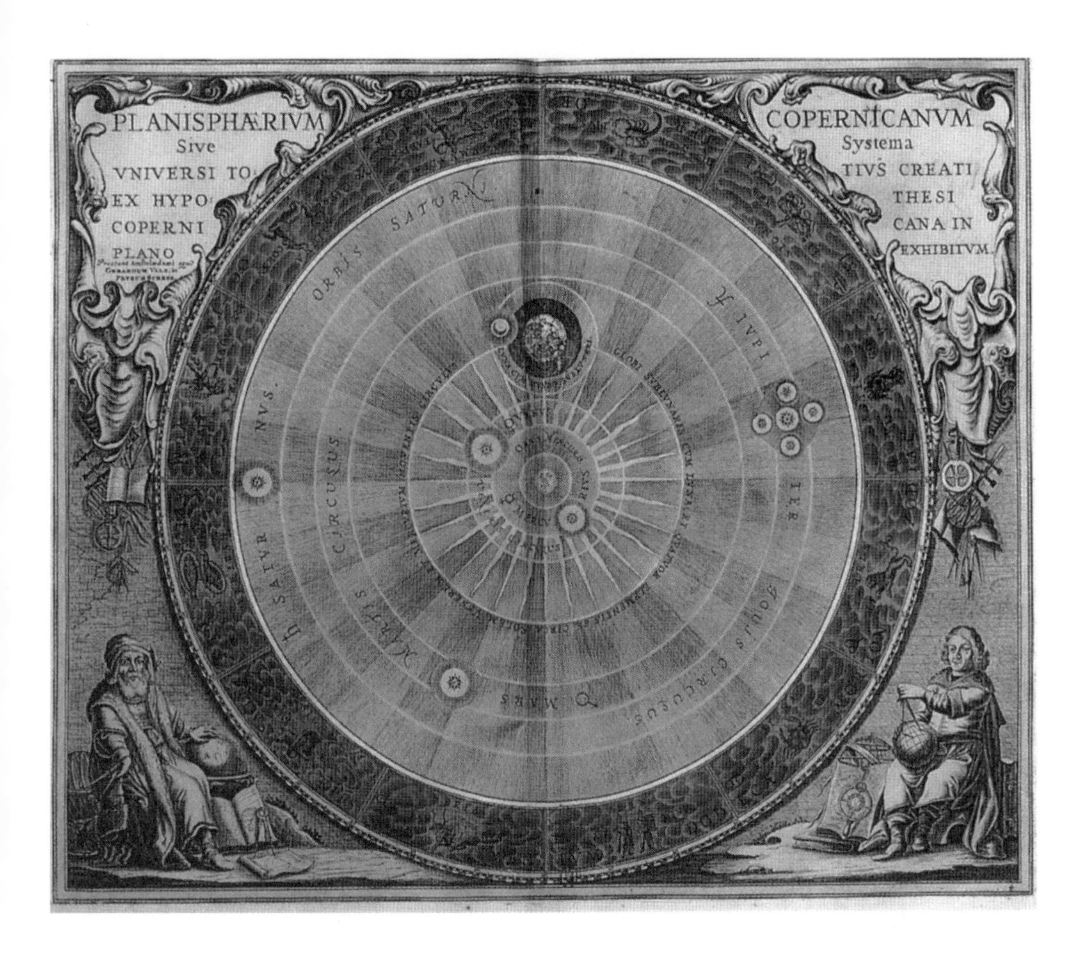

Sistema de Copérnico, segundo Cellarius. O astrônomo polonês está representado à direita, e Aristarco de Samos à esquerda. Andreas Cellarius, Atlas coelestis *(1708)*

dança nos seus métodos que a astronomia deixou o seu aspecto de ciência de observação para se tornar, também, uma ciência experimental.

Com efeito, a astronomia foi, até o advento do primeiro satélite artificial, uma ciência de observação. A ela coube a descoberta, mas não a dedução de leis, que permitiram ao homem, mesmo no estágio mais primitivo da História, desenvolver um método científico na sua expressão mais autêntica – a indução. Hoje, a astronomia contemporânea se caracteriza por um desenvolvimento espetacular da astronomia espacial, que surge com os primeiros satélites artificiais, numa sequência de sucessos da tecnologia.

NICOLAU COPÉRNICO

Astrônomo e médico polonês, nasceu em Torum (Thorn), às margens do Vístula, em 19 de fevereiro de 1473, e faleceu em Frauenburg, em 24 de maio de 1543. Em 1483, com a morte do pai, Copérnico foi orientado pelo tio materno, que o fez estudar, no Colégio de Thorn, as belas-artes e as línguas antigas, enviando-o, em 1491, para a Universidade de Cracóvia, onde estudou medicina. Acompanhou também os cursos de filosofia e matemática, quando se apaixonou pela astronomia, na época lecionada pelo renomado Albert Brudzewski. Recebeu o título de doutor em medicina em 1493, quando retornou à cidade natal para se tornar padre. Uma viagem à Itália, onde iria assistir às lições de sábios e artistas do Renascimento, alterou toda sua vida. Em 1496 dirigiu-se a Pádua, acompanhando os cursos de medicina e filosofia. Fez frequentes excursões a Bolonha para ouvir as lições do astrônomo Domenico-Maria Novara e ajudá-lo em suas observações. Em 1499, foi nomeado professor de matemática em Roma, quando então seus conhecimentos de astronomia se desenvolveram. Em 1496, em Bolonha, observou uma ocultação de Aldebaran pela Lua, em companhia de Domenico-Maria, e em 1500, acompanhou todas as fases de um eclipse da Lua. De volta à Cracóvia em fins de 1502, ordenou-se padre em 1503. Durante oito anos viveu nesta cidade. Nomeado cônego da Catedral de Frauenburg, em 1510, permaneceu nessa localidade os últimos trinta anos de sua vida. Entre 1507 e 1515, escreveu um breve tratado de astronomia conhecido como *Commentariolus* (Pequeno Comentário). Nesta obra, lançou as bases de uma nova astronomia enunciando a teoria heliocêntrica. Numa pequena torre, às margens de Frisches-Haff, instalou o seu modesto observatório, cujos instrumentos muito raros e primitivos foram construídos por ele próprio. O principal era um instrumento paraláctico, ideia usada mais tarde por Tycho-Brahe, que compreendia essencialmente três varas de madeira: a primeira, vertical*, servia como montante; a segunda, móvel ao redor do vértice da primeira, formava com ela um compasso; a terceira, fixada ao pé da primeira por um parafuso, era usada para medir a abertura do ângulo formado pelas duas anteriores. A segunda era dividida em 1.000 partes e a terceira em 1.414, por intermédio de traços marcados com tinta. Além da reforma monetária durante a administração de Warmie (dieta de Graudenz, 1522), passou a maior parte do seu tempo ocupando-se do exercício gratuito da medicina em favor dos pobres e da redação de sua obra *De revolutionibus orbium coelestium* (Sobre as revoluções dos corpos celestes,1543), publicada em Nuremberg, pouco antes de sua morte. Logo depois de publicada, a nova teoria passou quase desconhecida. Reticus divulgou em 1540 um resumo. Erasme Reinhold, Michael Maestlin e Christian Wurtisius adotaram-na, ao passo que Apianus Bassatin, Frascator, Fernel, Gemma e outros recusaram-se. Tycho-Brahe, embora admirador de Copérnico, propôs um sistema misto entre o de Ptolomeu e do astrônomo polonês. O clero permaneceu indiferente até que novos argumentos e provas a favor da mobilidade da Terra e da imobilidade do Sol foram apresentados por Galileu. Assim, em 5 de março de 1616, a sagrada congregação do Index interditou o livro de Copérnico. O sistema heliocêntrico tornou-se uma "heresia copernicana".

Nicolau Copérnico, além de astrônomo, foi um notável economista

NICOLAU COPÉRNICO, ASTRÔNOMO E ECONOMISTA

Além da sua teoria heliocêntrica, que revolucionou a astronomia, Copérnico ocupou-se também de uma reforma monetária. Naturalmente, como ocorre com milhões de outras pessoas, foi a inflação que conduziu Copérnico a pensar sobre o problema. Seu interesse surgiu em consequência do agravamento da situação econômica provocada pela crise monetária em Vármia. Naquela época, o papel-moeda não havia sido ainda introduzido na região. Toda transação ordinária, na vida comercial, utilizava exclusivamente moedas que eram cunhadas com uma liga de prata e cobre. A situação monetária era muito complexa, pois o dinheiro cunhado pelas diferentes casas da moeda dos governos sofriam diversas flutuações e perdiam o valor. Por outro lado, as moedas provenientes dos países vizinhos repercutiam igualmente na economia da região. No território da Prússia e da Pomerônia, existiam quatro casas da moeda: em Torun, em Gdansk, em Elblag e em Kroleviec. As moedas que essas casas cunhavam eram refundidas pelos cavaleiros teutônicos que introduziam, no meio circulante, moedas com uma quantidade cada vez menor de prata que, além de provocar inflação, freavam o desenvolvimento do comércio. Em 1516, quando os estados prussianos se reuniram em Elblag, Copérnico interessou-se pela questão e preparou uma primeira dissertação *De estimationo monete* (Sobre o preço da moeda). Dois anos mais tarde, quando de uma estada em Olsztyn, Copérnico retomou tal dissertação e elaborou um novo estudo um pouco diferente, intitulado *Tractatus de monetis, Modus cudendi monetam* (Tratado sobre as moedas). Em março de 1522, Copérnico e o cônego Tideman Giese participaram, como representantes da Warmie, no Congresso dos estados da Prússia Real, em Grudziadz. Por solicitação desses estados que já conheciam o seu interesse pelo problema, Copérnico apresentou o seu tratado sobre a moeda (*Tractatus de Monetis*). Nesse estudo, Copérnico propôs igualizar a moeda prussiana com a polonesa, o que foi aprovado pelos congressistas presentes. Em seguida, essa questão foi reestudada em outras assembleias dos estados da Prússia Real: em Tezew, em outubro de 1522, e de novo, em Grudziadz, em outubro de 1524, quando todos os estados aprovaram a proposta do astrônomo polonês. As questões monetárias eram de enorme atualidade na época. Elas eram discutidas em quase todas as reuniões dos estados prussianos, pois a crise monetária e a inflação resultante vinham provocando efeitos muitos sérios nas transações comerciais. Em 1528, Copérnico elaborou um estudo teórico definitivo sobre a questão: *Moneto cudende ratio* (Sobre a maneira de cunhar moedas), no qual desenvolveu uma série de postulados que visavam a melhorar a situação; por exemplo, aconselhava a instalação de uma única casa da moeda, a unificação do sistema monetário em todo o Reino da Polônia, bem como a estabilização e revalorização da moeda.

Para melhor esclarecer os políticos que acreditam em uma dicotomia entre a estabilidade democrática e a econômica, convém reproduzir o período inicial da dissertação copernicana: "Inúmeras são as causas que provocam habitualmente a decadência dos Estados (das monarquias e das repúblicas). Na minha opinião, existem quatro que são as mais perigosas: a discórdia (divisões intestinas), a grande mortalidade, a esterilidade do solo e a desvalorização da moeda. As três primeiras são tão evidentes que ninguém poderá colocar em dúvida os seus efeitos. Ao contrário, o quarto, relativo à moeda, só é reconhecido por muito pouca gente e assim mesmo por aqueles que refletem com seriedade e profundidade, pois os Estados não são condenados à ruína no primeiro golpe, mas lentamente e de uma maneira invisível." Logo em seguida explicava: "A moeda é uma espécie de medida geral de valor. Ora, é indispensável que ela seja uma medida que deve ser conservada sempre como uma grandeza constante e imutável. "Depois de expor suas considerações genéricas sobre a moeda, Copérnico analisou os problemas da moeda da Prússia e as causas da crise. Em consequência das falsificações praticadas durante longos anos, o valor da moeda caiu. Por outro lado, o fato de as cidades (Torun, Gdansk, Elblag, Kroleviec) terem a possibilidade de cunhar sua própria moeda provocou um aumento na quantidade e qualidade das moedas. E, em consequência, apareceram em circulação moedas boas e ruins. Os ourives e os comerciantes escolhiam, entre as diferentes moedas, as melhores, em geral as mais antigas, e após extrair a sua prata, vendiam o metal. Assim, eles obtinham do povo ignorante uma maior quantidade de prata em moeda misturada. Desse modo, à medida que as velhas moedas de maior valor desapareciam totalmente de circulação, só as moedas aviltadas permaneciam. Com a diminuição da quantidade de prata, as moedas sofriam uma queda no seu valor de troca. Partindo desta constatação, Copérnico formulou a primeira lei da suplantação da boa moeda por uma má, ou seja, por uma moeda de mais fraco teor de metal precioso. Tal lei, enunciada por Copérnico, ficou conhecida com o nome de lei de Gresham, em homenagem ao financista inglês Thomas Gresham (1519-1579), criador da Bolsa de Londres, que, no século XVI, depois de Copérnico, formulou também o princípio segundo o qual as moedas ruins contaminam as boas. Talvez, para melhor compreender esta última conclusão, nada seja melhor do que esta análise de Copérnico, o astrônomo que revolucionou a astronomia e a economia: "O comércio, o tráfico, as artes e as profissões florescem onde o dinheiro é bom. Onde é ruim, ao contrário, as pessoas se tornam tristes e preguiçosas: renunciam a cultivar seu espírito. Recordamos ainda o tempo no qual tudo era barato na Prússia, quando a moeda em circulação era boa. Agora, os preços dos objetos de primeira necessidade aumentaram. É evidente que o dinheiro desvalorizado favorece a indolência e não ajuda os pobres..."

INSTRUMENTOS E MÉTODOS DE ASTRONOMIA

Os telescópios são de origem relativamente recente. Os antigos tinham de fazer suas observações a olho nu, o que faz com que algumas de suas conquistas sejam ainda mais notáveis.

Existem duas espécies de telescópios: os refratores e os refletores. Nos telescópios refratores, ou lunetas, as objetivas são lentes. Nos telescópios refletores, ou simplesmente telescópios, as objetivas são espelhos côncavos.

A objetiva é o sistema óptico que recebe primeiro os raios luminosos do objeto a ser observado. Nas lunetas, esses raios que incidem sobre a objetiva são focalizados por um conjunto de lentes e observados pelo olho através de uma ocular que amplia a imagem fornecida pela objetiva. Entretanto, os telescópios de reflexão empregam outro princípio: os raios luminosos são captados e refletidos por meio de um espelho côncavo no foco de uma ocular, onde os raios luminosos são ampliados.

As qualidades essenciais das lunetas e dos telescópios são a luminosidade e o poder separador. O que define a luminosidade é o fato de o fluxo luminoso proveniente da estrela e concentrado no olho do observador ou num ponto de uma placa fotográfica ser proporcional ao quadrado do diâmetro da objetiva. O poder separador é a distância angular mínima de duas estrelas que podem ser vistas distintamente no aparelho; ele é inversamente proporcional ao diâmetro da objetiva, ou seja, quanto maior o diâmetro da objetiva, menor será o poder de separar duas estrelas muito próximas entre si. Sua invenção é atribuída ao

Cartógrafos e instrumentos, segundo o tratado de navegação de Guillaume Janszoon, Le Flambeau de la navegation *(1620)*

astrônomo italiano Galileu Galilei (1564-1642), que, em 1609, construiu a primeira luneta astronômica. Era um simples tubo de 1,50 m de comprimento, munido de uma objetiva de cerca de 4 cm e capaz de um aumento de trinta vezes. Como as descobertas estavam por vir, a luneta de Galileu ampliou consideravelmente os limites do Universo conhecido.

Astrolábio árabe de Ahmad Khalaf (séc. IX)

No ano seguinte, o astrônomo alemão J. Kepler (1571-1630) imaginou substituir a ocular côncava por uma lente convexa, de foco curto. Dessa maneira, o campo se alargava, ao mesmo tempo que a ampliação podia ser aumentada com o emprego de objetivas de maior diâmetro. Infelizmente, essas objetivas possuíam um grande defeito: forneciam imagens franjadas com as cores do arco-íris, pois o vidro das lentes não tinha o mesmo índice de refração para todas as cores do espectro. Para contornar essa *aberração cromática* foi necessário de início alongar a distância focal, ou seja, o comprimento das lunetas. Assim, foi iniciada a manufatura de lunetas de 75 a 230 mm de diâmetro e focos enormes, de 30, 45 e até 70 m. Como era muito difícil fabricar tubos com tais comprimentos, dispunham-se as lentes sobre suportes (torres, mastros etc.), e os astrônomos no chão, com lupas, fazendo acrobacias, procuravam examinar as imagens fornecidas pelas objetivas.

Globo celeste árabe, c. 1080

Até o fim do século XVII, as lunetas eram objetos monstruosos. Foi então que os astrônomos se perguntaram: – Se é para corrigir a aberração cromática que construímos lunetas tão

compridas, por que não tentar a fabricação de objetivas sem essas aberrações, isto é, objetivas acromáticas?

Quem resolveu esse problema em definitivo foi o óptico inglês John Dollond (1706--1761), em 1758, que colou duas lentes de vidro de índice de refração diferentes. Uma vez acromáticas, as objetivas acomodaram-se a focos mais curtos e puderam ser fixadas a tubos, adaptáveis às montagens que haviam sido inventadas naquela época. Surgem, então, algumas famosas lunetas: em 1824, a do Observatório de Dorpat, na Rússia, com objetiva de 42 cm e 4,30 m de foco; em 1835, a do Observatório de Cambridge, com 32 cm; logo depois as dos Observatórios de Estrasburgo, Washington, Viena, Paris e Lick (Califórnia), respectivamente, com 50, 66, 68, 85 e 91 cm de diâmetro. Em 1892, foi construída a maior até hoje, no Observatório de Yerkes, em Chicago, com 1,02 m de diâmetro e 19 m de distância focal.

Na realidade, foi o físico inglês Isaac Newton (1642-1727) quem percebeu a vantagem dos telescópios sobre as lunetas, uma vez que suprimiam a aberração cromática. Ele chegou mesmo a construir um desses instrumentos, em 1672, com um espelho metálico de concavidade esférica com 25 mm de abertura e 15 cm de foco. No entanto, possuía um defeito – deformava as imagens por aberração esférica – que foi eliminado, em 1720, pelo inglês John Hadley (1682-1744), que submeteu à concavidade do espelho a forma de um paraboloide. Apesar desse avanço, havia contra os telescópios a técnica insipiente: era muito difícil fabricar e talhar espelhos metálicos, bem como garantir-lhes um polido duradouro. O primeiro grande telescópio com espelho de 1,20 m de diâmetro e foco de 12 m foi

ACIMA:
Grande telescópio de Lord Rosse em Parsonstown (Irlanda)

À ESQUERDA:
Telescópio refletor construído em 1668 por IsaacNewton.

À DIREITA:
O grande telescópio do Observatório de Lick, na Califórnia.

construído em 1789 pelo astrônomo inglês William Herschel (1738-1822). Um segundo foi construído por Lorde Rosse (1800-1867), astrônomo inglês, em 1845, com um espelho de 1,83 m de diâmetro e 17 m de foco. Esses esforços eram apreciados de longe, pois ninguém se aventurava a imitá-los. Só em 1856, o físico francês Leon Foucault (1819-1868) e o alemão Karl A. Von Steinheil (1801-1870) alteraram as perspectivas dos telescópios, quando mostraram a possibilidade de os espelhos poderem ser feitos de vidro, com leve camada refletora de prata. Desde então os observatórios começaram a instalar telescópios de 40, 50, 100 e 120 cm de diâmetro para pesquisas.

Eis as vantagens dos telescópios sobre as lunetas: rigoroso acromatismo; maior facilidade de fabricar espelhos que lentes; para diâmetros iguais, os telescópios são mais curtos que as lunetas e, em consequência, de custo inferior, sem considerarmos a economia de montagem e da cúpula, prédio onde será instalado.

Não se deve esquecer que os menores defeitos no interior das lentes prejudicariam a passagem das radiações luminosas, que nos espelhos serão simplesmente refletidas.

Por outro lado, ainda que houvesse possibilidade de construir lentes acromáticas de muito grande diâmetro, seu peso seria suficiente para as deformar. Como um

espelho se apoia sobre suportes convenientes que eliminam as flexões, essas deformações não ocorrem.

Logo que surgiram os espelhos de vidro, não houve astrônomo que não preferisse os telescópios, em virtude da grande luminosidade garantida por seus diâmetros e pelo fato de os telescópios serem mais adequados que as lunetas para registrar as imagens de astros fracos, bem como para fornecer espectros mais fiéis, pois a luz dos astros não era obrigada a atravessar o vidro.

As lunetas, consideradas as rainhas do instrumental astronômico durante o século XIX, foram substituídas no século XX pelos telescópios. A primeira grande vitória foi o telescópio de 60 cm instalado em Yerkes, em 1900. Em seguida, os telescópios de 1,50 m e 2,50 m instalados no Observatório de Monte Wilson, respectivamente, em 1908 e em 1917. Em 3 de junho de 1948, inaugurou-se o gigantesco telescópio de 5 m de diâmetro do Monte Palomar, durante quase três decênios o maior do mundo. Atualmente, o maior telescópio é o de Zelentchouk, na URSS, com 6 m de abertura e um espelho de 42 toneladas de peso, que foi instalado, em 1976, a 2.060 m no Monte Pastukhov, no Cáucaso.

Durante mais de dois séculos, a astronomia permaneceu como uma ciência puramente observacional e matemática, até que, no início da segunda metade do século XIX, descobriu-se o método da análise do espectro. Foi a descoberta mais revolucionária da física aplicada à astronomia. Surgiu assim a verdadeira ciência da astrofísica, que permitiu melhor conhecer a física e a química das estrelas muito afastadas e das galáxias mais distantes. Sua natureza, constituição e temperatura, bem como a dos planetas do nosso próprio sistema solar, começaram a ser reveladas. Até a existência de estrelas invisíveis pode ser demonstrada dessa maneira, assim como a determinação de suas órbitas, movimentos e massas.

A astrofísica surge de fato, como um domínio científico próprio, a partir da invenção do espectroscópio, o instrumento mais importante em toda pesquisa astronômica, cujo funcionamento exige uma breve explicação.

Se um raio luminoso atravessa um prisma de vidro, ele se decompõe nas suas cores primárias; assim, em lugar de uma faixa de luz branca, torna-se visível uma estreita faixa de cores brilhantes, indo do vermelho ao violeta. Todavia, este não foi o ponto mais importante da descoberta. O grande avanço surgiu quando o espectro da luz solar foi cuidadosamente examinado: descobriu-se que era atravessado por numerosas raias negras de várias espessuras. Algumas vezes, isso ocorria em grupos, outras vezes, isoladamente. Com a ampliação do espectro fazendo-o passar através de diversos prismas, puderam ser contadas cerca de três mil destas raias. A natureza e explicação para essas faixas escuras permaneceram sem interpretação durante algum tempo, até que o físico alemão Gustav R. Kirchhoff (1824-1887), em 1860, descobriu o seu significado e a sua utilidade.

Em resumo, trata-se do seguinte: os elementos químicos, quando aquecidos até o estado de incandescência, apresentam cada um seu próprio espectro característico. Cada um tem suas raias peculiares, situadas em posições bem determinadas. No espectro, nenhum elemento tem uma faixa igual à do outro. Assim, quando se observa uma raia ou linha particular, torna-se evidente que um certo elemento, e não outro, está presente. Tais espectros são muito diferentes. O ferro, por exemplo, tem mais de duas mil faixas, ao passo que o chumbo e o potássio têm apenas uma. Como todos os elementos químicos já foram estudados, suas raias características são bem conhecidas, de modo que se torna possível explorar as estrelas, os planetas, as galáxias e nebulosas e descobrir suas composições químicas.

A análise espectral desses corpos distantes é possível, pois qualquer elemento – na Terra ou na mais remota estrela – apresenta sempre, quando examinado desse modo, o seu espectro particular.

As consequências desse método de estudo para a astronomia foram imediatamente percebidos pelos astrônomos. De fato, não apenas os corpos celestes conhecidos, como também os que nunca foram vistos pelo olho humano – ainda que com o auxílio dos mais poderosos telescópios – podem ter as suas estruturas e composição química estudadas e determinadas com precisão.

Tudo isso torna-se mais significativo quando nos detemos para examinar as imensas distâncias que nos separam desses corpos que analisamos. Depois do Sol, que se encontra a cerca de 150 milhões de quilômetros, a estrela mais próxima, Alfa do Centauro, está a cerca de 40 trilhões de quilômetros. Por outro lado, existem bilhões de estrelas bilhões de vezes mais afastadas, cuja análise espectral permite conhecer a constituição.

Luneta de Hevelius, em Dantzig (Johannes Hevelius, Selenographia sive Lunae descriptio, *1647)*

ISAAC NEWTON

Matemático e físico inglês, nascido na cidade de Woolsthorpe, em 25 de dezembro de 1642, e falecido em Londres, em 20 de março de 1727. Foi considerado um dos maiores cientistas da história, por suas importantes contribuições em vários campos da ciência. Foi, ao lado do matemático alemão Gottfried Wilhelm Leibniz, um dos inventores da área da matemática chamada cálculo. Além da mecânica e da matemática, Newton dedicou-se à óptica, estudando e polindo lentes à procura de um dióptrico perfeito e sem aberrações cromáticas. Suas primeiras experiências com prismas, que dariam origem às suas deduções sobre a decomposição da luz, surgiram nessa época. A construção de um telescópio refletor, do tipo atualmente mais em uso, assegurou-lhe em janeiro de 1671 a sua eleição para a Royal Society. Um ano depois, apresentou a teoria das cores, publicada em *Philosophical Transactions*, em que relatou as suas experiências de decomposição da luz branca com um prisma. Em 1675, Newton enviou à Royal Society uma comunicação sobre as propriedades da luz, onde ministrou uma magnífica lição de filosofia da ciência, mostrando qual deve ser o trabalho do físico e a qualidade do experimentador, antes de qualquer especulação teórica. Apesar de estar pesquisando há muito tempo o problema da atração dos corpos, só a determinação do raio da Terra, pelo francês Jean Picard, em 1671, permitiu a Newton concluir o projeto iniciado em 1667. Uma visita do astrônomo Edmond Halley o induziu à retomada do seu trabalho. Inspirado em Hooke, então presidente da Royal Society, esse trabalho de Newton representou a primeira demonstração da equivalência das leis de Kepler como uma força de atração inversamente proporcional ao quadrado das distâncias. Com a ajuda financeira de Halley, após um intenso trabalho de dois anos, Newton publicou, em 1686 e 1687, *Philosophiae Naturalis Principia Mathematica* (Princípios matemáticos da filosofia natural,1687), obra que marcou época na história da ciência e fez com que o autor perdesse o receio de expor suas teorias. Ao expor a *Lei da Gravitação,* explicou a mecânica de Galileu. Sua principal contribuição, no entanto, foi a formulação das três leis do movimento e a dedução, a partir delas, da lei da gravitação universal. Provavelmente, Newton é mais conhecido por essa lei, que afirma que todos os corpos no espaço e na Terra sofrem a ação de uma força chamada gravidade. A obra *Principia,* como ficou conhecida, produziu rápida e profunda repercussão nos meios científicos e filosóficos internacionais, apesar da sua pequena tiragem (trezentos exemplares). Newton, diante das homenagens do mundo, deixou, entretanto, esta célebre frase que resume toda a sua modéstia: "Se consegui ver mais longe que outros seres humanos é porque subi em ombros de gigantes."

FOTOGRAFIA

A fotografia foi o segundo grande método auxiliar de pesquisa astronômica que, como a espectroscopia, começou a se desenvolver a partir da segunda metade do século XIX. Por seu intermédio foram efetuados os mapas mais exatos do céu a qualquer hora da noite, e determinada com exatidão impressionante a posição de milhões de estrelas. Um mapa do céu realizado dessa maneira, além de mais completo, é também mais preciso.

Por outro lado, a fotografia revela a existência de estrelas que não podem ser observadas nem com os mais poderosos telescópios. Isto se deve ao fato de que a chapa fotográfica é impressionada pela luz gradualmente e seu efeito acumulativo é registrado pela emulsão, enquanto o seu efeito imediato não pode ser percebido por um observador. Tal poder das emulsões fotográficas é muito superior ao da retina humana, não podendo ser igualado por outros processos até a metade do século XX, quando surgiram modernos processos de registros de imagens em fitas magnéticas. Foi a capacidade de registro da fotografia que permitiu o enorme avanço da astronomia. Na verdade, uma boa câmera astrofotográfica de 10 cm de diâmetro convenientemente preparada e em exposição por várias horas poderá revelar a existência de estrelas tão diminutas que são invisíveis num telescópio de 40 cm. Os mais precisos catálogos de estrelas foram elaborados com o uso da fotografia, e um enorme número de novos corpos celestes no sistema solar – como cometas e asteroides – foi descoberto fotograficamente.

A fotografia não foi empregada somente para mapear o céu estrelado, nem para procurar as estrelas mais afastadas, mas também para registrar os detalhes superficiais da Lua e do Sol. As primeiras boas fotos da Lua foram efetuadas pelo astrônomo inglês John W. Draper, de Nova York, em março, de 1840. Seu filho, Henry Draper (1837-

-1882), sucedeu-o em seu trabalho, e as suas fotos foram consideradas as melhores, até que o astrônomo norte-americano Lewis Morris Rutherford (1816-1892) iniciou seu notável trabalho em 1865. A primeira foto do Sol foi obtida, em 1845, pelos astrônomos e físicos franceses A. Fizeau (1819-1896) e Leon Foucault (1819-1868), com uma chapa daguerreotípica.

As primeiras fotos de um cometa, de uma nebulosa e de um espectro foram efetuadas dois decênios antes do início deste século. Desde então as manchas solares, os eclipses, os cometas e os asteroides passaram a ser estudados minuciosamente graças à fotografia.

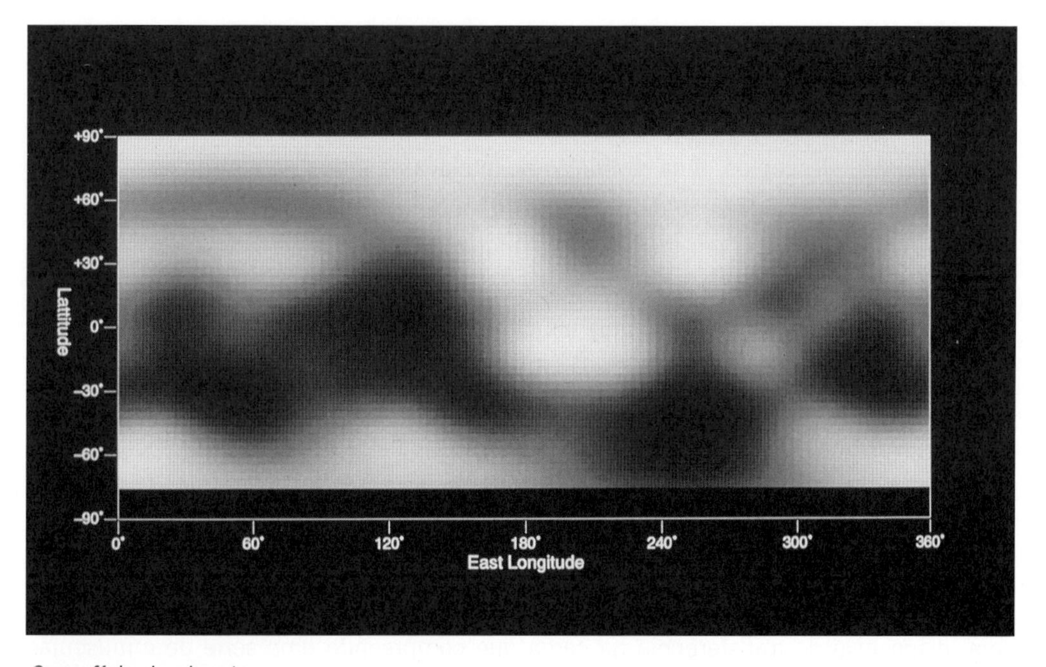

Superfície do planeta Plutão, obtida pelo telescópio espacial Hubble

DETECTORES FOTOELÉTRICOS

Ao mesmo tempo em que o desenvolvimento óptico parecia limitar o poder dos grandes telescópios, uma revolução se iniciava na indústria eletrônica – o aparecimento de uma nova geração de detectores de alta sensibilidade luminosa, que, além de aumentar o poder dos telescópios já existentes, alterou o seu custo operacional.

Os primeiros detectores usados nos telescópios foram as fotomultiplicadoras, que mediam somente o brilho total de luz incidente, enquanto os modernos detectores podem fornecer uma imagem bidimensional, determinando com maior precisão o brilho em cada ponto da superfície sobre a qual a luz do objeto celeste incide. Pode-se, graças aos desenvolvimentos da tecnologia espacial, obter uma reprodução eletrônica de uma pequena região do céu, como também analisar um espectro, ou seja, a luz decomposta por um prisma.

Os dois maiores sistemas em uso são o sistema de contagem de fótons (que consiste num sistema modificado de câmera de televisão) e o CCD (Charge Complet Device), ou seja, dispositivo de transferência de carga que compreende uma série de minúsculas células de silício ultrassensíveis.

Esses detectores podem substituir as placas fotográficas em pequenas áreas, fornecendo imagens muito mais eficientes dessas regiões. Para efeito de comparação, devemos lembrar que as placas fotográficas registravam há duas décadas um fóton em uma centena que atingia a emulsão sensível. Com os modernos CCD, é possível registrar dois fótons em três, de modo que, com tais detectores, aumentou-se o ganho de um telescópio de uma potência de cem. Desse modo, um telescópio de 5 m equipado com CCD passa a possuir uma capacidade equivalente a de um de 50 m. Assim foi possível aos astrônomos aumentar dez vezes a capacidade de seus telescópios com o uso de novos detectores eletrônicos.

RADIOASTRONOMIA

Até 1932, os nossos conhecimentos sobre o Universo estavam limitados, em grande parte, às observações da astronomia óptica. Hoje, temos uma visão mais pormenorizada dos espaços interestelares por meio de um novo instrumento – o radiotelescópio – que surpreende alguns dos invisíveis fenômenos que ali se desenrolam. O funcionamento de um radiotelescópio não difere muito da visão; como um olho, recebe dos espaços cósmicos as ondas eletromagnéticas que se diferenciam da luz somente pelos seus comprimentos de onda.

Todavia, com os maiores comprimentos de onda do rádio, é possível registrar eventos relativos aos corpos celestes e aos espaços cósmicos que nunca poderiam ser observados com um telescópio óptico.

Embora esteja muito difundido que a radioastronomia tenha sido uma consequência dos progressos da eletrônica durante a Segunda Guerra Mundial, sabemos hoje que a história é muito diferente. O primeiro pesquisador a sugerir que as ondas radioelétricas podiam estar vindo para a Terra dos Céus foi o físico inglês Sir Oliver Lodge. Em 1894, Lodge lançou a hipótese de que as ondas hertzianas provenientes do Sol podiam ser detectadas. Entre 1897 e 1900, tentou algumas experiências em Liverpool, entretanto, com o seu equipamento muito rudimentar, foi incapaz de selecionar qualquer sinal radioelétrico de fora da Terra.

A ideia de Lodge baseava-se na teoria, inédita no seu tempo, de que as ondas de rádio, o calor, a luz e os raios X eram todos diferentes manifestações das ondas eletromagnéticas. Se a luz e o calor provêm do Sol, por que de lá não vêm ondas de rádio? O sábio e físico inglês ainda raciocinou que, se muito mais calor e luz chegam à Terra provenientes do Sol do que de todas as outras estrelas, muito provavelmente as ondas de rádio do Sol deveriam ser mais intensas, e por esse motivo mais fácil seria detectá-las.

Não obstante essa ideia, o engenheiro norte-americano Karl G. Jansky (1905--1950), do Bell Telephone Laboratories, dos EUA, ao detectar, em 1931, as primeiras ondas de rádio do espaço, achou que elas eram oriundas da Via-Láctea, e não do Sol. Ao proceder dessa maneira, Jansky, o fundador dessa nova ciência experimental – a radioastronomia – não estava à procura de nenhuma mensagem dessa natureza. Sua preocupação era o estudo das tempestades atmosféricas, com o auxílio de uma antena rotativa direcional. Ele percebeu que, mesmo quando não existiam distúrbios atmosféricos, a antena captava pequenos sinais que aparentemente não provinham da Terra. Conseguiu, no entanto, deduzir que esses ruídos pareciam originar-se todos da Via-Láctea. De fato, as fontes de rádio permaneciam fixas em relação às estrelas, indicando sua origem extraterrestre. Entusiasmado pelos trabalhos de Jansky, seu colega norte-americano Grobe Reber (1911-2002) construiu, em 1936, em sua casa em Wheaton, Illinois, um grande radiotelescópio com o qual realizou a primeira carta radioelétrica do céu. Durante a Segunda Guerra Mundial, a utilização da radiotelegrafia sem fio e do radar conduziu à descoberta da radiação rádio do Sol.

Com esses resultados ficou mais do que evidente que as ondas luminosas, sobre a qual se fundamentava toda a astronomia até trinta anos atrás, não eram a única radiação emitida pelos astros. Assim, em 1944, o holandês Hendrik van de Hulst (1918-2000) previu a emissão de hidrogênio no comprimento de onda de 21 cm, o que efetivamente foi observado em 1951, fornecendo o melhor processo para se estudar o meio interestelar, pois o hidrogênio é o elemento mais comum no Universo. Mais tarde, em 1946, o inglês James S. Hey pôs em evidência a primeira fonte de rádio* extragaláctica, na constelação de Cisne. A partir desta época, a radioastronomia desenvolveu-se de modo espetacular, enriquecendo o nosso conhecimento sobre o Universo com a descoberta de novos objetos (os quasares* em 1960, os pulsares* em 1967), de novos fenômenos (como a radiação de fundo de 3° Kelvin, em 1965) e a sondagem de regiões do espaço até então inacessíveis pelos meios ópticos.

"ORA (DIREIS) OUVIR ESTRELAS!"

Ao escrever o célebre soneto "Via--Láctea", mais conhecido pelo primeiro verso "Ora (direis) ouvir estrelas! Certo perdeste o senso!", o poeta Olavo Bilac (1865-1918) jamais poderia imaginar que um dia os astrônomos poderiam, por intermédio das antenas dos seus radiotelescópios, captar os ruídos provenientes das estrelas.

Ora (direis) ouvir estrelas! Certo
Perdeste o senso! E eu vos direi, no entanto,
Que, para ouvi-las, muita vez desperto
E abro as janelas, pálido de espanto...

E conversamos toda a noite, enquanto
A Via-Láctea, como um pálio aberto,
Cintila. E, ao vir do Sol, saudoso e em pranto.
Inda as procuro pelo Céu deserto.

Direis agora: "Tresloucado amigo!
Que conversas com elas? Que sentido
Tem o que dizem, quando estão contigo?"

E eu vos direi: "Amai para entendê-las!
Pois só quem ama pode ter ouvido
Capaz de ouvir e de entender estrelas."

ASTRONOMIA ESPACIAL

A exploração do Universo iniciou-se em 1946, quando um foguete V.2, recuperado na Alemanha, foi equipado e lançado pelos norte-americanos com um dispositivo destinado a medir as emissões solares em raios X, cuja existência era considerada como muito provável, mas que só poderia ser revelada por observações fora da atmosfera terrestre.

Desde o lançamento de engenhos acima da atmosfera terrestre, tornou-se possível pôr em evidência a existência de outras radiações cósmicas invisíveis, cujo estudo até então era muito difícil, se não impossível, em virtude de sua absorção pela atmosfera, como os raios G, raios X, ultravioleta e infravermelho.

Em 1962, foram colocados em órbita os primeiros satélites especialmente concebidos para estudar as radiações invisíveis do Sol. O estudo das radiações ultravioleta começou em 1968, com o observatório orbital norte-americano OAO-2. Por outro lado, o estudo do domínio dos raios X iniciou-se em 1970 com o satélite norte-americano SAS-1, denominado Uhuru. O estudo dos domínios dos raios gama começou em 1972, com o engenho norte-americano SAS-2.

A confrontação dos resultados obtidos nestes diversos domínios permitiu aos astrônomos dispor de uma visão completa dos mais variados fenômenos que ocorrem no Universo em todos os comprimentos de onda.

Uma outra face da astronomia espacial é a exploração *in loco* da Lua, dos planetas e do meio interplanetário com ajuda de sondas e naves tripuladas, como as que desceram nas superfícies da Lua e de Marte.

Telescópio Espacial Hubble

TELESCÓPIO ESPACIAL HUBBLE

Imagem da galáxia Messier 100 antes e depois da correção do sistema óptico do telescópio espacial Hubble

O primeiro observatório em órbita de uso geral, desenvolvido no âmbito da cooperação entre a NASA e a Agência Espacial Europeia (ESA). Lançado em 24 de abril de 1990, o telescópio espacial Hubble (HST) faz observações nas regiões do visível e do ultravioleta do espectro eletromagnético.

O HST é capaz de efetuar pesquisas importantes, como melhorar de modo significativo o cálculo da velocidade das galáxias que se afastam de nós. Além disso, o HST proporcionou uma das melhores visualizações do Universo.

Trajeto das informações obtidas pelo telescópio espacial Hubble até a estação de recepção dos sinais na superfície terrestre.

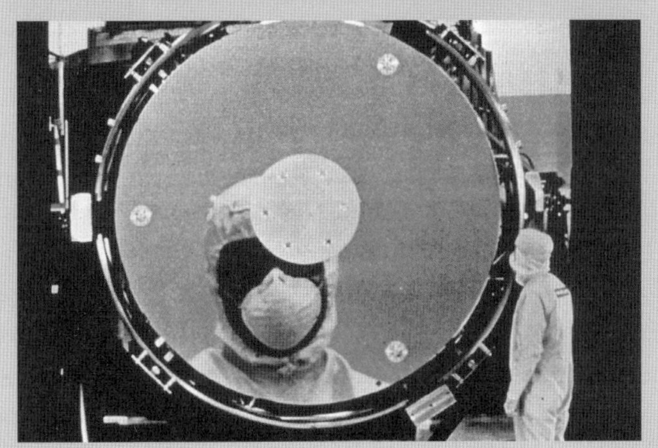

Espelho principal do telescópio espacial

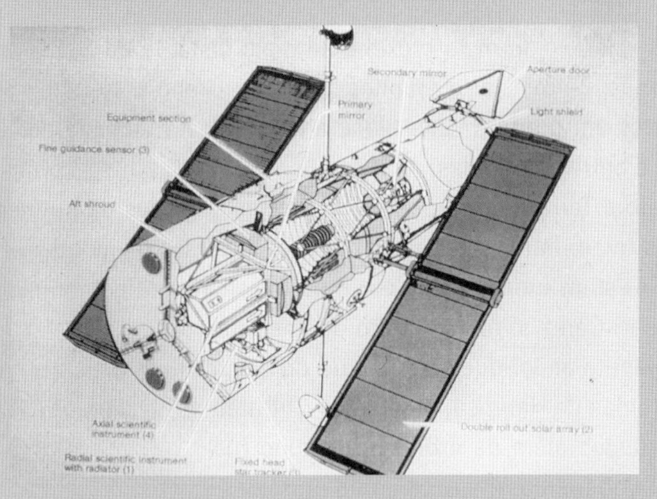

Telescópio espacial Hubble com seus dois painéis solares. Na parte central, o esquema interno do telescópio

Sistema solar

O sistema solar é o nome dado ao sistema planetário constituído do Sol e o conjunto de corpos celestes que giram a sua volta: os oito planetas, os seus 166 satélites naturais conhecidos (geralmente chamado de "luas"), os cinco planetas anões e milhões de pequenos corpos (asteroides, objetos gelados, cometas, meteoroides, poeira interplanetária etc.).

Esquematicamente, o sistema solar é composto pelo Sol, quatro planetas terrestres internos, um cinturão de asteroides composto de pequenos corpos rochosos, quatro gigantes gasosos e um segundo cinturão externo chamado Cinturão de Kuiper, composto por objetos gelados. Para além deste cinturão encontra-se um disco de objetos dispersos, nomeado de nuvem de Oort.

Os planetas do sistema solar — do mais próximo ao mais distante do Sol — são denominados Mercúrio, Vênus, Terra, Marte, Júpiter, Saturno, Urano e Netuno. Seis desses planetas têm satélites em órbita e cada planeta exterior está rodeado por um sistema de anéis de poeira e outras partículas.

Todos os planetas, exceto a Terra, levam o nome de deuses e deusas da mitologia romana. Os planetas anões foram batizados com o nome de diversas divindades. Até 17 de setembro de 2008 existem cinco. São eles: Plutão, o mais antigo conhecido objeto no Cinturão de Kuiper; Ceres, o maior objeto do anel dos asteroides; Éris, o maior planeta anão, que se encontra no disco dos objetos dispersos; Makemake e Haumea, objetos do Cinturão de Kuiper. Os planetas situados além da órbita de Netuno (no caso de quatro deles) são também classificados como plutoides.

Sistema solar segundo Bernard de Fontenelle (1657-1757), em sua obra Entretiens sur la pluralité des mondes *(1728-1729)*

ENTRETIENS
SUR LA PLURALITÉ DES MONDES.

MOVIMENTO DO SISTEMA SOLAR

O nosso sistema solar, como um todo, se desloca através do espaço a uma velocidade de 16 km/s em direção a Vega, a estrela mais brilhante da constelação de Lira. Seria conveniente lembrar que Vega também se desloca pelo espaço de maneira que, quando o Sol atingir o lugar ocupado atualmente por Vega (mais ou menos a 26 anos-luz), ela não estará mais em tal posição. Não haverá, portanto, nenhum perigo de colisão. Na verdade, nem passaremos próximo dessa estrela.

SOL

O Sol é a estrela central do nosso sistema solar. É a fonte de calor e luz sem a qual seria impossível a origem e manutenção da vida em nosso planeta – a Terra. É um imenso globo gasoso com mais de 1 milhão de vezes o diâmetro da Terra. Seu raio, de cerca de 696.000 km, é aproximadamente o dobro da distância da Terra à Lua. Sua massa ($1{,}898 \times 10^{30}$ kg) é de 333 mil vezes a da Terra. A luz que emite, cerca de 600 mil vezes mais intensa do que a Lua cheia, leva oito minutos para atingir a superfície terrestre. Assim, qualquer fenômeno que acontece neste instante na atmosfera do Sol só será registrado por um observador situado na Terra oito minutos depois de sua ocorrência.

Na realidade, o Sol é uma enorme esfera de gases muito quentes, com temperaturas desde 6 mil graus, na superfície, até alguns milhões de graus, na parte exterior de sua atmosfera. No interior, a temperatura atinge até 20 milhões de graus.

Qual a origem de toda a enorme energia irradiada pelo Sol? A Terra só recebe uma fração mínima dessa energia, e tal porção é quase 50 mil vezes toda a energia consumida pela indústria humana. A cada segundo, o Sol emite tanta luz e calor (sem contar as partículas do vento solar) quanto o equivalente ao produzido pela combustão de bilhões de toneladas de carvão. Esta comparação tem por finalidade afastar a hipótese de uma reação química como explicação para a origem da energia solar. Mesmo que imaginássemos a reação química mais energética possível, que é a combinação de hidrogênio com oxigênio, o Sol se acabaria em menos de duzentos anos.

Em 1848, o físico alemão Robert von Mayer (1818-1878) propôs a hipótese de que o Sol deveria alimentar-se da energia cinética dos asteroides ou meteoritos que caíssem em sua superfície; o aquecimento causado pelos choques contínuos compensaria as perdas por irradiação. Contudo, uma tal chuva de matéria seria tão intensa que acabaria por perturbar as órbitas dos planetas.

Em 1854, o astrofísico alemão H. von Helmholtz (1821-1894) argumentou a hipótese da energia gravitacional produzida pelas próprias partículas solares entre si ao se aproximarem sob a ação da gravidade. Retomando essa ideia, Lorde Kelvin calculou que uma redução do diâmetro solar de 45 m por ano seria suficiente para justificar a quantidade de energia emitida. Todavia, seria necessário que o Sol tivesse, há uma centena de milhões de anos, um diâmetro muito superior ao que apresenta hoje, e, portanto, a sua irradiação seria muito maior que a atual, o que parece incompatível com o equilíbrio do meio físico terrestre existente há milhões de anos.

A descoberta pelos físicos das reações nucleares, que são milhares de vezes mais energéticas que as reações químicas, veio solucionar o problema de origem da energia das estrelas, e, em particular, da do Sol.

No caso do Sol, um ciclo de reações no qual quatro núcleos de hidrogênio (prótons) se transformam em um núcleo de hélio será suficiente para explicar a origem da energia solar, tendo em vista que a transformação de um grama de hidrogênio em hélio libera quase 300 mil quilowatts-hora.

Manchas solares, com a região de sombra e penumbra, observadas em 5 de junho de 1861, por J. Nasmyth (Guillemin, Le ciel, *1877)*

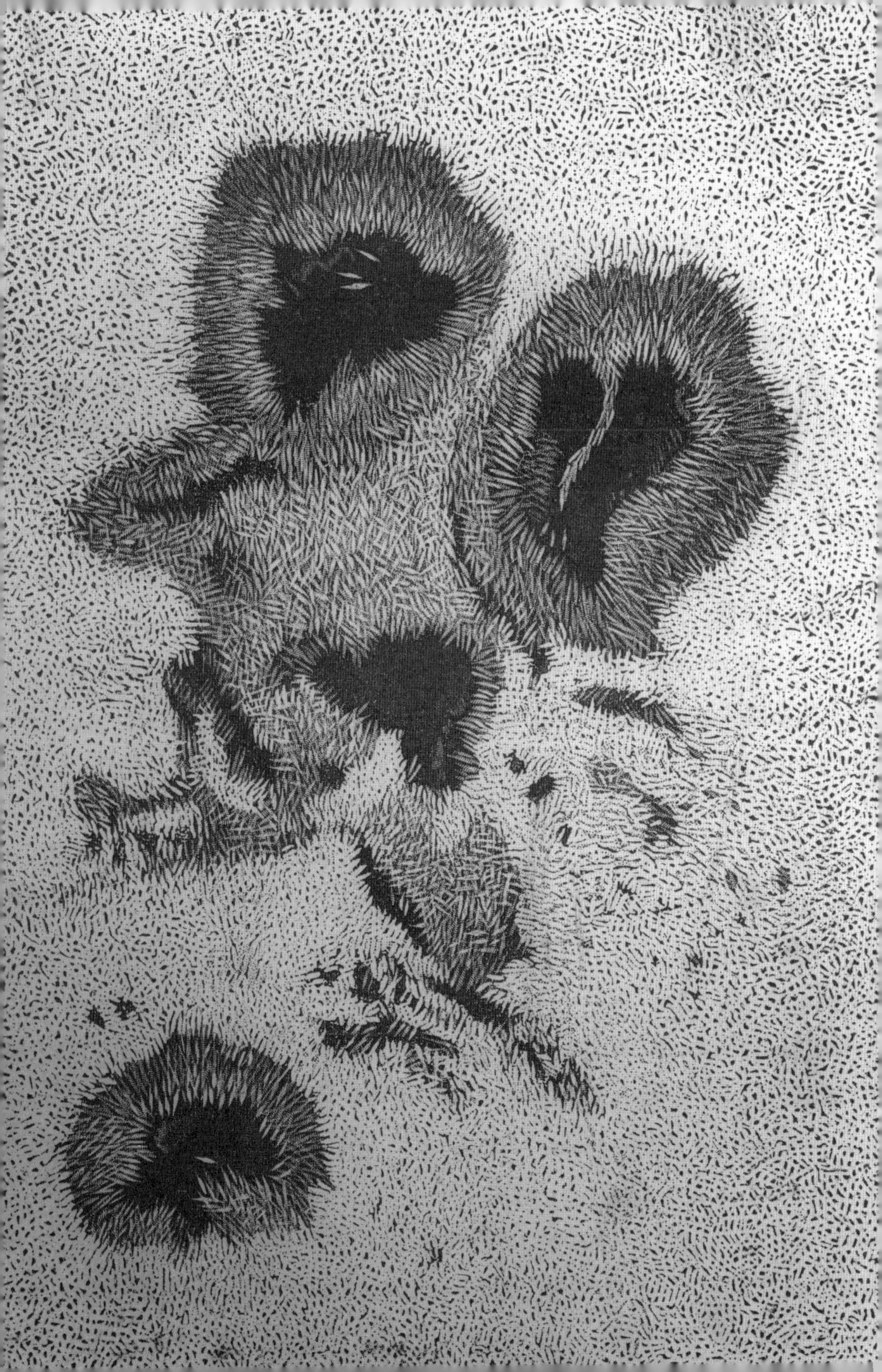

Estrutura do Sol

A estrutura e a constituição do Sol têm sido estudadas intensamente pelos astrônomos durante muitos anos. É na superfície aparente do Sol, chamada fotosfera – esfera luminosa –, que tem origem a maior parte do calor e da luz. Acima da fotosfera, existe uma outra camada de gases, denominada cromosfera (esfera colorida). A porção mais externa do Sol é a coroa, halo de luz perolado, que envolve o globo solar e que pode ser vista durante os eclipses totais do Sol, ou com um aparelho especial denominado coronógrafo. Possui uma forma irregular atingindo distância apreciável: entre 1 milhão e 600 mil quilômetros e 5 milhões de quilômetros. Não pode ser confundida com as denominadas protuberâncias, enormes erupções de chamas que, lançadas da superfície solar, se estendem pelo espaço a distâncias enormes. Com velocidade de 800 a 1.000 km/s, estes jatos de matéria solar podem atingir até 1.600.000 km.

Na fotosfera surgem regiões escuras, chamadas manchas solares, descobertas pela primeira vez por Galileu. Seu aspecto escuro se deve ao fato de que sua temperatura é mais baixa, cerca de 4.000° celsius, em comparação com a temperatura normal da fotosfera, de cerca de 6.000° celsius.

A superfície de uma mancha pode chegar a ser 10 vezes maior que a superfície do nosso planeta. Uma mancha compreende duas regiões: uma parte central negra, denominada sombra (*umbra*) e outra de transição entre a região negra central e a fotosfera circundante, chamada penumbra.

Por que as manchas são negras? Para responder a esta questão é necessário saber como a energia se transporta do centro do

Protuberâncias solares vistas durante o eclipse total do Sol, em 18 de julho de 1860, segundo desenhos de Warren de la Rue. (Guillemin, Le ciel, *1877)*

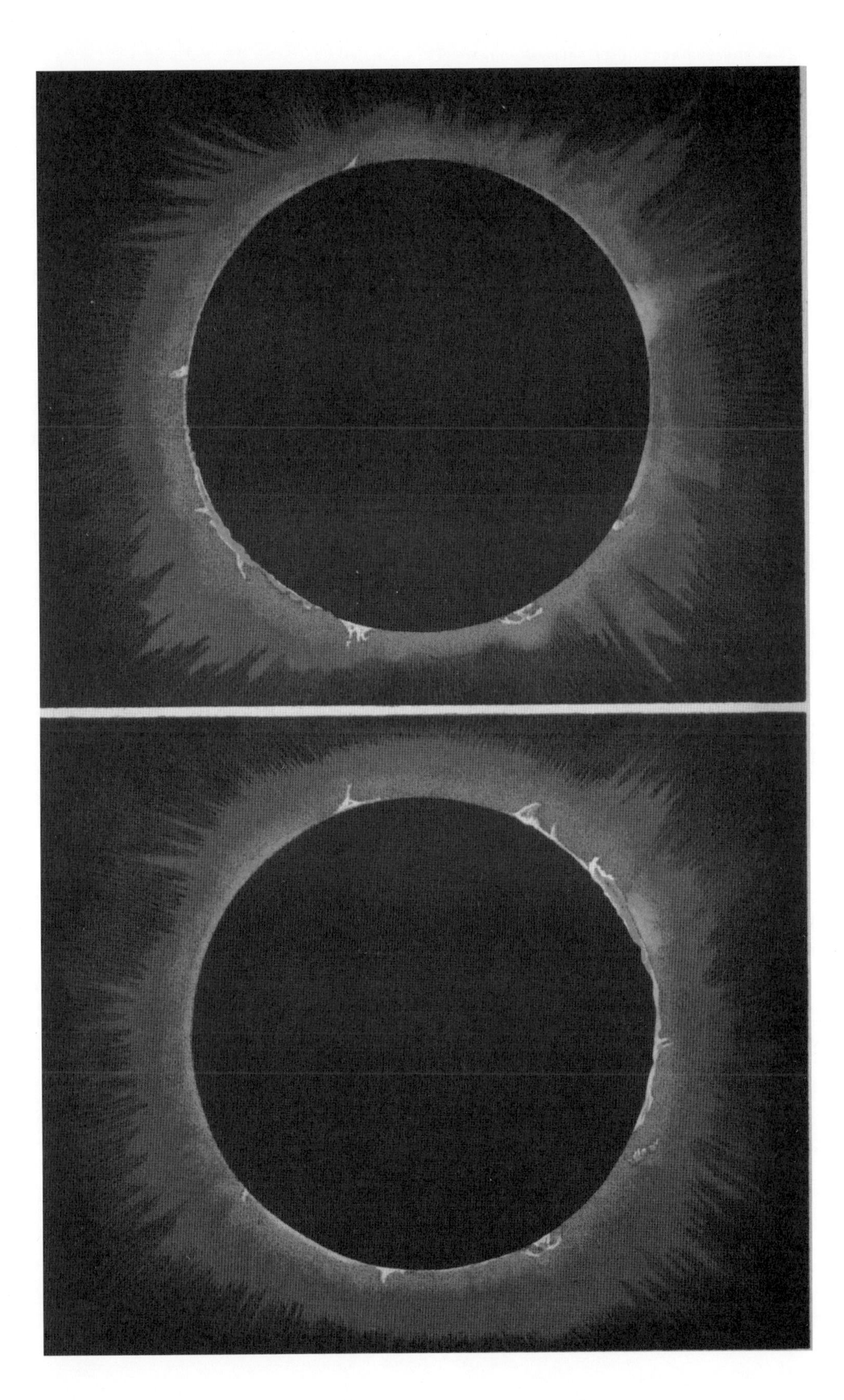

Sol para a superfície. Na realidade, a energia solar se transporta por radiação; assim, os fótons que saem do núcleo são absorvidos depois de alguns decímetros e são remetidos e reabsorvidos sucessivamente. Embora a energia solar se transporte, pela maior parte do seu caminho, por radiação, na parte superior, ou seja, a uma profundidade de 50.000 km, tem início o transporte por convecção. De fato, nesta região, as nuvens de plasma quente, algumas de dimensões de 1000 km, sobem com a velocidade de 40 km/s, levando consigo sua energia até a fotosfera. Na fotosfera, que constitui a parte exterior da atmosfera, a radiação pode escapar diretamente para o espaço cósmico. Quando uma nuvem de plasma chega à superfície, sua energia pode escapar em forma de fótons, ou seja, o transporte de energia por convecção se transforma em radiação. Observando a fotosfera, é fácil verificar a existência de grãos na superfície solar, denominados grânulos. Tais grânulos são, de fato, as nuvens quentes que sobem desde o interior. Emitem o seu calor sob a forma de radiação até se resfriarem, quando então voltam de novo à profundidade de 50 mil quilômetros.

Agora podemos compreender por que as manchas solares são escuras. Elas são enormes ímãs na superfície solar, geradas pelos movimentos dessas mesmas nuvens de plasma. Ora, as linhas magnéticas que este campo magnético cria ao seu redor não permitem a penetração das nuvens quentes de convecção. Como os transportes de energia solar desde o interior não podem ocorrer nos campos magnéticos por convecção, as manchas solares são negras.

Em uma região de fotosfera, pode aparecer uma única mancha ou, se o campo magnético for muito intenso, surgir várias manchas próximas, que se denominam grupo de manchas.

Esses grupos de manchas aparecem e reaparecem, com maior intensidade, em intervalos mais ou menos fixos da ordem de 11 anos quando sua intensidade atinge um máximo.

Embora as manchas solares tenham sido estudadas antes do século XVIII, somente há alguns anos se tornou conhecida a sua influência. Desde então, as relações das manchas solares com a nossa atmosfera e campo geomagnético têm sido estudadas.

VARIAÇÕES DO DIÂMETRO DO SOL

Em 1987 os astrônomos franceses R. Ribes, J.C. Ribes e R. Bartholot, todos do Observatório de Meudon, anunciaram, em artigo publicado pela revista inglesa Nature, que o Sol era maior cerca de 3 segundos de arco e girava mais lentamente no século XVII. Tal fenômeno estaria associado ao reduzido número de manchas observadas naquela época. Para explicar essa variação, sugeriu-se um modelo muito complexo que utiliza campos eletromagnéticos muito intensos que, ciclicamente, reduziriam o fluxo de plasma solar. Este, aumentando, teria capacidade de reduzir o raio do Sol.

A ideia atual de que o diâmetro do Sol parece variar com o tempo foi apresentada pela primeira vez por astrônomos italianos – em particular o padre jesuíta Angelo Secchi (1818-1878), do Osservatorio del Collegio Romano – que, em 1872, sugeriram que o diâmetro solar variava em função do ciclo de onze anos das manchas solares. Em 1945, o astrônomo italiano Massimo Cimino, utilizando as observações efetuadas de 1876 a 1937 no Osservatorio del Campidoglio, constatou que tal variação ocorre num período de 22 anos. Em 1955, o astrônomo italiano Giannuzzi chegou a essa mesma conclusão.

Em 1979, numa reunião da American Astronomical Society, essas ideias foram apresentadas pelo astrônomo John A. Eddy, do High Altitude Observatory, de Boulder, Colorado, e pelo matemático Aram A. Boornazian, da S. Ross and Co., que sugeriram estar o Sol se contraindo. Tal contração seria da ordem de 0,1 % por século. Um outro artigo publicado pelo cientista Irwin Shapiro, do Massachusetts Institute of Technology, sugere que tal variação no diâmetro do Sol seria inferior a 0,003% durante cem anos. De início, poder-se-ia duvidar das fontes de informação usadas pelos pesquisadores. Entretanto, um e outro usaram dados merecedores de toda a confiança. Assim, Eddy e

Boornazian usaram as medidas que são efetuadas todos os dias claros, ao meio-dia, no Observatório de Greenwich, desde 1836. Em Greenwich, mede-se o diâmetro horizontal e o vertical do Sol. O primeiro é medido determinando-se o intervalo de tempo entre a passagem de cada um dos bordos do Sol pelo retículo que fixa a posição do meridiano local. Tal valor corrigido do movimento de rotação da Terra permite determinar o diâmetro horizontal. O diâmetro vertical é medido por meio de um parafuso micrométrico. Considerando-se os problemas de refração atmosférica e as imprecisões do sistema mecânico que influenciam esse último diâmetro, concluiu-se que o diâmetro horizontal é sempre determinado com mais precisão. Convém lembrar que Eddy e Boornazian estudaram esses valores separadamente, concluindo que tanto o diâmetro horizontal como o vertical mostram que o Sol parece se contrair. Ao anunciar o resultado, esses autores norte-americanos foram muito cautelosos, pois a análise das observações de Greenwich indica que o diâmetro horizontal está diminuindo em 2,25 segundos de arco por século e o vertical em 0,75 segundo de arco por século. Tal diferença poderia ter conduzido à conclusão de que o Sol estaria também mudando de forma, ou melhor, se achatando. Entretanto, tendo em vista a influência enorme da refração na determinação do diâmetro vertical, Eddy e Boornazian preferiram limitar-se ao diâmetro horizontal, afirmando que o Sol deve estar se contraindo. Além das observações de Greenwich, os dois pesquisadores norte-americanos utilizaram as medidas efetuadas no Observatório Naval de Washington, cuja análise também conduziu à mesma conclusão, ou seja, o Sol está sofrendo uma retração.

Considerando o atual diâmetro do Sol em cerca de 1.920 segundos de arco, e tendo em vista que o seu diâmetro se contrai cerca de 2,25 segundos de arco por século, somos conduzidos à conclusão de que o Sol, há novecentos séculos, foi duas vezes maior e terá, no futuro, a metade do seu atual diâmetro, dentro desse mesmo período. Ora, essas duas hipóteses são completamente errôneas, para não dizer absurdas, pois não há evidências geológicas no passado a favor delas. Para Eddy e Boornazian, o Sol seria um astro oscilante, sofrendo contrações e expansões periódicas da ordem de algumas centenas de anos. Assim, atualmente, estaríamos assistindo à fase de contração.

Em confirmação a essas conclusões, os cientistas O'Keefe, Lesh e Endal, analisando as variações da constante solar, ou seja, os valores da intensidade de energia solar radiante, que varia em relação direta com o diâmetro solar, notaram que o diâmetro do Sol deve sofrer uma variação de 0,6 segundo de arco por século, valor que é quatro vezes inferior ao obtido por Eddy e Boornazian.

Todavia, pelos estudos de Irwin I. Shapiro, que analisou as passagens do planeta Mercúrio em frente ao disco solar desde 1677, constatou-se a existência de uma variação de 0,05 segundo de arco por século. Esse valor é menor que os três anterior-

Forma eclíptica do Sol no horizonte (Guillemin, Le ciel, *1877)*

mente determinados. Apesar de contradizer os anteriores, não deixa dúvida sobre a existência de uma possível expansão e contração no diâmetro solar.

Para explicar as elevadas variações observadas por Eddy, existem várias hipóteses, algumas delas de origem atmosférica e outras de cunho instrumental. Na realidade, os diâmetros solares medidos em Greenwich foram sempre corrigidos levando-se em conta o efeito de irradiação causado pelo disco solar. Tal efeito consiste na dispersão que sofre uma imagem óptica muito brilhante, como o disco solar, em relação a um fundo menos luminoso. Trata-se de um efeito de contraste, que varia com a transferência da atmosfera.

Como explicar os outros resultados? Parece que o mistério continuará. A grande esperança na solução desse problema proposto pela astronomia clássica de superfície está nas observações fora da atmosfera, nos telescópios espaciais.

PARA ONDE VÃO OS NEUTRINOS SOLARES?

A geração da energia solar tem origem nas reações termonucleares, quando no seu interior dois átomos de hidrogênio se convertem em um de hélio, com a liberação de energia. A principal fonte de informação sobre o Sol, durante vários séculos, foi a sua emissão luminosa. Além dos fótons – corpúsculos de luz –, as reações termonucleares liberam também neutrinos, partículas capazes de atravessar as camadas externas do Sol, sem sofrer quaisquer alterações. Estima-se em uma em cem bilhões a quantidade de neutrinos absorvidos durante a sua travessia desde o núcleo até as camadas solares mais externas. Isso significa que, se fosse possível recolher e medir o fluxo de neutrinos emitidos pelo Sol, teríamos uma informação direta do estado físico do núcleo do Sol, de onde provém toda a sua energia. Por outro lado, convém recordar que o tempo gasto pelos neutrinos e pelos fótons para sair do Sol é, respectivamente, da ordem de dois segundos e dois milhões de anos. Em consequência, o fluxo de neutrinos de origem solar corresponderá ao estado atual do Sol, enquanto a sua intensidade luminosa – ou seja, a quantidade de fótons recebida – corresponderá ao estado físico do núcleo como ele foi há aproximadamente dois milhões de anos. Daí a importância das inúmeras experiências que estão sendo realizadas com o objetivo de recolher e medir o número de neutrinos provenientes do Sol.

A sua detecção não é muito fácil. De fato, se os neutrinos não interagem com os átomos do Sol, o mesmo ocorre com os outros da superfície terrestre. Assim, para compensar esta fraca interação, os físicos foram obrigados a utilizar uma enorme quantidade de átomos de uma mesma espécie. Com base nesta ideia, concebeu-

-se um detector que utiliza 40 mil litros de cloro 37, no Laboratório Nacional de Brookhaven, nos EUA. Neste *telescópio de neutrino*, a medida do fluxo de neutrinos faz-se medindo a captura de um neutrino por um átomo de cloro 37 quando ocorre a formação de um átomo de argônico 37 e a emissão de um elétron. A escolha do cloro se justifica por se tratar de um elemento muito abundante e relativamente barato para ser estocado em grande quantidade (várias centenas de toneladas).

Como os raios cósmicos podem igualmente transformar o cloro 37 em argônico 37, e alterar as determinações efetuadas pelo detector de Brookhaven, decidiu-se instalá-lo numa velha mina, 1.500 metros abaixo da superfície terrestre, na cidade de Lead, em Dakota do Sul. Desse modo, o recipiente com o cloro ficou protegido dos raios cósmicos, que não conseguem atravessar uma tal camada de minerais, ao contrário do que ocorre com os neutrinos, capazes de ultrapassá-la sem quaisquer alterações. Uma outra proteção suplementar consistiu em colocar o reservatório de cloro no interior de uma piscina de água que serve de escudo contra nêutrons.

Este detector de neutrinos, assim instalado, foi exposto durante vários meses aos neutrinos solares, o que permitiu uma acumulação substancial de argônico 37. O fluxo de neutrinos é medido em *unidade standard de neutrino* (USN), que equivale a 10^{-36} capturas em segundo por átomo de cloro no detector. Isso significa que um átomo de cloro deverá esperar cerca de 10 bilhões de vezes a idade do nosso Universo para capturar um neutrino. No entanto, em virtude da enorme quantidade de átomos de cloro no reservatório, serão suficientes seis dias de espera para se registrar uma *unidade standard de neutrinos*. Os registros realizados nos últimos dez anos indicam que o Sol emite cerca de 1,6 USN – valor cerca de três vezes inferior ao previsto teoricamente para as reações nucleares que ocorrem no interior do Sol.

Para onde vão os neutrinos restantes de origem solar? Apesar das diversas tentativas de explicação propostas pelos astrônomos e físicos, esse enigma é um dos mais intrigantes do cosmo.

Os astrofísicos soviéticos propuseram a hipótese de que os neutrinos, além de possuírem uma massa, estariam associados a elétrons (neutrinos *e*), a múons (nêutrons *m*) ou à partícula tau (neutrinos *l*). Assim, só os neutrinos solares que pertencessem ao primeiro grupo seriam detectáveis pelo aparelho de Brookhaven. As recentes observações de neutrinos, registradas por ocasião da descoberta da supernova Shelton, em 23 de fevereiro de 1987, parecem indicar que estas partículas não possuem massas significativas.

Sugeriu-se ainda que a energia solar não seria unicamente de origem termonuclear. Uma proporção bastante elevada teria sua origem na atração do centro do Sol sobre as camadas superiores. Tal hipótese exigiria que o núcleo solar possuísse uma massa muito superior à prevista até hoje, assim como pressuporia uma distribuição não homogênea no seu interior.

Uma outra hipótese supõe que o núcleo tivesse uma composição diferente da atual: uma abundância maior de elementos pesados do que é comumente aceita. Assim, se uma grande quantidade de hidrogênio se encontrasse no coração do Sol, uma temperatura menos elevada seria suficiente para produzir a mesma energia luminosa com um fluxo menos intenso de neutrinos. Por outro lado, como a temperatura no centro vai depender diretamente da troca de matéria entre as diferentes regiões do Sol, o processo mais conveniente e eficaz seria o da convecção, o que permitiria baixar a temperatura do centro. Todavia, sabe-se que a maior parte da energia é transportada no Sol por radiação até a superfície.

Em 1980, o astrônomo francês Evry Schatzman e o suíço André Maeder desenvolveram uma nova hipótese: a enorme turbulência no centro do Sol provocaria um aumento de concentração de hidrogênio e, em consequência, uma temperatura menos elevada seria suficiente para produzir a energia luminosa com um fluxo reduzido de neutrinos.

OS NEUTRINOS SEGUNDO GILBERTO GIL E MORENO VELOSO

Na canção "Nova" (1997), composta por Gilberto Gil e Moreno Veloso, somos levados a contemplar um neutrino a bailar

Um brilho no céu
Uma constelação
Bem longe daqui
Uma nova canção
De força maior
Pro universo habitar
Qual sempre a matriz
Supernova será
Água pra benzer
Ouro pra enfeitar
A bela visão
D'um neutrino a bailar
Mãe, ora yeiê
Sua benção pra mim
Que sempre assim
Eu me lembre em você

GEMINGA – A COMPANHEIRA INVISÍVEL DO SOL?

Há um decênio, desde a sua descoberta em 1972, os astrônomos estavam perplexos com a natureza de *Geminga*, a segunda mais intensa "estrela" emissora de raios gama. Por não ter sido possível detectá-la visual e radioastronomicamente, os astrônomos milaneses Giovani Bignani e Patrícia Caraveo, do Instituto de Física Cósmica de Milão, sugeriram designá-la de *geminga,* que no dialeto milanês significa "não estou lá". Por outro lado, tal vocábulo pode também ser considerado a aglutinação dos termos *gemini* e *goma*, indicando que se trata de uma fonte de raios gama, na constelação de Gemini (Gêmeos). De fato, até o início do mês de maio de 1984, como foi anunciado, não se havia registrado nenhuma emissão em outros comprimentos de onda proveniente de *Geminga*, como ocorre em geral com as duas outras mais intensas fonte de raios gama: os pulsares Vela e Caranguejo, situados respectivamente nas constelações de Vela e de Touro, que também emitem raios X.

Ao detectar raios X, oriundos de Gêmeos, foi possível concluir sobre a sua natureza e distância (50 anos-luz do Sol). Assim, parece que *Geminga* é provavelmente a estrela de nêutrons mais próxima do Sol. Por outro lado, afirmam os astrônomos milaneses que o Sol com os seus planetas deve girar ao redor dessa estrela de nêutrons de diâmetro menor que o Sol, mas de massa milhões de vezes superior à solar. Tais conclusões foram obtidas pela análise dos dados enviados à Terra pelo satélite Einstein, lançado em 1977 pelos ingleses, franceses e italianos e desativado em 1985. Apesar de essa identificação ter solucionado algumas questões, deixou muitas outras para serem respondidas. Com efeito, embora as emissões em raios gama mostrem por

que ela não emite ondas de rádio, foi esta a razão pela qual não foi detectada desde o início como uma fonte de rádio pulsante, ou seja, um pulsar.

Mais de uma centena de fontes de raios gama já foram descobertas desde que os satélites militares norte-americanos Vela, destinados ao registro das explosões nucleares experimentais, entraram em operação. No entanto, foi somente em 1973 que os cientistas de Los Alamos responsáveis pelos estudos desses satélites transmitiram a sua descoberta aos astrônomos. Os fótons gama provêm, em geral, da interação da radiação cósmica com a matéria difusa, os campos magnéticos ou os fótons de baixa energia que estão presentes no universo. Como os comprimentos de onda associados aos fótons são muito curtos (inferiores às distâncias entre os átomos), não existe nem um corpo capaz de refletir a radiação gama nem de coletá-la e concentrá-la num feixe de raios gama, como ocorre nos telescópios ópticos e radiotelescópios. Para compensar essa dificuldade, é necessário identificar cada fóton incidente, e depois esforçar-se em determinar a sua direção de chegada e sua energia. Tais medidas se fazem, experimentalmente, em quatro etapas: rejeição das partículas parasitas; detecção do fóton gama incidente; visualização das interações que ocorrem no detector; e a reconstituição das trajetórias para conhecer a cinemática dessas interações.

Um dos detectores utilizados é constituído por cintiladores, nos quais se utiliza a característica que têm os fótons gama de perderem sua energia ao se chocarem com os elétrons e se desviarem no interior da matéria. Tal dispositivo compreende um cristal de germânio ou de iodeto de sódio. Quando um fóton gama, ao penetrar neste cristal, se choca sucessivamente com vários elétrons, estes recuam, provocando o aparecimento de uma corrente elétrica muito fraca, cuja amplitude é proporcional à energia do fóton gama incidente. Será conveniente lembrar que a chegada de um fóton gama gera um pequeno relâmpago, que uma célula fotoelétrica registra.

Outro tipo de detector são as câmaras de cintilação, que compreendem um recipiente cheio de um gás raro no interior do qual se superpõem várias placas muito finas, condutoras e carregadas. Ao atravessar essas placas, cada fóton gama incidente libera um par de partículas elétron-posítron. A ionização do gás por elétrons provoca rastros que podem ser detectados óptica, acústica e eletronicamente. Assim, é possível, pelo estudo de suas trajetórias, deduzir a direção e a energia dos fótons gama incidentes.

Em relação aos cintiladores, as câmaras de cintilação são muito superiores, quer pelo seu poder separador quer pela capacidade de detectar fótons gama de fraca intensidade (inferiores a 10 e 20 MeV).

Os principais resultados em gamastronomia foram obtidos pelos satélites-observatórios especialmente desenvolvidos com este objetivo, como os satélites norte-americanos Explorer 48, SAS 2, ISEE e HEAO 1, o engenho europeu COS-B, o satélite francês Signe 3 e o satélite soviético Prognoz. Algumas sondas espaciais, como a Pioneer 12, Venera e Voyager, têm sido equipadas com esses tipos de detectores; como a localização não é muito exata (cerca de um grau), é necessário o lançamento de vários satélites ou sondas para obter uma precisão da ordem de um minuto.

Nas observações gamastronômicas foram registrados misteriosos sobressaltos que consistem em emissões de raios gama muito rápidas e intensas cuja origem é desconhecida. Todas essas descobertas deverão ser refeitas com mais cuidado e complementadas, nos próximos anos, por um novo engenho espacial, o GRO – Gamma Ray Observatory, completamente consagrado à gamastronomia –, que a NASA colocou em órbita a 500 km de altitude ao redor da Terra, em 1988, pela lançadeira espacial. Este observatório de raios gama compreende detectores sensíveis aos mais diversos níveis de energia. Só então foi possível obter uma nova visão panorâmica do cosmo nos comprimentos de onda das radiações gama e, especialmente, estudar alguns objetos como o pulsar *Geminga*.

MERCÚRIO

Mercúrio é o planeta mais próximo do Sol, do qual não se afasta jamais a um ângulo superior a 28°. Em virtude dessa sua proximidade do Sol, e por ser muito pequeno, dificilmente é visto por estar quase sempre mergulhado nas luzes do crepúsculo.

É o segundo menor dos planetas do sistema solar, com um diâmetro de cerca de 4.800 km. Sua massa equivale 0,06 vezes a da Terra. Por causa de sua densidade da ordem de 5,4 – muito elevada para um corpo tão pequeno –, alguns astrônomos acreditam que Mercúrio se originou de um núcleo pesado, não tendo se formado unicamente por agregação.

Mercúrio gira em torno do Sol numa translação de 88 dias terrestres a uma distância média de 58 milhões de quilômetros, variando entre 45,5 milhões e 69 milhões de quilômetros.

Durante muitos anos acreditou-se que o período de rotação de Mercúrio fosse exatamente igual ao período de translação. Em consequência, um lado do planeta deveria estar sempre voltado para o Sol e o outro no escuro. Assim, um lado de Mercúrio seria intensamente quente, enquanto o outro lado seria muito frio. Hoje sabe-se, graças à radarastronomia e à sonda interplanetária Mariner 10, que Mercúrio gira em redor do seu eixo em 58,7 dias, o que corresponde a dois terços de seu período de revolução em torno do Sol. É pouco provável que se trate de uma coincidência. Parece tratar-se de uma associação mecânica proveniente dos efeitos de maré exercidos pelo Sol.

Ao longos dos séculos foram observadas manchas escuras e irregulares em sua superfície que, para alguns astrônomos, se assemelhavam às de Marte. Foi com a sonda Mariner 10, em 1974, que a superfície crateriforme de Mercúrio, análoga à da

Lua, foi revelada aos astrônomos. Tal analogia se explica pelo fato de Mercúrio possuir uma atmosfera muito tênue, incapaz de frear as quedas dos meteoritos. Por outro lado, esta densidade muito fraca explica também a grande variação de temperatura entre o dia e a noite. Assim, ao meio-dia a temperatura atinge 700°K no equador* e na parte escura ela desce a até 100°K.

Globo	
Diâmetro (equatorial)	4.880 km
Diâmetro (polar)	
Densidade (água = 1)	5,5 g cm^{-3}
Massa	3,15 x 10^{23} kg
Volume	5,8 x 10^{10} km^3
Período de rotação	58,7 dias
Velocidade de escape	4,3 km s^{-1}
Albedo 0.06	
Inclinação do equador em relação à órbita	0°
Temperatura superficial	400 – 700°K
Gravidade superficial (Terra = 1)	0.38
Órbita	
Semieixo maior	0,387 U.A. = 57,91 x 10^6 km
Excentricidade	0.2056
Inclinação em relação à eclíptica	7°00'16"
Período de revolução (sideral)	87,97 dias
Velocidade orbital média	47,87 km s^{-1}

MERCÚRIO, DEUS DOS LADRÕES

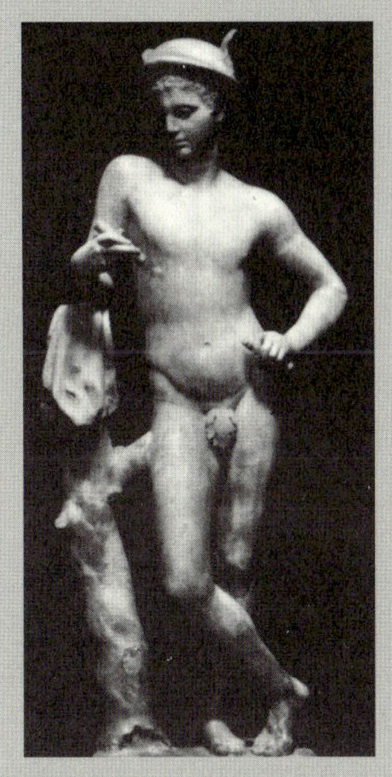

Os antigos consideravam-no como dois objetos celestes diferentes. Os gregos chamavam Apolo, deus do dia, à estrela da manhã, e Mercúrio, *deus dos ladrões*, à estrela da tarde, que aproveitava o anoitecer para cometer as suas ações. Viam-no os helenos como dois planetas, um da manhã e outro da tarde, à semelhança do que ocorreu durante muito tempo com Vênus. Idêntico fato registram os egípcios e hindus. Só muito mais tarde foi que se reconheceu definitivamente serem esses dois astros um único, pois eles nunca apareciam juntos, tendo-se conservado apenas o nome da estrela da tarde: Mercúrio.

O atual nome dos planetas vem do latim, mas quase todos são tradução dos vocábulos gregos pelos quais se designavam esses astros.

Mercúrio recebeu diversas denominações: *Appolon* no vale do Nilo; *Ninib*, *Nabou* ou *Nebó* (a inteligência suprema) na Babilônia; *Boudha* (o saber supremo) na Índia; *Mokin* ou *Monin* (deus da perfídia) na Fenícia; *Chin-Sing* (o planeta da hora) na China; *Odin* (país dos deuses) entre os escandinavos; *Wodan* (país dos deuses) entre os germanos; *Hermes* (desejo passional e princípio fecundante que exprime a ideia de movimento) na Grécia antiga. Deste último vocábulo, deriva a ciência hermografia, que trata do estudo e descrição do planeta.

Desde a mais remota Antiguidade um dia da semana (quarta-feira) lhe é consagrado: *Mercuti dies*, dia de Mercúrio, em latim, *mercredi*, em francês. O nome inglês deste dia, *wednesday,* provém do anglo-saxônico *wodnes daeg*, dia de *wotan*, grande deus dos germanos e escandinavos, associado ao planeta Mercúrio. Na Índia, a quarta-feira é *o Boudha-vâra*, dia de Boudha, o planeta Mercúrio.

É desde a Idade Média representado pelo símbolo ☿, ao qual se acrescentou, nos tempos modernos, uma cruz. Scaliger reconheceu nesta iconografia um caduceu dos deuses.

VÊNUS

Vênus é um dos mais brilhantes astros. Além de ter servido à inspiração dos poetas, é o planeta mais conhecido do povo com diversas denominações, como Estrela da Manhã, quando é visto antes do nascer do Sol, e Estrela da Tarde, quando observado logo após o pôr do sol. A cada oito anos, Vênus passa por um período de máximo brilho, quando pode ser observado a olho nu durante o dia.

É praticamente do mesmo tamanho da Terra, com um diâmetro de cerca de 12.300 km. Gira ao redor do Sol em 224 dias quase à mesma distância de 108 milhões de quilômetros, numa órbita quase circular. O planeta Vênus se assemelha ao nosso pelo seu diâmetro, sua massa e sua densidade, que são um pouco inferiores às da Terra.

O planeta está permanentemente envolto em nuvens nas camadas superiores de sua atmosfera, o que torna praticamente impossível a observação direta de sua superfície. A distribuição dessas nuvens é tão estável que foi possível medir o período de rotação dessa camada de nuvens em quatro dias. Tal valor foi durante muitos anos considerado como o período próprio da rotação de Vênus ao redor do seu eixo. Só recentemente, em 1962, os radioastrônomos Pettengill e Shapiro conseguiram determinar a rotação da superfície sólida de Vênus, em 243 dias, no sentido retrógrado*.

Os conhecimentos mais recentes sobre as condições de atmosfera e superfície do planeta foram obtidos pelas sondas norte-americanas Mariner 10 e Pioneer-Venus e pelas soviéticas Venera.

As sondas Venera que aterrissaram na superfície de Vênus nos transferiram a informação de que reina na superfície de Vênus uma pressão de 90 atmosferas e uma temperatura de 750°K. Essa temperatura é explicada pelo efeito estufa causado pelas espessas camadas de nuvens que envolvem o planeta. Por outro lado, ficou-se

Viagem ao planeta Vênus, segundo Charles Guyon, Voyage dans la planète Vénus, *Paris, 1847*

sabendo que a atmosfera é composta de gás carbônico a 97% e outros componentes como nitrogênio, água, óxido de carbono e oxigênio.

Pelas sondagens da Pioneer-Venus 1, é possível caracterizar a existência de três principais espécies de acidentes venusigráficos: planaltos de proporções continentais, terras baixas e uma imensa planície ondulada, que envolve cerca de 60% de toda a superfície do planeta. Esse último tipo de relevo está situado próximo ao raio médio do planeta, da ordem de 6.051 km, que os astrônomos convencionaram denominar de "nível do mar", por analogia com o nível zero usado no nosso planeta como referencial para as altitudes. Esse nível do mar de um planeta árido é, na realidade, a altura média da grande planície venusiana. O segundo tipo de relevo são as terras baixas, constituídas por vales pouco profundos, que se assemelham às bacias oceânicas da Terra. Elas representam 16% da superfície de Vênus, em oposição aos dois terços ocupados pelos oceanos terrestres. Os restantes 24% da superfície de Vênus constituem os planaltos, situados a mais de um quilômetro do nível médio, formados pelas planícies venusianas. O intervalo de variação entre os pontos mais elevados e as maiores depressões do planeta é de 13.700, variando esses valores de 2.900 m abaixo do nível médio até 11.800 m acima. Os dois maiores maciços montanhosos que se elevam acima da planície venusiana são: Terra Ishtar e Terra Aphrodite, assim designados pelos dois principais responsáveis pela experiência Pioneer-Venus 1, os astrônomos norte-americanos Gordon Pettengill e Harold Mazursky, em homenagem à deusa do amor. O maior deles, a Terra Aphrodite, situado próximo ao equador, possui uma área equivalente à metade norte da África, medindo 9.700 km em longitude por 3.200 km em latitude. Essa região não possui planície; ela consiste em duas áreas montanhosas separadas por uma região um pouco menos elevada. Os maciços a oeste culminam até 9.000 m e a leste a 4.300 m. A região oriental é limitada por um enorme vale de 280 km de largura e 2.250 km de extensão, onde se encontra o ponto mais baixo de Vênus, situado a 2.900 m abaixo do nível médio de referência. Não existe registro de atividade vulcânica nesse continente, que parece ser de origem geológica muito antiga. Embora nas cartas a Terra Ishtar apareça muito maior em virtude do efeito de projeção cartográfica, como a Groenlândia nos mapas terrestres, na realidade sua área é inferior à de Aphrodite. No entanto, a Terra Ishtar é o mais elevado e mais notável planalto de proporções continentais do planeta. Situada no Hemisfério Norte, Ishtar apresenta várias cadeias de montanhas. A parte central é um enorme planalto – Planum Laksmi, situado a 3.000 m de altitude acima da planície média de Vênus. Esse planalto é limitado a oeste e ao norte por duas cadeias de montanhas – os Montes Aknua e Monte Freija, que se elevam, respectivamente, de 6 a 7.000 km acima do nível médio. A leste se encontra a cadeia dos montes Maxwell, a mais alta região já encontrada até agora em Vênus. Por outro lado, será conveniente lembrar que as sondagens em radar sugerem ser esta a região mais acidentada do planeta. Outros dois relevos dignos de registro são Regio Beta e Regio Alpha, que foram razoavelmente observados pelos radares terrestres. O principal deles, Regio Beta, localizado a 30° de latitude norte, parece constituído pela justaposição de dois grandes vulcões do tipo caldeira. Esses imensos vulcões gêmeos foram denominados Mons Theia e Mons Rhea, que, além de estarem situados a 4.000 m de altitude, cada um, distanciam-se entre si 2.100 m. Formados por rochas basálticas, parecem constituir o maior espectro vulcânico isolado já identificado no sistema solar. Regio Alpha, a cerca de 20° de latitude sul, parece nas telas de radar um terreno extremamente irregular, com uma sequência de fraturas paralelas em toda a sua extensão. Situado a 1.800 m acima da planície venusiana, compreende formas de origem antiga e recente. Ao desvendar os mistérios de sua superfície, os astrônomos encontram-se imediatamente em face de um novo enigma: como seria possível explicar que Vênus e a Terra apresentem relevos tão diferentes? Os dois planetas possuem praticamente as mesmas dimensões e parecem ter-se formado na mesma região do sistema solar. Como é possível explicar a inexistência de placas tectônicas como as terrestres? Com efeito, enquanto a Terra possui uma crosta muito delgada, com seis placas tectônicas principais que se movem, a crosta do planeta Vênus parece formada de uma única placa tectônica basáltica, de grande espessura. Por outro lado, essa placa única é complementada por um supercontinente granítico que ocupa 85% da sua superfície total, ao contrário do que ocorre na Terra, onde os continentes ocupam somente 30% da superfície total do globo terrestre. Esse imenso supercontinente, em sua maior parte, é ocupado por uma planície com ondulações inferiores a 1.000 m de amplitude, e na qual registram-se algumas grandes crateras pouco profundas, provavelmente produzidas por impactos meteóricos. Isso demonstra que talvez a maior parte da superfície tenha uma idade de 3 a 4 bilhões de anos, portanto bastante antiga. Imagina-se que esta crosta de formação basáltica teria se formado durante os dois primeiros bilhões de anos da história venusiana, bloqueando desse modo o processo tectônico das placas, como o conhecemos em nosso planeta. Essa evolução deve estar associada ao desaparecimento rápido da água de Vênus e o consequente aparecimento de uma espessa camada atmosférica responsável pela elevada temperatura ali reinante, de cerca de 450° Celsius no nível do solo, como determinaram as naves soviéticas Venera. Apesar dos notáveis resultados obtidos pela Pioneer-Venus 1, a NASA, com a missão *Magellan*, obteve um levantamento muito mais preciso do planeta, capaz de determinar formações de dimensões inferiores a um quilômetro e alturas com precisão de 50 m.

Maat Mons, o mais alto vulcão, com uma altura de 8 km, fotografado pela sonda Magellan (NASA)

Globo

Diâmetro (equatorial)	12.112 km (esfera sólida)
Diâmetro (polar)	12.200 km
Densidade (água = 1)	5,16 g cm^{-3}
Massa	4,88 x 10^{24} kg
Volume	9,28 x 10^{12} km^3
Período de rotação	243,0 dias (retrógrado)
Velocidade de escape	10,36 km s^{-1}
Albedo	0,76
Inclinação do equador em relação à órbita	178°
Temperatura superficial	743°K
Gravidade superficial (Terra = 1)	0,9

Órbita

Semieixo maior	0,7233 U.A. = 108,21 x 10^6 km
Excentricidade	0,00678
Inclinação em relação à eclíptica	3°,4
Período de revolução (sideral)	224,7 dias
Velocidade orbital média	35 km s^{-1}
Período sinódico médio	583,9 dias

Superfície de Vênus segundo a sonda Mariner em 12 de dezembro de 1962

VÊNUS, DEUSA DA BELEZA E DO AMOR

Os astrônomos caldeus lhe consagram, há mais de 4.000 anos, um dia da semana – dito em latim *veneris dies* –, a sexta-feira. Associada à deusa da beleza e do amor desde as mais remotas épocas, a sua representação primitiva, de um círculo e um traço reto, parece simbolizar a vida e a fecundidade. A partir da Idade Média, passou a ser designado pelo símbolo ♀, um espelho, que é o objeto característico da mulher vaidosa de sua beleza.

Vênus, a popular *estrela do pastor,* possui diversas denominações: *Sukra* (o esplendor) ou *Daitya-guru* (o mestre do titã), na Índia; *Vennou-he siri* (o pássaro Vennou de Osíris) *e Pnouter-ti* (o deus da manhã), no Egito antigo; *Phosphóros* (a estrela matutina) e *Hísperos* (a estrela vespertina), na Grécia. Homero dedicou-lhe alguns versos, na *Ilíada*, chamando *Hísperos* e *Phosphóros* a Vênus como estrela vespertina e como estrela matutina, respectivamente. Pitágoras, três séculos antes de Cristo, afirmou serem esses dois astros um único, mas foram os sacerdotes egípcios os primeiros a descobrirem que Vênus, do mesmo modo que Mercúrio, girava em torno do Sol.

VÊNUS, A PAPA-CEIA

Vênus... A deusa romana do amor e da beleza, nascida das espumas do mar. Vênus... A estrela matutina, Vésper... A estrela-d'alva.

Vênus é o mais belo e brilhante dos planetas. O astro mais luminoso do céu, depois do Sol e da Lua. Daí o seu nome... Para o mais belo dos planetas, o nome da mais linda deusa.

Na verdade, o planeta Vênus parece uma estrela. E como em geral surge antes do nascer ou antes do pôr do sol, o povo costuma chamá-lo de estrela da tarde ou estrela da manhã.

Quando aparece depois do pôr do sol, Vênus recebe ainda as denominações Vésper, Boieira e Papa-Ceia.

Papa-ceia porque coincidia com a hora da ceia. E Boieira porque servia para mostrar aos boiadeiros a hora de conduzir o gado ao curral.

Como descreve Augusto Meyer...

Há um esplendor azul banhando o campo:
é a estrela boieira... A noite mora na canhada.
Ficou muito longe, muito mais longe a distância.

Recolhimento. Que silêncio pela estrada!
Gota de luz no frio da noite a estrela treme:
"Nossa Senhora tenha pena do carreteiro,
Nossa Senhora tenha pena da boiada ..."

Em outra época do ano, Vênus começa a surgir de manhã, antes do nascer do Sol. A partir de então, é denominada estrela da manhã, estrela matutina ou estrela-d'Alva.

E para falar da Estrela da Manhã, ninguém mais autorizado que Manuel Bandeira...

Eu quero a estrela da manhã
Onde está a estrela da manhã?
Meus amigos meus inimigos
Procurem a estrela da manhã

Ela desapareceu ia nua
Desapareceu com quem?
Procurem por toda parte.
Digam que sou um homem sem orgulho
Que aceita tudo
Que me importa?
Eu quero a estrela da manhã.

Vista através de um telescópio ou mesmo de um bom binóculo, Vênus se parece, às vezes, com uma meia-lua ou uma Lua crescente, pois, como a Lua, o planeta Vênus apresenta fases.

E fácil compreender por quê. Preste atenção: Vênus é o segundo planeta a partir do Sol, colocado entre Mercúrio e a Terra. Sua órbita é, portanto, inferior à do nosso planeta. Quando Vênus se coloca entre o Sol e a Terra, ela desponta como uma Lua em fase crescente. Mas, ao contrário, quando está do outro lado do Sol, parece um pequeno disco muito iluminado.

Vênus é muito mais quente que a Terra, devido à sua proximidade do Sol. Apesar de muito brilhante, pouco sabemos sobre a sua natureza. A sua superfície está quase permanentemente coberta por espessas nuvens brancas, as quais têm dificultado bastante o trabalho dos astrônomos, impedindo, por exemplo, que se saiba a exata velocidade com que o planeta gira em torno de seu eixo.

Mas são justamente essas dificuldades que levam os cientistas a se interessarem cada vez mais pelo planeta Vênus. Várias sondas espaciais já foram enviadas pelos russos para estudar e analisar a sua superfície.

O sucesso, entretanto, não tem sido muito grande. A temperatura e a pressão atmosférica, até então desconhecidas da atmosfera de Vênus, têm dificultado o funcionamento dos sensíveis equipamentos eletrônicos. Mas, como sempre, o homem não desiste. Novas sondas estão sendo programadas pelos mesmos cientistas que esperam apenas encontrar uma superfície desolada e sem vida.

E fica a pergunta... Para que tudo isso, afinal?

Para descobrir talvez que Vênus, tão bela ao cair da noite, será ao amanhecer um triste lugar para os astronautas que puderem alcançá-la. Para descobrir que a nossa estrela-d'alva não é tão alva e tranquila quanto parece...

E quando tudo isso acontecer, recordaremos os versos de Manuel Bandeira...

Vênus luzia sobre nós tão grande
tão intensa, tão bela que chegava
a parecer escandalosa, e dava
vontade de morrer.

E veremos que os poetas que cantaram as belezas do espaço nunca se esqueceram da Terra que é, até prova em contrário, o único paraíso do sistema planetário...

VÊNUS DOMINA O CARNAVAL

Entre 1901 e 1905, uma das mais cantadas canções dos cordões carnavalescos era uma adaptação de "Ó abre alas", de Chiquinha Gonzaga (1847-1935), feita para o Cordão Rosa de Ouro, que se popularizou sob a forma:

Ó Abre alas
que eu quero passar
Estrela-d'Alva
do carnavá

Tendo o Carnaval nascido sob a inspiração astropoética do planeta Vênus, foi uma das canções dos compositores João de Barro e Noel Rosa, batizada inicialmente de "Linda pequena", e mais conhecida pelo título de "As pastorinhas", que fez da alegoria venusiana um motivo constante em todos os carnavais desde 1937:

A estrela-d'álva
No céu desponta
E a Lua anda tonta
Com tamanho esplendor
E as pastorinhas
Pra consolo da lua
Vão cantando na rua
Lindos versos de amor

Durante o reinado de Momo em 1993, Vênus foi o objeto mais brilhante do céu vespertino; visível nas luzes crespusculares do poente, esse planeta dominou o Carnaval. Em 24 de fevereiro, quarta-feira de cinzas, Vênus atingiu o seu máximo brilho. Assim, visível ao anoitecer, a estrela do amor foi o mais belo astro do céu vespertino. Talvez seja mera coincidência, mas o Carnaval daquele ano coincidiu com o período de maior luminosidade de Vênus.

Sem dúvida os foliões e os não foliões tiveram nesse fim do mês uma ocasião única para observar o céu e cantar, contemplando o planeta Vênus.

TERRA

A Terra, planeta em que vivemos, é o terceiro em distância ao Sol, depois de Mercúrio e Vênus. Os antigos consideravam que o nosso planeta era o centro do Universo, acreditando que o Sol, as estrelas e todos os corpos celestes giravam ao redor da Terra. Esta foi a denominada teoria geocêntrica. Mais tarde, foi substituída pela teoria heliocêntrica, segundo a qual o Sol, e não a Terra, era o centro de todo o nosso sistema.

Vista do espaço, a Terra assemelha-se a um globo azul, como a descreveu o primeiro cosmonauta, Yuri Gagarin (1934-1968), que em 12 de abril de 1961, na espaçonave Vostok 1, realizou o primeiro voo orbital completo ao redor do nosso planeta, em 108 minutos.

A Terra possui um satélite – a Lua – que será estudado em separado.

Globo	
Diâmetro (equatorial)	12.756 km
Diâmetro (polar)	12.714 km
Densidade (água = 1)	5,52 g cm^{-3}
Massa	5,977 x 10^{24} kg
Volume	1,83 x 10^{12} km^3
Período de rotação	23h56min04s
Velocidade de escape	11,18 km s^{-1}
Albedo	0,36
Inclinação do equador em relação à órbita	23°27'
Temperatura superficial	394°K (máximo)
Gravidade superficial (Terra = 1)	1

O Astrônomo,
quadro do pintor
J. Vermeer c. 1668

MAR
DEL

Órbita	
Semieixo maior	1,0 U.A. = 149,60 x 10^6 km
Excentricidade	0,0167
Inclinação em relação à eclíptica	0° (por definição)
Período de revolução (sideral)	365,256 dias
Velocidade orbital média	29,79 km s^{-1}

TERRA, MÃE UNIVERSAL E MÃE DOS DEUSES

Para Hesíodo, o que preexistiu a tudo foi o Caos, espaço imenso e tenebroso. Depois, apareceu *Gaia*, a Terra, e em seguida *Eros*, o Amor, que gerou, sem ajuda de nenhum elemento masculino, *Ouranos*, o céu, coroado de estrelas. De Gaia e Ouranos descenderam os Titãs:

Fui dos filhos aspérrimos da Terra/
qual Encélado, Egeu e o Centimano/
(Camões, Os Lusíadas, V. 51).

Aos poucos, a Terra, potência e reserva inesgotável de fecundidade, transformou-se na mãe universal e na mãe dos deuses.

Terra no centro do Universo

Vanitas, *quadro de Magnus Jörgensen, 1709, um notável exemplo do uso do globo na pintura alegórica das vaidades*

MARTE

Marte, o quarto planeta em distância ao Sol, tornou-se famoso pelas teorias que, nos fins do século XIX e início do XX, deram como certa a existência em sua superfície de uma civilização muito avançada.

A olho nu, o planeta Marte apresenta-se como um astro muito brilhante de cor avermelhada. Menor do que a Terra, Marte tem cerca de 6.790 km de diâmetro. Sua translação ao redor do Sol se faz em 687 dias a uma distância média de 227 milhões de quilômetros, que varia entre 207 e 248 milhões de quilômetros.

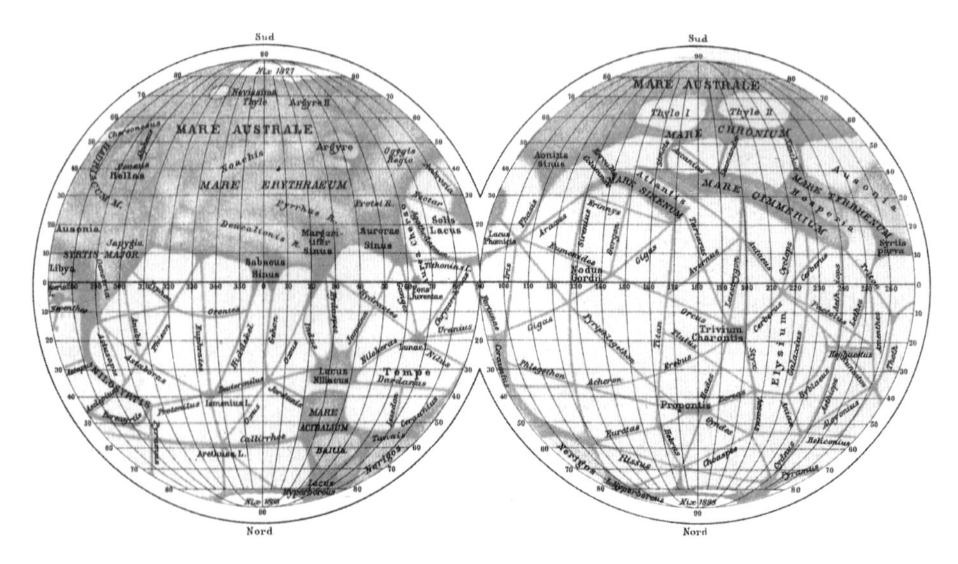

Carta da superfície do planeta Marte, com os numerosos canais observados pelo astrônomo italiano Schiaparelli, nos anos de 1877-1888

Página da Astronomia dos Cesars *(1540) destinada ao cálculo da longitude de Marte segundo a teoria de Ptolomeu (Petrus Apianus,* Astronomicum Caesareum, *1540)*

Sua coloração avermelhada é produzida pelas enormes extensões de solo árido – desertos – que existem em sua superfície. Visto por meio de um telescópio, podemos distinguir em sua superfície regiões claras e róseas, regiões escuras e regiões brancas nas calotas polares que se estendem e regridem segundo as suas estações climáticas. Com base nesses acidentes, foram traçadas várias cartas do planeta e assim determinou-se o seu período de rotação em 24h37min23s.

As fotografias de Marte, obtidas por intermédio das sondas espaciais Mariner, lançadas em 1965 (Mariner 4), em 1969 (Mariner 6 e 7) e em 1971 (Mariner 9), revelam um relevo semelhante ao da Lua, marcado por um número importante de crateras de origem meteorítica (provocadas por impacto de meteoritos), bem como por algumas crateras vulcânicas. Aliás, convém salientar que Marte possui um dos maiores vulcões do sistema solar: o Olympus Mons – Monte Olimpo –, cuja cratera tem 600 km de diâmetro e 25 km de altitude.

O fato de facilmente se observar o seu solo não significa que o planeta não possua uma atmosfera. De fato, Marte possui uma, enorme, cuja pressão no nível do solo é um centésimo da terrestre. A composição dessa atmosfera, conhecida um pouco antes da descida das duas sondas Vikings, em 1976, é constituída por cerca de 95% de gás carbônico, 3,5% de nitrogênio e 1,5% de argônio. Essas sondas revelaram também que o solo é avermelhado, como se verificou através das observações astronômicas terrestres, mas que a atmosfera apresenta-se com tons rosáceos.

Alegoria de Marte, gravura de Collaert (séc. XIX)

O grande objetivo dos robôs* que desceram em Marte, em 20 de julho e 3 de setembro de 1976, era a procura de uma forma de vida marciana. Desse modo, as sondas Vikings dispunham de instrumentos destinados a pôr em evidência, de um lado, as reações biológicas que fazem intervir o carbono e, de outro, a presença de compostos orgânicos.

A presença de compostos orgânicos não é uma prova da existência de vida, pois eles podem ser de origem química, e não biológica. Apesar disso, a

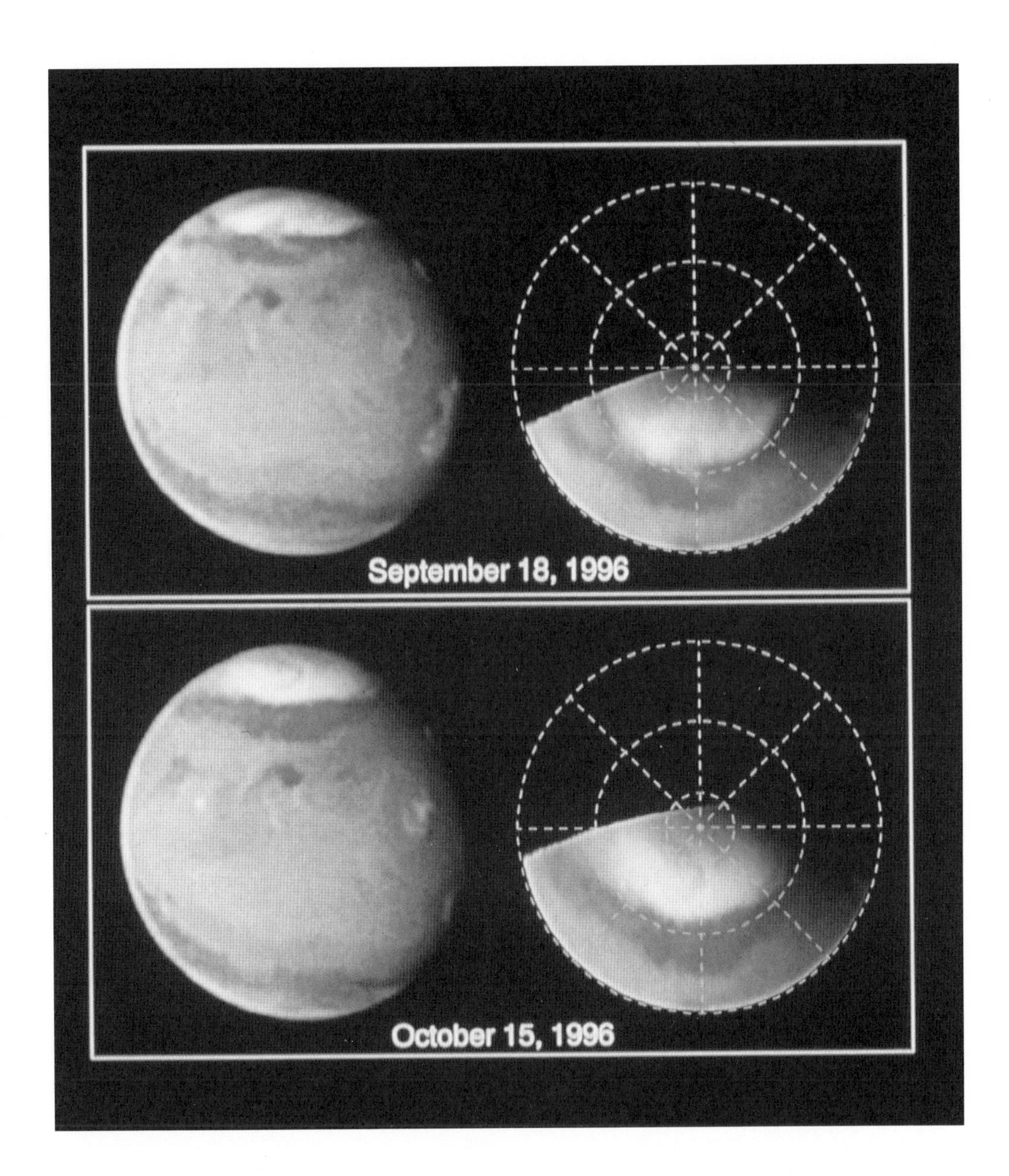

Fotografia da superfície de Marte obtida pelo telescópio espacial Hubble

quantidade de matéria orgânica encontrada no solo marciano foi extremamente fraca.

Por outro lado, os instrumentos que deviam pôr em evidência as reações biológicas se apoiavam sobre fenômenos como a fotossíntese, a assimilação de alimentos e a respiração. Os resultados obtidos foram totalmente contraditórios. Alguns parecem estabelecer de maneira positiva a presença de vida, o que desmentiria as outras. Assim, os biólogos não conseguiram estabelecer de forma precisa a presença nem a ausência de vida marciana.

Marte possui dois pequenos satélites: Fobos e Deimos. Estes dois blocos rochosos medem respectivamente 28 km e 15 km.

Globo	
Diâmetro (equatorial)	6.790 km
Diâmetro (polar)	6.750 km
Densidade (água = 1)	3,94 g cm^{-3}
Massa	6,45 x 10^{23} kg
Volume	1,637 x 10^{11} km^3
Período de rotação	24h37min23seg
Velocidade de escape	5,30 km s^{-1}
Albedo	0,16
Inclinação do equador em relação à órbita	24°46'
Temperatura superficial	250° – 320°K
Gravidade superficial (Terra = 1)	0,380
Órbita	
Semieixo maior	1,5236915 U.A. = 227,94 x 10^6 km
Excentricidade	0,0934
Inclinação em relação à eclíptica	1°50'59"
Período de revolução (sideral)	686,98 dias
Velocidade orbital média	24,13 km s^{-1}

MARTE, DEUS DA GUERRA

Marte é o astro que mais impressionou as mentes primitivas em virtude de sua coloração avermelhada, sendo associado às divindades guerreiras em quase todas as mitologias. O seu símbolo é a união da lança com o escudo. Os caldeus lhe deram o nome de Nergal – deus dos infernos – em alusão ao mestre das batalhas e campeão dos deuses, entidade de grande poder destruidor, na mitologia babilônica. Os astrônomos caldeus lhe consagram, há mais de 4.000 anos, um dia da semana – dito em latim *martis dies* –, a terça-feira.

No Egito antigo, o planeta foi conhecido pela designação de Hardaquer, ou seja, Horus Vermelho, em virtude de sua cor encarnada, segundo o historiador francês G. Maspero (1846-1916) em *Histoire ancienne des peuples de l'Orient* (1894-1899). Horus – deus e falcão – foi muito popular no Egito. Inicialmente foi o grande deus do céu e dos astros, assim como o falcão é o rei dos espaços aéreos. Segundo o astrônomo francês, de origem turca E. Antoniadi (1870-1944), em *La Planète Mars* (1930), Marte foi conhecido também sob o nome de Harmaquis, que significa o Horus do horizonte, numa associação à tonalidade avermelhada do Sol no crepúsculo.

Na Índia, com o nome de Anguaraguem (de *anguara*, carvão ardente), era adorado como uma divindade. De acordo com o astrônomo francês F. Arago (1786-1853), em *Astronomie Populaire* (1894), os indianos o nomeavam também *Labitangua*, isto é, astro vermelho (de *fobita*, vermelho, e *angua*, astro). Sua influência era considerada maléfica.

Os gregos o designavam Ares (de *Aro*, matar) – nome do deus da guerra –, que corresponde a Marte na mitologia romana. Deu origem aos vocábulos areografia, descrição da superfície de Marte, e areógrafo, aquele que estuda os aspectos físicos do planeta.

Imagem de Marte obtida pelo telescópio espacial Hubble

VIDA EM MARTE

Depois de dois anos de meticulosas análises, uma equipe de nove pesquisadores revelou ter encontrado indícios de que, provavelmente, vida primitiva tenha habitado um pedaço da crosta marciana. Não foi necessário se aventurar em Marte para encontrar essa pedra especial – ela veio a nós, gratuitamente, em forma de meteorito.

Há vinte anos, duas missões Viking aterrissavam em Marte, em 20 de julho e em 3 de setembro de 1976. O principal objetivo era responder a uma velha pergunta: Existe vida em Marte? Lamentavelmente, após analisarem os resultados das várias experiências biológicas, realizadas durante alguns meses, nos laboratórios instalados nos dois módulos de aterrissagem das Viking, os cientistas concluíram que a superfície marciana era completamente estéril, pelo menos nas regiões alcançadas pelos braços das sondas. Apesar de esta conclusão ter sido contestada por vários pesquisadores, segundo os quais as experiências das Viking não teriam fornecido resultados conclusivos, mas, na realidade, ambíguos, a ideia da ausência de vida em Marte provocou uma grande decepção para aqueles que esperavam a confirmação da sua existência, pelo menos de uma vida rudimentar, como a de microrganismos.

Se por um lado seus resultados se revelaram desconcertantes e decepcionantes, por outro a análise da composição da atmosfera do planeta forneceu dados que iriam permitir a identificação de meteoritos de origem marciana. De fato, alguns meteoritos apresentam pequenas bolsas de vidro escuras que conservam no seu interior o gás atmosférico do corpo de onde provêm. Esse gás é uma autêntica marca registrada do planeta que deu origem a esses meteoritos. Depois das Viking, constatou-se que a composição desse gás era exatamente idêntica à registrada por estas sondas na atmosfera marciana. Tal conclusão não foi aceita de forma pacífica pelos astrônomos. Alguns mineralogistas, além de contestarem a datação das pedras de Marte, apelaram para a estatística. Na verdade, as coleções terrestres (da ordem de 20 mil meteoritos) já possuem onze pedras confirmadamente de origem lunar e doze pedras supostamente de natureza marciana. Como a Lua se encontra mais próxima da Terra do que Marte, o fluxo de meteoritos provenientes do nosso satélite deveria ser muito superior. Daí concluíram que a quantidade de meteoritos lunares deveria ser muito mais frequente do que os de outra origem. A discussão estava ainda muito no início, quando os defensores da origem de Marte encontraram gases semelhantes aos da atmosfera marciana nas incrustações vítreas de um segundo meteorito descoberto na Antártica. Neste período, ocorreram dois fatos importantes: se, por um lado, em 1993, Andrew Gratz, da Universidade da Califórnia, demonstrou por simulação que um choque violento pode expulsar materiais à velocidade de 20.000 km/s, sem destruir as pequenas bolsas de gases, por outro, em 1994, Peter Mauginis-Mark, da Universidade do Havaí, identificou em Marte uma região provável para a origem dos famosos meteoritos marcianos. Trata-se da zona vulcânica de Tharsis, no Hemisfério Norte do planeta vermelho. Nove crateras dessa região poderiam corresponder às do impacto original; em particular, aceita-se que a depressão de 35 km por 20 km, existente na encosta do vulcão Ceraunius Tholus, seja um dos pontos do choque que teria dado origem às pedras de Marte. Atualmente aceita-se que essas pedras teriam alcançado a Terra após terem sido lançadas no espaço interplanetário, onde circularam durante alguns milhões de anos até atingirem um ponto qualquer da superfície terrestre. Existem, no momento, onze pedras reconhecidas como provenientes de Marte (ver Tabela pág. 190). Uma delas foi encontrada na cidade de Governador Valadares, MG, que deu origem ao seu nome. A analogia com o Nakhla, que caiu no Egito, em 1911, fez supor que se trata de um fragmento deste mesmo meteorito egípcio. A amostra principal de Governador Valadares se encontra no Museu Mineralógico da Universidade de Roma, e uma parte menor, na seção de História Natural do Museu Britânico.

Entre os doze meteoritos de origem marciana, o mais importante é o meteorito Allan Hill 84001 – o mais antigo –, que se tornou famoso desde que foram anunciados indícios de vida em seu interior. A história é muito longa. A primeira preocupação dos cientistas foi saber como ele chegou até aqui. Com base na forma como os raios cósmicos são absorvidos quando viajam pelo espaço, foi possível, conhecendo as alterações produzidas no equilíbrio isotópico dos seus minerais, estimar que este pedaço da crosta marciana passou aparentemente 16 milhões de anos errando no espaço interplanetário antes de cair nos campos gelados da colina de Alian, na Antártica, há

13 mil anos. Ali permaneceu até que uma equipe de pesquisadores norte-americanos, à procura de meteorito do Programa de Meteorito Antártica da National Science Foundation, o encontrou em 27 de dezembro de 1984. Logo que foi encontrado, recebeu a designação Allan Hill 84001 ou ALH 84001, por ter sido o primeiro meteorito encontrado durante a missão à colina de Allan, na Antártica, em 1984. Uma das pesquisadoras, Roberta Score, ao observar que esse meteorito possuía um estranha coloração esverdeada, jamais vista entre as centenas de meteoritos encontrados na Antártica, afirmou: "Esta rocha esconde algo misterioso." O fragmento foi preservado para estudo no Laboratório de Processamento de Meteoritos (Meteorite Processing Laboratory) da Johnson Space Center, em Houston, EUA. Durante quase uma década, o meteorito permaneceu classificado como um diagenito, classe rara de meteorito acondrito, que se acredita seja um fragmento do asteroide Vesta. Só recentemente, em outubro de 1993, David Mittlefehldt identificou-o como de origem marciana. Tal anúncio provocou um enorme frenesi nas equipes dos laboratórios no mundo: todos reclamavam uma amostra para análise. Logo concluíram que esta pedra, além de realmente muito antiga – cerca de 4,5 bilhões de anos –, representava uma amostra de como era constituída a crosta inicial do planeta. Na verdade, as rochas parecem ter-se formado em Marte, naquela época, a partir do resfriamento de lava derretida dos vulcões. Aliás, convém notar que todos os outros meteoritos marcianos conhecidos não têm menos de 1,3 bilhão de anos. Em consequência, concluíram os pesquisadores que estavam diante de uma pedra que virtualmente acompanhou toda a história geológica marciana. Os analistas divergem em alguns detalhes, mas concordam que o ALH 84001 deve ter-se cristalizado lentamente no magma. Ele parece ter-se fraturado, antes de sofrer o impacto que, há cerca de 4 bilhões de anos, o lançou em direção à Terra. Esta amostra parece ter passado algum tempo submersa em água, abundantemente carregada de dióxido de carbono. Tal imersão permitiu que os pequenos glóbulos de carbonato se formassem ao longo das fendas internas. De início, os astroquímicos se entusiasmaram com a estranha aparência dos glóbulos de carbonatos; de coloração marrom-alaranjada nos seus centros, assim como alternadamente escuras e brilhantes nas margens exteriores.

Nesse meteorito, as equipes do Johnson Space Center (JSC) e da Stanford University encontraram indícios que sugerem que a vida primitiva pode ter existido em Marte há mais de 3,6 bilhões de anos. Os cientistas encontraram as primeiras moléculas orgânicas que se acredita serem de origem marciana; diversos aspectos minerais característicos de atividade biológica e possíveis fósseis microscópicos de organismos primitivos, semelhantes às bactérias, foram detectados em seu interior.

Esta rocha de dimensão correspondente a uma enorme batata de 1,939 kg, com 4,5 bilhões de anos, período de formação da crosta do planeta, deve ter-se originado no interior do solo marciano, que deve ter sido extensamente fraturado pelos impactos que ocorreram durante a formação do sistema solar interno. Entre 3,6 bilhões e 4 bilhões de anos, época na qual se acredita, em geral, que o planeta era mais quente e mais úmido, a água penetrava pelas fraturas do subsolo rochoso, possivelmente formando um sistema de água no subsolo. Como a água se apresentava saturada de dióxido de carbono da atmosfera marciana, minerais carbonados foram depositados nas fraturas. Os pesquisadores encontraram indicações de que os organismos vivos também podem ter assistido à formação de carbonatos e que alguns restos de organismos microscópicos podem ter sido fossilizados, do mesmo modo como se formaram os fósseis na Terra. Acredita-se que, há 14 bilhões de anos, um enorme asteroide chocou-se com Marte, ejetando um pedaço da rocha do seu subsolo no impacto, com tanta força que acabou escapando do planeta. Durante milhões de anos esses fragmentos de rochas flutuaram através do espaço. Um deles penetrou na atmosfera da Terra há 13 mil anos e caiu na Antártica.

No interior dos minúsculos glóbulos de carbonato encontraram-se aspectos que podem ser interpretados como vestígios de uma vida anterior. Um desses sinais facilmente detectados equivale às moléculas orgânicas denominadas hidrocarbonetos aromáticos policíclicos (moléculas orgânicas que se formam quando os microrganismos morrem ou se decompõem, ou quando alguns combustíveis fósseis são queimados), concentradas nas vizinhanças do carbonato. Encontraram-se também compostos minerais comumente associados a organismos microscópicos e possíveis estruturas microfósseis. O maior dos possíveis microfósseis tinha menos de 1/100 do diâmetro do cabelo humano, e os menores, cerca de 1/1000. Alguns eram de forma ovular, e outros, tubular. Em sua aparência e dimensões, as estruturas são admiravelmente semelhantes aos microfósseis das mais delgadas bactérias encontradas na Terra.

Há alguns anos, esses vestígios de vida seriam indetectáveis. Só foi possível registrá-los graças aos mais recentes avanços tecnológicos alcançados na microscopia eletrônica, com sistema de varredura de alta resolução, e na espectrometria de massa a *laser*. Ainda que os estudos anteriores desses meteoritos e dos outros de origem marciana tenham falhado em detectar indícios de vida passada, eles foram em geral realizados usando-se um nível de aumento mais baixo, sem o benefício das tecnologias usadas nesta pesquisa. A recente descoberta de bactérias extremamente pequenas na Terra, denominadas nanobactérias, induziu a equipe a realizar pesquisas numa escala mais precisa do que era possível anteriormente.

Entre os pesquisadores, encontrava-se uma variedade enorme de especialistas do mais alto nível em microbiologia, mineralogia, geoquímica, química orgânica e técnicos em análise. No decurso das pesquisas, todas estas especialidades cruzaram entre si.

O espectrômetro de massa a *laser* – o mais sensível instrumento do seu tipo no mundo – contemplou a presença de famílias comuns de moléculas orgânicas denominadas hidrocarbonetos aromáticos policíclicos (PAHs). Quando os microrganismos morrem, as moléculas orgânicas complexas que eles contêm frequentemente se degradam em PAHs. Estes últimos estão, com frequência, associados às antigas rochas sedimentares, carvão de pedra e petróleo na Terra, e podem constituir um poluente comum na atmosfera. Os cientistas não só encontraram PAHs em quantidade facilmente detectável no ALH 84001, mas também estas moléculas concentradas nas vizinhanças dos glóbulos de carbonatos. Tal associação parece corroborar a proposição segundo a qual eles resultam do processo de fossilização. A única composição de meteoritos com PAHs é compatível com a que os cientistas esperam de fossilização de microrganismos muito primitivos. Na Terra, os PAHs virtualmente ocorrem sempre em centenas de formas, mas nos meteoritos eles estão dominados por apenas meia dúzia de diferentes compostos. A simplicidade desta mistura combinada com a ausência de PAHs de peso leve, o naftaleno, também difere substancialmente de PAHs anteriormente medidos em um meteorito não marciano.

Encontraram-se também compostos poucos usuais – sulfito de ferro e magnetita – que podem ter sido produzidos por bactérias anaeróbicas e outros organismos microscópicos na Terra. Estes compostos foram encontrados em locais diretamente associados a estruturas semelhantes aos fósseis e aos glóbulos carbonados nos meteoritos. Condições extremas – muito diferentes das que têm sido encontradas pelo meteorito – teriam sido necessárias para produzir esses componentes muito semelhantes a outros em que a vida não tivesse participação. O carbonato também contém tênues grãos de magnetita que são quase idênticos aos restos dos fósseis magnéticos frequentemente deixados por certas bactérias sobre a Terra. Outros minerais geralmente associados à atividade biológica sobre a Terra foram encontrados no carbonato.

A formação de carbonato, ou de fósseis de organismos vivos, quando o meteorito se encontrava na Antártica, pode ser recusada por diversas razões. Os carbonatos foram datados usando-se um método de radioisótopos que estimou a sua idade em 3,6 bilhões de anos; as moléculas orgânicas foram detectadas antes dos carbonatos antigos. Ao contrário do que se encontrou no ALH 84001, não se observou, nos outros meteoritos da Antártica, nenhum indício de estruturas semelhantes aos fósseis, moléculas orgânicas ou possíveis compostos orgânicos ou minerais produzidos biologicamente.

A composição e a localização das moléculas orgânicas PAHs, encontradas no meteorito, parecem também confirmar que os vestígios possíveis de vida são extraterrestres. Não foram encontrados PAHs na crosta exterior do meteorito ALH 84001, mas a sua concentração aumenta à medida que se pesquisa o interior do meteorito. Aliás, esse nível é o maior já encontrado em outros meteoritos da Antártica. Uma concentração maior de PAHs no exterior do meteorito, diminuindo à medida que se dirigia para o interior, deveria ocorrer se as moléculas orgânicas fossem resultado da contaminação do meteorito na Terra.

Uma das questões a serem debatidas relaciona-se a quando e como os carbonatos se formaram. Um estudo inicial estima sua idade em 3,6 bilhões de anos. Uma datação mais recente, realizada por Meenakshi Wadwha, do Field Museum, Chicago, e Gunter W. Lugmair, do Scripps Institute of Oceanography, sugere uma idade mais jovem de 1,3 bilhão a 1,4 bilhão de anos. Trata-se de uma crítica muito importante, pois acredita-se que a água aparentemente não fluiu através das paisagens marcianas em quantidade nos últimos 3 bilhões de anos. A determinação de Wadwha e Lugmair coincide com a data de cristalização dos outros meteoritos marcianos da ordem de 1,3 bilhão de anos – período que coincide com a mais alta atividade vulcânica e hidrotermal em Marte.

Um questionamento final refere-se à temperatura na qual os carbonatos se formam. Para conservar a bactéria, as condições não poderiam ser de temperatura superior a cerca de 1.501° Celsius, valor acima do qual a vida não sobreviveria.

Diante dos indícios de vida no meteorito ALH 84001, a atitude adotada pelos cientistas da NASA, em geral, é de "fascinação cética" (*skeptical fascination*).

Na realidade, encontraram-se neste meteorito *indícios* de que a vida existia há 3,6 bilhões de anos, em Marte. Não é a primeira vez que se anunciam sinais de vida nesse planeta: Schiaparelli, na Itália, avistou canais, em 1877; Emmanuel Liais, do Imperial Observatório do Rio de Janeiro, no Brasil, em 1877, encontrou *indícios* de vegetação e Percival Lowell, nos EUA, na década de 1920, avistou uma rede de canais de irrigação. Esperamos que os indícios se confirmem.

Nome	Local	Data	Massa (g)	Tipo
Chassigny	Chassigny, França	03/10/1815	~ 4,000	Chassignito
Shergotty	Shergotty, Índia	25/08/1865	~ 5,000	Shergottito
Nakhla	Nakhla, Egito	28/06/1911	~ 40,000	Nakhlito
Lafayette	Lafayette, Indiana	1931	~ 800	Nakhlito
Governador Valadares	Governador Valadares, Brasil	1958	158	Nakhlito
Zagami	Zagami, Nigéria	03/10/1962	~ 18,000	Shergottito
Alpha 77005	Allan Hills, Antártica	1977	482	Shergottito
Yamato 793606	Yamato Mountains, Antártica	1979	16	
EETA 79001	Elephant Moraine, Antártica	Dez. de 1979	7900	Shergottito
ALH 84001	Allan Hills, Antártica	27/10/1984	1939.9	
LEW 88516	Lewis Cliff, Antártica	1988	13.2	Shergottito
QUE 94201	Queen Alexandra Range, Antártica	1994	12.0	Shergottito

MARCIANO NA FICÇÃO CIENTÍFICA

Houve um momento na História da Astronomia em que a imaginação e a criação do cientista muito se aproximaram da do escritor de ficção científica. Nessa época, fins do século XIX e XX, as interpretações das observações realizadas pelos astrônomos constituíram o elemento principal das motivações para as histórias de marcianos. Tudo começou durante a posição periélica de 1877, em três países: Brasil, Estados Unidos e Itália. De fato, quase que simultaneamente os estímulos surgiram, inclusive no Brasil, talvez para espanto daqueles que pouco conhecem a memória nacional. Em nosso país, no Imperial Observatório do Rio de Janeiro, enquanto o astrônomo brasileiro de origem belga Louis Cruls (1848-1908), observava e determinava o período de rotação do planeta Marte, o seu colega francês, Emmanuel Liais (1826-1900), lançava a hipótese de que as variações de coloração das manchas escuras da superfície marciana estavam associadas às mudanças climáticas (períodos de seca e umidade) reinante na atmosfera do planeta ao longo das quatro diferentes estações do ano marciano. Na Itália, o astrônomo milanês Giovanni Schiaparelli (1835-1910), no Observatório de Milão, desenhava uma rede de canais na superfície do planeta vermelho, que os astrônomos logo em seguida iriam supor, com entusiasmo, tratar-se de canais artificiais de irrigação num planeta árido. Por outro lado, nos EUA, o astrônomo norte-americano Asaph Hali (1829-1907), ao lado de sua esposa Angelina, no Observatório Naval, em Washington, descobriu os satélites Fobos e Deimos. A descoberta desses satélites, previstos anteriormente por Kepler em carta a Galileu, pelo escritor inglês Jonathan Swift (1667-1745) e pelo filósofo e escritor Voltaire (1694-1778), serviu de grande estímulo para aqueles que desconheciam as razões científicas destas previsões, não só entre o povo, mas também entre os escritores de ficção científica.

Assim, constituía-se a primeira cena que os anos seguintes iriam teatralizar na forma de um planeta com uma civilização ultra-avançada e povoado por marcianos belicosos, talvez em razão de Marte, desde a Antiguidade, estar associado à guerra.

As observações de Marte passaram a ser cada vez mais ricas em detalhes sobre os canais de Schiaparelli e as vegetações de Liais. Elas evidenciaram, de modo eloquente para a época, que os marcianos existiam de fato. Lá estariam os canais artificiais de irrigação, capazes de levar a água proveniente do degelo das calotas polares ao equador, provocando as alterações cromáticas da vegetação. Para confirmar, era suficiente ler os livros dos mais importantes astrônomos da época, dentre eles os norte-americanos Percival Lowell (1855-1916) e William Pickering (1858-1938).

Começaram a surgir os livros de ficção-científica com os marcianos em ação. Ao lê-los, era possível sentir como foi forte e decisiva a influência dos astrônomos. O primeiro escritor a dedicar um livro a Marte e seus habitantes foi o historiador e poeta inglês Percy Gregg (1836-1889), em *Across the Zodiac* (Através do Zodíaco, 1880). Uma década depois surge o relato de Hugh Mae Coil, em *Mr. Stranger's Sealed Packet* (1889), com um herói que defende a paz contra o ataque de uma raça mais agressiva. Logo em seguida, duas histórias de amor (*love story*) interplanetário: a primeira foi *A Plunge in to Space* (1890), de Robert Cromie, e a segunda, *A Journey to Mars* (1894), de W. Pope, com maiores detalhes sobre o planeta vermelho. Três anos mais tarde surge a antecipação romanceada do escritor alemão Kurd Lasswitz (1848-1910), com a obra *Auf Zwei Planeten* (O segundo planeta, 1887), e a breve visão de Marte em *The Cristal Egg* (1897), daquele que seria sem dúvida o escritor a utilizar o planeta Marte com o máximo impacto na ficção-científica – o escritor inglês H. G. Wells. De fato, no ano seguinte, apareceu o mais notável romance sobre os marcianos: *A guerra dos mundos* (1898).

A arte também sofreu esta influência, em particular os artistas que se dedicaram à antecipação científica, como é o caso do brasileiro Henrique Alvim Corrêa (1876-1910), um dois mais notáveis ilustradores da obra de Wells e, sem dúvida, um dos mais importantes desenhistas da difícil arte que é a ilustração científica de antecipação. Confirmando esta nossa ilação da ação pragmática dos astrônomos é suficiente verificar que Wells citou em sua obra diversos astrônomos, Schiaparelli e o francês Henri Perretin (1845-1901), do Observatório de Nice, como se quisesse dar maior base científica ao seu relato. Apresentando-os como personagens, vivas caricaturas de alguns astrônomos contemporâneos, podemos melhor compreender o clima que imperou no mundo durante os primeiros decênios do século XX.

Em 14 de julho de 1965, a primeira sonda – Mariner 4 – sobrevoou o planeta, enviando as fotografias que mostraram uma superfície craterizada, sem canais ou água corrente. Detectou muito dióxido de carbono na atmosfera e uma pressão estimada em 1% da existente ao nível do mar na Terra. Estava desfeito o sonho da civilização marciana tecnologicamente superior à terrestre. Após uma série de outras sondas terem sobrevoado Marte, com o objetivo bem-sucedido de cartografar a superfície do planeta, os norte-americanos lançaram duas sondas-robôs, Viking 1 e 2, capazes de aterrissar no planeta. Uma delas efetuou uma série de testes biológicos no solo marciano, com a finalidade de detectar sinais de vida. Os resultados, porém, foram desanimadores. Até hoje, no entanto, a possibilidade de vida rudimentar parece pouco provável.

Tem-se a impressão de que muita coisa foi dita e escrita com a única finalidade de encontrar indícios da existência de seres racionais, e que, desse modo, tirasse a humanidade da solidão em que vive.

Hoje, quando alguém descobre que está ao lado de um astrônomo invariavelmente pergunta se ele acredita ou não em discos voadores. Tal pergunta surgiu após os anos 1960, pois antes, em particular desde 1880, a indagação normal aos astrônomos era sobre os marcianos: Há ou não habitantes no planeta Marte? A resposta variava muito, na realidade dependia da inclinação pessoal do astrônomo. Assim, até os anos 1920, a maior parte dos astrônomos afirmaria que alguns dos seus colegas acreditavam na existência dos marcianos; uma civilização muito avançada tecnologicamente em relação à nossa. Entre 1920 e 1935, a resposta predominante seria que existe uma dúvida muito grande com referência aos marcianos inteligentes. Após 1935, começou a se reduzir o número de defensores da ideia de Marte ser habitado por uma civilização muito avançada. As dúvidas eram cada vez maiores. Todavia as novelas de ficção tendo como personagem os marcianos e como cenário a superfície marciana continuaram a surgir no mundo, independentemente da verdade científica e, em muitos casos, com visível verossimilhança e grande beleza poética.

No começo do século XX, o escritor francês Gustave le Rouge (1867-1938) publicou *Les naufragés de l'espace* (Os náufragos do espaço, 1908). A bem da verdade, a obra tem uma continuação. *L'Astre d'épouvante* (O astro do terror, 1909). Conta-se a história do cientista Robert Darvel, que é enviado a Marte por energia mental e lá encontra uma civilização antropomorfa, mas não primata, isto é, outros mamíferos e moluscos é que assumiram o aspecto humanoide. Em Marte, Darvel encontrou a explicação para os canais schiaparellianos que sulcam a superfície do planeta de forma tão retilínea. Seu construtor é uma espécie de herbívoro fossador, no gênero da toupeira terrestre, mas que atingiu dimensões gigantescas. Depois de várias peripécias, arriscando a vida muitas vezes, Darvel é mandado de volta à Terra, também por energia mental.

Mais tarde, em 1917, o escritor norte-americano Edgar Rice Burroughs (1875-1950) transporta para o espaço a Primeira Guerra Mundial em sua obra *A Princess of Mars* (Uma princesa de Marte), onde marcianos vermelhos e verdes viajavam em veículos em forma de banheiras propulsionadas por raios e atirando balas de rádio com fuzis equipados por radar.

De todas as obras de ficção escritas sobre Marte, a de maior sucesso foi *A guerra dos mundos*, de H.G. Wells, sem dúvida o romance que mais contribuiu para popularizar os marcianos, transmitindo ao leigo a concepção de que Marte possuía a mais avançada civilização, o que conseguiu divulgar todas as notícias sobre as descobertas acerca do planeta. Baseado na obra de Wells, o norte-americano George Pal (1908-1980) produziu um dos melhores filmes de ficção científica do século XX. Analogamente, uma radiofonização de *A guerra dos mundos* por Orson Welles, em 1938, provocou terror e pânico em cidades dos EUA. Apesar das explorações das sondas espaciais e das conclusões dos astrônomos sobre a não existência dos marcianos, a sua existência na ficção é real, como determinados mitos que povoam a mente primitiva do homem.

Ciência e ficção andaram lado a lado na criação do mito de que Marte era habitado por uma civilização ultra-avançada. Astrônomos e escritores, desde a Antiguidade, estiveram unidos na vontade comum de tirar a humanidade de sua solidão planetária.

É conveniente lembrar que os escritores de ficção científica criaram um mundo marciano que existia em sua mente... E, no entanto, os astrônomos viram os canais artificiais que os marcianos construíram.

JÚPITER

Júpiter é o maior planeta do sistema solar. Com um diâmetro de 140.800 km, é quase 11 vezes maior do que a Terra. Sua massa é 318 vezes a terrestre.

Este gigantesco planeta conseguiu, graças a sua enorme massa, conservar sua atmosfera primitiva que envolve um núcleo sólido muito denso. Por estar constantemente

À DIREITA:
Auroras polares no planeta Júpiter em maio de 1994, obtidas pelo telescópio espacial Hubble

NA PÁGINA AO LADO:
Imagem de Júpiter obtida pelo telescópio espacial Hubble em 1992

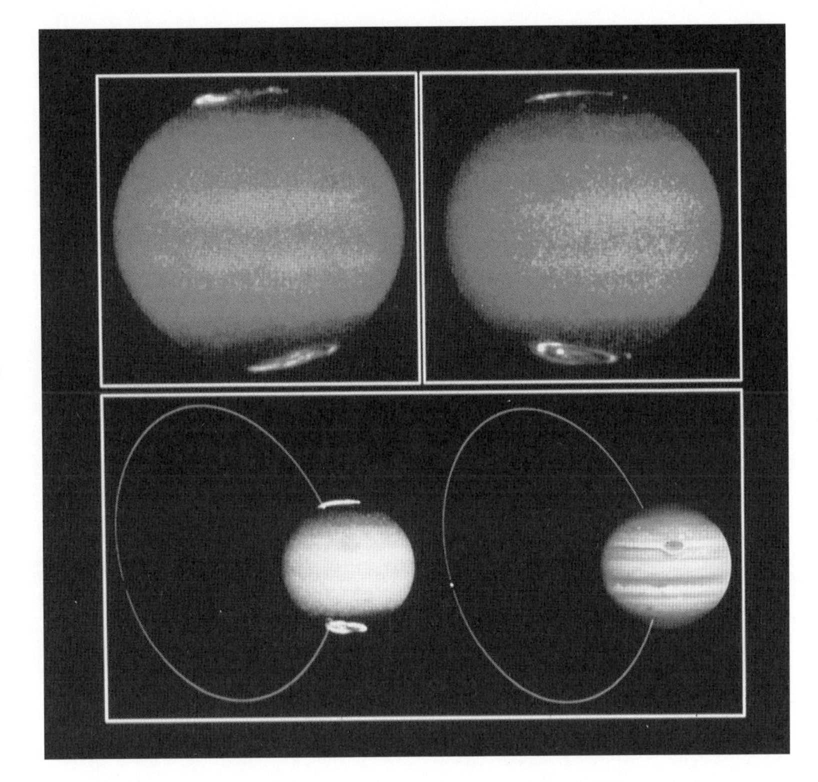

recoberto por uma espessa camada de nuvens e gases, é praticamente impossível a sua observação direta. O que observamos através de um telescópio é a sua alta atmosfera. Como Júpiter gira rapidamente sobre o seu eixo, em 9h50min, no Equador*, a ação dessa rotação provoca o achatamento nos polos — o que, aliás, constitui uma prova evidente de sua natureza fluida. Por outro lado, esse movimento de rotação muito rápido no equador* e mais lento nos polos faz com que se formem zonas claras e faixas escuras, paralelas ao equador* jupiteriano, no sentido de leste para o oeste. As diferentes colorações que surgem ao longo dessas faixas são provenientes dos compostos de metano e amoníaco. Uma Mancha Vermelha, descoberta há mais de três séculos, despertou grande interesse entre os astrônomos. Acredita-se que essa Mancha Vermelha seja o vértice de uma enorme tempestade que se desenvolve na atmosfera de Júpiter há vários séculos.

Pelos resultados fornecidos pelas sondas Pioneer e Voyager, que sobrevoaram Júpiter, parece que a cobertura gasosa, composta de 82% de hidrogênio, 17% de hélio e traços de outros elementos, deve-se estender a cerca de mil quilômetros de profundidade. A temperatura na superfície dessa atmosfera é de 130°K, tanto no lado escuro quanto no lado iluminado pela radiação solar, o que demonstra uma notável distribui-

Imagem mostrando a lua vulcânica Io passando acima das nuvens turbulentas de Júpiter. A mancha escura é a sombra de Io, em 24 de julho de 1996, obtida pelo telescópio espacial Hubble

ção do calor. Aliás, problemas de natureza energética são muito numerosos em Júpiter. Assim, por exemplo, Júpiter emite duas vezes mais energia do que a que recebe do Sol.

Um dos modelos mais conhecidos de Júpiter supõe que, a uma profundidade de 100 km na atmosfera, o hidrogênio se apresenta líquido até 46.000 km do centro. Nesse nível, a pressão deve atingir 3 milhões de atmosferas e a temperatura, 11 mil graus Kelvin. Nessas condições, o hidrogênio, além de líquido, torna-se um condutor elétrico, como qualquer metal, donde a designação de hidrogênio metálico. Parece que no centro do planeta deve existir um pequeno núcleo sólido, cuja existência ainda não foi comprovada.

Em virtude de sua enorme massa, Júpiter esfria-se muito mais lentamente do que um planeta como a Terra. Em consequência, ainda se passarão dezenas de milhões de anos para resfriar o suficiente de modo que permita o aparecimento de vida em sua atmosfera. Em resumo: tendo em vista sua atmosfera muito semelhante à que deve ter existido há bilhões de anos na Terra, Júpiter pode ser indicado como um planeta do futuro. Assim, quando nossa Terra estiver gelada e morta, no planeta Júpiter poderá haver vida em desenvolvimento.

Júpiter tem cerca de sessenta satélites. Em 1610, Galileu descobriu os quatro maiores: Io, Europa, Ganimedes (de volume quase igual ao de Marte) e Calisto. Os outros foram descobertos a partir de 1892, sendo os mais recentes registrados em 2000. Descobriu-se que Júpiter possui quatro anéis muito finos.

Globo	
Diâmetro (equatorial)	140.800 km
Diâmetro (polar)	133.500 km
Densidade (água = 1)	1,33 g cm^{-3}
Massa	1,90 x 10^{30}g
Volume	1,43 x 10^{18} km^3
Período de rotação	9h50min30s (equatorial)
Velocidade de escape	60,22 km s^{-1}
Albedo	0,73
Inclinação do equador em relação à órbita	3°04'
Temperatura superficial	173°K (máximo)
Gravidade superficial (Terra = 1)	2,643

Órbita	
Semieixo maior	5,203U.A. = 777,8 X 10^6 km
Excentricidade	0,0484
Inclinação em relação à eclíptica	1°,3
Período de revolução (sideral)	4332,59 dias
Velocidade orbital média	13,05 km s^{-1}
Período sinódico médio	399 dias

JÚPITER, O REI DOS DEUSES

Conhecido desde a mais remota Antiguidade, um dos dias da semana (quinta-feira) lhe é consagrado, há mais de 4 000 a.C., pelos caldeus. Seu brilho constante, marcha lenta e trajetória regular ao longo da eclíptica, fez com que o batizassem, desde a Antiguidade, como o mestre do céu. Na verdade, o seu nome provém do sânscrito: *dyn* (deus) e *pater* (pai). Teve vários nomes: *Har-tap-sheta-ou* (guia dos espaços misteriosos), no Egito antigo; *Phacton* (brilhante), na Grécia antiga; *Viihaspati* (senhor do crescimento), na Índia; *Soni-sing* (planeta do ano) e *Chi-ti* (planeta regulador), na China. É representado pelo símbolo ♃, a qual alguns atribuem a primeira letra do seu nome grego (Zeus) e outros a imagem do zigue-zague dos raios, associado ao mestre do céu.

SATURNO

Saturno gira ao redor do Sol em 29,5 anos a uma distância média de 1.425 milhões de quilômetros, ou seja, quase o dobro daquela de Júpiter. Este planeta gigante, com uma massa 95 vezes maior que a da Terra, possui composição e estrutura muito semelhantes às de Júpiter. Saturno executa sua rotação em 10 horas e 14 minutos, numa velocidade muito rápida, como Júpiter.

A grande fama e popularidade deste planeta advém dos anéis que o circundam. Eles medem 70 mil quilômetros de largura e um quilômetro de espessura. Quando observados através de um telescópio, verificamos que são vários anéis, dos quais três surgem muito distintamente. Na realidade, como ficou provado através das sondas interplanetárias Pioneer 11, em 1979, Voyager 1, em 1980, e Voyager 2, em 1981, os anéis são em número de milhares, separados por inúmeras divisões ou lacunas que correspondem a órbitas instáveis, onde não circula nenhum dos fragmentos que compõem o sistema de anéis. Durante muitos anos pensou-se que estes anéis fossem gasosos, depois, que fossem sólidos, mas atualmente sabe-se que são compostos de milhares de minúsculas partículas que, vistas à distância, parecem constituir uma massa sólida. A origem dos anéis, no entanto, ainda permanece duvidosa. Pode-se imaginar que eles resultaram da desagregação ou mesmo do esfacelamento de um ou vários satélites naturais de Saturno, que se aproximaram muito do planeta. Por outro lado, acredita-se também que se trata de um satélite que não conseguiu se constituir, ou seja, que não se condensou.

Saturno com seus anéis e satélites em 17 de setembro de 1980, segundo a sonda Voyager/NASA

Ao redor de Saturno giram cerca de sessenta satélites. Este número deve ser bem superior, pois as naves Pioneer e Voyager

Sequência de imagens de Saturno obtidas pelo telescópio espacial Hubble, nas quais se observa a ocorrência de uma tempestade na atmosfera do planeta

reportaram informações sobre outros satélites cuja descoberta definitiva depende de uma confirmação. O maior deles é Titã, cujo diâmetro é de 4.320 km e cuja atmosfera é constituída de grande percentagem de metano. Tal descoberta foi feita, em 1944, pelo astrônomo norte-americano Gerard Kuiper (1905-1972). A Pioneer 11, em 1979, encontrou Titã coberto por uma atmosfera avermelhada. Admite-se a possibilidade de que a sua atmosfera comportaria o desenvolvimento de formas de vida. No entanto, ainda não existe nada de concreto.

Febo, o seu satélite mais externo, é o único que possui movimento retrógrado. Alguns astrônomos acreditam que este satélite é um antigo asteroide capturado pelo campo gravitacional de Saturno.

Imagens dos anéis de Saturno obtidas pela sonda Voyager em 3 de agosto de 1981, onde estão registrados os famosos spokes *(raios) que ocorrem nos anéis*

Globo	
Diâmetro (equatorial)	119.300 km
Diâmetro (polar)	107.700 km
Densidade (água = 1)	0,71 g cm^{-3}
Massa	5,81 x 10^{29} g
Volume	8,2 x 10^{17} km^3
Período de rotação	10h14min
Velocidade de escape	36,26 km s^{-1}
Albedo	0,76
Inclinação do equador em relação à órbita	26°44'
Temperatura superficial	127°K
Gravidade superficial (Terra = 1)	1,159

Órbita	
Semieixo maior	9,539U.A. = 1427 X 10^6 km
Excentricidade	0,0556
Inclinação em relação à eclíptica	2°29'21"
Período de revolução (sideral)	10.759,20 dias
Velocidade orbital média	9,65 km s^{-1}
Período sinódico médio	378,1 dias

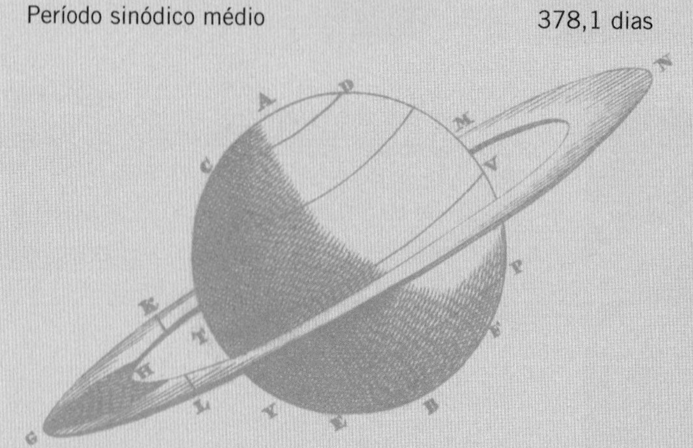

NA PÁGINA AO LADO:
Tempestades na alta atmosfera de Saturno, registradas pelo telescópio espacial Hubble

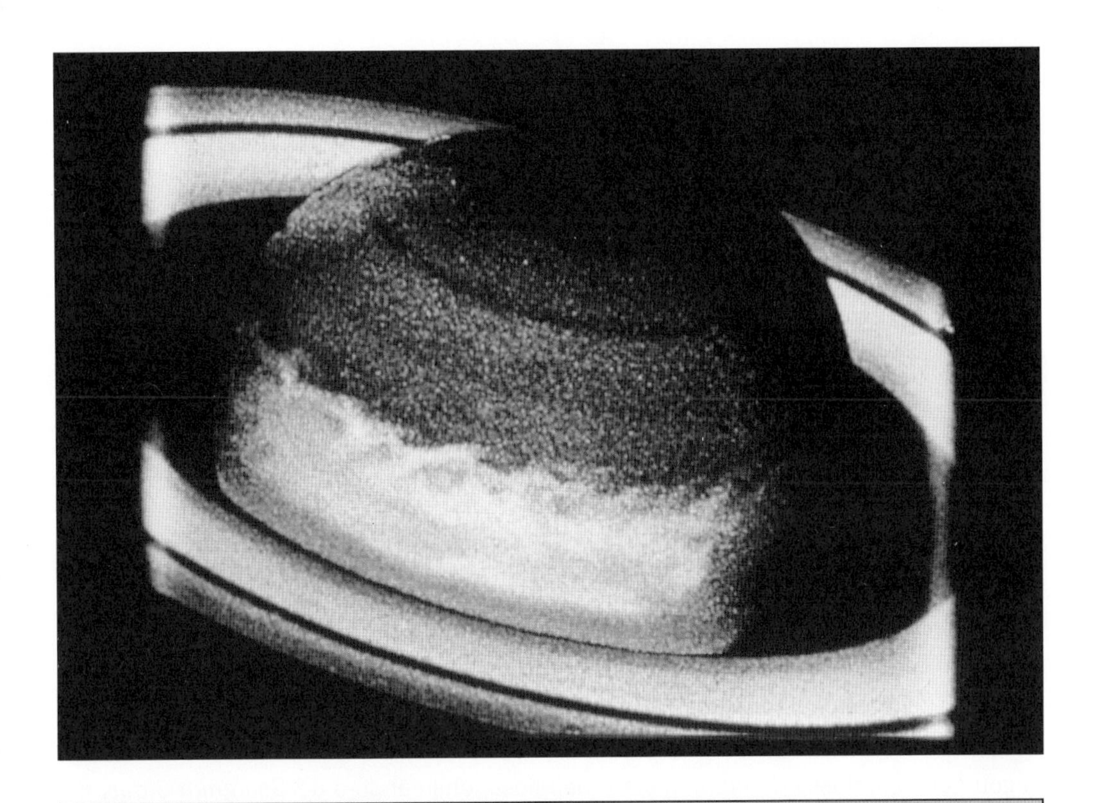

SATURNO, DEUS DO TEMPO

Saturno é o mais distante dos planetas conhecidos dos antigos. Há mais de 4.000 a.C., os hebreus lhe dedicam o último dia da semana, o sábado. Os egípcios o denominavam, por eufemismo, *aparente* ao planeta mais obscuro que eles conheciam. Além dessa denominação, o planeta ficou conhecido pelos nomes de *Hor-ka-ker* (a estrela geradora superior), no Egito antigo; *Kronos* (deus do tempo), *Phaeton* (aparente), *Pahinon* (o resplandecente), na Grécia antiga; *Sanaistchara* (que se move lentamente), na Índia; *Tien-Sing* (o planeta eterno), na China; *Nisroch* (deus do tempo), na Assíria.

Seu símbolo ♄, adotado desde a época romana, é a imagem imperfeita da foice do deus do tempo – Cronos.

URANO

Primeiro planeta a ser descoberto nos tempos modernos. Os outros cinco já eram conhecidos desde a Antiguidade. Este planeta foi descoberto em 13 de março de 1781 pelo astrônomo inglês William Herschel (1738-1822), quando examinava os campos estelares entre as constelações de Taurus (Touro) e Gemini (Gêmeos). De início, julgou que se tratasse de um cometa e nebulosa, chamando-o de *Georgium Sidus*, em homenagem a Jorge III da Inglaterra.

Com um diâmetro de 50 mil quilômetros, Urano leva 84 anos para completar sua translação ao redor do Sol, numa distância média de 2.872 milhões de quilômetros.

Observado através de um telescópio, apresenta faixas e manchas em sua superfície, mas pouco se conhece a respeito de suas condições físicas, em vista da grande distância que o separa de nós. Um dia de Urano dura 10 horas e 45 minutos, valor muito próximo do de Saturno.

Possui 27 satélites e um sistema de anéis. Em 10 de março de 1977, durante a ocultação de uma estrela por Urano, os astrônomos norte-americanos J.L. Elliot, E. Dunhcon e D. Mink, no Observatório Aerotransportado Kuiper, a 15 mil metros de altitude, no oceano Índico, descobriram os anéis de Urano. O objetivo desses pesquisadores era determinar o diâmetro do planeta, ao redor do qual tudo parece indicar que existem pelo menos nove anéis.

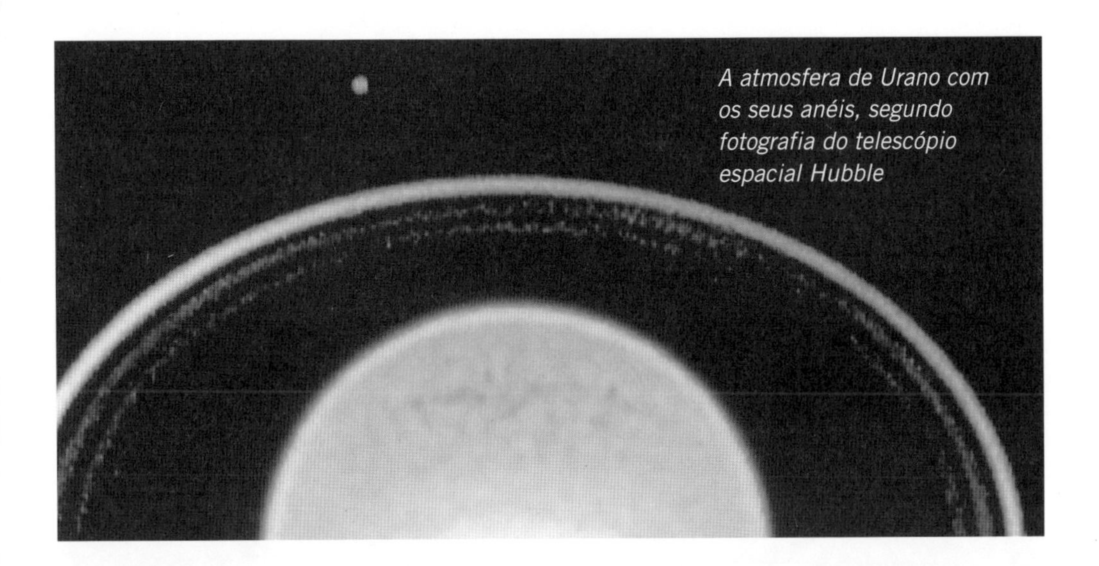
A atmosfera de Urano com os seus anéis, segundo fotografia do telescópio espacial Hubble

Globo	
Diâmetro (equatorial)	55.800 km
Diâmetro (polar)	
Densidade (água = 1)	1,2 g cm^{-3}
Massa	8,78 x 10^{25} kg
Volume	7,32 x 10^{13} km
Período de rotação	10h49min
Velocidade de escape	25,2 km s^{-1}
Albedo	0,93
Inclinação do equador em relação à órbita	97°53'
Temperatura superficial	90°K (máximo)
Gravidade superficial (Terra = 1)	1,17
Órbita	
Semieixo maior	19,182U.A. = 2869 x 10^6 km
Excentricidade	0,04726
Inclinação em relação à eclíptica	0°46'23"
Período de revolução (sideral)	306,84 dias
Velocidade orbital média	6,81 km s^{-1}

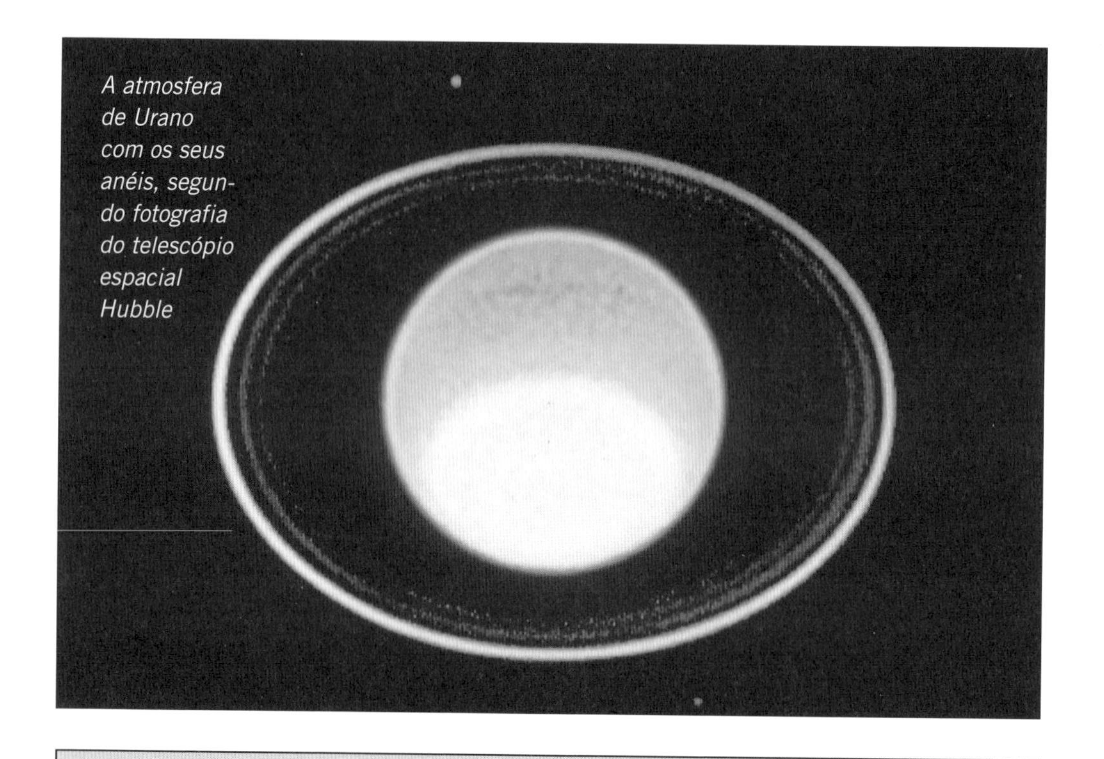

A atmosfera de Urano com os seus anéis, segundo fotografia do telescópio espacial Hubble

URANO, DEUS DO CÉU

Como descobridor deste primeiro planeta identificado nos tempos modernos, Herschel reclamou o direito de dar nome ao novo astro; denominou-o *Georgium Sidus*, em homenagem ao rei Jorge III (r. 1760-1820), a quem devia a pensão e os fundos para a construção do seu telescópio. Lexell (1740-1784) propôs o nome de Netuno de Jorge III, Lalande (1732- 1807), o de planeta Herschel, e Bode (1747-1826), o de Urano, que prevaleceu em respeito à designação dos outros planetas associados aos deuses mitologicos. Na mitologia grega, Urano, deus do céu, era casado com Gaia. Era o pai dos titãs, dos ciclopes e dos hecatonquiros, gigantes de cem mãos e cinquenta cabeças. Os titãs, guiados pelo seu soberano, Cronos, destronaram e mutilaram Urano, e do seu sangue que caiu sobre a terra surgiram as três Erínias ou Fúrias que vingaram os crimes de parricídio e perjúrio. Resolveu-se, então, representar o planeta com o sinal ⛢, que simboliza um globo dominado pela primeira letra do astrônomo descobridor.

NETUNO

A descoberta de Netuno marcou o século passado. Foi a primeira vez que o homem, através de cálculos matemáticos, descobriu um novo planeta do sistema solar. Tudo se iniciou em 1820, quando se verificou que a órbita de Urano sofria perturbações. Estudando o movimento deste planeta, o astrônomo inglês John C. Adams (1819-1892), em Cambridge, e o seu colega francês Urbain Le Verrier (1811-1877), em Paris, descobriram, independentemente, que estas perturbações na trajetória de Urano eram devidas à presença de um planeta ainda mais afastado do Sol. Calcularam então sua posição no espaço. Concluíram o trabalho praticamente ao mesmo tempo, chegando quase às mesmas conclusões. Os resultados de Adams foram enviados ao Observatório Real de Greenwich, onde o astrônomo real os deixou de lado sem examiná-los. Le Verrier foi mais feliz, pois comunicou suas conclusões ao astrônomo alemão Johann G. Galle (1812-1910), que, na noite de 23 de setembro de 1846, viu o planeta pela primeira vez.

Invisível a olho nu, o planeta Netuno, quando observado ao telescópio, apresenta-se como um pequeno disco azul-esverdeado no qual algumas faixas muito tênues podem ser distinguidas. Netuno, que gira ao redor do seu eixo em 15h40min, possui uma atmosfera composta de metano, hidrogênio e amônia.

Com um diâmetro de 50 mil quilômetros, Netuno efetua seu movimento de translação em torno do Sol em 164 anos e 280 dias, a uma distância média de 4.500 milhões de quilômetros.

Netuno possui treze satélites, dos quais os dois maiores são Tritão, descoberto em 1846, e Nereida, em 1949.

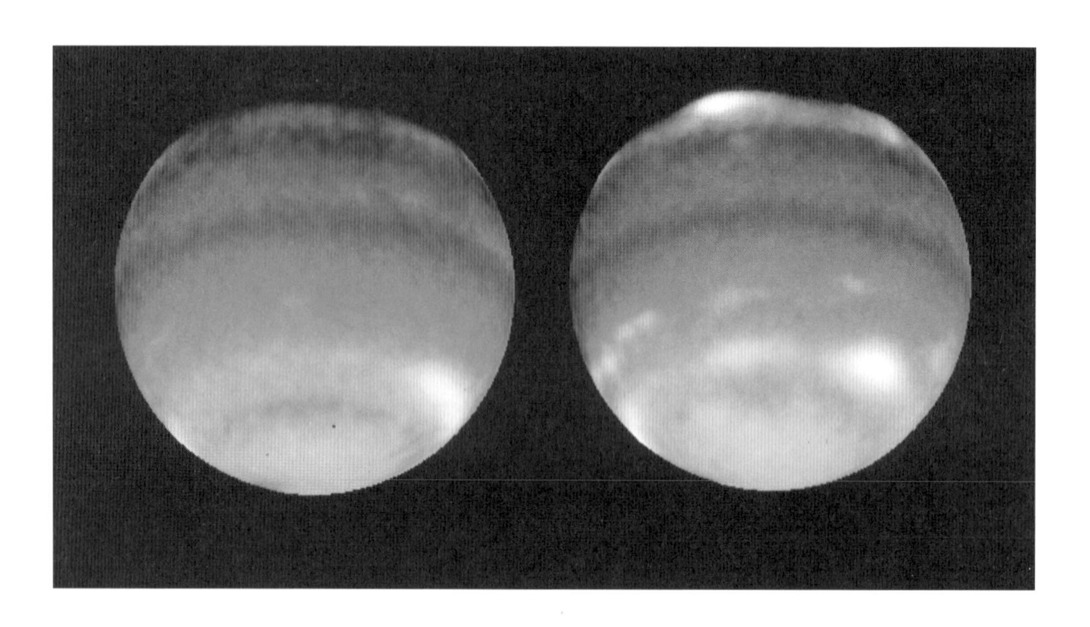

Globo	
Diâmetro (equatorial)	50.000 km
Diâmetro (polar)	
Densidade (água = 1)	1,7 g cm^{-3}
Massa	1,03 x 10^{26} kg
Volume	6,1 x 10^{13} km^3
Período de rotação	15h48min
Velocidade de escape	23,9 km s^{-1}
Albedo	0,84
Inclinação do equador em relação à órbita	28°48'
Temperatura superficial	72ºK (máximo)
Gravidade superficial (Terra = 1)	1,1
Órbita	
Semieixo maior	30,058 U.A. = 4496 x 10^6 km
Excentricidade	0,008589
Inclinação em relação à eclíptica	1º46'19"
Período de revolução (sideral)	60,1904 dias
Velocidade orbital média	5,43 km s^{-1}

À DIREITA:
Caricatura de Cham relativa à descoberta de Netuno (L'Illustration, *7 de novembro de 1846)*

NA PÁGINA AO LADO:
Imagens de Netuno obtidas pelo telescópio espacial Hubble

NETUNO, DEUS DOS MARES

Netuno, na mitologia romana, deus do mar, filho do deus Saturno e irmão de Júpiter e de Plutão. Originariamente era o deus das fontes e das correntes de água.

O planeta Netuno é representado por um tridente (♆), que simboliza o deus dos mares.

PLUTÃO

Logo que se descobriu Netuno, surgiram especulações com relação à existência de outros planetas ainda mais distantes. Assim, em 1914, o astrônomo norte-americano Percival Lowell (1855-1916) afirmou categoricamente que ele deveria existir, se bem que ainda não tivesse conseguido observá-lo. Em 13 de março de 1930, o jovem astrônomo Clyde Tombaugh (1906-1997), assistente de Lowell, conseguiu descobrir o planeta ao examinar uma placa fotográfica obtida em janeiro do mesmo ano.

Durante os 248 anos o planeta leva para completar uma volta ao redor do Sol, Plutão passa vinte anos mais perto do Sol do que Netuno; no restante da órbita, permanece além de Netuno.

Possui três satélites: Caronte, o maior, descoberto em 1978 pelo astrônomo J. Christy, do Observatório Naval de Washington, e dois menores, descobertos em 2005, com o telescópio espacial Hubble. Estes dois receberam da União Astronômica Internacional (UAI) os nomes mitológicos de Nix e Hidra. Uns dos motivos da escolha desses nomes foram as iniciais N e H que coincidem com a sonda espacial *New Horizons*, que em 2015 vai sobrevoar Plutão e os satélites.

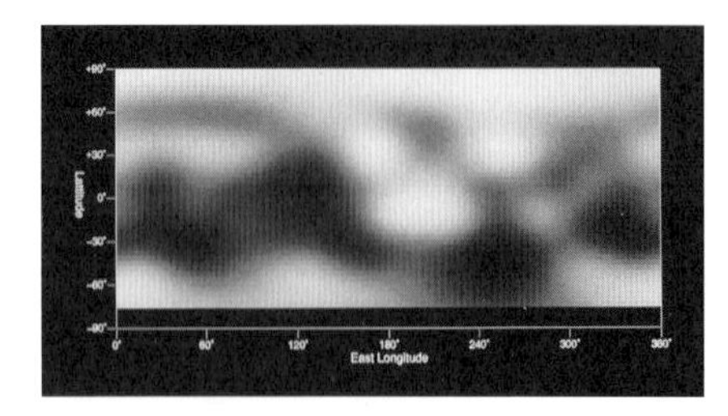

Planisfério de Plutão, à esquerda, e fotografia do planeta Plutão e o seu satélite, segundo o telescópio espacial Hubble

Plutão era considerado como um planeta principal; mas a descoberta de vários corpos celestes de tamanho comparável e até mesmo a de outro objeto maior no Cinturão de Kuiper fez com que a UAI, em 24 de agosto de 2000, durante a sua Assembleia Geral, em Praga, decidisse considerá-lo como um "*planeta-anão*", juntamente com Éris e Ceres (este último localizado no cinturão de asteroides entre Marte e Júpiter). Plutão é visto agora como o primeiro de uma categoria de objetos transnetunianos cuja denominação, "plutoides", foi aprovada pela UAI em 11 de junho de 2008.

Em setembro de 2006, a UAI atribuiu a Plutão o número 1340340 no catálogo de planetas menores, de modo a refletir a sua nova condição de planeta anão.

Globo	
Diâmetro (equatorial)	2.700 km
Diâmetro (polar)	
Densidade (água = 1)	1,3 g cm^{-3}
Massa	1,2 x 10^{22} kg
Volume	0,9 x 10^{10} km^3
Período de rotação	6,39 dias
Velocidade de escape	1,1 km s^{-1}
Albedo	0,9
Inclinação do equador em relação à órbita	
Temperatura superficial	63°K (máximo)
Gravidade superficial (Terra = 1)	
Órbita	
Semieixo maior	39,46 U.A. = 5,9 x 10^9 km
Excentricidade	0,248
Inclinação em relação à eclíptica	17°
Período de revolução (sideral)	248,4 anos
Velocidade orbital média	4,74 km s^{-1}

PLUTÃO, DEUS DOS MORTOS

Na mitologia romana, Plutão é o deus dos mortos, marido de Prosérpina. O equivalente latino do deus grego Hades. Plutão ajudou seus dois irmãos, Júpiter e Netuno, a derrotar seu pai, Saturno. Sua única Lua recebeu o nome de Caronte, o barqueiro que conduzia os mortos.

LUA

A Lua, o único satélite da Terra e o corpo celeste mais próximo de nós, não emite luz nem calor. Toda a radiação que parece emitir é apenas luz refletida. De fato, refletindo os raios solares – como um espelho pode refletir uma imagem – ela nos fornece uma cor prateada de beleza indizível.

Situada a 384 mil quilômetros da Terra, o que representa pouco mais de 60 raios terrestres, possui um diâmetro de cerca de 3.480 quilômetros e uma massa de 74 x 1018 toneladas, ou seja, 81 vezes inferior à da Terra. Como a relação de massa comparativamente ao planeta em redor do qual gira é muito elevada e excepcional, podemos considerá-la, proporcionalmente, o maior satélite do sistema solar.

Depois do Sol, o objeto astronômico de maior influência na organização da vida humana foi a Lua. Assim, as duas principais medidas de tempo, a semana e o mês, surgiram do seu movimento aparente ao redor da Terra.

O aspecto da Lua se modifica diariamente. Este fenômeno das *fases da Lua* é proveniente da variação da posição relativa da Lua, do Sol e da Terra. As fases se reproduzem num ciclo de 29 dias e meio, denominado revolução sinódica ou lunação.

Quando a Lua está entre a Terra e o Sol, diz-se que ela se encontra em *conjunção* ou em *sizígia inferior.* Tem-se, então, a *lua nova* ou *novilúnio*, quando a Lua é invisível, nasce às seis horas da manhã e passa pelo meridiano ao meio-dia.

Quando, sete dias e meio depois, a longitude da Lua ultrapassa a do Sol em 90º, tem-se a quadratura. Nessa fase ela recebe o nome de *quarto crescente* ou *primeiro quarto*; seu aspecto é de

Fotografia da face oculta da Lua, obtida pelos astronautas da Apollo 8, em 25 de dezembro de 1968 (NASA)

O ciclo das fases da Lua, segundo Andreas Cellarius, em Harmonia Macrocósmica (séc. XVII)

um semicírculo, com uma parte iluminada voltada para o oeste. A Lua nasce ao meio-dia e passa pelo meridiano às 18 horas.

Cerca de 15 dias depois da Lua nova, a Lua se encontra em *oposição* ou *sizígia superior*, quando, então, a diferença de longitude entre a Lua e o Sol atinge 180º, o que corresponde à *lua cheia* ou *plenilúnio*. Ela tem então o aspecto de um globo luminoso visível durante toda a noite: nasce às 18 horas e passa pelo meridiano à meia-noite.

Logo após, a porção iluminada vai diminuindo, até atingir 29 dias; depois de uma nova quadratura, quando, então, a diferença de longitude é de 270º, tem-se o *quarto minguante* ou o *último quarto*. O aspecto da Lua é de um semicírculo voltado para leste: nasce à meia-noite e passa pelo meridiano às seis horas da manhã.

Antes do plenilúnio a Lua é chamada crescente e, após, minguante.

O povo sempre deu enorme importância às fases lunares, atribuindo-lhes responsabilidade por uma série de alterações no clima, na fauna e na flora, bem como no próprio comportamento do homem. Até hoje todas estas correlações são cientificamente duvidosas, apesar de parecerem muito evidentes.

É fácil para aqueles que já contemplaram os detalhes da superfície lunar, mesmo a olho nu, constatar os acidentes lunares, que conservam sempre as suas posições relativas. Essa aparente imobilidade deve-se ao fato de o nosso satélite manter sempre o mesmo hemisfério voltado para a Terra, razão pela qual só vemos um lado. O outro permanece para sempre escondido dos observadores situados na superfície terrestre. Entretanto, como o eixo da Lua é inclinado em relação à Terra, isto nos permite divisar um pouco mais da superfície de norte a sul, e assim, cerca de 6/10 da superfície podem ser realmente observados.

O fato de a Lua mostrar sempre o mesmo lado aos nossos olhos não significa que permaneça estacionária; ela gira ao redor de seu próprio eixo de oeste para leste, e esta rotação leva um mês. Em consequência deste movimento ser igual ao de revolução ao redor da Terra – a lunação –, só vemos um lado. Um outro resultado desse fato é que os dias e as noites da Lua são muito maiores que os nossos. Assim, a superfície exposta aos raios solares deve ser extremamente quente e, quando eles não incidem sobre a superfície, ela se torna extremamente fria. Calcula-se que a temperatura da superfície da Lua pode se aproximar de 100ºC, durante o dia, e ficar próxima do intenso frio do espaço interestelar durante a noite lunar (talvez 250ºC abaixo de zero), pois a Lua não possui uma atmosfera que compense as grandes variações térmicas. Por isto já não se acredita, há alguns decênios, que haja vida ou vegetação de qualquer espécie na superfície lunar.

A superfície lunar foi durante séculos objeto de estudos intensivos dos astrônomos. Atualmente, depois de a era espacial enviar inúmeras sondas ao redor da Lua, a sua "geografia" é tão bem conhecida como a do nosso planeta Terra.

O relevo lunar é essencialmente representado por três tipos de formações: os mares, os continentes e as crateras. Os mares são extensas regiões escuras e planas. Os continentes constituem as partes frequentemente montanhosas que envolvem os mares. Certas cadeias de montanhas atingem de cinco a seis quilômetros de altitude. As crateras, por outro lado, encontram-se distribuídas pela superfície lunar. Elas possuem todas as formas e dimensões.

Os termos "mar" e "continente", embora de aceitação universal, são impróprios, pois não existe o menor traço de água na superfície da Lua. Eles foram adotados numa época em que se acreditava na existência de mares e continentes semelhantes aos

Carta selenográfica do jesuíta Gienbattista Riccioli, no séc. XVII

terrestres na superfície lunar. Ao contrário, as crateras merecem perfeitamente tal denominação.

As crateras da superfície lunar são, na sua imensa maioria, de origem meteorítica. Como a Lua não possui atmosfera, cada meteoro que chega até o solo perfura uma enorme cratera cuja forma e tamanho vai depender da dimensão e velocidade do objeto que produz o impacto.

Existem crateras microscópicas e outras com dimensões de até 200 km de diâmetro. Quase todas as crateras provenientes de impactos de meteoritos conseguiram se manter intactas pela razão muito simples de que na Lua não existe erosão produzida pelo vento e/ou água.

A grande incidência de crateras de impacto não significa a inexistência de vulcanismo na Lua, pois já se constataram algumas rufadas de gases nas crateras de Alphonsus e Aristarcus. Os sismógrafos que foram depositados na Lua pelos astronautas das Apolo demonstraram que ela possui ainda uma atividade interna. Além de os terremotos lunares serem de pequena intensidade, parece que existe um efeito de maré provocado pela Terra, que favorece as suas ocorrências quando a Lua se encontra mais próxima de nosso planeta.

Os sismos lunares ocorrem numa profundidade de 800 a 1.000 km, ao passo que na Terra a ocorrência se faz a 30 km de profundidade. Isto indica que a Lua está mais próxima de seu equilíbrio que o nosso planeta.

A origem dos mares parece semelhante à das crateras. De fato, o estudo das trajetórias dos satélites artificiais ao redor da Lua permitiu constatar que ela não é um corpo homogêneo: existem concentrações de massa. Tais concentrações encontram-se, em geral, no subsolo das regiões ocupadas pelos grandes mares. Acredita-se, desde então, que os mares são regiões de inundação que se solidificaram após o impacto de um enorme meteoroide que perfurou a superfície lunar há cerca de 3 bilhões de anos.

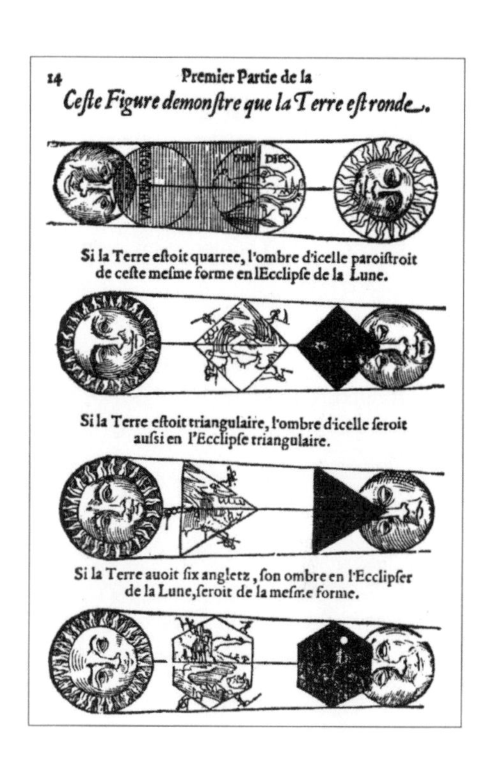
14 Premier Partie de la

Ceſte Figure demonſtre que la Terre eſt ronde.

Si la Terre eſtoit quarree, l'ombre d'icelle paroiſtroit de ceſte meſme forme en lEcclipſe de la Lune.

Si la Terre eſtoit triangulaire, l'ombre d'icelle ſeroit auſsi en l'Ecclipſe triangulaire.

Si la Terre auoit ſix angletz, ſon ombre en l'Ecclipſer de la Lune, ſeroit de la meſme forme.

Segundo Aristóteles, os eclipses da Lua provavam que a Terra era redonda

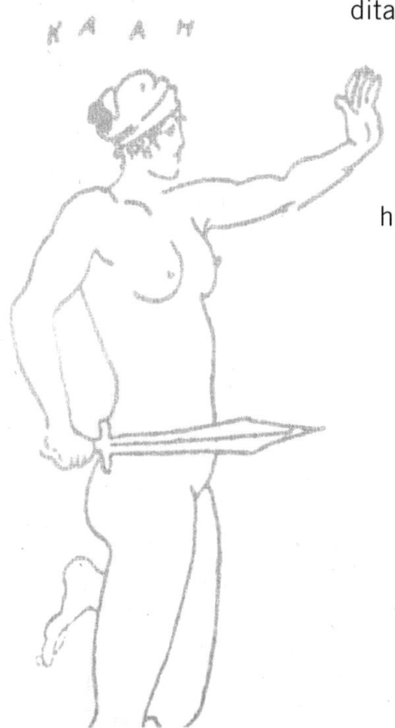

A LUA NAS CRENDICES POPULARES

A Lua sempre exerceu um fascínio misterioso sobre o homem. Dos portugueses, negros e indígenas, nosso povo assimilou as mais variadas tradições sobre a Lua, que ainda perduram no interior do país. Assim diz o povo:

Mãe dos vegetais, a Lua protege o seu crescimento.
Cabelo cortado na Lua nova, cresce logo, mas afina.
Negócio realizado na Lua crescente é negócio rapidamente desenvolvido.
E o luar da Lua cheia é o melhor remédio para um amor infeliz...

Mas de todas as crenças sobre a Lua, a mais difundida em todo o mundo se referia ao eclipse: o obscurecimento temporário da Lua. Para muitos povos, sinal de infortúnios, desgraças e doenças.

Ocorre às vezes que uma sombra invade lentamente o disco prateado da Lua cheia, fazendo desaparecer por uma hora ou mais a luz do Sol que a Lua reflete. Logo depois, a sombra vai deixando o disco lunar, até que a rainha da noite retome o seu brilho habitual.

O eclipse antigamente provocava enorme pavor e confusão em diversas civilizações. Há relatos de uma série de manifestações populares a esse respeito tanto no Brasil quanto no resto do mundo.

Cassiano Ricardo, em seu poema "O Dragão e a Lua", descreve a participação popular na luta cosmológica do nosso satélite com o monstro devorador de estrelas.

Olha o dragão, que vai comer a Lua!
Olha o dragão!
Todos vêm à janela, arrepiados de medo,
ver o dragão que come estrelas na amplidão,
como se triturasse uma porção de bolas de ouro
dentre as negras mandíbulas de carvão.
Todos vêm ao quintal, à sombra do arvoredo,
ver o dragão de dentes brancos latescentes,
que anda bebendo a noite em plena escuridão,
tendo um resto de luar a escorrer-lhe dos dentes
e uma nuvem rasgada a pender-lhe da mão.

E vai sumindo pouco a pouco e vai sumindo,
mais lindo do que nunca, o alvo corpo da Lua;
é uma mulher de prata, inteiramente nua, que está tremendo em vão nas garras do dragão.
Olha o dragão, que vai comer a Lua!
Olha o dragão!
E pelas portas, no terreiro da fazenda, os homens de alma pura, os cabelos de roça,

começam a fazer um barulhão
batendo em latas velhas e arrastando
um caldeirão
Pra espantar o dragão!

Mas, no outro dia,
passado o pesadelo que oprimia
o coração da boa gente do sertão,
depois de haver caído a chuva de
janeiro
um arco-íris coroa os píncaros da serra
como se engrinaldasse a fronte ao
mundo inteiro
e como se abraçasse os dois lados da
Terra!
E todo mundo diz, então:
Certo é o dragão que se mudou em sete
cores
e está bebendo a água do ribeirão!

Se, para a imaginação do povo, o eclipse é o dragão que devora a Lua, para os astrônomos este fenômeno tem explicação bem diferente: a sombra que se projeta sobre a Lua é a sombra da Terra. Sombra que cobre a superfície do nosso satélite fazendo desaparecer por algum tempo a luz do Sol que a Lua reflete.

Com efeito, a sombra da Terra se estende no espaço até um milhão e meio de quilômetros. Como a Lua não se afasta mais de 412 mil quilômetros do nosso planeta, ocorre às vezes que ela encontra em seu caminho a sombra da Terra, ocultando-se, isto é, eclipsando-se. A este fenômeno chamamos *eclipse da Lua*.

A LUA NA LITERATURA BRASILEIRA

A Lua, nossa eterna amiga das noites, companheira de seresteiros e namorados, sempre foi uma grande fonte de inspiração poética e de esperança místicas, como no caso do poeta Aldemar Tavares, que assim a descreve:

A bênção, Dindinha-Lua!
A bênção, Dindinha-Lua!
E a Lua vinha por trás da serra,
Redonda e branca como uma roda
de andor de carro de procissão...
Lírios choviam por sobre a terra...
Ficava tudo branco... branquinho...
telhados... casas... torres... caminho...
Ficava tudo como algodão...

E a meninada corria à rua,
gritando todos, em confusão,
olhos erguidos, erguia a mão:
– A bênção, Dindinha-Lua!
– A bênção, Dindinha-Lua!
E a Lua branca, num grande véu,
velhinha boa, subia o céu...

– Dindinha-Lua, dá-me um vestido!...
– Dindinha-Lua, dá-me um dinheiro!...

Cada menino tinha um pedido,
cada um queria pedir primeiro...
Meus amiguinhos, que longe vão!
Que doce e grata recordação!
E ah! Quantas vezes, hoje, no outono
da minha vida, nesse abandono
de alma que punge desolador,
se vejo a Lua nascer da serra,
redonda e branca como uma roda
de andor de carro de procissão,
sinto um aperto no coração.
E erguendo os olhos no céu, sozinho,
digo a mim mesmo, muito baixinho,
muito comigo, cheio de ardor:

Dindinha-Lua, dá-me carinho!
Dindinha-Lua, dá-me um amor!

Mas, afinal, o que é realmente a Lua, tão cantada pelos poetas e seresteiros?

Segundo a crendice popular, é lá que São Jorge passeia a cavalo de noite... Mas o que é realmente a Lua, do ponto de vista científico?

A Lua é uma esfera de 3.473 km de diâmetro, que gira ao redor da Terra. Como todo corpo que gira em torno de um planeta, ela é um satélite: o único satélite da Terra.

Os astrônomos acreditam que a Lua esteja nesse movimento em volta da Terra desde que o sistema solar se formou. E isso foi há cerca de cinco bilhões de anos!

A órbita que a Lua descreve em torno da Terra é uma elipse, de modo que ela está ora mais próxima, ora mais afastada de nós. O período de uma volta completa é de 29,7 dias.

A distância média Terra-Lua é de 386 mil quilômetros. No perigeu, período em que a Lua está mais próxima de nosso planeta, essa distância cai em 26 km: fica a 360 mil quilômetros mais ou menos.

Duas semanas depois... a Lua está no apogeu, sua distância máxima da Terra. Aí, são 26 km a mais, portanto cerca de 412 mil quilômetros.

De um período para outro, o diâmetro da Lua varia. Mas a variação é tão pequena que só os astrônomos conseguem observá-la com o auxílio de instrumentos especiais.

A velocidade da Lua também varia enquanto ela está dando a volta em torno da Terra: é maior no perigeu e menor no apogeu. Mas, em média, a velocidade é de 3.700 km por hora.

A Lua é o nosso único satélite natural. Mas existem outros no sistema solar: 33, para sermos mais exatos. O planeta Marte, por exemplo, tem dois satélites muito pequenos, em comparação com a Lua. Outros planetas têm verdadeiras famílias de satélites.

A LUA NA MÚSICA BRASILEIRA

Apesar da origem cósmica do Carnaval, os astros não foram um motivo permanente das músicas feitas para esse período. Mesmo assim, a Lua, tão cantada por nossos poetas, foi estímulo para as mais belas canções carnavalescas desde o início do século XX. Seu brilho é em geral associado aos olhares das morenas, como em "Linda morena", de Lamartine Babo, gravada pelo cantor Mário Reis, em 1933:

Linda morena,
Morena,
Morena que me faz sonhar
A Lua cheia
Que tanto brilha
Não brilha tanto quanto o teu olhar...

Ou motivo para imagens como as da melodia "Se a Lua cantasse", de Custódio Mesquita, gravada por João Petra de Barros e Aurora Miranda, em 1934, que descreve o ocaso da Lua à beira-mar:

Contam que a lua foi desmaiando
Caiu nas ondas, boiou... Sumiu....

No quarto dia do Gênesis, Deus criou a Lua e o Sol (Frontispício do poema de Du Bartas dedicado à criação do mundo, em La Semaine, *1578)*

A LUA E A MARÉ

Lua nova trovejada,
Oito dias é molhada:
Se ainda continua
É molhada toda a Lua...

Lua nova de agosto carregou,
Lua nova de outubro trovejou.

Lua fora, Lua posta
Quatro de maré na costa;
Lua nova. Lua cheia.
Preamar às quatro e meia.

Lua empinada,
Maré repontada.

Essas velhas máximas populares sobre a influência da Lua sobre as condições atmosféricas e sobre o movimento das marés sempre foram muito comuns no interior do Brasil.

Algumas das crendices são de origem portuguesa e foram multiplicadas de maneira notável pelas populações brasileiras. Até hoje, acredita-se que é possível prever as mudanças do tempo – principalmente os longos períodos de chuva – pelos aspectos da Lua:

Se vires a Lua vermelha,
Põe a pedra sobre a telha.

Lua com circo,
Água traz no bico

Ares turvos e Lua com circo,
Chuva com cisco.

Esses ditados da sabedoria popular se baseiam em fatos concretos e têm explicação lógica. Veja só o lado científico: quando a Lua é vermelha, é porque o vapor d'água existente na atmosfera é muito intenso.

Isso acontece porque o vapor d'água absorve as luzes azuis, só deixando passar as luzes avermelhadas. Assim, quando existe umidade na atmosfera, o disco lunar realmente fica rosado.

O povo, vendo a Lua vermelha, já sabe que vem chuva e trata de colocar a pedra sobre a telha.

Ares turvos e Lua com disco...
chuva com cisco.

Mais uma vez, a Lua indica a chuva que está para vir. Nesse caso, é chuva de vento, vai haver, pois, muito cisco.

Os círculos que se formam ao redor da Lua indicam que as nuvens do céu, mesmo que sejam visíveis, estão carregadas de cristais de gelo.

Existem dezenas de crendices sobre a Lua, mas, na verdade, não é a Lua que faz chover. O único efeito comprovado da Lua é sobre a maré.

Lua fora, Lua posta
Quatro de maré na costa;
Lua nova. Lua cheia,
Preamar às quatro e meia.

Os pescadores, conhecedores profundos do mar e acostumados a se guiarem pelos astros, sabem que isso é verdade. Tanto é assim que até existe uma música que faz referência a isso:

Pescador, pescador, joga a rede no mar.
– Aproveita a maré, aproveita o luar.

O físico Isaac Newton foi quem demonstrou que o fenômeno da maré resulta da ação conjunta do Sol e da Lua sobre as águas do mar.

Isso em 1687. Mas, cinco séculos antes dele, um monge inglês tinha afirmado apressadamente:

"Eu nego absolutamente a ação da Lua sobre as águas do mar."

Cometeu um engano, porque não tinha base científica para fazer uma afirmação dessas. Hoje, sabe-se com segurança que quando a Lua passa sobre os oceanos o mar se eleva, formando o que se chama de *maré.*

Quando a Lua, em seu movimento, avança para oeste, a maré avança no mesmo sentido, dando origem a uma grande vaga ou onda. Quando as águas atingem a costa, diz-se que a maré está *alta.*

No caso oposto, quando a Lua segue para leste, as águas se afastam das praias, e tem-se a *maré baixa.*

Como a Lua nasce sempre quase uma hora mais tarde do que no dia anterior, a maré se produz sempre uma hora mais tarde do que na véspera.

O Sol também exerce influência sobre as marés, embora não tanto quanto a Lua, pois, apesar de suas dimensões, maiores, ele está mais afastado da Terra que a Lua.

Durante a Lua nova e a Lua cheia, o Sol, a Lua e a Terra estão alinhados de tal maneira que o efeito do Sol sobre os oceanos se soma aos efeitos da Lua.

Nesse caso, as marés são mais altas que o normal e são chamadas *marés de água-viva.*

Quando a Lua está nos quartos – quarto minguante ou quarto crescente –, os efeitos do Sol e da Lua se opõem, de modo que a maré sobe menos: é a chamada *maré de água-morta.*

Não são apenas as fases da Lua que influenciam as marés. A intensidade das marés varia também de acordo com a distância da Lua e do Sol em relação à Terra.

Assim, as marés de água-viva serão mais intensas no perigeu – no qual a Lua se encontra na máxima aproximação com a Terra – e no periélio – ponto em que o Sol está mais próximo da Terra.

Durante um mês ocorrem geralmente um perigeu e um apogeu. Mas nem sempre caem nas épocas da Lua nova e da Lua cheia.

Quando acontece coincidirem, na mesma data, o periélio, o perigeu e a Lua nova, aí, então, a maré é muito intensa.

Esse é o lado comprovadamente científico dos efeitos da Lua sobre as marés. A imaginação popular se encarrega do restante. É verdade que, em certos casos, com um certo exagero, como no poema de Manuel Bandeira:

Que silêncio enorme!
Na piscina verde
Gorgoleja tépida
A água da carranca.
Só a Lua se banha
– Lua gorda e branca –
Na piscina verde.
Como a Lua é branca!

A Lua se banhando na piscina fica por conta da imaginação poética.

O que podemos ver, realmente, está mais próximo do que diz Casimiro de Abreu: é a Lua se mirando no mar, que ela mesma fez subir com sua atração:

Nas horas mortas da noite
Como é doce meditar
Quando as estrelas cintilam
Nas ondas quietas do mar;
Quando a Lua majestosa
Surgindo linda e formosa
Como donzela vaidosa
Nas águas se vai mirar.

Terra vista da Apollo 8, em 21 de dezembro de 1968

EXPLORAÇÃO DA LUA

Numa primeira visão, a exploração da Lua pode parecer uma consequência natural do desenvolvimento da tecnologia espacial. De fato, possuindo meios astronáuticos capazes de uma viagem a outros corpos celestes, nada mais lógico do que procurar atingir aquele que se encontra mais próximo, como é o caso da Lua. Ao contrário do que sugere esta afirmativa, a conquista da Lua pelo homem não foi influenciada por fatores de aspecto puramente logístico e/ou astronômico. A exploração *in loco* é sempre mais vantajosa do que aquela feita através dos telescópios instalados na Terra. Não foi essa, porém, a razão que pesou na decisão dos governantes da URSS e dos EUA, as duas únicas superpotências capazes de gastar uma verdadeira fortuna (cerca de 24 bilhões de dólares) para levar o homem à Lua. Até recentemente, o único processo de estudo do nosso satélite era a sua observação a 400 mil quilômetros de distância. Assim, se os telescópios permitiam reduzir essa distância a algumas centenas de quilômetros, as camadas da atmosfera, com sua turbulência, representavam um obstáculo dificilmente ultrapassável. Além disso, era impossível proceder a qualquer exploração direta da sua superfície. A exploração da Lua por meio de sondas e naves tripuladas removeu estes obstáculos.

Entretanto, não foram estes os verdadeiros motivos da exploração. Os principais fatores que entraram na consideração dos dirigentes soviéticos e norte-americanos foram razões de prestígio aliadas ao espírito de aventura e, em segundo plano, as motivações de ordem científica, tecnologia e militar.

Ao partir para as Índias, Cristóvão Colombo tinha como objetivo o comércio das mercadorias. Os astronautas não foram à

Nesta fotografia de Neil Armstrong, vemos o astronauta Edwin Aldrin passeando pela Lua, por ocasião da missão Apollo 11 (NASA)

Lua à procura de algo comerciável, embora os subprodutos tecnológicos deste desafio fossem um grande negócio. Não se deve esquecer que o prestígio científico-tecnológico de uma nação é fator fundamental no comércio exterior, pois facilita a venda de seus produtos.

De lá se poderia fazer o levantamento da Lua e a observação da Terra, com objetivo meteorológico ou militar. Todavia, convém lembrar que, ao desenvolverem sua tecnologia de longo alcance, ou seja, uma balística espacial, as grandes potências estavam também se tornando aptas a atingir com seus foguetes, com maior precisão, qualquer ponto da superfície terrestre. Assim, os gastos para alcançar um objeto distante e móvel como a Lua seriam compensados com sua aplicação no aprimoramento da balística terrestre, cujos alvos são, em geral, os centros de defesa ou ataque inimigos.

Quem iniciou os caminhos que levaram a humanidade à conquista da Lua foram os soviéticos, ao lançarem a nave Luna 2, que se chocou com o solo lunar em 13 de setembro de 1959, no Mar das Chuvas. Seguiu-se a nave Luna 3, que, ao contornar o nosso satélite em 4 de outubro daquele ano, conseguiu fixar a imagem do outro lado da Lua, até então considerado uma região que permaneceria para sempre invisível para a humanidade, conforme os livros e enciclopédias.

Estes dois grandes sucessos associados ao primeiro satélite artificial, lançado em outubro de 1957, feriram profundamente o amor-próprio dos norte-americanos. Fazia-se necessária uma reação. Só um feito notável poderia salvar a imagem dos EUA.

Compreendendo a necessidade de tocar os brios da nação, o presidente Kennedy propôs, em 25 de maio de 1961, em sua mensagem ao Congresso, o seguinte desafio ao povo americano:

"Creio que esta nação deve comprometer-se a enviar um homem à Lua, antes do fim deste decênio, e fazê-lo regressar são e salvo à Terra. Nenhum projeto espacial deste período deve ser mais impressionante para a Humanidade ou mais importante para a exploração do espaço, a longo prazo. E nenhum deve ser tão difícil ou tão dispendioso."

A este texto original, Kennedy acrescentou um apelo de viva voz durante a sua leitura no Congresso, instituição que nos países democráticos tem sempre a última palavra na aprovação dos programas não só administrativos como militares e até científicos:

O astronauta Russell Schweickart durante a Apollo 9 fotografando o módulo lunar (NASA)

"Fique claro que esta decisão é um juízo final que deverá ser feito pelos membros do Congresso. Fique claro também que estou solicitando do Congresso e ao país que aceite um firme compromisso para uma nova forma de ação... é uma decisão da maior importância, e devemos assumi-la como nação. Mas todos vocês viram, durante os últimos quatro anos, e vão assistir ao significado do espaço, no futuro. E ninguém pode predizer qual será o significado final do domínio do espaço.

Creio que devemos ir à Lua, mas penso que todos os cidadãos deste país, bem como os membros do Congresso, devem considerar o assunto com cuidado ao formar a sua opinião... Trata-se de um fardo pesado, e não faz sentido que concordemos ou desejemos que os EUA tomem uma posição afirmativa no espaço exterior a menos que estejamos preparados para fazer e suportar a tarefa até alcançar o sucesso."

Esta foi a única vez que Kennedy, ao se dirigir ao Congresso, afastou-se de um texto original. Segundo o seu assessor especial Theodore Sorensen, "a voz do presidente denotava urgência, mas também um pouco de incerteza".

No editorial da manhã seguinte, *The New York Times*, como os outros jornais, fez transparecer a preocupação dos norte-americanos:

"O país deve por certo concordar com o Presidente em que, num sentido muito real, não será um homem que vai à Lua – será uma nação inteira, porque todos nós devemos trabalhar para o colocar lá."

Em 7 de agosto de 1961, o Congresso aprovou 1,7 bilhão de dólares para o orçamento da NASA para o ano fiscal de 1962, ou seja, 113 milhões menos do que Kennedy havia solicitado.

Em 1961, ninguém pôde prever o custo total do projeto, estimado entre 20 e 40 bilhões de dólares. Os mais otimistas acreditavam que o homem atingiria à Lua em 1967. Todos tinham uma única certeza: seria a maior mobilização científica e tecnológica de todos os tempos.

Para atingir a Lua, a série Gemini, de voos tripulados com dois astronautas, foi programada. No seu desenvolvimento, aproveitaram-se os conhecimentos adquiridos do programa Mercury, com o qual se havia comprovado a possibilidade de o homem suportar as condições adversas de uma missão espacial: como a aceleração, durante o lançamento; a sobrevivência, na ausência de gravidade, assim como a capacidade de controlar o veículo espacial durante as fases orbital e de reentrada. O programa Gemini permitiu superar e dominar as dificuldades dos voos tripulados, das atividades extraveiculares ("passeios" espaciais) e dos encontros espaciais (*rendez-vous*), iniciativas fundamentais para o sucesso do programa de levar um homem à superfície da Lua.

No início, os idealizadores do projeto de colocar um homem na superfície da Lua temiam que o solo lunar não pudesse suportar os veículos que iriam conduzir os astronautas norte-americanos. De fato, há decênios que os astrônomos vinham afirmando que a superfície estava coberta por um espessa camada de poeira.

Alguns especialistas, como o astrônomo inglês Gold, estimaram-na em várias centenas de metros, pelo menos nos *mares*, locais ideais para as primeiras alunissagens

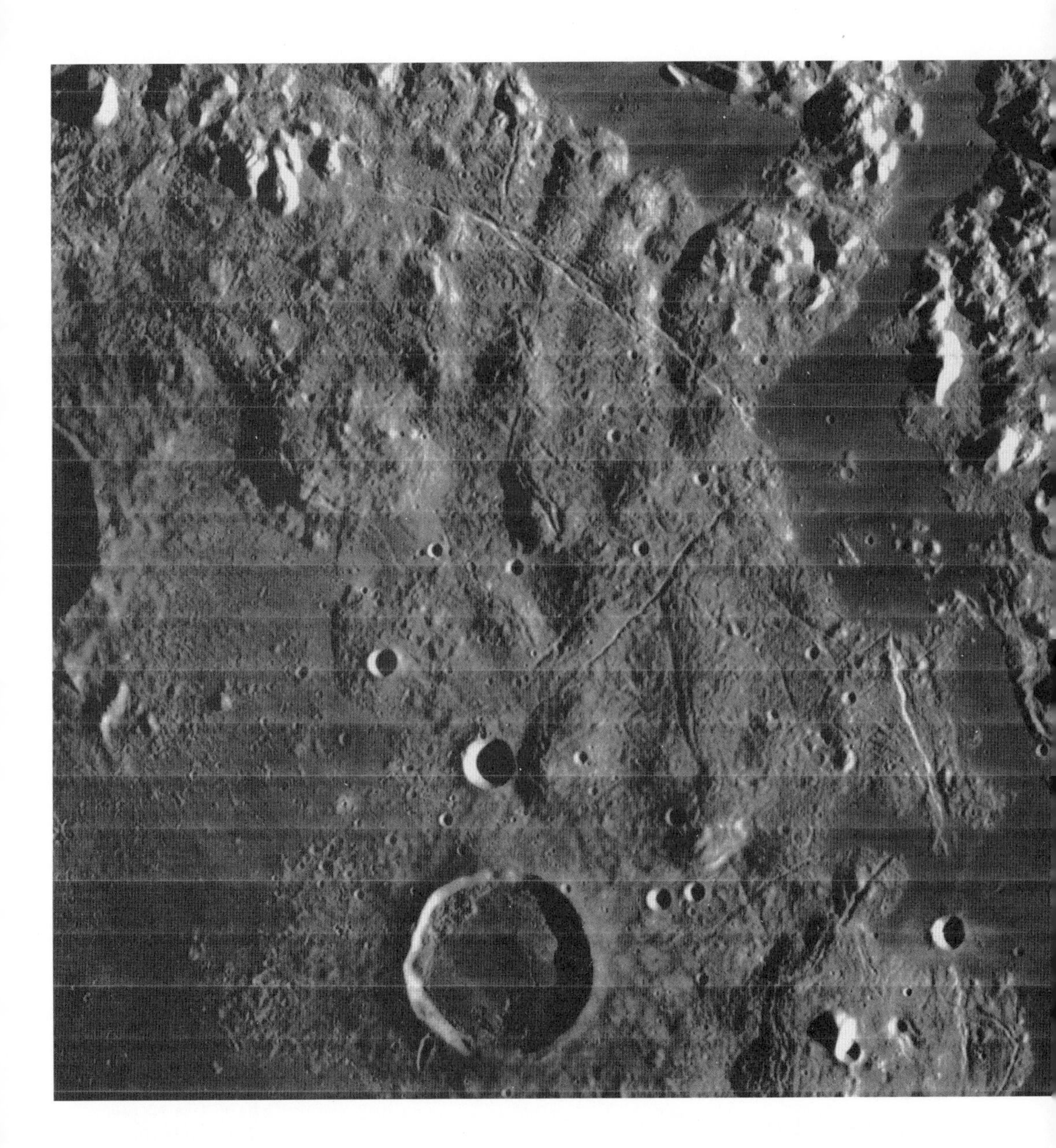

Uma das 1.600 imagens obtidas pela série Lunar Orbiter. Nesta, de 2 de julho de 1967, observa-se o Mare Orientale (NASA)

por serem menos acidentados. Assim, os astronautas, ao descerem, deveriam se confrontar com dificuldades consideráveis ao primeiro contato com a superfície lunar.

Para estudar de perto as condições do solo do nosso satélite, os cientistas da NASA programaram a série de sondas espaciais *Ranger*, que tinha como objetivo testar diretamente as características de determinadas regiões do solo lunar, fotografando-as

antes do seu impacto, e, desse modo, preparar o reconhecimento dos locais onde deveriam pousar, ou melhor, alunissar as sondas Surveyor. Simultaneamente com esta última série, foram colocados em órbita ao redor da Lua os *Lunar Orbiter*, satélites lunares norte-americanos destinados à seleção das zonas da alunissagem do módulo lunar da missão Apollo, nome do programa espacial lunar destinado a colocar um homem na superfície da Lua.

Em 22 de maio de 1969, os astronautas da Apollo 10 obtêm esta notável fotografia da Terra acima da superfície lunar (NASA)

NA PÁGINA AO LADO: *Terra vista da Lua segundo Guillemin, em* Le ciel *(1877)*

A EXPLORAÇÃO CIENTÍFICA DA LUA SEGUNDO GILBERTO GIL E MANUEL BANDEIRA

Em 1966, Gilberto Gil chamou a atenção para a exploração científica da Lua em "Lunik 9", achando que com isso ela perderia muito seus encantos naturais:

Poetas, seresteiros, namorados, correi
É chegada a hora de escrever e cantar
Talvez as derradeiras noites de luar
Momento histórico
Simples resultado
Do desenvolvimento da ciência viva
Afirmação do homem
Normal, gradativa
Sobre o universo natural
Sei lá que mais
Ah, sim!
Os místicos também
Profetizando em tudo o fim do mundo
E em tudo o início dos tempos do além
Em cada consciência
Em todos os confins
Da nova guerra ouvem-se os clarins
Guerra diferente das tradicionais
Guerra de astronautas nos espaços siderais
E tudo isso em meio às discussões
Muitos palpites, mil opiniões
Um fato só já existe
Que ninguém pode negar
7, 6, 5, 4, 3, 2, 1, já!
Lá se foi o homem
Conquistar os mundos
Lá se foi
Lá se foi buscando
A esperança que aqui já se foi
Nos jornais, manchetes, sensação
Reportagens, fotos, conclusão:
A Lua foi alcançada afinal
Muito bem
Confesso que estou contente também
A mim me resta disso tudo uma tristeza só
Talvez não tenha mais luar
Pra clarear minha canção
O que será do verso sem luar?
O que será do mar
Da flor, do violão?
Tenho pensado tanto, mas nem sei
Poetas, seresteiros, namorados, correi
É chegada a hora de escrever e cantar
Talvez as derradeiras noites de luar.

A mesma visão teve o poeta Manuel Bandeira, quando disse que o velho astro dos loucos e dos enamorados era agora tão somente um satélite, objeto da investigação científica.

Fim de tarde.
No céu plúmbeo
A Lua baça
Paira
Muito cosmograficamente
Satélite.
Desmetaforizada,
Desmistificada,
Despojada do velho segredo.
Não é agora o golfão de cismas,
O astro dos loucos e dos enamorados.
Mas tão somente
Satélite.
Ah! Lua deste fim de tarde,

Demissionária de atribuição romântica,
Sem show as disponibilidades
sentimentais!
Fatigado de mais-valia,
Gosto de ti assim:
Coisa em si:
– Satélite.

Todo mundo vê e admira a Lua. Mas se olharmos com olhos mais atentos, vamos ver alguma coisa mais: por exemplo, as manchas escuras e claras em seu disco.

Se você observar com cuidado – e até se quiser desenhar essas manchas –, vai descobrir que elas não se deslocam: são sempre as mesmas, no mesmo lugar, qualquer que seja a fase da Lua.

A conclusão será uma só: a Lua mantém sempre o mesmo lado voltado para nós.

Isso não quer dizer, absolutamente, que a Lua esteja parada. Ao contrário, ela gira em torno de seu eixo! O que acontece é que os movimentos de rotação e translação da Lua são idênticos: ela gira em torno de si mesma em 29,7 dias, e em volta da Terra nos mesmos 29,7 dias.

Você mesmo pode comprovar esse efeito. Basta colocar-se de frente para uma mesa e dar uma volta completa ao redor dela, mantendo-se sempre de frente para o centro da mesa. Ao completar uma volta em torno da mesa, você terá concluído também um giro completo em torno de si mesmo.

É exatamente o que ocorre com a Lua. E essa igualdade entre o período de rotação e o de translação tem para nós, terrestres, o efeito de vermos sempre um único e mesmo lado da Lua. A mesma coisa aconteceria com um astronauta de pé na superfície da Lua: ele veria a Terra sempre na mesma posição.

Os astrônomos sempre se interessaram apenas pela face visível da Lua.

O hemisfério lunar invisível só passou a ser considerado depois que a nave russa Lunik III conseguiu fotografias de lá, em 1959.

Como você pode constatar, a investigação científica praticamente não tem limites. Até essa época, os livros afirmavam que o lado invisível da Lua jamais seria observado pelo homem.

A ciência tem realizado progressos enormes na investigação do espaço, a ponto de, como disse o poeta, ir despojando os céus de seus segredos mais íntimos. Ao cientista cabe, então, ver o invisível, justamente o que parece "ser o objeto principal da poesia", como confessou Carlos Drummond de Andrade, ao afirmar numa crônica:

"Cada vez sinto mais a força poética do conhecimento científico..."

Os poetas reconhecem, portanto, a importância da investigação científica. Mas sabem também que, sem dúvida alguma, a Lua será sempre a inspiradora da poesia, da seresta e das crendices populares. E, acima de tudo, a eterna e fiel companheira de todos os enamorados...

MISSÃO APOLLO

A primeira ideia para se alcançar o nosso satélite previa a construção de um enorme foguete, de três estágios, denominado Nova, capaz de colocar uma nave de 68 toneladas em trajetória lunar. Depois de entrar em órbita lunar, a nave desceria na superfície lunar por intermédio de retrofoguetes. Esta mesma nave decolaria da Lua diretamente para a Terra. Este método foi chamado de *ascensão direta*. Embora alguns especialistas da NASA tivessem inicialmente aceitado esta ideia, logo verificaram que a ascensão direta implicaria a construção de um foguete quase duas vezes mais poderoso do que qualquer outro já idealizado. Deveria possuir uma força propulsora inicial de 6.000 toneladas.

Uma ideia rival era a *earth-orbit rendez-vous*, encontro em órbita terrestre, no qual se previa a montagem de partes separadas da nave Apollo, em órbita terrestre. Este processo, que Von Braun defendeu no início, implicaria o lançamento de foguetes que transportariam a nave dividida em cinco partes, as quais seriam acopladas ao redor da Terra. Depois de montada, a nave seria usada para o lançamento de um foguete que deveria atingir a Lua em voo direto. Tratava-se de um aperfeiçoamento do método anterior da ascensão direta. Além das dúvidas sobre as condições de descida, havia um outro inconveniente: a precisão que o lançamento de múltiplos foguetes, em intervalos de frações de segundo, iria exigir.

Foi sugerido um terceiro método, na realidade uma outra variante do encontro em órbita terrestre. Pensou-se em enviar um veículo de reabastecimento à nave tripulada Apollo, em sua viagem à Lua. A grande vantagem desse método seria a redução considerável no peso do veículo tripulado.

Neil Armstrong no Mar da Tranquilidade durante a Missão Apollo 11

Uma outra variante desse processo, o quarto método, consistia em transportar propulsante suplementar e abastecimento à superfície lunar por meio de veículos não tripulados. Após a descida na Lua, os tripulantes da Apollo, em um voo direto, poderiam se reabastecer para seu regresso à Terra. Além do risco de que os astronautas viessem a descer muito longe do abastecimento, haveria a dúvida sobre se eles teriam descido incólumes.

O quinto método, denominado *lunar-orbit rendez-vous*, encontro em órbita lunar, previa o lançamento por um único foguete, no qual estaria incluída a nave Apollo e um foguete-veículo, denominado módulo lunar, que deveria se separar da espaçonave principal para realizar a alunissagem. Em termos de gasto de energia, este processo revelou-se o mais econômico. Na realidade, ele compreenderia duas fases principais: a entrada em uma órbita de espera ao redor da Terra e outra ao redor da Lua. Assim, dois astronautas desceriam ao solo lunar no módulo de alunissagem, enquanto um terceiro permaneceria nos módulos de comando e serviço ao redor da Lua. Depois de concluídas todas as tarefas na superfície lunar, os astronautas retornariam à órbita lunar, por intermédio do estágio superior do módulo lunar, para um encontro e acoplamento com a Apollo, antes de sua volta à Terra.

Um cálculo inicial estimou em 49.887 kg a propulsão necessária para levar a nave até a Lua. Ora, tal valor estava dentro da capacidade do lançador Saturno 5. Desde 1962 a família dos foguetes Saturno se encontrava bem desenvolvida.

Os lançadores Saturno eram descendentes dos foguetes A4 alemães e foram desenvolvidos pela equipe de Wernher Von Braun. Por outro lado, o processo do encontro em órbita lunar era o desenvolvimento de uma ideia proposta, pela primeira vez, pelo fusólogo soviético Yuri Vasilievich Kondratyuk (1897-1942), em 1916. Assim, a conquista da Lua é, na realidade, uma vitória da organização e engenho norte-americano que se serviu dos conhecimentos acumulados em diversas nações.

Quando o programa Apollo foi proposto pela NASA, em julho de 1960, ele visava unicamente voos orbitais terrestres e voos circunlunares, lançados por foguetes Saturno 1. Foi depois do discurso de Kennedy que o projeto foi redirecionado com o objetivo de permitir a alunissagem de um módulo tripulado. Em consequência, um novo foguete, Saturno 5, foi desenvolvido com a capacidade de satelisar cinquenta toneladas e um empuxo de 3.400 toneladas.

O veículo Apollo na versão lunar compreendia um módulo de comando (10,40 m de comprimento e 5.800 kg), um módulo de serviço, com um sistema de propulsão (7,40 m de comprimento e 25.000 kg), e um módulo lunar, com dois estágios, capaz de colocar dois astronautas na superfície lunar e reenviá-los de volta ao módulo de comando.

Após o sucesso da Apollo 8, a NASA concluiu que duas experiências seriam necessárias para testar o equipamento da Apollo antes de uma descida em solo lunar. Assim, na missão Apollo 9, em 3 de março de 1969, os astronautas James Mac Divitt (1929-), David Scott (1932-) e Russel Schweickart (1935-) realizaram o primeiro teste completo do sistema Apollo: executaram as manobras de separação e acoplamento com o módulo lunar que deveria descer na Lua. Um dos tripulantes, Schweickart, realizou um passeio no espaço durante 37 minutos. Seguiu-se, dois meses mais tarde, em 18 de maio de 1969, o voo da Apollo 10, quando os astronautas Thomas Stafford (1930-), Eugene Cernan (1934-2017) e John Young (1934-2018) repetiram os testes realizados pela missão anterior ao redor da Lua. Durante a manobra de preparação para alunissagem, o módulo lunar ficou a 15 km da superfície lunar.

Depois dos três últimos sucessos, os norte-americanos estavam preparados para o voo triunfal da Apollo 11, a mais extraordinária conquista da humanidade.

APOLLO 11 – A CONQUISTA DA LUA

No dia 16 de julho, às 13h32min, no Centro Kennedy, em Cabo Canaveral, na Flórida, o foguete Saturno 5, com seus três estágios, e o veículo Apollo 11, um monstruoso foguete de 110 m de altura e uma massa de 2.900 toneladas, se elevou majestosamente, queimando cinco toneladas de querosene e dez de oxigênio por segundo nos cinco motores do primeiro estágio. Na cabine da Apollo 11, encontrava-se a tripulação, composta de Neil A. Armstrong (39 anos), comandante da missão, astronauta da Gemini 8 que efetuara um voo circunterrestre, em 1966; Edwin Aldrin (39 anos), piloto do módulo lunar, astronauta da Gemini 12, em 1966; e Michael Collins (39 anos), piloto do módulo de comando, astronauta da Gemini 10, em 1966. Os dois primeiros andaram pela superfície enquanto o terceiro permaneceu na cabine satelitizada ao redor da Lua.

Às 13h44min, as 136 toneladas do terceiro estágio e do veículo Apollo foram satelitizadas a 180 km de altitude em uma *órbita de espera* ao redor da Terra.

A permanência nessa órbita de espera não foi longa; às 15h16min, o motor do terceiro estágio se iluminou, lançando-o em direção à Lua, segundo uma órbita elíptica. Durante os treze minutos seguintes, os astronautas ocuparam-se em manobras ensaiadas anteriormente. O objetivo era colocar o veículo Apollo de tal modo orientado que fosse possível dirigi-lo para a Lua. A nave Columbia, ou seja, o conjunto formado pelo módulo de comando (MC) e o módulo de serviço (MS) se separaram do terceiro estágio do foguete no qual ainda permaneceu o *módulo lunar* (ML). Em seguida, a Columbia afastou-se cerca de trinta metros, efetuando uma rotação de 180 graus, de modo que o adaptador de vértice da cabine (MC) fosse orientado para o módulo lunar (ML) ao qual se acoplou. Uma vez concluído o acoplamento do módulo de serviço e do módulo de comando de um lado e do módulo lunar de outro lado, este conjunto se separou do terceiro

estágio. Esta última parte do foguete Saturno entrou em órbita ao redor do Sol, ou seja, transformou-se num novo satélite solar. Assim constituído, o veículo Apollo 11 continuou sua viagem em direção à Lua, num voo não propulsionado, ou seja, desacelerado pela atração terrestre. As correções de sua órbita foram realizadas com auxílio do motor do módulo de serviço (MS).

"Um pequeno passo para o homem, um salto para a humanidade."
Neil Armstrong

Em 19 de julho, às 3h10min, a Apollo 11 passou com uma velocidade de 910 m/s pelo ponto neutro de atração. Desse momento em diante, o veículo Apollo, submetido à atração gravitacional lunar, começou a cair em direção à Lua em voo acelerado.

Ativados os motores do módulo de serviço (MS) do veículo Apollo para se obter a sua satelitização ao redor da Lua, o veículo descreveu, inicialmente, uma elipse muito excêntrica de 113 e 312 km, de perilúnio e apolúnio, respectivamente, com um período de revolução de 118min. No domingo, 20 de julho, quatro dias depois da decolagem, os astronautas se prepararam para a alunissagem. Enquanto Armstrong e Aldrin acomodaram-se na Aguia (módulo lunar), Collins permaneceu no Columbia (módulo de comando e módulo de serviço) ao redor da Lua. Às 17h47min, estes dois veículos começaram a se afastar um do outro. A Aguia começou a descer em direção à Lua, segundo uma órbita elíptica, com auxílio do motor de descida do módulo lunar.

Às 20h05min, o módulo lunar abandonou esta órbita e iniciou a sua descida em direção à superfície lunar, sob comando automático. Ao atingir uma altitude de 150 m do solo lunar, Armstrong assumiu o controle manual para evitar que a espaçonave viesse a pousar em uma cratera ou qualquer outra região que não apresentasse condições favoráveis a uma alunissagem sem perigo.

Com atraso de 40 segundos, após ter esgotado quase todo o combustível do motor de descida, a Aguia tocou o solo lunar, às 20h17min43s, no Mar da Tranquilidade. Estava concluída a primeira viagem de ida do homem à Lua. A duração total desde a decolagem foi de 102h46min. Segundo os relatos, Aldrin, ao observar a planície do Mar da Tranquilidade, exclamou: "Magnífica desolação!".

Após a alunissagem, o repouso dos astronautas, previsto para quatro horas, não foi respeitado, pois, impaciente, Armstrong desejou sair da cabine o mais cedo possível. O centro de Houston, que orientou à distância todo o voo, suspendeu o repouso e permitiu que os astronautas saíssem da nave. Depois de vestirem a roupa lunar pressurizada e climatizada que pesava 84 kg terrestres, mas somente 14 kg lunares, a cabine foi despressurizada para que Armstrong abrisse a porta, sob o olho vigilante de uma câmera de televisão, e iniciasse a descida dos nove degraus da escada que o separava da superfície lunar. Às 2h56min de 21 de julho de 1969, Armstrong pôs o pé esquerdo no solo lunar dizendo: "É um pequeno passo para um homem, mas um salto de gigante para a humanidade." Na Terra, cerca de 600 milhões de telespectadores, em todo o mundo, acompanhavam o mais importante evento do século pela televisão. Logo em seguida, Aldrin deixou a cabine da Aguia. Depois de uns primeiros passos sobre a superfície lunar, iniciou-se o programa científico previsto, que compreendia algumas cerimônias: descerrar a placa comemorativa ao pé do módulo lunar, exposição automática de uma bandeira norte-americana (convém lembrar a ausência de vento na superfície lunar) e escuta das palavras do presidente Nixon. Logo depois dos primeiros passos, uma ordem de Houston solicitou que apanhassem algumas amostras, para o caso de uma partida inesperada. Nas duas horas e dez minutos em que permaneceram no solo lunar, Armstrong e Aldrin instalaram uma antena de comunicação, uma câmera de televisão, um sismográfo para estudo dos abalos lunares, um painel aluminizado para estudo da radiação solar e um refletor de raios *laser*, que permitiu ao Observatório de Lick determinar, duas semanas mais tarde, a distância do nosso satélite em 365.273,349 km, com um erro de 90 metros, em virtude de imprecisões no cálculo do tempo. Neste período, os astronautas colheram 23 kg de amostras do solo lunar. Às 5h12min, a escotilha do módulo lunar foi fechada, após terem jogado fora, sobre o solo da Lua, tudo aquilo que não fosse indispensável.

Após um repouso pouco confortável, segundo os astronautas, os motores foram ativados, às 17h54min, no dia 21 de julho, quando começaram a viagem de retorno, deixando na Lua a parte inferior do módulo lunar. A parte superior subiu rapidamente aproximando-se da Columbia, com a qual se acoplou às 21h35min, quando então se reencontraram com Collins. Às 2h5min, os astronautas abandonaram a parte superior do módulo lunar, que entrou em órbita ao redor da Lua.

Às 4h57min, a Columbia escapou do campo de atração lunar. Na quinta-feira, 24 de julho, às 16h20min, o veículo largou o módulo de serviço que, com uma velocidade de 11 km/s, entrou na atmosfera terrestre, num corredor de 65 km de altura. Um pouco mais acima deste corredor haveria a perda da cabine no espaço e, um pouco mais abaixo, a queima, por atrito com a atmosfera. Tudo funcionou à perfeição. Inverteram a cabine para que o protetor térmico ficasse na parte da frente e assim a protegesse quando da reentrada na atmosfera. Graças à freagem intensa da atmosfera, chegou à estratosfera com uma velocidade que permitiu a utilização dos dois paraquedas auxiliares e, em seguida, de três outros paraquedas maiores. A amerissagem ocorreu no oceano Pacífico, a 14 km do porta-aviões *Hornet*, em 24 de julho, às 16h50min.

Após a chegada, os três astronautas foram envolvidos em vestimentas de isolamento biológico e embarcados em um rebocador do qual foram transportados por via aérea até Houston, onde foram colocados em quarentena durante trinta dias. A constatação da inexistência de qualquer forma de vida na Lua permitiu que tal procedimento fosse suspenso depois da missão Apollo 14.

Apesar de terem passado menos de duas horas pesquisando na superfície lunar, os astronautas da Apollo 11 conseguiram resultados notáveis: a análise das amostras recolhidas mostrou que a idade das rochas lunares situava-se entre 4,4 bilhões de anos, para as rochas mais velhas, e 3,7 bilhões de anos, para a maior parte de basalto.

Depois de uma viagem de 8 dias 3h18min (quando mais de 1.500.000 km foram percorridos), os homens conseguiram, graças a séculos de uma cultura tão arduamente adquirida, fazer com que a humanidade assistisse à realização de sonhos tão velhos como sua própria consciência.

Com exceção de um único fracasso (a missão Apollo 13, em abril de 1970, quando a explosão de um reservatório de oxigênio provocou o retorno prematuro da missão), todas as outras cinco missões Apollo foram bem-sucedidas. A Apollo 12 depositou o primeiro laboratório automático de experiências científicas. A Apollo 14 realizou perfurações de 60 cm no solo; a Apollo 15 inaugurou a utilização de um jipe lunar que permitiu à tripulação percorrer 28 km e realizar perfurações de até 2,1 m; a Apollo 16 e a Apollo 17 foram sensivelmente idênticas à anterior, porém em sítios diferentes. As missões Apollo 18, 19 e 20 foram canceladas.

O custo total do programa Apollo foi de 24 bilhões de dólares e possibilitou o recolhimento de 385 kg de amostras que forneceram indicações sobre a idade da Lua, sua estrutura interna e composição.

Embora alguns analistas afirmem que a missão Apollo não foi o que se esperava com relação aos resultados científicos, as suas repercussões tecnológicas foram muito notáveis: mobilizou a indústria norte-americana, obrigando-a a realizar proezas tecnológicas que beneficiaram, muito além do setor aeroespacial, os domínios da eletrônica e da informática que atualmente transformaram profundamente a nossa vida cotidiana.

EXPLORAÇÃO AUTOMÁTICA DA LUA

Com o primeiro impacto de uma sonda automática, no Mar das Chuvas, em 13 de setembro de 1959, depois do seu lançamento por um foguete A-1 do centro espacial de Tyuratam, iniciavam-se os caminhos que conduziriam a URSS à conquista da Lua. De fato, a este impacto somou-se, mais tarde, o sucesso da Luna 3, lançada em 4 de outubro, que, após circunscrever o nosso satélite, conseguiu fixar a primeira imagem do outro lado da Lua, região que a humanidade até então considerava impossível ser vista um dia pelo homem, como proclamavam enfaticamente as enciclopédias.

Com este lançamento estava iniciada a exploração automática soviética da superfície lunar. Durante 17 anos, os soviéticos lançaram 22 sondas espaciais que permitiram o levantamento dos acidentes lunares, a elaboração de uma cartografia de toda a Lua, bem como algumas explorações locais da superfície com as sondas automáticas e veículos teleguiados, capazes de explorar diversos pontos da superfície e recolher amostras do solo lunar, enviadas à Terra para análises.

A primeira sonda capaz de recolher amostras foi lançada quase simultaneamente com a missão Apollo 11 que levou os primeiros astronautas à Lua, em 21 de julho de 1969. Foi um fracasso devido ao seu impacto com a superfície lunar com uma velocidade de 480 km/s. Mais tarde, em 12 de setembro de 1970, a espaçonave Luna 16 conduziu à Lua, com sucesso, pela primeira vez na história da astronaútica, uma sonda automática capaz de recolher amostras ou fragmentos do solo de um corpo celeste e enviá-los à Terra, graças a um engenho automático. A massa total do conjunto, formado pelos módulos de descida e de retorno, era de 1.880 kg. O módulo de descida foi projetado para corrigir a trajetória da sonda em voo até a Lua, colocá-la em órbita selenocêntrica, proceder às suas manobras no espaço circunlunar e assegurar

Carta da Lua, segundo Guillemin, em sua obra Le ciel (1877)

a sua alunissagem. O alunissador compõe-se de um reservatório de combustíveis, um propulsor líquido de impulso controlável, dois propulsores de potência média, suportes de amortecimento e compartimento de instrumentos. O módulo de retorno deve assegurar o transporte das amostras do solo lunar até a Terra. Na superfície lunar, ele deve retirar as amostras do solo e introduzi-las na cápsula recuperável. A Luna 16 perfurou até uma profundidade de 350 mm o solo lunar e recolheu 101 g. A cápsula com essa amostra aterrissou em 24 de setembro de 1970, na cidade de Djezkazgan, na República soviética do Cazaquistão.

A esta prospecção automática seguiram-se várias outras missões até a última, em 9 de agosto de 1976, quando Luna 24 desceu no Mare Crisium, e foram recolhidas amostras de dois metros de profundidade.

Em 12 de setembro de 1970, foi lançado com sucesso o *primeiro e único* robô espacial móvel da história da conquista espacial. Na realidade, os Lunokhods acabaram sendo os *únicos*, pois as primeiras *sondas-robôs* norte-americanas Surveyor e Viking, que aterrissaram, respectivamente, na superfície lunar e marciana, apesar dos seus braços articuláveis, eram incapazes de se deslocarem, assim como as sondas-robôs de prospecção automática soviéticas Luna 16, 20 e 24, embora tenham perfurado o solo e comandado o lançamento da nave de retorno, com as amostras lunares, eram incapazes também de se locomover sobre a superfície lunar. Outro aspecto notável do Lunokhod é o de constituir um laboratório científico móvel, ao contrário do Viking, extraordinário laboratório biológico fixo.

O PROJETO SOVIÉTICO DE EXPLORAÇÃO TRIPULADA À LUA

A HISTÓRIA DE UM FRACASSO

Durante mais de vinte anos, a URSS negou que tivesse um projeto de exploração tripulada da Lua, apesar das insistentes versões extraoficiais norte-americanas sobre as explosões de um foguete gigantesco, comparável ao Saturno 5, durante os testes de 21 de fevereiro de 1969, 3 de julho de 1970, 27 de julho de 1971 e 22 de novembro de 1972. De acordo com essas fontes, após este último teste, o projeto foi abandonado.

Durante uma visita ao Instituto de Aviação de Moscou, em fins de 1989, dos engenheiros Edward Crawley e Lawrence Young, do Instituto Tecnológico de Massachusetts e do Instituto Tecnológico da Califórnia, os soviéticos mostraram o módulo lunar Lok 3, que deveria ter sido utilizado na descida de um cosmonauta na superfície da Lua. Eles mostraram também uma nave Soyuz aperfeiçoada, que seria usada como veículo para transportar dois cosmonautas à Lua. Os soviéticos, como os norte-americanos, planejavam empregar uma órbita lunar de espera como um elemento fundamental do seu plano tripulado de alunissagem. A URSS projetava levar dois cosmonautas: um deles permaneceria em órbita lunar, enquanto o outro desceria na Lua, diferente do que ocorreu com a missão Apollo da NASA, na qual três astronautas foram colocados em órbita lunar e dois deles desceram à superfície do satélite. Além disso, o módulo lunar soviético, como o da NASA, foi projetado em duas partes, uma inferior de descida e outra superior de ascensão, que permitiria a volta à órbita lunar de espera. O módulo lunar soviético tinha a metade do tamanho do módulo norte-americano. Ambos foram projetados com dois estágios: um de descida e outro de ascensão. A cabine desse último módulo, capaz de levar um único cosmonauta, era, na verdade, um módulo orbital Soyuz modificado. O estágio de descida foi equipado com três foguetes, cujo objetivo seria o de orientar a saída da órbita lunar bem como permitir a sua alunissagem. A base do estágio inferior de descida, com seus quatro pés, possuía um diâmetro de cerca 3,6 metros.

Os soviéticos haviam planejado colocar um soviético na Lua em 1968, antes da missão circunlunar da Apollo 8 em dezembro de 1968 e da descida da Apollo 11, que conduziu o primeiro homem à Lua. Entretanto, os quatro fracassos do lançador soviético N1 inviabilizaram o programa soviético.

Ao contrário do projeto dos EUA, que usaram um único foguete Saturno 5 para colocar o módulo lunar e de comando em uma órbita translunar, os soviéticos planejaram a utilização de dois lançadores para realizar a mesma tarefa. Assim, o módulo lunar deveria ser colocado em órbita ao redor da Terra pelo poderoso N1, numa missão não tripulável. Simultaneamente, um Zond de terceira geração seria colocado em uma órbita em volta da Terra por um lançador ou foguete Próton. Os cosmonautas deveriam acoplar a Soyuz em órbita terrestre com o módulo lunar soviético. Os dois veículos acoplados seriam lançados em direção à Lua por intermédio do estágio superior do lançador N1. Uma vez atingida a vizinhança lunar, os dois veículos acoplados entrariam em órbita de espera ao redor da Lua. Um dos cosmonautas entraria no módulo lunar e desceria na superfície do satélite. Após explorar as vizinhanças da nave, o estágio ascensão seria ativado para voltar à órbita lunar, onde se faria o *rendez-vous* com a espaçonave Soyuz, na qual os dois cosmonautas voltariam à Terra.

Apenas o módulo lunar foi conservado no Instituto de Aviação de Moscou. O maciço lançador N1 foi totalmente destruído por ordem do governo soviético, quando o programa de exploração lunar tripulada foi cancelado em 1974.

PONTOS LUMINOSOS DA LUA

A observação sistemática da superfície lunar permitiu aos astrônomos o registro de alguns estranhos fenômenos, cuja existência autêntica foi, durante muito tempo, questionada. Existem mais de seiscentos registros de supostas atividades na superfície da Lua, espalhadas por quatro séculos de observação telescópica.

Uma das primeiras observações, datada de 1587, está registrada no *Harrison's description of England*. Em 1650, o astrônomo alemão J. Hevelius (1611-1687) observou algumas manchas vermelhas em Aristarchus. Mais tarde, em 1783 e 1787, o astrônomo inglês Sir William Herschel (1738-1822) descreveu a observação de pontos brilhantes na mesma região.

O caso da cratera de Linné, suscitado pelo astrônomo alemão Johann F. Schimidt (1825-1884) em 1866, quando anunciou ter assistido a uma variação nas dimensões dessa cratera, provocou muita discussão; essa observação é hoje considerada como improvável. Outro caso é o da cratera Messier e a sua vizinha Pickering. De todas essas observações, algumas merecem de fato uma atenção séria. Em 1968, um grupo de astrônomos, liderados pela astrônoma norte-americana Barbara M. Middlehurst, que trabalhava sob os auspícios da NASA, elaborou um extenso catálogo desses fenômenos.

Entretanto, a obtenção dos primeiros registros fotográficos e espectrográficos não deixou dúvida sobre a autenticidade de pelo menos uma apreciável percentagem de todas as notificações catalogadas.

Entre essas estão as observações do astrônomo norte-americano Dinsmore Alter (1888-1968), que, por intermédio de fotografias obtidas com filtros azul e vermelho, com auxílio do telescópio de 2,50 m de Monte Wilson, registrou uma ligeira névoa próxima ao pico central da cratera Alphonsus, em 1956. Mais tarde, em 3 de novembro de

1958, o astrônomo soviético Nicolai Kozyrev (1908-1983), do Observatório de Pulkova, obteve um espectrograma de um clarão registrado no pico central de Alphonsus, sugerindo um provável escapamento de gases.

Os fenômenos transientes lunares podem ser de vários tipos distintos: a) pontos claros ou brilhantes em regiões bem localizadas, como Aristarchus e Plato; b) áreas de coloração, como as observadas pelo astrônomo inglês Patrick Moore (1923-2012), em 1966, na região de Cassini, e por Alter, em 1956, em Alphonsus; c) névoas ou emanações gasosas, como as observadas por Kozyrev, em 1958, na cratera de Alphonsus e, em 1969, na cratera de Aristarchus; d) escurecimento.

Todos os fenômenos são de curta duração, de alguns segundos até horas. A duração média é de cerca de 15 minutos. Dos registros considerados até 1967, 112 referem-se a Aristarchus, à região do vale de Schröter e a Cobrahead; o segundo sítio de maior frequência é Plato, com 29, e, depois, o Mare Crisium, com 16. Além dessas, existem outras regiões de frequência mais ou menos alta. Em 62 ocasiões foram registrados pontos brilhantes na parte não iluminada da Lua.

A distribuição dos eventos na superfície da Lua não ocorre ao acaso. Há visíveis concentrações; a) nas bordas dos mares (Mare Imbrium, Serenitatis, Crisium e Humorum), sugerindo uma atividade interna residual de terrenos vulcânicos em extinção; b) nas crateras raladas, como Tycho, Copernicus, Kepler, Aristarchus, Thales e Philolaus; c) nos *ring plains* com fundo escuro ou parcialmente escuro, como Plato, Grimaldi, Gassendi, Alphonsus e Ptolomeus.

Nota-se, também, uma completa ausência de registros na região do quadrante sudeste. Esses fatos podem significar que a distribuição topográfica esteja ligada a causas internas, possivelmente de origem vulcânica. Nada se pode afirmar com exatidão, pelo fato de se conhecer muito pouco ainda a respeito da estrutura da crosta lunar.

Em 1968, o Center for Short Lived Phenomena (Centro de Fenômenos de Curta Duração) do Smithsonian Institution, nos EUA, solicitou à astrônoma norte-americana Barbara Middlehurst a organização do Lunar Internacional Observer's Network (Lion), que incluía mais de 176 astrônomos de 31 países. A finalidade desse grupo era o patrulhamento da superfície lunar, com o objetivo de verificar qualquer evento, comunicá-lo ao Centro de Fenômenos de Curta Duração, para que fossem transmitidos aos astronautas por intermédio de uma ponte em Houston (EUA), em permanente conexão com os astronautas.

Nesse trabalho colaborou o Observatório Nacional do Rio de Janeiro, que liderou a rede brasileira de astrônomos, formada após o sucesso de 1968. Na verdade, foi durante a missão Apollo 8, cujo principal objetivo foi circunlunar, que os astrônomos brasileiros Ronaldo Rogério de Freitas Mourão (1935-2014) e Ivan Mourilhe Silva (1945-2014) observaram um evento em Aristarchus. Tal trabalho se estendeu para as outras missões.

Em 1969, durante a missão Apollo 11, os astrônomos alemães Prusse e Witte, do Observatório de Bochum, o irlandês Terence Moseley, do Observatório de Armagh, e os brasileiros José Manuel Luís da Silva e Ronaldo Mourão, do Observatório Nacional do Rio de Janeiro, alertaram, simultaneamente, o centro de Houston sobre o aparecimento de um brilhamento na cratera de Aristarchus e no vale de Schröter. Esse evento foi confirmado pelos astronautas em órbita lunar.

A dificuldade de explicar grande parte dos fenômenos registrados da superfície lunar, recorrendo-se apenas ao impacto de meteoritos ou ao vulcanismo, levou os astrônomos a considerarem seriamente a possibilidade de uma atividade térmica ainda existente na Lua, o que poderia provar que sua superfície não é totalmente inerte.

Observações recentes, durante os eclipses da Lua, e pesquisas em infravermelho indicam a existência de áreas com índices de resfriamento bem diferentes em certas regiões da superfície lunar, o que se convencionou denominar pontos quentes, que parecem indicar a possível existência de regiões térmicas na Lua.

No Observatório de Pic-du-Midi, os astrônomos ingleses Z. Kopal e Rackham fotografaram a região da cratera de Kepler, onde se descobriu um excesso de radiação em vermelho, efeito atribuído à luminescência.

Em experiências de Laboratório, verificou-se que os efeitos de luminescência causados por bombardeio de prótons, provenientes de *flares* solares* ou radiações ultravioleta, ainda que expliquem qualitativamente os fenômenos, não satisfazem quantitativamente.

Outra tentativa de explicar a origem dos transientes lunares foi realizada através de uma possível correlação entre o número de manchas solares e a frequência desses fenômenos. Os resultados, porém, não foram satisfatórios. Parece que a melhor correlação obtida foi a do período anomalístico. Nesse caso verificou-se um pico de frequência dos eventos em torno do perigeu e outro pico menor durante o apogeu.

É possível, portanto, que uma das causas principais seja a atração da Terra no mecanismo de mares lunares e seus efeitos sobre a crosta lunar. A maior atração gravitacional no perigeu pode provocar um desprendimento de gases e substâncias voláteis e, durante o perigeu, o relaxamento da crosta lunar pode expulsar pelas fissuras o mesmo material.

Em 1971, os astronautas a bordo do módulo de comando da Apollo 15, em órbita circunlunar, com auxílio de um espectrômetro de partículas, procuraram detectar tais corpúsculos na Lua e medir a sua energia e direção de propagação.

As observações foram feitas durante nove dias, quando o detector, situado a uma altura de 110 km, apontava para o solo lunar. Constatou-se, então, que, sempre que a nave passava sobre a região de Aristarchus e do vale Schröter, registrava-se um significativo aumento da contagem do número de partículas alfa emitidas pelo radônio 222 e seus subprodutos.

Considerando que a radioatividade na região de Aristarchus parece ser quatro vezes a média registrada sobre a Lua, acredita-se que as observadas emanações de radônio em Aristarchus devem ser resultantes dos fatores da atividade interna que envolve os elementos do regolito* lunar. Tais emanações devem estar associadas aos fenômenos ópticos conhecidos como eventos transientes lunares, cuja existência nessa região parece definitivamente comprovada.

ASTEROIDES

Entre as órbitas de Marte e Júpiter, existe um grande número de planetas de menores dimensões, chamados asteroides ou pequenos planetas.

Ceres, o maior deles, foi descoberto no ano de 1801 pelo astrônomo italiano Giuseppe Piazzi (1746-1826). Seu diâmetro é de 955 km.

São conhecidos atualmente cerca de 3.600 desses pequenos planetas. Estima-se o seu número total em quase 500 mil objetos de diâmetro superior a 1,6 km. Pensa-se que existe ainda um número maior, permitindo uma associação entre os asteroides e os meteoritos.

A origem dos asteroides é muito duvidosa. É possível tratar-se de um planeta que teria explodido ou, ao contrário, uma matéria que, desde a formação do sistema solar, não conseguiu se condensar.

Além dos asteroides que se encontram entre 2,5 e 3,5 U.A. do Sol, existem outros que se afastam muito dessa zona, como os chamados troianos, que gravitam na mesma órbita de Júpiter, a 60º antes e depois desse planeta. Existem outros que se aproximam muito da Terra: são os asteroides rasantes à Terra.

Em agosto de 1992, foi descoberto o primeiro membro de uma nova região de asteroides, em forma de disco, situada além da órbita de Netuno, que deve contar milhões de corpos congelados.

Em 4 de julho de 2000, foi descoberto um dos maiores asteroides desta faixa, com cerca de 600 quilômetros de diâmetro, um quarto do tamanho de Plutão, planeta que, segundo alguns astrônomos, deve constituir o principal membro deste conjunto de asteroides, também conhecido como faixa de Kuiper, em homenagem ao astrônomo holandês que previu a sua existência.

ASTEROIDES RASANTES À TERRA: UMA AMEAÇA PERMANENTE

Em todas as mitologias encontramos histórias de estrelas que caíram do céu, embora tal fato não fosse visto como um perigo iminente até recentemente, quando se iniciaram os estudos sobre os asteroides rasantes. Os últimos novos alertas sobre as ameaças do céu estão fazendo com que o homem estude com mais atenção a autenticidade de algumas lendas.

Uma delas, de origem chinesa, conta que um *tsunami* gigante inundou a China durante o terceiro milênio antes de Cristo, logo após a queda de uma "estrela". Talvez consequência do impacto de um meteoro no oceano. Outra lenda é a de Faeton, que queimou vários países do Mediterrâneo, cerca de 1.225 anos antes de Cristo.

Um asteroide em colisão com a Terra parece ter sido responsável pela extinção dos dinossauros no fim do Período Cretáceo; um outro notável impacto, em 1908, destruiu centenas de quilômetros quadrados da floresta próximo a Tunguska, Sibéria; um fenômeno idêntico ocorreu em Curuçá, no Amazonas, em 13 de agosto de 1930.

As ameaças existem. Elas vêm do céu como uma advertência de Hermes, o mensageiro do Olimpo, como muito bem designaram os astrônomos, o primeiro e mais famoso asteroide rasante dos tempos modernos.

O número de asteroides rasantes à Terra, até hoje detectados pelos astrônomos, é da ordem de cinco dezenas. Este número vem crescendo numa média de cinco por ano. O mais conhecido desses asteroides é o Hermes (1937UB), descoberto em

28 de outubro de 1937 pelo astrônomo alemão Karl Reinmuth, em Heidelberg, em duas placas fotográficas expostas simultaneamente, durante duas horas. O asteroide deixou sobre a emulsão fotográfica um traço de 27 milímetros de extensão. O movimento diurno correspondia a oito graus de ascensão reta e dois graus de declinação. Tão rápido era o seu deslocamento que Reinmuth não pôde redescobri-lo nas noites seguintes. Felizmente, houve condições favoráveis para recuperar a sua imagem através de fotografias realizadas em três outros observatórios: Sonneberg, Oak Ridge e Johannesburg. Uma vez reunidas as 14 observações disponíveis, no período de 25 a 29 de outubro, foi possível determinar sua órbita e concluir que Hermes havia passado bem próximo à Terra em 30 de outubro de 1937, a menos de 735.000 km (0,0049 UA), quando o seu brilho atingiu a oitava magnitude, e seu movimento, cinco graus em uma hora. Com elementos orbitais bastante incertos, mesmo depois de o astrônomo Brian Marsden ter retomado o cálculo de sua órbita, não será fácil a sua redescoberta, em virtude da insuficiência das observações realizadas em 1937. A redescoberta só poderá ocorrer acidentalmente. Assim, Hermes é, atualmente, considerado um asteroide perdido. Por uma questão de 6 horas e 30 minutos, a Terra teria se encontrado com o asteroide 4581 Asclepius (1989FC) de 800 metros de diâmetro, no dia 22 de março de 1989. Na realidade, ele passou às 23 horas (hora de Brasília) a uma distância de 690.000 km da Terra (duas vezes a distância que separa o planeta de seu satélite, a Lua), com a velocidade de 20,5 km/s (ou seja, 70% da velocidade de revolução da Terra em sua órbita).

O registro do asteroide Asclepius (1989FC), quatro dias após a sua grande aproximação da Terra, colocou na ordem do dia uma das preocupações dos astrônomos que se dedicam à pesquisa sistemática desses astros. Ao contrário do que ocorre quase sempre nos filmes de ficção-científica (como, por exemplo, em *O meteoro*, superprodução do "cinema-catástrofe" que reuniu Sean Connery e Natalie Wood sob a direção de Ronald Neame), as ameaças pelas quais já passou o nosso planeta até hoje não foram previstas pelos astrônomos. O fato é que, na realidade, sucedeu justamente o oposto. Só tomamos conhecimento do perigo pelo qual havíamos passado uma semana depois, quando o astrônomo norte-americano Henry Holt, no início de abril, decidiu analisar as fotografias obtidas em 27 de março de 1989, com a câmera Schmidt de 46 cm de Monte Palomar, na Califórnia, e notou a existência de um enorme traço provocado por um asteroide que havia passado a uma distância relativamente próxima. Um estudo da órbita deste objeto mostrou que ele havia passado, em 23 de março, à distância de 800.000 km da superfície terrestre. O diâmetro foi estimado em 1.000 metros e a sua velocidade em 75.000 km por hora.

Se a Terra tivesse sido golpeada, teria se formado, na região do impacto, uma cratera de, no mínimo, cinco quilômetros de diâmetro. Simultaneamente, nas regiões vizinhas, ocorreriam terremotos de grande intensidade. No caso em que o asteroide viesse a se chocar contra a massa líquida dos oceanos, o impacto provocaria maremotos tão intensos que poderiam devastar as regiões costeiras, destruindo as cidades litorâneas.

Até a descoberta do asteroide Asclepius (1989FC), o segundo a passar mais próximo da Terra era o 14 Athor (1976UA), descoberto pelo astrônomo norte-americano W. Sebok, em 25 de outubro de 1976, com o telescópio Schmidt de 122 cm do Observatório de Monte Palomar. Cinco dias antes de sua descoberta, este asteroide passou a 1.170.000 km da Terra (0,0078UA). Com um diâmetro de 200 ou 300 metros, pode um dia vir a se chocar com a Terra.

A procura sistemática de asteroides e cometas que cruzam a órbita da Terra é um dos grandes interesses dos últimos anos, em especial depois que o cometa Shoemaker-Levy 9 chocou-se com Júpiter, em 30 de julho de 1994, e o Hyakutake, cometa descoberto em janeiro daquele ano, passou muito próximo à Terra. Para confirmar que o que ocorreu em Júpiter já aconteceu na Terra, foi descoberto recentemente que os oito acidentes geológicos circulares, que se alinham por 700 km do sudeste de Illinois ao leste de Kansas, assinalam os pontos de impacto dos fragmentos de um objeto celeste que se chocou com a Terra há 320 milhões de anos. As oito crateras, com cerca de 3 a 17 km de diâmetro, além de terem a mesma idade, estão de tal modo alinhadas que existe somente uma probabilidade em um milhão para explicar que a sua origem tenha sido acidental. Os geofísicos norte-americanos Michael Ranipino e Tyier Voik, da Universidade de Nova York, durante o encontro da American Geophysical Union, em dezembro de 1995, afirmaram que esse alinhamento de cratera foi provocado pelo impacto de um cometa com os núcleos em forma de um colar, como o Shoemaker-Levy 9, que se chocou com Júpiter. Exemplos idênticos de cadeias de crateras já foram detectados em Calisto e Ganimedes, satélites de Júpiter, e na Lua.

Para dar mais clareza a esta ameaça, em 19 de maio de 1996 o asteroide recém-descoberto, 1996JAI, passou a 450.000 km da Terra, a sexta maior proximidade já registrada em toda a história da astronomia.

Apesar de esses impactos constituírem uma preocupação dos astrônomos dedicados ao estudo dos asteroides, particularmente de uma espécie muito especial – a dos asteroide rasantes à Terra *(Earth grazers)* –, pouco tem sido realizado para prevenir uma tal tragédia, através de recursos mundiais destinados às pesquisas dos asteroides, em comparação aos outros setores da pesquisa astronômica.

A CAÇA AOS ASTEROIDES RASANTES

Só recentemente, em consequência das descobertas de asteroides passando muito próximo à Terra, dois programas de caça aos asteroides rasantes foram desenvolvidos: Spacewatch e o NEAT.

O Spacewatch, que utiliza o telescópio refletor de 0,91 metro do Observatório Steward, em Kitt Peak, no sul do Arizona, entrou em atividade em 1984. Durante os cinco primeiros anos, não encontrou nenhum asteroide rasante. Com o emprego de um novo CCD, com mais de quatro milhões de elementos de imagens e uma rotina de procura automática, a sorte dos astrônomos de Arizona mudou totalmente. Desde 1989 a equipe vem descobrindo uma média de, no mínimo, três asteroides rasantes por mês e centenas na faixa principal dos asteroides. Se, por um lado, o Spacewatch varre uma superfície do céu muito mais limitada do que a das pesquisas fotográficas, conduzidas por E. Helin e E.S. Schoemaker, no Observatório do Monte Palomar, por outro, ele é muito mais sensível aos objetos de brilho mais fraco. De fato, as pesqui-

Examinando os meteoritos e amostras trazidas da superfície lunar, os cientistas puderam estimar a idade do nosso planeta: 4,5 bilhões de anos

sas fotográficas são capazes de detectar objetos brilhantes até a magnitude 18, o que significa que estes corpos têm, pelo menos, de 1 a 2 km de diâmetro. Com o moderno sistema de observação instalado no Spacewatch, pode-se alcançar a magnitude 28, o que transforma a procura dos asteroides rasantes de pequenas dimensões num trabalho mais fácil. Um tal alcance é da máxima importância, pois a frequência de asteroides pequenos é muito maior.

Em consequência dessa sensibilidade, o Spacewatch descobriu 1991BA, um dos menores asteroide conhecidos, que passou muito próximo à Terra, cerca de 165.000 km, em 27 de março de 1995. Em fins de 1994, o Spacewatch descobriu o asteroide que já passou mais próximo à Terra, 1994XMI, cuja distância mínima ao nosso planeta foi de 105 mil quilômetros em 9 de dezembro de 1994. Um novo telescópio de 1,8 metro está sendo construído para dar continuidade e expansão à vigilância do espaço vizinho à Terra.

Em dezembro de 1995, entrou em operação o NEAT – Near Earth Asteroid Tracking (Rastreamento dos asteroides próximos à Terra) –, observatório astronômico autônomo projetado para realizar uma completa e automática procura de asteroides no céu e cometas rasantes à Terra. Instalado no GEODSS – Ground-based Electro Optical Deep Space Surveillance – da Força Aérea dos EUA, em Haleakala, Maui, Havaí, trata-se de um esforço de cooperação entre a NASA, o Laboratório de Propulsão a Jato e a Força Aérea dos EUA. O Laboratório de Propulsão a Jato (JPL) projetou, fabricou e instalou a câmera do NEAT e o seu sistema de computação no telescópio GEODSS de 1 metro de abertura. A Força Aérea dos EUA (USAF), através do seu contratador, PRC Inc, opera o NFAT. A pesquisadora-chefe do NEAT é a doutora Eleonor Helin, e o diretor, o doutor Steven H. Pravdo. O NEAT entrou em operação em dezembro de 1995, observando uma região com centro próximo à Lua nova, durante doze noites, em cada mês. Até maio de 1996, mais de 3.307 asteroides foram detectados, tendo sido descobertos 1.545 novos objetos, dos quais 234 já têm novas designações. Além da descoberta de um novo cometa (1996E1), foram detectados cinco novos asteroides rasantes: 1996EN, 1996EO, 1996FQ3, 1996FR e 1996KE.

Com o objetivo de responder a algumas questões fundamentais sobre a natureza e origem dos NEOS – *Near-Earth Objects* (Objetos próximos à Terra), classificação que reúne numerosos asteroides e cometas existentes nas vizinhanças da órbita terrestre, o primeiro lançamento do programa Discovery da NASA foi a missão NEAR – Near Earth Asteroid Rendez (Encontro com asteroides próximos à Terra). Várias eram as razões que justificavam tal pesquisa, dentre elas o fato de os NEOS constituírem a fonte primária dos grandes corpos que colidem com a Terra, influenciando a evolução da atmosfera e da vida no nosso planeta.

Lançado em 17 de fevereiro de 1996 por um foguete Delta 11, de Cabo Canaveral, o NEAR de 805 kg, com uma carga útil de 56 kg, constitui um dos primeiros da série de sondas de pequenas dimensões projetadas para realizar um voo de três anos com um custo muito reduzido.

O NEAR efetuou fotografias do cometa Hyakutake, em 2 de março de 1996, em 27 de junho de 1997, sobrevoou o asteroide 253 Mathilde, a uma distância de 1.200 km. Após sobrevoar a Terra, em 22 de janeiro de 1998, o NEAR sobrevoou o asteroide rasante 433 Eros a uma distância de 12 km da sua superfície, em 2 de junho de 1999.

Em 26 de março de 1996, foi criada em Roma a *Space guard,* fundação com fins eminentemente científicos para promover e coordenar atividades que visam à descoberta, acompanhamento e cálculo das órbitas dos NEOS, em nível internacional; estimular os estudos teóricos, observacionais e experimentais de características físico-minerais dos pequenos planetas do sistema solar, com especial atenção aos NEOS; promover e coordenar uma rede de trabalho em solo, como Spacewatch e Neat, e, se possível, também no espaço, com satélites do tipo NEAR, para a descoberta e observações astrométricas e físicas dos asteroides.

AS CRATERAS METEÓRICAS

As observações realizadas pelas sondas espaciais Mariner 4, em 1965, e Mariner 10, em 1974, demonstraram que todos os planetas interiores à órbita de Júpiter sofreram, no passado, um incrível bombardeamento de objetos de diversas dimensões. No início, tratava-se de objetos primários, ou seja, pedaços da matéria original provenientes da formação do sistema solar. Não existe dúvida de que a Terra também sofreu bombardeamento no início. Os sinais desse bombardeamento desapareceram em virtude da erosão eólica e/ou hídrica, bem como pela ação tectônica. Só as crateras mais recentes são facilmente detectáveis.

A mais antiga cratera meteórica e a maior delas, com 40 km de diâmetro, em Vredefort, na África do Sul, parece ter sido produzida pelo impacto de um asteroide de 2.000 metros de diâmetro, há 350 milhões de anos (coincidentemente à época em que se marca a passagem da Era Primária para a Era Secundária na periodização geológica da Terra). A cratera conhecida como Deep Bay, no Canadá, que mede entre 10,0 e 13,7 km de diâmetro, deve ter sido causada pelo choque de um asteroide de 200 metros de diâmetro e 40 milhões de toneladas que golpeou a Terra há 60 milhões de anos. A mais perfeita e conservada delas, a Meteor Crater, no Arizona, parece ter sido escavada por um pequeno asteroide de 25 metros de diâmetro, com uma velocidade de impacto da ordem de 15 km/s, há 5.000 ou 10.000 anos. Sua massa foi avaliada em 60 mil toneladas. As dimensões da cratera são de 1.175 por 1.205 metros.

Em 1908, o núcleo de um cometa parece ter explodido na região de Tunguska, na Sibéria, onde uma área de 2.000 metros quadrados, felizmente despovoada, foi completamente devastada pela onda de pressão e pelo incêndio que se seguiu ao fenômeno.

Em 1947, o meteorito de Sikhote – Aline –, um minúsculo siderito de 6 ou 7 metros, pesando mil toneladas, escavou, após se fragmentar a alguns quilômetros da superfície terrestre, 122 crateras de 5 cm a 26 metros, na Sibéria.

Mais recentemente, um meteoro em Montana, EUA, atravessou a atmosfera. Se tivesse golpeado a Terra, teria provocado um efeito quatro vezes superior ao do meteorito siberiano de 1947.

Devemos lembrar que vários estudos estatísticos sobre as probabilidades de impacto de asteroides com a Terra foram estabelecidos, recentemente, pelos astrônomos norte-americanos E. Anders, em 1971, e E.M. Shoemaker, em 1983. Segundo Shoemaker, existem pelo menos 2.000 asteroides com mais de um quilômetro de diâmetro que se aproximam periodicamente da Terra. A possibilidade do choque da Terra com um asteroide de 10 km de diâmetro é de um em um bilhão de anos; com um de 1 km de diâmetro é de um em 500 mil anos; e para os de 100 metros de diâmetro, a probabilidade é de um em 10 mil anos. O aumento da frequência de impacto está diretamente associado ao número de asteroides existentes em cada grupo de determinada dimensão. Como o número de asteroides com 10 km de diâmetro é menor, a possibilidade de um deles golpear a Terra é igualmente menor.

Existem sete possibilidades em dez para que os choques venham a ocorrer nos oceanos, o que poderá provocar gigantescas marés cujos efeitos seriam muito perigosos para as populações das cidades situadas em zonas costeiras. Por outro lado, nos continentes (3 possibilidades sobre 10), além de uma cratera meteorítica, deverão ocorrer tremores de terra, cuja intensidade vai depender da massa do asteroide, de sua velocidade de impacto e do ângulo de incidência. Em 1977, o geofísico J. Classen catalogou a existência de 230 sítios, com quase 300 crateras meteoríticas na Terra.

Estas descobertas sugerem que subitamente poderemos ser surpreendidos com um grande objeto no caminho da Terra. Se estas recentes descobertas de asteroides rasantes à Terra não foram registradas antes, existe um forte indício de que muitos outros se encontram nas vizinhanças da Terra e dos planetas interiores. Espera-se que o NEAT e outros programas projetados com a finalidade de descobri-los consigam localizá-los com sucesso antes do impacto.

A passagem foi ironizada pelo escritor carioca Marques Rebelo. Ao ler uma notícia no jornal sobre a observação do Hermes, um personagem de Rebelo comentou: "o mundo escapou, mas o Brasil não... foi milagre não termos nos arrebentado todos. Três de outubro é data fatídica!", numa velada referência à Revolução de 1930, que se iniciou naquela data (O *trapicheiro,* ed. 1959, p. 314). Em 2003, Hermes foi redescoberto.

Cratera meteórica, no Arizona, EUA

CARMEN MIRANDA INTERPRETA O FIM DO MUNDO

O fim do mundo foi anunciado em 1937, quando o astrônomo alemão Karl Reinmuth, um dos maiores descobridores de asteroides, encontrou em duas placas fotográficas expostas simultaneamente, durante duas horas, na noite de 28 de outubro de 1937, um rastro de 27 km, causado pelo movimento do asteroide. Tratava-se, sem dúvida, de um asteroide extraordinário. Para descrever esta trajetória, é necessário supor que o cometa deveria se encontrar muito próximo da Terra. Nos dias subsequentes Reinmuth procurou, sem sucesso, recuperá-lo em suas fotografias. Felizmente os astrônomos alemães Richter e Morgenroth, em fotografias obtidas em 26, 27, 28 e 29 de outubro, no Observatório de Sonneberg, com auxílio de uma pequena câmera astrográfica de 25 cm de distância focal, tinham conseguido recuperá-lo. Em 25 de outubro, o astrônomo norte-americano Cunningham, com um telescópio de 20 cm de abertura, na Estação de Harvard, em Oak Ridge, fotografou o novo asteroide. Mais tarde, foi reconhecido em placas fotográficas obtidas no Observatório de Joanesburgo, na África do Sul, pelo astrônomo inglês Jackson, em 27 de outubro, um dia antes de sua descoberta em Heidelberg.

Este minúsculo planeta, de algumas centenas de quilômetros de diâmetro e um brilho aparente de magnitude 6,6, provocou um enorme alarme. Anunciou-se que o "objeto Reinmuth", como foi designado inicialmente, deveria chocar-se com a Terra em janeiro de 1938. De fato, em 28 de outubro este asteroide, que recebeu o nome de Hermes, dado pelo seu descobridor, encontrava-se a 731.361 km. A órbita que ele descrevia permitiu calcular que deveria chegar à distância de apenas 354.000 km da Terra, ou seja, mais próximo que a Lua.

Nunca se assistira a uma tal aproximação. Outros dois planetas, Apoio e Adonis, descobertos pelo astrônomo belga Delporte, no Observatório Real da Bélgica, respectivamente em 1932 e 1936, tinham passado muito próximo da Terra. O que mais se aproximou foi Adonis, a uma distância duas vezes superior à calculada para Hermes.

O pânico criado no Brasil sugeriu ao notável compositor Assis Valente um belíssimo samba-choro, sucesso de 1938, intitulado "E o mundo não se acabou". Para a recordação e o conhecimento daqueles que nunca o escutaram, convém transcrever a letra, gravada em 9 de março, pela Odeon, na interpretação de Carmen Miranda:

Anunciaram e garantiram
Que o mundo ia se acabar,
Por causa disso a minha gente
Lá de casa começou a rezar...
Até disseram que o Sol ia nascer
Antes da madrugada;
Por causa disso nessa noite

Lá no morro não se fez batucada.
Acreditei nessa conversa mole
Pensei que o mundo ia se acabar
E fui tratando de me despedir
E sem demora fui tratando de aproveitar
Beijei na boca de quem não devia,
Peguei na mão de quem não conhecia,
Dancei um samba em traje de maiô.
E o tal mundo não se acabou...
Chamei um gajo com quem não me
dava
E perdoei a sua ingratidão.
E festejando o acontecimento
Gastei com ele mais de um quinhentão.
Agora eu soube que o gajo anda
Dizendo coisa que não se passou,
Vai ter barulho, vai ter confusão.
Por que o mundo não se acabou...

Para os jovens de hoje, "dançar um samba em traje de maiô" pode parecer coisa corriqueira. Na realidade, era uma revolução só concebível no fim do mundo, quando, presumivelmente, pode-se fazer o que bem entender. Para melhor compreender este fato, seria conveniente lembrar que, em 4 de janeiro de 1937, foi publicado no *Jornal do Brasil* um editorial, "contra o nu grotesco", no qual se condenava o costume dos banhistas de irem à praia vestindo um paletó de pijama, quando havia uma lei que obrigava os banhistas a trazerem um roupão de banho por cima do maiô.

Na época, a situação mundial era grave: havia a ameaça de um colapso político e uma guerra iminente que favorecia o clima de fim do mundo. No Brasil, Getúlio Vargas, segundo um editorial do mesmo *Jornal do Brasil,* pressionado pela opinião pública, suspendeu "o serviço de nossa dívida externa sem temer as consequências prováveis dos protestos dos interessados".

Com todas essas ameaças político-econômicas e astronômicas, o fim do mundo não veio, mas ficou essa importante conclusão expressa por Benjamin Costallat, no artigo "A lição do planeta", publicado no *Jornal do Brasil* em 11 de janeiro de 1938, quando o astrônomo sul-africano Wood, da Cidade do Cabo, anunciou que, por uma diferença de cinco horas, a Terra havia chegado, felizmente, atrasada ao encontro de Hermes:

"As nossas maiores ambições e as nossas maiores vaidades não passam de um grão de areia; e de um grão de areia não passam todas as civilizações e todas as idades, toda cultura e todo o poder dos povos e dos exércitos diante do infinito dos mundos e da amplidão do espaço.

O episódio do pequeno planeta, o planeta boêmio e vagabundo, sem nome e importância – mas que sozinho seria capaz de esmagar todo um continente, dar piparotes em cidades inteiras, secar oceanos e esmagar montanhas –, veio mostrar a nossa mesquinhez e trazer-nos uma lição de humildade.

Nada valemos."

COMETAS

Um dos objetos celestes que sempre exerceram uma forte impressão sobre a mente do homem do povo foi o cometa, quer pelo seu aspecto espetacular, quer por estar associado ao prenúncio de catástrofes, morte de governantes etc. Atualmente, sabe-se que esses majestosos astros constituem aglomerados* de fragmentos rochosos envoltos em gelo, que se evaporam sob o efeito do calor solar.

Um cometa compõe-se de três partes principais: um núcleo, uma cabeleira e uma cauda. Sua cabeça, ou seja, o conjunto núcleo e cabeleira, pode se estender de 16 mil a 2 milhões de quilômetros, enquanto a cauda pode cobrir milhões de quilômetros no espaço. Tais caudas, formadas a partir dos gases da cabeleira, apontam para a direção oposta à do Sol. Durante muito tempo não se encontrou explicação para esse fato. Sabe-se agora que se deve à radiação solar: o vento solar, composto de partículas emitidas pelo Sol, comprime os gases e íons das caudas tornando-as gigantescas. Na realidade, o núcleo de um cometa, responsável por esse enorme e majestoso fenômeno celeste, constitui um reduzido núcleo de um quilômetro de diâmetro.

Será conveniente lembrar que nem todos cometas têm cauda. Alguns aparecem como um núcleo nebuloso, cuja cauda surge, às vezes, ao se aproximarem do Sol. Pouco se conhece acerca da origem e destino dos cometas. Parece que existe, a 150 mil vezes a distância da Terra ao Sol, no limite do sistema, uma nuvem de cometas, restos da nebulosa primitiva* que deu origem ao sistema solar. Os cometas viajam com velocidade por muitos milhões de quilômetros no espaço, voltando após alguns anos ou depois de séculos. Quando visíveis a olho nu, constituem um dos mais belos espetáculos celestes. Muitos cometas já foram descobertos e estão sendo continuamente descobertos outros tantos.

Cometa West fotografado em 13 de março de 1976

Um dos mais notáveis cometas foi o de 1811. Visível durante cerca de um ano e meio, apresentou-se com uma cauda que alcançava centenas de milhões de quilômetros e quase 100 milhões de quilômetros de largura.

O cometa Biela, descoberto em 1826, possui a mais curiosa história. Em 1846, foi visto novamente e, um mês mais tarde, se dividiu em duas partes. A uma distância de 256 mil quilômetros, as duas partes passaram a ter duas órbitas paralelas distintas. Em 1852, estavam distanciados entre si em 2.400.000 km. Desde então não foram mais vistos. Aparentemente, deram origem a uma família de cometas que passam muito perto do Sol.

O cometa Donati, em 1858, permaneceu visível mais de nove meses. Suas caudas possuíam cerca de 86 milhões de quilômetros de comprimento. Seu período é de mais de 2 mil anos. Foi o mais luminoso dos cometas do século XIX. Tinha duas caudas gigantescas e passou a apenas 50 mil quilômetros do Sol.

O grande cometa Cruls, de 1882, passou a algumas centenas de milhões de quilômetros da coroa solar. Sua órbita não sofreu alteração sensível, mas ao reaparecer possuía pelo menos cinco núcleos.

Em 1910, a Terra passou através da cauda do cometa Halley, o que levou muitas pessoas a pensarem numa colisão e ficarem apavoradas. O cometa Halley, descoberto em 1682, com um período de 76 anos, já foi observado desde antes de Cristo. Em 1986, o cometa Halley voltou a ser visível a olho nu.

Cometa West fotografado em fevereiro de 1976 (Martin Grossman, Alemanha)

COMETAS, ASTROS COM CABELEIRA

O cometa, o misterioso viajante do espaço... astro de extensa cabeleira e cauda, tem sido, desde a mais remota Antiguidade, motivo de grande curiosidade e terror.

O homem sempre acreditou que os cometas anunciavam calamidades. Guerras... pestes... e quem sabe, talvez, até o fim do mundo...

Carlos Drummond de Andrade assistiu, aos sete anos, à passagem do cometa Halley. É ele quem nos relata suas impressões:

Olho o cometa
com deslumbrado horror de sua cauda
que vai bater na Terra e o mundo
explode.
Não estou preparado! Quem está,
para morrer? O céu é dia,
um dia mais bonito do que o dia.
O sentimento crava unhas
em mim: não tive tempo
nem mesmo de pecar, ou pequei bem?
Como irei a DEUS sem boas obras,
e que são boas obras? O cometa
chicoteia de luz a minha vida
e tudo que não fiz brilhar em diadema
e tudo é lindo.
Ninguém chora
nem grita.
A luz total
de nossa morte faz um espetáculo.

Assim eram vistos os cometas: enviados de Deus a pressagiar tragédias e calamidades... Sinais celestes do descontentamento do Criador. Mas... o que, na realidade, são estes misteriosos astros errantes?... De onde vêm? Para onde vão?

Os cometas são astros nebulosos geralmente acompanhados de um apêndice luminoso chamado *cauda.*

Existem milhares de cometas no espaço. Mas apenas quando se aproximam da Terra se tornam suficientemente brilhantes para serem vistos a olho nu. Da mesma maneira que os outros astros, o cometa se desloca no céu todos os dias. Nasce a leste e se põe a oeste.

De início, fora do alcance da nossa visão, parece uma pequena nuvem luminosa. À medida que se aproxima do Sol e seu brilho se torna mais intenso, a ponto de ser visto sem o auxílio de instrumentos, o cometa começa a desenvolver uma cauda luminosa. Curtas ou imensas, as caudas dos cometas são formadas de matéria muito leve. Tão leve e fina que é possível através delas observar as estrelas.

Alguns cometas têm mais de duas caudas. E, às vezes, elas se abrem em verdadeiros e indizíveis leques luminosos. Ficou célebre, aliás, o cometa Cheseaux, que, em 1744, surgiu nos céus com *seis* caudas, todas abertas em maravilhoso legue de luz azul. Foi tão belo o fenômeno que o cometa logo ditou a moda... E era comum escutar nos cabeleireiros da época:

– Por favor, Pierre... Quero o meu cabelo *à la* cometa, sim?

No entanto, apesar de toda a sua beleza, os cometas continuavam a inspirar terror. Em 1811, quando um cometa permaneceu visível durante vários meses, com sua cauda curva se espalhando no espaço num espetáculo de luz resplandecente, apavoradas, as pessoas comentavam:

– Isto é desgraça na certa!
– Com certeza, uma nova guerra!

E no ano seguinte, enquanto Napoleão sofria sua mais completa derrota na campanha da Rússia, enquanto os ingleses combatiam os americanos, era comum escutar pelas ruas...

– Eu não disse, bem que o cometa avisou!

Mas cabe ressaltar que, se o cometa anunciava desgraças, também, na opinião de muitos, trazia alguns benefícios. A safra de vinho de 1811 foi tão boa que o povo, reconhecido, batizou-a de “vinho do cometa”.

Todas estas crendices e superstições contribuíram, contudo, de modo positivo: O medo e a curiosidade popular fizeram com que a passagem dos cometas fosse sempre registrada, mesmo muitos anos antes de Cristo.

Foi consultando e analisando estes registros que os astrônomos concluíram que alguns cometas apareciam e desapareciam periodicamente. Ficou provado que certos cometas nos visitavam com certa regularidade. De tempos em tempos, eles surgiam, por isso foram chamados *cometas periódicos.*

A descoberta de que os cometas descrevem órbitas elípticas foi efetuada pelo astrônomo britânico Edmond Halley. Estudando o cometa que surgiu em 1682, Halley conseguiu prever a sua volta. Segundo ele, o cometa voltaria em 1758, isto é, 76 anos mais tarde.

Halley não viveu o suficiente para ver confirmada a sua teoria. Mas, em sua homenagem, o cometa, que reapareceu na data marcada, recebeu o nome de Cometa Halley.

A descoberta de que os cometas descrevem órbitas elípticas em torno do nosso Sol contribuiu grandemente para desmistificar o poder maligno destes astros.

E Voltaire, antes mesmo de ser confirmada a previsão de Halley, escreveu:

Cometa que se teme como ao trovão
Pare de apavorar os povos da Terra.
Numa imensa elipse conclua a sua trajetória
Suba, desça até o astro do dia
Lance seus fogos, vá e venha sem cessar,
Aos mundos esgotados reanimar a velhice.

E Victor Hugo, após a confirmação da teoria do astrônomo inglês, dedicou a Halley um de seus inesquecíveis poemas:

– Ele disse: Em tal dia o astro voltará!
– Que gritaria!

Subitamente, uma tarde, viu-se na noite escura e soberba,
Na hora na qual o grande sudário se cala,
Empalidecer confusamente, depois branquear.
Era o ano anunciado e previsto...
E subitamente, como um fantasma que entra em uma casa,
Apareceu, acima do esquivo horizonte,
Uma chama que se estendeu a milhões de léguas
Monstruosa luminosidade dos imensos azuis,
Esplêndida ao fundo do céu bruscamente iluminado,
Assustado o astro diz aos homens: Aqui estou!

Com a descoberta de Halley, os astrônomos não só passaram a prever as aparições dos cometas, como também a estudar as aparições anteriores, analisando os manuscritos dos povos antigos.

E assim se verificou que o mais antigo registro do cometa Halley foi feito no ano 466 antes de Cristo... Há 2500 anos, portanto.

Já nessa época, Sêneca, o grande filósofo grego, dizia:

Um dia virá, onde os caminhos dos cometas
serão conhecidos e submetidos a regras como
aquelas dos planetas.

O filósofo tinha razão. Vinte séculos mais tarde a astronomia pôde determinar com exatidão a órbita de um cometa.

Em 1910, o cometa Halley apareceu pela penúltima vez. Nessa época o povo não mais acreditava que ele fosse o prenúncio de calamidade. Muita gente, porém, temeu que o cometa viesse a se chocar contra a Terra.

A Terra nada sofreu. Mas a extensa cauda de mais de 50 milhões de quilômetros do cometa Halley foi atravessada pelo nosso planeta. É que a cauda dos cometas contém muito pouca matéria. As moléculas de gases que a compõem são raras e muito mais espaçadas que as da atmosfera terrestre.

Sobre o acontecimento de 1910, convém ler o relato do poeta Carlos Drummond de Andrade:

Aos sete anos de idade imaginei que ia presenciar a morte do mundo, ou antes, que morreria com ele. Um cometa mal--humorado visitava o espaço. Em certo dia de 1910, sua cauda tocaria a Terra, não haveria mais aulas de aritmética, nem missa de domingo, nem obediência aos mais velhos. Essas perspectivas eram boas. Mas também não haveria mais geleia, Tico-Tico, a árvore de moe-

das que um padrinho surrealista preparava para o afilhado que ia visitá-lo. Ideias que aborreciam. Havia ainda a angústia da morte, o tranco final, com a cidade inteira (e a cidade, para o menino, era o mundo) se despedaçando – mas isso, afinal, seria um espetáculo. Preparei-me para morrer, com terror e curiosidade.

O que aconteceu à noite foi maravilhoso. O Cometa Halley apareceu mais nítido, mais denso de luz, e airosamente deslizou sobre nossas cabeças, sem dar confiança de exterminar-nos. No ar frio, o céu dourado baixou ao vale, tornando irreal o contorno dos sobrados, da igreja, das montanhas. Saíamos para a rua banhados de ouro, magníficos e esquecidos da morte, que não houve. Nunca mais houve cometa igual, assim terrível, desdenhoso e belo. O rastro dele media... Como posso referir em escala musical às proporções de uma escultura de luz, esguia e estelar, que fosforeja sobre a infância inteira? No dia seguinte, todo mundo se cumprimentava, todos satisfeitos, a passagem do cometa fizera a vida mais bonita.

As cabeças ou núcleos dos cometas são compostas de rochas que se mantêm agrupadas pela atração gravitacional. O cometa West, que apareceu em 1975, possuía quatro núcleos bem visíveis, conforme fotografia do Observatório Nacional.

Os caminhos descritos pela maior parte dos cometas são elipses muito alongadas. Uma das extremidades da órbita passa muito próxima do Sol, enquanto a outra passa bastante distante.

Quando estão longe do Sol, os cometas não têm cauda. Quando próximos, uma força, talvez a ação exercida pelos raios solares sobre suas cabeças, provoca o desenvolvimento da massa gasosa que constitui a cauda. Curioso é que a cauda se dirige sempre em sentido oposto ao Sol. O núcleo do cometa reflete a luz solar, enquanto a cauda emite luz proveniente da excitação produzida pelos raios do Sol sobre suas moléculas.

O cometa Halley apareceu novamente no ano 1986. Naquela ocasião, foi lançada em sua órbita uma sonda, com a finalidade de descobrir a sua constituição.

A ciência já explicou tantas causas sobre os cometas que o homem já não os teme. E a vida moderna justifica as palavras amarguradas de Drummond:

Nem todas as concepções de fim material do mundo terão a magnificência desta que liga a desintegração da Terra ao choque com a cabeleira luminosa de um astro. Concepção antiquada, concordo. Admitia a liquidação do nosso planeta como uma tragédia cósmica que o homem não tinha poder de evitar.

Hoje, o excitante é imaginar a possibilidade dessa destruição por obra e graça do homem. A Terra e os cometas devem ter medo de nós.

COMETA HALLEY

Em 1695, o astrônomo inglês Edmond Halley (1656-1742), ao aplicar a lei da gravitação universal de Newton, determinou a órbita do cometa de 1682, que já vinha sendo observado há pelo menos três séculos, mas cuja periodicidade não havia ainda sido determinada, e pôde prever o seu retorno para 1759, o que de fato aconteceu. Desde então o cometa passou a ser denominado *cometa Halley*. Diversos estudiosos, analisando os relatos de historiadores e cronistas, concluíram que sua passagem vinha sendo assinalada desde a mais remota Antiguidade; seu registro histórico mais remoto datava de 467 a.C. No Brasil, a mais antiga observação do cometa foi a registrada em setembro de 1608, no Maranhão, pelo padre jesuíta português Luiz Figueira (1574-1643). Existem também registros de observações no Brasil, pois na aparição de 1759 foi observado pelo astrônomo jesuíta José Monteiro da Rocha (1730-1819) e na aparição de 1835, pelo Visconde de Araruama, José Carneiro da Silva (1788-1864).

Depois da previsão de Halley, mostrando que os cometas obedeciam às leis da física, e sobretudo depois da confirmação de que o cometa que hoje leva seu nome voltaria de 76 em 76 anos, aproximadamente, acreditou-se que todo o temor em relação aos cometas deveria cessar numa civilização racional e tecnologicamente desenvolvida. Em conferência no Collège de France, por ocasião da aparição do cometa Halley em 1835, o astrônomo francês Jacques Babbinet (1794-1872) afirmou: "Duvido muito que o cometa Halley, em seu próximo retorno, em 1910, estimule ainda a imaginação popular." Infelizmente o que ocorreu foi exatamente o contrário. Ao ser anunciado que a Terra atravessaria a cauda do cometa, uma onda de pânico se estabeleceu entre os povos de todo o mundo. Para agravar ainda mais o pavor, os astrônomos anunciaram a descoberta de cianogênio – gás mortífero – na cauda do cometa, alguns meses antes da passagem da Terra pela cauda, prevista para 18/19 de maio de 1910. À medida que se aproximava esta data, nos jornais de todo o mundo circulavam as mais alarmantes notícias provenientes dos EUA e da Europa, informando que os gases letais da cauda provocariam o extermínio de toda a população do globo terrestre, bem como a própria destruição do planeta. Temia-se pelo fim do mundo, apesar de o artigo do astrônomo francês Camille Flammarion (1842-1925), desmentindo a possibilidade dessa catástrofe, ter sido traduzido e publicado nos jornais cariocas. O próprio Henrique Morize, diretor do Observatório Nacional, procurou esclarecer a nossa população, em artigos publicados no *Jornal do Commercio*. Tudo em vão. No dia 18 de abril, por exemplo, a cidade parou para observar o cometa que, à luz do dia, aparecia ameaçador nos céus cariocas. Os jornalistas subiram as ladeiras do morro do Castelo, à procura dos astrônomos do Observatório Nacional, que informaram que o astro visível era o planeta Vênus, próximo de seu máximo brilho. No dia seguinte, no *Correio da Manhã*, um jornalista de bom humor concluiu: "E aí está como a deliciosa Vênus embrulhou o rabudo Halley. Astúcias de mulher!"

No entanto, apesar dos equívocos e subsequentes ironias jornalísticas, a passagem do Halley pela Terra em 1910 foi a mais espetacular do século. Na verdade, a Terra atravessou a cauda do Halley, porém sem maior efeito que uma fraca luminescência no céu. Os astrônomos brasileiros H. Morize (1860–1930) e D. Costa (1882–1956) registraram suas impressões e determinaram a posição precisa do cometa em 1910, no morro do Castelo (atual Esplanada do Castelo), onde estava instalado o Observatório Nacional do Rio de Janeiro.

O cometa foi reobservado em 1986, quando uma enorme propaganda o anunciou como "o cometa do século", apesar de ter sido previsto que essa aparição seria mais desfavorável do que a anterior. De fato, em 11 de abril de 1986, quando se deu sua aproximação máxima em relação ao nosso planeta, o cometa se encontrava à distância de 63 milhões de quilômetros, número quase três vezes superior à distância mínima na passagem anterior, que foi de 23 milhões de quilômetros, atingidos em 19 de maio de 1910.

Por outro lado, sabemos que a cauda de um cometa alcança a sua maior extensão no periélio (menor distância do Sol), quando a atividade solar, agindo sobre o envoltório gasoso do núcleo cometário, produz um aumento do seu brilho. Assim, é em seguida à passagem pelo periélio que os cometas se tornam mais belos e luminosos. Mas esta situação dura pouco: à medida que o cometa se afasta do Sol, começa a perder o seu brilho, e a sua cauda vai se reduzindo. Ora, em 1910 o cometa esteve mais próximo da Terra cerca de um mês depois do periélio (10 de abril de 1910); em 1986, ele só esteve mais próximo da Terra em abril, dois meses depois do periélio, que ocorreu em 9 de fevereiro de 1986. Isto significa que a passagem de 1986 foi muito inferior em beleza à do início do século.

Além de sua posição e do brilho reduzido em relação à aparição de 1910, o *marketing* e o sensacionalismo da mídia, estimulados por alguns astrônomos, contribuíram para provocar uma grande decepção no público leigo. Na realidade, a importância da passagem de 1986 estava na qualidade dos resultados que poderiam e foram obtidos com os sofisticados experimentos conduzidos pelas sondas espaciais russas, japonesas e europeia. Como se esperava, tais resultados foram incomparavelmente superiores às observações realizadas com os telescópios convencionais na superfície terrestre.

Na verdade, o grande espetáculo de 1986 foi dado pelos jornais e canais de televisão, através da divulgação das imagens geradas por cinco sondas espaciais: duas japonesas (Planeta A e MS-T5), duas soviéticas (Vega 1 e 2) e uma europeia (Giotto). Enquanto as sondas Vega 1 e 2 passaram em 6 e 9 de março de 1986, respectivamente, a 8.890 e 8.030 km do núcleo, obtendo imagens de baixa resolução, através de câmeras de televisão equipadas com teleobjetivas especiais, a Giotto passou, em 14 de março de 1986, a 605 km, transmitindo imagens do núcleo e da cabeleira interna do cometa, por intermédio de câmera de varredura especialmente construída para fotografá-lo.

As imagens soviéticas revelaram que o núcleo possuía a forma irregular de uma batata com 14 km de comprimento, 7,5 km de espessura e 7,5 km de largura. Nestas imagens, o núcleo se apresentou muito escuro, com um poder refletor da ordem de 4%, em oposição à ideia de que o núcleo seria muito brilhante por ser constituído de gelo em sua maior parte. Na realidade, o seu solo parecia revestido de uma camada de carbono que envolve o gelo subjacente. Além de muito irregular, sua superfície apresentava colinas e vales, assim como estruturas anulares de quinhentos metros, verdadeiras crateras por onde escapavam jatos de gases e poeiras. Presumia-se que o núcleo, ao ser aquecido pela radiação solar, liberasse rajadas de matérias que alimentavam a cabeleira do cometa. Dessas emissões, limitadas ao hemisfério iluminado pelo Sol, só foi possível identificar um número reduzido de regiões ativas: nove jatos foram detectados, dois deles muito intensos e brilhantes. Apesar dessas conclusões, novos modelos do interior do núcleo devem ser elaborados. O núcleo observado pelas sondas se apresentou muito poroso, pelo menos em determinadas regiões, com uma densidade média compreendida somente entre um décimo e um quarto da densidade do gelo, como aliás já fora estimado antes. No estudo das emissões do núcleo, como se previa, verificou-se que os jatos eram nitidamente dominados pelo vapor d'água, que representava 80% do volume do gás ejetado. Durante a passagem da Giotto, o cometa emitia cinco vezes mais gás do que poeira. A produção gasosa foi estimada em vinte toneladas por segundo. Antes da passagem das sondas, acreditava-se que a poeira liberada pelo núcleo era semelhante à dos meteoritos rochosos, como os condritos carbonáceos. As análises por espectrometria de massa forneceram um resultado muito diferente: algumas poeiras apresentam uma composição próxima à dos silicatos terrestres, e outras são constituídas principalmente de carbono (C), hidrogênio (H), oxigênio (O) e nitrogênio (N), razão da sigla CHON para designá-las. Uma outra surpresa foi a abundância de partículas muito pequenas, com massa de 10 a 17 gramas.

As sondas permitiram finalmente um estudo minucioso da interação do cometa com o vento solar: a um milhão de quilômetros do núcleo, a Giotto já começou a registrar uma nítida perturbação no vento solar provocada pelo cometa. Depois de haver atravessado a cabeleira do cometa, os fluxos de poeira se tornaram menos homogêneos do que o previsto. Registrou-se uma intensidade máxima do campo magnético (de cerca de 60 nanoteslas) à distância de 16.400 km do núcleo, durante a fase de aproximação, e a 8.200 km na fase de encontro com o cometa.

A observação astronômica na superfície da Terra, apesar de toda a evolução tecnológica neste intervalo de 76 anos, não conseguiu competir com as imagens das sondas. No início do século XX, poucos ousariam imaginar sondas interceptando o Halley. E, seguramente, os avanços serão muito superiores em 2061, data da próxima aparição. Nessa ocasião, talvez seja possível observar o cometa mesmo quando estiver na posição mais afastada da Terra, nos limites do sistema solar. Antes, em 1910, a fotografia era a técnica observacional mais avançada. Em 1986, as sondas constituíram o processo cientificamente mais produtivo. Como será no Terceiro Milênio, em 2061?

EDMOND HALLEY

Astrônomo inglês nascido em Londres, em 8 de novembro de 1656, e falecido em Greenwich, em 14 de janeiro de 1742. Aos 19 anos, publicou um trabalho sobre órbitas planetárias e, no mesmo ano, foi para Santa Helena catalogar as estrelas do Hemisfério Sul: *Catalogus stellarum australium* (1679). Observou o trânsito de Mercúrio em 1677; descobriu o movimento próprio* das estrelas, a periodicidade dos cometas, bem como a origem magnética das auroras polares. Amigo de Newton, persuadiu-o a publicar o *Principia*, financiando a sua publicação. Sugeriu o que agora é conhecido como aceleração secular do movimento médio da Lua. Foi o primeiro astrônomo a predizer o retorno do *cometa Halley*, em 1682, que sucedeu Flamsteed como Astrônomo Real. Esteve em diversos pontos do litoral brasileiro, com o objetivo de coligir dados para comprovar a sua teoria sobre a variação da declinação magnética. Em dezembro de 1699, determinou a declinação magnética do Rio de Janeiro.

COMETA HALLEY E O CARNAVAL

Apesar de o domingo de Carnaval em 1910 ter ocorrido em 6 de fevereiro, o cometa Halley não deixou de ser homenageado no dia 30 de abril, um sábado, com um baile organizado pelo Clube dos Fenianos.

Um longo edital de convocação para o baile foi publicado nesse mesmo dia no *Jornal do Brasil*, no qual, após uma rápida apresentação sobre o cometa que nos visitava, Bouvier, o secretário dos fenianos, comentava ironicamente:

"Fenianos!!! Palpita à vista, quase a olho nu, o formidável vagabundo dos espaços que o sábio Halley deliberou perfilhar no registro civil da astronomia.

Esperando a cauda reluzente, vem apreciar as festas gongóricas que passam no mundo... Sublinhar o progresso dos canhões (salvo seja) dos *greatnoughts* colossos e dos monumentos brônzeos inaugurados e por inaugurar!!...

E... enquanto a humanidade, de nariz em riste, sonda o firmamento e... embasbacada fica diante da luminosidade trepidante do caudaloso astro

Deixemos, almas terrestres
à procura de astros tais;
antes estrelas equestres,
ou estrelas teatrais!!..."

Para compreendermos a segunda parte da convocação, é necessário estar a par das designações usadas na época para nomear as diversas sociedades carnavalescas então existentes bem como os seus adeptos.

Dentre os mais antigos clubes da cidade, que sobrevivem até hoje, existiam na época os Tenentes do Diabo, os Democráticos e os Fenianos. Os adeptos dos Tenentes do Diabo eram apelidados de *baetas*, designação proveniente da tradição portuguesa que assim chamava o diabo, com suas roupas vermelhas de baeta, como se encontra em Ramalho Ortigão. Desse modo, o diabo (baeta) passou a ser o símbolo do clube; sua sede, a *caverna*; suas cores, o vermelho e o preto. Os Democráticos, cujos aficionados eram denominados de *carapicus* (uma espécie de peixe) e cuja sede era o castelo, tinham adotado para suas cores o preto e o branco. Finalmente, os Fenianos, cujo nome era tirado à designação que se dava aos revolucionários irlandeses que, desde 1858, lutavam contra o domínio britânico; intitulavam-se *gatos*, e sua sede era *o poleiro*, sendo usadas como cores oficiais o vermelho e o branco.

Agora, voltemos ao edital, no qual os Fenianos, depois de já terem se divertido à custa dos Democráticos, se voltam contra os Tenentes do Diabo:

Aquela baeta, gente
De que ninguém faz mais caso
Diz por aí que é tenente
E nem é soldado raso!...

Faltando ao rigor da norma
Não entra nesta pendenga
E por ser toda... capenga
Não formal!...

E agora falando sério,
Eu digo à gente baeta:
– Ponha o olho no cemitério
E o seu nariz no Cometa!!!

E dito isto, é para moer a caterva desclassificada,
Fenianos!!!
ao baile
A apoteose halleyluiática e celestial
dos bravos gatos pretos.

A anunciada passagem da Terra pela cauda do cometa deu motivo a uma série de especulações na imprensa mundial; quando se sugeriu um provável envenenamento da atmosfera terrestre, sabia-se que a cauda dos cometas é composta de cianogênio, gás mortal. Daí o conselho irônico dos fenianos aos adeptos dos Tenentes do Diabo: "Ponha o olho no cemitério / e o seu nariz no Cometa!!!" Assim, enquanto os baetas estivessem preocupados com a morte, os gatos pretos estariam em seu baile numa apoteose *halleyluiática*.

Em 1910, os carnavalescos, com seu espírito alegre e sempre jocoso, improvisaram uma letra cuja música foi adaptada da polca "No Bico da Chaleira", de autoria de Juca Storoni (João José da Costa Jr.), sucesso do Carnaval de 1909. De fato, aproveitaram-se nessa letra as palavras de duplo sentido para insinuar um fundo erótico próprio do Carnaval. Criou-se, desse modo, uma verdadeira apoteose ***halleyluiática*** e celestial, ao som dos versos:

Lalá me deixa espiá nessa luneta
Eu sou do grupo que gosta do cometa
Cometa do Halley, cometa do ar,
Levanta a cauda que eu quero espiar.

Tendo em vista os maiôs cavadões de hoje, o último verso perdeu muito do seu sentido malicioso. Esta música, restaurada pelo Museu de Astronomia, foi usada na ambientação de sua exposição Halley-Rio 1910.

O Carnaval do ano seguinte aproveitou a esplêndida aparição do cometa em seus carros alegóricos, fantasias e músicas.

Uma das grandes sociedades, o Clube dos Fenianos, incluiu o Halley em seu cortejo. Coube ao artista Fiúza Guimarães, encarregado da elaboração dos préstitos da sociedade, conceber a alegoria do carro intitulado "O Beijo do Halley". Numa delirante composição de ouro e prata, a Terra, no seu rodopiar diário, voltando-se ora para um lado, ora para outro, deixava-se beijar impudicamente por esse grandioso vagabundo dos espaços interplanetários.

Outra grande sociedade, o Clube dos Democráticos, também incluiu em seu cortejo a alegoria "A Dança dos Cometas" de autoria do artista catarinense Publio Marroig, um dos grandes rivais de Fiúza, no concurso que o vespertino *A Notícia* patrocinava para a escolha do melhor cenógrafo que confeccionasse os préstitos da terça-feira gorda. Marroig mostrava os cometas "espadanando numa vertigem féerica de luminosas centelhas".

Outras sociedades participaram ainda do desfile. Uma delas foi o Clube Carnavalesco Rejeitados de S. Cristóvão, cujos foliões exibiram um préstito crítico-alegórico, com traços eróticos, sobre o cometa, ao mesmo tempo em que cantavam a letra que tinha como música a polca de Juca Storoni.

Não só foram as grandes sociedades que usaram o Halley em suas alegorias no centro da cidade. No Méier, um dos pontos principais do Carnaval dos subúrbios, o cenógrafo Augusto Cordovil elaborou, para os Progressistas Suburbanos, um carro alegórico no qual se via uma estrela com grande cauda.

Os efeitos do cometa se fizeram sentir ainda no Carnaval de 1912, quando, no "domingo gordo", o famoso Ameno Resedá desfilou pela Avenida Central com o enredo "Corte Celestial", no qual figuravam o Sol, a Lua, Mercúrio, Vênus, Terra, Marte, Júpiter, Saturno, Urano, Netuno e o cometa Halley, todos em trajes caprichosamente desenhados pelo caricaturista Amaro Amaral. O astrônomo inglês Edmond Halley estava representado pelo bailarino Juvenal Nogueira, enquanto a porta-estandarte Semíramis personificava a Lua, e o importante mestre-sala Mário Félix configurava o Infinito.

Uma vez livres da ameaça da cauda do cometa Halley, que, roçando a Terra, poderia incendiá-la, como se dizia na época, os cariocas, com sua irreverência peculiar, adaptaram os seguintes versos a uma conhecida música:

Dizem que o mundo vai se acabar,
E eu vou morrer
Dizem que os paus-d'água têm que
deixar de beber.

Isto é impossível,
Eu não posso crer,
Por causa que os paus-d'água
Nunca deixam de beber

Eu não sou pau-d'água
Eu não bebo não
Mas elas "frias" eu não deixo de beber...

Meteoros e meteoritos

Meteoro ou estrela cadente é o fenômeno luminoso que ocorre na atmosfera terrestre, proveniente do atrito de um corpo sólido, oriundo do espaço, com os gases da atmosfera terrestre. Os *bólidos* ou *bolas de fogo* são os meteoros muito luminosos, de brilho igual ou superior ao dos planetas mais brilhantes. O corpo sólido que se move no espaço exterior, de tamanho inferior ao de um asteroide, em geral da ordem de um miligrama a alguns quilogramas, denomina-se *meteoroide*. Se sua dimensão é inferior a 1 mm de diâmetro (que é, aproximadamente, o mais baixo limite de registro visual), emprega-se a denominação *micrometeoroide*. As partículas oriundas dos meteoros ou meteoritos, de dimensões inferiores ao micrometeoroide, são as poeiras *meteóricas* ou *meteoríticas*.

Os meteoroides, ao penetrarem na atmosfera, dão origem aos meteoros que, ao atingirem a superfície terrestre, recebem o nome de *meteoritos*. A vaporização dos meteoroides na atmosfera dá origem a um rastro luminoso e ionizado, de curta ou longa duração, respectivamente, denominado *esteira* ou *rastro persistente*.

Em certas épocas do ano, observa-se maior incidência de meteoros; tal fenômeno é o que se denomina *chuva de meteoros* ou *estrelas cadentes*. Recebem o nome da constelação da qual parecem originar-se. Os meteoros não associados a nenhuma chuva chamam-se *meteoros esporádicos*.

Os meteoritos constituem enormes massas de matéria sólida que ao penetrarem em nossa atmosfera se consomem total ou parcialmente antes de atingir eventualmente o solo. O fenômeno luminoso que surge associado ao meteorito é às vezes acompanhado de explosões e ruídos semelhantes a uma trovoada muito

O detalhe da gravura de Jean Théodore de Bry apresenta o homem sob a influência dos meteoros

Eloah
Iehoua Sabaoth
Elohim Sabaoth
Virtu tes
Principa tus
Archan geli
Sphæra Solis
Sphæra Veneris
Sphæra Mercurij
Miles
Aurora
Rosa
Niger
Ceratias
portentosæ
Chasma
Lapides
Ranæ
Fulmen
Euro Auster
Auster Notus
Stellæ uolantes
Capræ
Scintilla cadens
Coruscatio
Grando
Aspectus
Austro Aphricus Lyba Notus
Nix
Aphricus Lybs
Linea perpendicularis
Rubedo
Vapor
Pruina
Ros
Puniceus
Viridis
Purpureus
Arcus
Iridis centrum
Luna colorata sine aliqua augmentationis in aere
Aer tenuis
Aer uaporosus
Cælum serenum cur sit cæruleum
Lumen in colore nigro fit cæruleum
Aspectus
Solis imago in ocasu
Turbo ex contraria motione
Fauonius Zephirus
Aquilo Boreas
Septendrionarius Aparctias
Circius Tracius
Corus Argestis
Homo est perfectio & finis omniū creaturarum in mundo
Meteora Homini in flagellum missa.
Angelus malus.
Deus ab Austro ueniet splendor
faciem ibit mors et egredietur
tans in Meridie ante pedes eius.
Prester cum dæmonijs.
Ignis a Deo æterno in eam
mittetur, diuq. a dæmonijs habita
Prester.
Dimisit super Sodam et Gomorram
a Iehoua e cœlis quæ subuertit
terræ. Gen: 9. 24.
Ventus.
Flauisti uento tuo et operuit eos
Pluuia et Fontes.
Aquas ita cohibet Deus ut arescant
subuertant terram.
Tonitru. Fulgur.
Tonabit de cœlo Iehoua, misit
impios, fulgura multiplicauit et

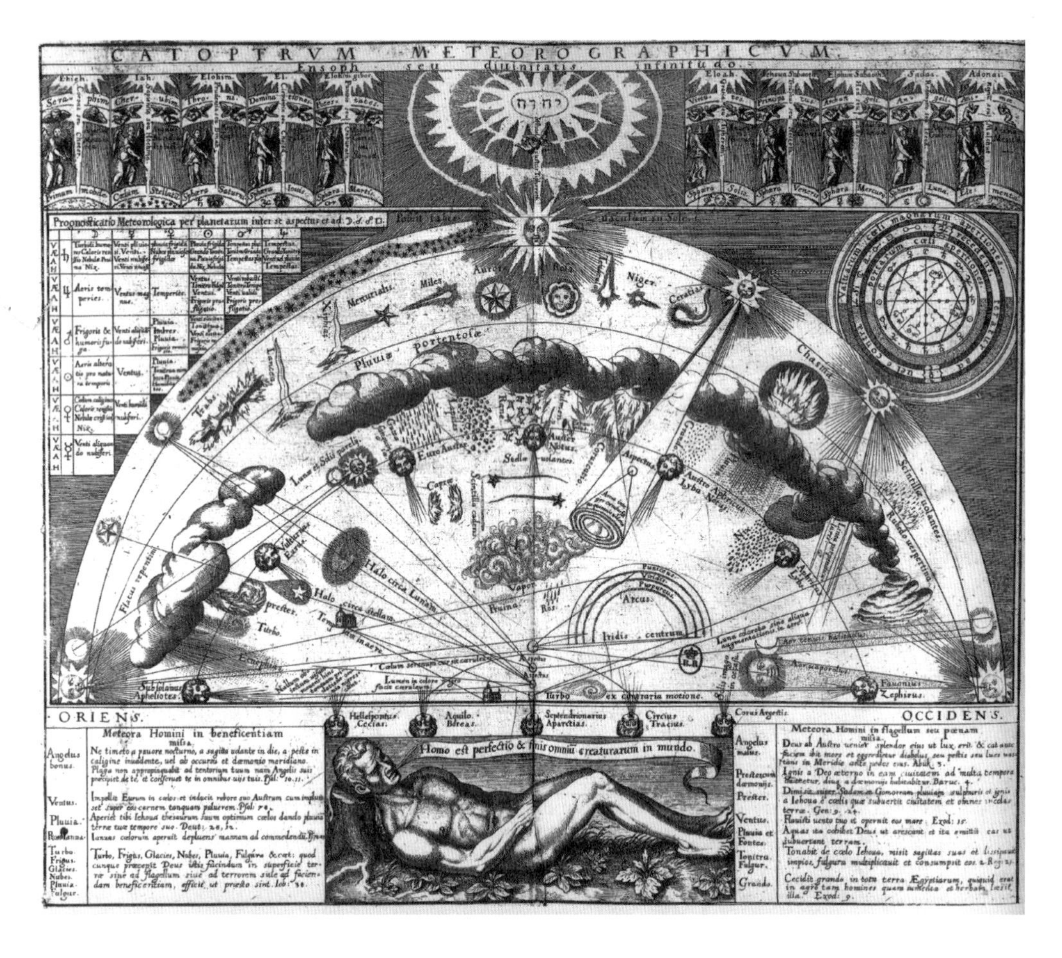

Robert Fludd, Philosophia sacra et vere Christiana, *seu meteorologia cósmica, 1626*

afastada. Os meteoritos que pesam mais de duas toneladas são felizmente pouco frequentes. Os meteoritos recebem o nome da cidade ou localidade na qual foram encontrados.

São inúmeros os bólidos que, ao se chocarem com a Terra, produziram enormes crateras meteoríticas. Uma das mais célebres se encontra no Arizona, EUA, mede 1.267 m de diâmetro, e sua profundidade ultrapassa 180 m. Em 30 de junho de 1908, um enorme meteorito caiu na Sibéria. Seus inúmeros fragmentos cavaram mais de duzentas crateras, e a explosão devastou a floresta, num raio de 100 km. Segundo cálculos astrofísicos, esse imenso bólido teria uma massa de aproximadamente 40 mil toneladas. Duas são as principais espécies de crateras meteoríticas: as de explosão e as de impacto.

As crateras de explosão são de grandes dimensões: de cem metros a vários quilômetros de diâmetro. Quando o grande meteoro produz a cratera, ele se desfaz completamente no instante do choque, distribuindo fragmentos por toda a vizinhança da cratera.

As crateras de impacto são menores e, raramente, atingem diâmetros superiores a 100 m. O fundo dessas crateras não é pulverizado. Um terceiro tipo de cratera é um modelo intermediário, resultante da fragmentação do meteoroide em meteoritos diferentes em suas dimensões.

QUAL O VALOR DE UM METEORITO?

Além da raridade, a forma de um meteorito pode afetar o seu preço. Existem várias modalidades de amostra: completas, parciais, fragmentos e pequenas fatias (*sices* – vocábulo inglês usado nos catálogos de venda de meteoritos).

Uma *amostra completa* é um meteorito que permaneceu como foi encontrado. Ele pode apresentar uma extensa área da crosta de fusão primária, parte da crosta de fusão secundária e linhas de ablação. Sua forma aerodinâmica resulta da ablação que sofreu ao atravessar a atmosfera. Os meteoritos completos são os mais desejados, ainda que sejam os mais difíceis de encontrar.

Amostra parcial é uma porção significativa de um meteorito; em geral, tem uma superfície cortada e polida, ou superfície quebrada que pode ou não apresentar uma crosta de fusão secundária.

Os *fragmentos* são peças de um meteorito que foram expelidas violentamente da massa principal, durante sua passagem pela atmosfera, em virtude da diferença de temperatura entre a superfície incandescente e o zero absoluto reinante em seu interior. Se o meteorito se rompe, antes de concluir sua travessia pela atmosfera, existe um tempo para que uma crosta secundária de fusão se forme dando origem a uma nova amostra completa. Os fragmentos podem também resultar de um corte. Alguns meteoritos são conhecidos unicamente na forma de fragmentos.

As *fatias* ou *lâminas* são vendidas sob a forma de fatias completas ou parciais. As fatias completas constituem uma seção inteira do meteorito original; seus bordos apresentam a superfície exterior do meteorito. Uma fatia bem preparada tem, em geral, de 5 a 7 milímetros de espessura uniforme com pelo menos uma superfície polida. O polimento tem a finalidade de mostrar com detalhes o interior de sua estrutura. As fatias parciais, como o próprio nome sugere, são partes de uma fatia completa. As fatias são a forma mais comum adquirida pelos colecionadores, pois são menos caras que uma amostra completa e mostram os detalhes das côndrulas, breceias ou figuras de Widmanstätten nas várias classificações de meteoritos. Entre as fatias, existe uma especial, *end piece*, que apresenta em um dos seus bordos a crosta, ou seja, a superfície exterior do meteorito. As *end pieces* têm a vantagem de mostrar detalhes do interior e do exterior do meteorito.

Quando só uma pequena quantidade de um meteorito muito raro é encontrado, o preço de uma amostra se torna inacessível aos colecionadores e aos pesquisadores. De fato, uma amostra de 50 a 100 gramas destes meteoritos pode variar de 400 a 600 dólares. Com o objetivo de contornar esta dificuldade, algumas empresas de meteoritos incluem em seus catálogos uma listagem de micro e macroamostras, que reúne mais de 400 diferentes tipos de meteoritos. Seu custo é determinado pela quantidade disponível e pelo grau de exigências na preparação.

As micro e macroamostras são vendidas, respectivamente, em caixas de plástico de uma e duas polegadas de lado. Seu preço é de cerca de 12 dólares em média.

Em virtude da sua raridade, os meteoritos são vendidos em gramas. A escassez, a disponibilidade e o tamanho (e/ou dimensões) das amostras, assim como a importância e qualidade de sua apresentação, podem afetar o preço.

Os preços dos meteoritos ferrosos comuns variam de 0,50 a 2,00 dólares por grama. Os meteoritos pétreos, muito mais raros, são vendidos de 2 a 10 dólares por grama para o material mais comum. Não é incomum (ou estranho, ou insólito) que um material verdadeiramente escasso exceda a 1.000 dólares por grama.

Na realidade, se considerarmos a sua raridade em comparação com os gramas de ouro e de diamante, verificamos que os meteoritos não são muito caros. De fato, a produção de ouro é muito superior e, no entanto, o preço do grama do ouro é cerca de 12 dólares, e a maior parte dos diamantes, que não são em geral de primeira qualidade, custam de 25 mil a 30 mil dólares o grama.

Existem mais de quarenta firmas no mundo que exploram o comércio de meteoritos. A mais famosa é dirigida por Robert A. Haag, o "homem meteorito". Proprietário da maior e mais diversificada coleção particular de rochas extraterrestres do mundo, vendeu mais de um milhão de dólares, excedendo todos os outros quarenta vendedores de meteoritos. Ele possui mais de 3.500 clientes em todo o mundo. Só um empresário japonês, no período de 1989-1990, adquiriu uma pequena seleção de meteoritos no valor de 700 mil dólares.

O povo pode adquirir meteoritos com uma forma de investimento, afirma Haag, que, no entanto, acredita que estas pedras extraterrestres serão "sempre um elemento de fascinação".

Haag não é o primeiro grande caçador de meteoritos. Antes dele, o naturalista Harvey Harlow Nininger (1887-1986) perseguiu e comprou meteoritos. Além de conferências sobre os meteoritos, Nininger oferecia recompensas aos camponeses e aos povos das cidades pelos meteoritos encontrados. Assim, conseguiu reunir uma coleção de meteoritos incomparável: cerca de 1.300 meteoritos em trinta anos.

Em seus 15 anos de pesquisa, Haag já confrontou-se com bandidos no México, soldados na Espanha, elefantes machos na África etc. Seu estilo de vida não foi bem aceito por sua esposa, Gail, da qual se divorciou em 1989. Uma de suas aventuras ocorreu na Nigéria, onde foi mal acolhido. Seu objetivo nesse país era obter um exemplar do meteorito marciano – Zagami – que caiu na Nigéria em 1962. Aliás, sua atividade como caçador de meteoritos não tem sido bem recebida pelos governos. Nos EUA, tentou localizar amostras nas proximidades de Meteor Crater, no Arizona, com um detector de metais. Sua atividade foi considerada "negócio ilícito".

Sua reputação é péssima na Austrália Ocidental, onde tentou encontrar meteoritos na Planície de Nullarbor. Para o governo australiano, a exportação de meteorito é ilegal. Apesar dessa proibição, Haag trouxe deste país um meteorito lunar – único achado fora da Antárdida e o único em mãos particulares –, encontrado em 1960, em Calcalong Creek, na Austrália Ocidental. Hoje o governo australiano exige que o meteorito de Calcalong, que saiu ilegalmente do país, seja devolvido.

Na Argentina, Haag foi preso, em janeiro de 1990, quando tentava levar de Buenos Aires o meteorito Chaco, de 33 toneladas – um dos maiores do mundo –, para Nova York. Haag realizou seu melhor negócio ao adquirir por 200 mil dólares, na Argentina, o meteorito Esquel, palasito de 571 kg – o maior do seu tipo no mundo –, que ele conserva em sua coleção particular. Se fosse vendê-lo, seu valor seria de no mínimo 5 milhões de dólares, pois cada grama vale 10 dólares. "Foi o meu mais diabólico investimento realizado", afirma Haag.

Uma das grandes obsessões de Haag é encontrar uma amostra de nakhlito, um basalto da superfície de Marte, encontrado em 1911 em Nakhla, no Egito. Existem dois outros nakhlitos, um encontrado em Lafayette, Indiana, EUA, em 1931, e outro achado em Governador Valadares, Brasil, em 1958. Do exemplar brasileiro não existe nenhuma amostra no Brasil: a maior parte encontra-se na Itália, e uma pequena amostra, no Museu Britânico.

TUNGUSKA – UM MISTÉRIO CÓSMICO

Na madrugada de 30 de junho de 1908, uma enorme explosão ocorreu na bacia do rio Tunguska, 800 km a noroeste do lago Baikal, na Sibéria. Num raio de 30 quilômetros, todas as árvores foram destruídas. Ouviu-se o ruído a mais de mil quilômetros. Uma estranha luminosidade foi observada durante a noite em inúmeras regiões, em particular na França. Ao longo da Europa, registraram-se ondas sísmicas semelhantes às de um terremoto e perturbações no campo magnético terrestre. Os meteorologistas, com seus microbarógrafos, conseguiram determinar que as ondas de choque, oriundas da explosão, deram no mínimo duas voltas ao redor da Terra. Na Ásia e na Europa, as noites se tornaram tão luminosas que era possível ler com a sua luz.

A explicação foi a de que um enorme meteoro, com um peso superior a 1 milhão de toneladas, havia caído em alguma região das florestas siberianas. Tais ideias foram aceitas até que, em 1921, o mineralogista soviético Leonid Kulik (1883-1942), acreditando que se poderia explorar com grande lucro o ferro e outros metais trazidos pelo meteorito ao local de impacto, iniciou uma longa pesquisa para identificar com precisão o ponto da queda. Após minucioso estudo nos jornais da época, Kulik resolveu distribuir um questionário em algumas aldeias siberianas, para calcular com precisão o ponto provável da explosão e obter uma melhor visão da ocorrência.

Um dos testemunhos mais valiosos foi obtido pelo geólogo soviético S.V. Obruchev que, durante seu trabalho ao longo do rio Tunguska, procurou ouvir os habitantes da região. Constatou que os moradores, os tungus, tinham uma atitude de profundo respeito pelo fenômeno, pois afirmavam que o meteorito era sagrado. Havia mesmo um certo receio de falar sobre o assunto. Acreditavam que o meteoro fora enviado em sinal de castigo e por isso procuravam ocultar o local da queda. Isso confirmava que não deviam estar muito longe do local do impacto.

Em fevereiro de 1927, Kulik e sua equipe partiram para a segunda viagem, agora com objetivo mais bem definido. A primeira parte da viagem foi feita de trem, até Kanks, e o restante de trenó, puxado por cavalo. Suportaram temperatura de 4ºC, apesar de estarem na época mais favorável. Ao atingirem o rio Tunguska, resolveram acompanhar o rio Chambém e depois o rio Makirta. Em 13 de abril, nas margens deste último, contemplaram um panorama inenarrável: uma imensa devastação na floresta, que aumentava, à medida que se dirigiam para o norte. Enormes árvores seculares haviam sido derrubadas, e uma grande área de árvores mortas mostrava sinais de calcinação de cima para baixo, como se um súbito e instantâneo calor as houvesse queimado. Não havia sinal de um incêndio. Só o calor poderia ter causado aquele tipo de destruição, Kulik e sua equipe concluíram, depois de cuidadosa análise. Não encontraram nenhum sinal de uma cratera meteórica semelhante à grande Meteor Crater, que existe no Arizona.

Insatisfeito com os resultados, Kulik e colaboradores voltaram em 1928, e depois em 1929, quando permaneceu mais de 18 meses na região, efetuando pesquisas, sondagens e escavações. Chegaram até a perfurar vários poços com mais de 20 metros de profundidade, em busca de fragmentos do tal meteorito. Não encontraram nada. Verdadeiro mistério. Para Kulik, talvez o meteoro não houvesse se chocado com a Terra, mas explodido no ar acima da região sinistrada. Em 1930, o meteorologista inglês Francis J.N. Whipple e o soviético I.S. Astapovoth concluíram, independente e simultaneamente, que o objeto que caíra em Tunguska era provavelmente um cometa gasoso. Não satisfeito com suas pesquisas, Kulik voltou em 1938/1939 à região do impacto. As conclusões desta última expedição foram interrompidas pela Segunda Guerra Mundial, quando o mineralogista, ferido em combate, morreu num campo de prisioneiros, em 1942.

Logo após o término da guerra, o engenheiro soviético Alexander Kazantsev, autor de inúmeros livros sobre xadrez e ficção-científica, sugeriu que a explosão teria sido produzida pelo choque com a Terra de uma nave espacial marciana, movida por reatores nucleares. As determinações da radioatividade na região foram, entretanto, insuficientes para caracterizar tal ocorrência. Em 1984, esta ideia foi reativada pelo acadêmico soviético N. Vassillev, da Universidade de Tomska.

Após as expedições efetuadas pela Academia de Ciências Soviética, em 1958, 1961 e 1962, a hipótese mais aceita passou a ser a do choque de um cometa. O astrofísico Vasilii Fesenkov (1889-1972), membro da Comissão de Meteoros da Academia, chegou mesmo a calcular que a possível velocidade do cometa na hora do impacto seria de 30 a 40 km/s.

Segundo os mais recentes estudos do astrônomo tcheco L. Kresák, a explosão de Tunguska deve ter sido provocada por um fragmento que se separou do núcleo do cometa periódico Encke. De fato, a análise da trajetória descrita pelo objeto que se chocou na Sibéria é quase idêntica aos elementos do cometa Encke. Parece que, a seis quilômetros de altitude do local do impacto, ocorreu uma explosão muito luminosa que gerou uma onda de choque que devastou uma área de 2 mil quilômetros quadrados, sem provocar nenhuma cratera, pois o objeto deve ter-se desintegrado totalmente durante a explosão final. Tudo indica que se tratava de um objeto muito frágil, que não ultrapassou, em sua penetração na atmosfera, uma altura superior a 6.000 metros. Um exemplo semelhante ocorreu em dezembro de 1974, em Sumawa, Tchecoeslováquia, quando uma bola de fogo foi registrada pelas *câmeras todo-o-céu*. O corpo meteoroide desta bola de fogo devia ter cerca de 200 toneladas quando penetrou na atmosfera com uma velocidade de 25 km/s, tendo sido destruído completamente em 3 segundos. As principais emissões luminosas ocorreram entre 73 e 61 km. Um único fragmento atingiu 55 km de altura.

Outro fenômeno análogo ao de Tunguska foi filmado pelos norte-americanos em outubro de 1969, em *Ojarks*. O corpo gerador do *fogo de Ojarks* devia possuir cerca de 35 toneladas. Quando atingiu 22 km de altura, desintegrou-se, provocando duas explosões, responsáveis por uma série de ondas de choque.

O corpo de Tunguska, segundo tudo indica, penetrou na atmosfera com uma velocidade de 31 km/s, chegando à altura de 6 km. Para atingir tal distância, antes de se desintegrar, o objeto de Tunguska devia ser um rochedo bastante compacto, semelhante aos meteoritos condritos. A sua desintegração, quando sua velocidade era de 12 a 14 km/s, provocou uma onda de calor capaz de queimar as vestimentas dos indivíduos situados a 60 km do local do impacto, como aliás foi relatado por testemunhas que viviam nas vizinhanças. Para confirmar esta hipótese, encontrou-se uma enorme quantidade de pequenas esferas de metal e silício na região.

Tais conclusões sobre objetos que se chocam com a alta atmosfera terrestre só foram possíveis graças aos estudos efetuados nas últimas três décadas com as redes de *câmeras todo-o-céu*, ao fotografar dentro de um campo de 180% permitindo um registro contínuo dos bólidos que atingem o nosso envoltório gasoso. Assim, foi possível estudar os objetos cujo diâmetro atinge dezenas de metros e cujo peso pode variar em centenas de toneladas. Entre estes se distinguem três diferentes tipos. Em primeiro lugar, os objetos compactos, rochosos, que podem ser associados aos meteoritos habituais. Depois, os objetos mais frágeis, semelhantes aos meteoritos carbonados. No terceiro grupo, encontram-se duas espécies de material muito frágeis: um deles é uma forma primitiva de rocha carbonácea e a outra consiste em bolas de poeira.

Região de Tunguska, na Sibéria, onde as árvores foram encontradas inclinadas como efeito da onda de choque provocada pelo impacto de um cometa asteroide em 30 de julho de 1908. Cortesia de E.L. Krinov, da Academia de Ciência da antiga URSS

Não se registraram meteoritos metálicos que parecessem representar 1% dos corpos encontrados no espaço. Esses estudos demonstraram que a maior parte dessas rochas se pulveriza antes de atingir o solo.

As grandes ameaças continuam sendo realmente os fragmentos dos núcleos de cometas que se desintegram, como Biela no século passado. Na verdade, todos os cometas parecem perder 1% de sua massa, composta de gases e poeira, a cada passagem próximo ao Sol. Por outro lado, a Terra anualmente cruza os seus fragmentos de modo que um novo Tunguska pode ocorrer.

Em setembro de 1983, a explicação de que o fenômeno Tunguska teria sido provocado por um fragmento cometário foi seriamente colocada em dúvida pelo astrônomo norte-americano Z. Sekanina.

Depois de uma longa análise de todas as observações e relatos sobre o fenômeno e das explorações realizadas no local da queda, nenhuma evidência de cratera de impacto ou fragmentos na área parecem sugerir que os 2.000 km^2 de floresta de tunga foram destruídos, à 0h14min48s (tempo Universal* do dia 30 de junho de 1908), pela explosão de um enorme bólido.

Tendo em vista que a atual órbita do cometa Encke não cruza a órbita da Terra, a hipótese de L. Kresák parece pouco provável. Para que a colisão deste cometa fosse o fenômeno Tunguska, seria necessário imprimir uma rotação de 56º nas linhas do nodo do cometa.

Ao correlacionar a razão entre o ângulo da linha das apsides e o plano da órbita de Júpiter com a distância afélica dos cometas de curto período – inclusive o de Encke – dos asteroides que atravessam a órbita terrestre, bem como os três importantes meteoritos cujas órbitas foram bem determinadas, Sekanina concluiu que é muito provável que o objeto que provocou o fenômeno de Tunguska seja um bólido de 90 a 190 m de diâmetro, menor que um pequeno asteroide do tipo Apollo.

Os asteroides deste tipo, que passam rasantes à Terra, eram considerados até 1980 como objetos astronômicos raros. No entanto, como os astrônomos vêm constatando nos últimos dois anos, os *earth-grazers** existem, sem dúvida, aos milhares.

Os *earth-grazers* são de três tipos: os do tipo Aten, compreendendo os asteroides que descrevem suas órbitas no interior da órbita da Terra; os do tipo *Apollo*, constituídos pelos asteroides que penetram no interior da órbita terrestre (distância periélica inferior a 1,00U. A.); e os do tipo *Amor*, formado pelos asteroides cujo periélio se encontra um pouco exterior à órbita terrestre (distância periélica entre 1,00 e 1,38U. A.). Conhecem-se cerca de 52 asteroides neste grupo.

Amor foi descoberto pelo astrônomo belga Delporte, no Observatório de Uccle, em 12 de março de 1932. Pelas suas características, este foi o primeiro asteroide descoberto depois de Eros a passar mais próximo da Terra. Em 22 de março de 1932, passou a 16 milhões de km da Terra.

No mês seguinte, o astrônomo alemão Karl Reinmuth, no Observatório de Heidelberg, descobriu, em 24 de abril de 1932, o asteroide Apollo, outro notável *earth-grazer.*

O asteroide Apollo, que lidera o seu grupo, passou, em 1968, à distância de 10,26 milhões de quilômetros da Terra e novamente, em novembro de 1980 e em maio de 1982, respectivamente, à distância de 7,33 e 8,80 milhões de quilômetros da Terra. Outro membro do grupo, o asteroide Hermes, descoberto em 28 de outrubro de 1937, por K. Reinmuth, constitui o mais notável *earth-grazer* conhecido. Em 30 de outubro de 1937, passou a 733.000 km da Terra! Hermes não foi observado nos últimos anos, e é considerado como perdido.

O primeiro asteroide do grupo Aten, que emprestou seu nome ao grupo, foi descoberto em janeiro de 1976 com a câmera Schmidt de 46 cm de monte Palomar. Foi o primeiro asteroide encontrado com uma órbita menor que a terrestre. Deve possuir um diâmetro de 900 m.

As recentes descobertas vêm multiplicando o número de *earth-grazers*; o astrônomo norte-americano Fred Whipple estima que devem existir mais de cem com diâmetro médio de 1.500 m e milhares com dimensões reduzidas.

Existem duas teorias que explicam a origem desses asteroides. Segundo alguns cientistas, 75 a 80% deles seriam de origem planetária, ou seja, provenientes da fragmentação dos asteroides do anel principal que originalmente não atingiam o interior da órbita de Marte. Pela segunda teoria, defendida pelo astrônomo russo Ernest Julius Öpik (1893-1985), os 10 a 20% asteroides restantes seriam o núcleo de cometas que teriam perdido o seu envoltório gasoso.

A existência dos *earth-grazers* explica as incalculáveis crateras meteóricas registradas na Lua, e recentemente as descobertas pelas sondas norte-americanas nos planetas Marte e Mercúrio bem poderiam explicar o mistério de Tunguska.

Uma catástrofe cósmica matou os dinossauros?

Os registros fósseis mostram que classes inteiras de formas de vida desapareceram em diferentes épocas pelo menos nos últimos 650 milhões de anos. Um desses maiores *eventos de extinção* ocorreu há cerca de 65 milhões de anos, nos limites entre as eras geológicas Secundária (período Cretáceo) e Terciária (período Paleoceno). Nessa época, uma enorme quantidade de plantas e animais – quase metade de todo o biogênero existente – desapareceu completamente.

Em 1980, na reunião da Associação Americana para o Avanço da Ciência, em San Francisco, EUA, os físicos norte-americanos Luis Walter Alvarez (1911-1988), prêmio Nobel de física em 1968, e seu filho, o geólogo Walter Alvarez, apresentaram a hipótese de que, há 65 milhões de anos, um asteroide de uma dezenas de quilômetros de diâmetro e uma massa de quase 13 trilhões de toneladas teria se chocado com a Terra. Um tal choque, além de cavar uma cratera de 175 km de diâmetro, provocou uma explosão de 100 milhões de megatons. Logo depois do impacto, uma massa de poeira cem vezes superior à do asteroide foi projetada na atmosfera, mergulhando a Terra numa noite que durou de dois a três anos, no mínimo. Essa poderia ter sido uma das possíveis causas do desaparecimento dos dinossauros e dos outros imensos animais que dominavam o mundo animal daquela época. Durante três anos, a obscuridade reinou na Terra, interrompendo o processo de fotossíntese que libera o oxigênio a partir do gás carbônico. Na realidade, um tal asteroide, ao se volatilizar, deve ter dispersado na atmosfera terrestre uma quantidade de poeira 1.500 vezes superior à provocada pela explosão vulcânica do Krakatoa, em 1883. Em virtude da ausência de luz solar, os animais grandes, não encontrando mais plantas verdes para seu sustento, desapareceram. Outros, mais ferozes e predadores, como o tiranossauro, também morreram por falta dos dinossauros herbívoros que lhes serviam de alimento. Somente os animais de pequeno porte, capazes de se alimentarem de raízes, grãos e resíduos orgânicos, conseguiram sobreviver e assim puderam rever a luz do dia. Uma exceção entre os répteis são os crocodilos, que podem viver de plantas verdes em decomposição.

O impacto desse meteorito pareceu estar registrado nas camadas geológicas que separam o Cretáceo, período final da Era dos Dinossauros, do Terciário, Era dos Mamíferos. O principal fundamento da hipótese dos Alvarez é o estudo da fina camada de argila que, em quase todo o mundo, separa as rochas do Cretáceo daquelas do Terciário, e na qual existe uma concentração de irídio sensivelmente superior à das outras rochas da crosta terrestre. Inicialmente, pensou-se que a elevada taxa desse metal poderia provir dos resíduos de uma estrela que teria explodido nas proximidades do nosso sistema solar. Todavia, as análises têm demonstrado que o irídio parece proveniente do nosso próprio sistema planetário, como seria o caso de um meteorito que entrasse em colisão com a Terra. Uma análise estatística das possibilidades de choque desse meteorito com o nosso planeta indicou que essa colisão pode ocorrer, em média, a cada 100 milhões de anos.

Para o paleontólogo canadense Dale R. Russell, essa é a melhor explicação para o desaparecimento de animais de grande porte, como os dinossauros. Com efeito, nenhum animal acima de 25 kg sobreviveu à transição do Cretáceo ao Terciário.

Somente as plantas cujos esporos e sementes conseguiram sobreviver à obscuridade reapareceram logo que a nuvem de poeira se dissipou. O desaparecimento dos grandes predadores no jardim paradisíaco do Terciário favoreceu, sem dúvida, a evolução dos pequenos mamíferos que haviam sobrevivido e, em particular, os ascendentes do homem atual.

Na realidade, a hipótese dos Alvarez tem o grande valor de explicar o súbito desaparecimento dos dinossauros, de uma maneira muito mais lógica que as hipóteses anteriores, segundo as quais esses animais teriam se tornado inadaptáveis à vida do ambiente em que viviam.

A suspeita de que esses *eventos de extinção* ocorrem regularmente foi suscitada em 1977 por dois pesquisadores norte-americanos, David Raup e John Sepkoski Jr., da Universidade da Califórnia. Todavia, em 1984, após estudar 600 famílias de vida marinha nos últimos 250 milhões de anos, eles constataram 12 diferentes ocorrências desses eventos de extinção. O último deles ocorreu há 11,3 milhões de anos. Em virtude de os registros fósseis possuírem numerosas lacunas e não ser possível datá-los com precisão absoluta, Michael Rampino e Richard Stothers, do Instituto de Estudos da NASA, encontraram um período de cerca de 30 milhões de anos.

A teoria do impacto de Luiz Alvarez poderia parecer estar em oposição à teoria de extinção cíclica de Raup Sepkoski, não fossem os estudos de Richard Grieve, especialista em crateras meteoríticas, que detectou uma periodicidade similar nas 88 crateras de impactos conhecidas. Parece que, em intervalos de 28 a 31 milhões de anos, as crateras teriam sido produzidas por impactos de enormes meteoritos.

Em 1981, o astrônomo J.G. Hill, no *Astronomical Journal,* estudou o efeito que poderia produzir a passagem de um companheiro do Sol sobre os cometas da nuvem de Oort. Segundo os cálculos de Hill, uma estrela com a mesma massa do Sol, passando a 3.000 U. A., ou seja, 450 bilhões de quilômetros do Sol, evento que poderia ocorrer a cada 500 milhões de anos, faria com que cerca de 10^9 cometas devessem atingir a parte interna do sistema solar. Usando as estimativas dos astrônomos P.R. Wissman e E. Everhart para determinar a probabilidade de cometas colidirem com a Terra, Hill concluiu que 10 a 200 cometas poderiam se chocar com a Terra, durante o intervalo de 1 milhão de anos em que deveria durar a chuva de cometas. Segundo Hill, a rara passagem de uma estrela próximo ao Sol poderia ter sido responsável pela extinção ocorrida entre o Cretáceo e o Pleoceno.

Com base em todas essas hipóteses, os astrônomos norte-americanos Marc Davis e Richard Muller, do Departamento de Astronomia e Física da Universidade da Califórnia, propuseram que uma estrela anã, muito pequena e densa, que gira ao redor do Sol em uma órbita acentuadamente elíptica, com um semieixo maior e 88.000 U. A., ou seja, 13 trilhões e 500 bilhões de km, em um período de revolução da ordem de 26 milhões de anos, poderia ser a causa das extinções periódicas. Em virtude da enorme excentricidade desta órbita (cerca de 0,9999), a estrela anã, companheira quase invisível do Sol, deveria passar periodicamente a uma distância de 10 U. A., ou seja, 1 bilhão e 500 milhões de quilômetros.

Por ocasião dessa passagem, uma enorme chuva de cometas, como havia previsto Hill, deveria ocorrer no sistema solar, produzindo a colisão de alguns cometas com a Terra. A velocidade dos cometas, na ocasião do impacto, deveria ser de pelo menos 10.000 km/h.

Uma conclusão idêntica foi obtida por Daniel Whitmire, da Universidade Sudoeste de Louisiana, e Albert Jackson, da Companhia de Ciência de Computação.

Apesar da enorme incerteza que envolve a periodicidade da formação das crateras e dos eventos de extinção, Davis já sugeriu um nome para a estrela: *Nêmesis,* deusa grega que, além de perturbar a ordem do mundo, colocava o equilíbrio universal em perigo.

Um dos problemas para se comprovar todas essas histórias relativas à teoria do desaparecimento dos dinossauros, como consequência de um bombardeio de meteoros, era a existência de um aparelho que viesse a medir com precisão a quantidade de irídio em amostras das rochas.

E o fato de o irídio ser muito raro na Terra e estar sempre associado aos meteoros contribuiu para a suspeita de que fosse elemento de origem extraterrestre. Com a descoberta, pelos cientistas Frank Asaro, Helen Michel e Don Malone, de um novo processo capaz de determinar com segurança o teor de irídio, esperam-se novas contribuições para solucionar as dúvidas que ainda envolvem a teoria da extinção dos dinossauros.

No passado, o IRAS – Satélite Astronômico Infravermelho – detectou o calor proveniente de um objeto de cerca de 80 bilhões de quilômetros, motivo de uma série de especulações, inclusive dos defensores da existência da estrela assassina.

Não seria essa estrela o corpo invisível que misteriosamente vem perturbando as órbitas dos planetas Urano e Netuno e que os astrônomos suspeitam que seja o planeta X – o décimo componente do nosso sistema solar?

FRONTEIRAS DO SISTEMA SOLAR

O nosso sistema planetário não se limita ao conjunto dos oito planetas principais que, com seus 54 satélites e milhares de asteroides e cometas, giram numa gigantesca ciranda ao redor do Sol. Ele compreende também um meio interplanetário cuja densidade é muito fraca para afetar de modo sensível os movimentos desses corpos relativamente maciços. No entanto, essa tênue matéria difusa apresenta uma enorme importância do ponto de vista prático, pois pode constituir um risco para os veículos espaciais bem como um futuro meio de locomoção no espaço. Do ponto de vista teórico, a compreensão dos fenômenos relacionados ao meio interplanetário é fundamental no estudo da origem e evolução do sistema solar. Com o desenvolvimento das sondas espaciais, tornou-se possível conhecer as características das duas principais componentes do meio interplanetário: as *nuvens de poeira* – o constituinte sólido – provenientes dos fragmentos residuais da nebulosidade que deu origem ao sistema solar bem como da decomposição dos cometas, meteoritos e asteroides; o vento solar, segundo componente, gasoso, ionizado, que a coroa solar expele a uma velocidade supersônica. Este meio interplanetário – percorrido em todos os sentidos por radiações eletromagnéticas de origens diversas – é, por outro lado, perturbado pelos campos magnéticos de determinados planetas, em particular pelos da Terra, de Júpiter e de Saturno.

Céu austral, a meia--noite do dia 20 de dezembro. Observa-se o Cruzeiro do Sul e as estrelas Alfa e Beta do Centauro (Guillemin, Le ciel, *1877)*

As fronteiras do sistema solar não se limitam, como se poderia *a priori* supor, à órbita do último planeta conhecido. Existem milhares de cometas gravitando em volta do Sol à enorme distância de cerca de um ano-luz, e apenas alguns se aproximam muito do Sol para se tornarem visíveis na Terra. Acredita-se

atualmente que além da órbita de Plutão – último limite sensível observacionalmente –, que se situa a 40 U. A. (40 x 150 milhões de quilômetros), existam as nuvens de Oort – esfera-reservatório de 500 bilhões de cometas novos e congelados, da qual sai, às vezes, um cometa que, ao se aproximar do Sol, se torna visível da Terra – que constituem a última fronteira do sistema solar. O interior dessa esfera é dominado pelo vento solar –, radiação de alta energia emitida pelo Sol e que se estende até encontrar o vento interestelar –, radiação emitida pelas outras estrelas da galáxia* à velocidade de 40 km/s. O ponto de interação dessas ondas, no qual a pressão centrífuga do vento solar contrabalança o fluxo interestelar, recebe o nome de *heliopausa*, por analogia à *magnetopausa** que envolve a magnetosfera da Terra. Evidentemente, pouco se conhece desta fronteira quase indefinida entre o meio interestelar e o interplanetário. Supõe-se que a *heliosfera* – domínio do campo magnético do Sol – esteja situada a cerca de 100 U. A., ou seja, 15 bilhões de quilômetros do Sol. Assim, enquanto a luz leva cinco horas, à velocidade de 300.000 km/s, para ir do Sol a Plutão, precisará de 23 horas para atingir a heliosfera*.

Na realidade, o Sol desloca-se à velocidade de 20 km/s em relação às estrelas vizinhas, e leva 200 milhões de anos para dar uma volta completa ao redor do centro da Galáxia. Assim como os planetas orbitam o Sol movendo-se através do vento solar, o sistema solar orbita o centro galáctico movendo-se através do *vento interestelar*. O bordo exterior do sistema solar, ao se encontrar com o vento interestelar a 300 U. A. do Sol (300 x 150 milhões de quilômetros), produz uma *onda de choque*, na direção da constelação de Hércules, para onde o nosso sistema planetário se desloca. No lado oposto está a heliocauda. Todas as dimensões estimadas dessa regiões são incertas.

Atualmente existe uma flotilha de quatro sondas interplanetárias que estão deixando o sistema solar: Pioneer 10, Pioneer 11, Voyager 1 e Voyager 2.

Em 13 de junho de 1983, a primeira sonda espacial construída pelo homem – Pioneer 10 – ultrapassou a órbita de Netuno – o planeta mais afastado do sistema solar – depois de ter ultrapassado três meses antes a de Plutão. No momento ela se dirige para as fronteiras do sistema solar e segue para o espaço exterior.

Nenhuma sonda foi tão longe desde que se iniciou a pesquisa espacial com o lançamento do primeiro Sputnik em 1957. Nessa longa viagem iniciada há quase trinta anos (3 de março de 1972), a Pioneer 10 só tem surpreendido os astrônomos com o seu desempenho.

Apesar da sua distância – cerca de 5 bilhões de quilômetros da Terra – e do seu tempo de permanência no espaço, a Pioneer 10 vem enviando regularmente, por rádio, as mais valiosas informações sobre o meio interplanetário ao centro do controle da missão, em Mountain View, na Califórnia.

Na realidade, a longa viagem destas quatro sondas foi uma vitória da tecnologia espacial. Vários obstáculos tiveram de ser ultrapassados. Para atingir Júpiter, foi necessário percorrer mais de um bilhão de quilômetros e atravessar a zona dos asteroides, ou pequenos planetas, entre Marte e Júpiter, onde a possibilidade de colisão com algumas rochas existentes nessa região poderia, como receavam os astrônomos, pôr em risco o êxito destas missões. Os grandes momentos dessas naves foram os encontros com Júpiter, Saturno e Urano, quando sobrevoaram os planetas, conseguindo reunir as mais nítidas fotografias de alta resolução da superfície desses planetas e de seus satélites. O momento do encontro com o campo gravitacional desses planetas foi usado para aumentar, ou melhor, acelerar o movimento das naves em direção ao espaço extraplanetário. Uma das maiores surpresas foi a grande contabilidade dos geradores de isótopos radioativos, que continuam em funcionamento, emitindo sinais sobre o meio interplanetário totalmente desconhecido. Assim foi possível verificar que a influência do campo magnético solar vai além da órbita de Júpiter, ao contrário da ideia aceita inicialmente de que a heliosfera não ultrapassava este planeta.

Plutão deveria ser o último planeta a ser ultrapassado pelas sondas espaciais. Entretanto, sua órbita é uma elipse de excentricidade muito acentuada, ao contrário das órbitas quase circulares dos outros planetas. Ocorre que Plutão estará na região em que a sua órbita é circunscrita pela de Netuno. Desse modo, Netuno passa a ser o planeta mais afastado do Sol – o limite observacional conhecido do sistema solar durante os próximos 15 anos. Assim, ao cruzar a órbita de Netuno, a Pioneer saiu dos limites sensíveis do nosso sistema planetário, numa aventura jamais imaginada pelos cientistas, que não esperavam poder continuar a receber informações do espaço interestelar.

Estima-se que, daqui a oito milhões de anos, a Pioncer 10 deverá alcançar um ponto no espaço onde se encontra atualmente a estrela Aldebarã, cuja distância da Terra é de 64 anos-luz.

Por outro lado a Voyager 1, que viaja com uma velocidade sensivelmente superior à da Voyager 2 (cerca de 20 km/s), constitui o objeto mais veloz já construído pelo homem e que em 1998 ultrapassou a Pioneer 10 – a sonda mais distante hoje.

Desse modo, a Voyager 1 passará a liderar a flotilha das duas Voyager e das duas Pioneer em sua fuga do sistema solar.

A grande esperança dos cientistas que acompanham as recepções da emissão proveniente da Pioneer 10 é saber se será possível conhecer os verdadeiros limites da heliosfera*, assim como descobrir se existe ou não um outro planeta, para além de Plutão, ou mesmo, como alguns astrônomos supõem, localizar a companheira do Sol, pois este seria uma estrela dupla. De fato, em novembro de 1977, o astrônomo inglês E.R. Harrison, da Universidade de Massachusetts, publicou na revista *Nature* um artigo em que afirma que o Sol tem um companheiro obscuro (uma estrela anã negra), o qual estaria a uma distância aproximada de 1.000 U. A., ou seja, cerca de 150 bilhões de quilômetros, e brilharia com uma magnitude aparente da ordem de +15 a +30.

Por outro lado, será possível obter, pela primeira vez, provas experimentais da existência das *ondas gravitacionais*, previstas teoricamente, mas jamais registradas em virtude da heliopausa que dificulta a sua observação. Supõe-se que, durante os grandes cataclismas cósmicos, como as colisões de galáxias, uma enorme quantidade de energia, em forma de ondas gravitacionais, não atinge a Terra por não conseguir vencer a barreira criada pelo campo gravitacional solar.

IDADE E ORIGEM DO SISTEMA SOLAR

Todos os objetos do sistema solar formaram-se, certamente, numa mesma época: há aproximadamente cinco bilhões de anos, como o produto final da contração de uma nuvem de poeira e gases interestelares. A determinação desta idade fundamenta-se em três tipos de objetos suscetíveis de serem datados: a crosta terrestre, as amostras da superfície lunar (trazidas pelas missões espaciais Apolo e Luna) e os meteoritos. De fato, todos fornecem idades equivalentes da ordem de 4,6 bilhões de anos.

Em todas as épocas, o homem tem especulado sobre a constituição e origem do nosso mundo. A primeira teoria realmente científica foi elaborada, entretanto, há quase dois séculos, pelo astrônomo francês Pierre Simon de Laplace (1749-1827), em 1796.

Laplace afirmou que havia uma nebulosa primordial de gases e poeira, girando rapidamente ao redor de um eixo imaginário que passava pelo seu centro de gravidade. Durante o processo de resfriamento, essa massa gasosa se contraiu, desprendendo-se dela um anel de gases que continuou a girar em torno do núcleo remanescente. Esse anel, em seguida, deu origem a numerosos anéis gasosos que, ao se resfriarem, assumiram a forma esférica. Como essa teoria, conhecida como da *nebulosa primitiva*, não foi capaz de explicar a velocidade atual de rotação do Sol, acabou substituída, na época, pelas teorias ditas catastróficas, que supunham que o sistema solar foi formado pela quase colisão entre o Sol e um enorme astro exterior. Segundo essas teorias, a força de gravidade do objeto arrastou uma grande corrente de gás do Sol. Os planetas e os outros objetos teriam se formado a partir desse gás. A primeira teoria catastrófica foi proposta no século XVIII pelo cientista francês conde de Buffon (1707-1788), para quem este astro exterior poderia ter sido um cometa. No início do século XX, o geólogo Thomas Chamberlin (1843-1929) e o astrônomo Forest Moulton (1872--1952), ambos norte-americano, sugeriram que uma estrela, ao passar em uma órbita hiperbólica próxima ao Sol, teria produzido uma erupção de matéria solar. Segundo estes dois autores, essa matéria deu origem aos planetesimais, pequenos corpos que se aglomeravam para dar origem aos planetas.

Chamberlin chegou a essa conclusão examinando as centenas de milhares de nebulosas do céu, quando constatou que quase todas possuem uma forma espiralada. Na verdade, esse aspecto parece representar um processo predominante na dinâmica celeste que poderia explicar, segundo Chamberlin, a formação genuína do sistema solar. À medida que a espiral gira, incorporam-se a ela vários corpos menores com seus gases, que se associam ao corpo principal. Com o passar do tempo, esta espiral gradualmente tenderia a diminuir sua velocidade. Por outro lado, simultaneamente, continuariam a se juntar a ela corpos procedentes de várias partes do espaço. Assim, deveremos imaginar o nosso planeta, não como uma massa em fusão que se resfriou continuamente e depois se contraiu, mas, ao contrário, como uma pequena massa de fragmentos sólidos e gelados – os planetesimais – que, se movendo segundo sua atração, continuamente incorporou o conjunto dos fragmentos que o cercavam, até atingir o seu tamanho atual.

Na teoria planetesimal*, ao contrário da teoria de Laplace, segundo a qual uma grande massa central se movia, temos um número enorme de corpos menores, todos ativamente empenhados em se formarem por si mesmos, com o auxílio de massas de matéria ainda menores que os cercavam. Segundo esta hipótese, todos os planetas se formaram ao mesmo tempo. Este ponto sobre a origem do sistema solar despertou profundas reflexões que, além de produzirem debates acalorados, iriam permitir uma reformulação da teoria da nebulosa primitiva, segundo a qual a objeção principal à velocidade atual de rotação do Sol seria explicada.

Apesar de solucionarem a maior dificuldade da teoria da nebulosa, as teorias catastróficas tiveram de enfrentar quatro obstáculos. Primeiro, a probabilidade de encontro do Sol com uma estrela é estatisticamente quase nula, se considerarmos, de um lado, as enormes distâncias que separam as estrelas entre si e, de outro, as suas dimensões. Assim, a única chance de um reencontro é de um milhão em um bilhão de bilhões de anos.

Em segundo lugar, um jato de matéria solar lançado a milhares de quilômetros se resfriaria muito rapidamente para dar origem ao nascimento dos planetas. De fato, pelos cálculos efetuados pelo astrônomo norte-americano Lyman Spitzer (1914-1997), em 1938, uma língua de gás se dissiparia no espaço em vez de se condensar em corpos sólidos – os planetesimais. Finalmente, parece que 99% da matéria retirada dessa maneira do Sol acabaria recaindo sobre o astro em virtude da gravidade. Por outro lado, as análises químicas dos planetas Mercúrio, Vênus, Terra e Marte são bastante diferentes daquela do Sol, quando eles deveriam ser absolutamente idênticos se tivessem sido retiradas do seu interior.

Após uma longa pausa, em 1943, os astrônomos voltaram à teoria da nebulosa primitiva, graças em especial aos trabalhos do físico alemão Carl Von Weizsãcker (1912-2007), que afirmou que o problema da velocidade de rotação atual do Sol pode ser resolvido por uma transferência dele para os planetas por intermédio do vento solar e do campo magnético que ele mantém.

Atualmente acredita-se que a formação dos sistemas planetários, com o sistema solar, é um subproduto natural da origem das estrelas. Assim, o sistema solar, bem como o Sol, se formaram há 4,7 bilhões de anos de uma vasta nuvem de matéria interestelar. Uma das numerosas nuvens de gás que se distribuem em nossa Galáxia, por uma instabilidade cujas causas podem ser de várias origens, provocou um aumento de sua densidade. Ela começou a se contrair sob o efeito das forças de gravidade e começou a girar ao redor do seu eixo de simetria. A força centrífuga gerada pelo movimento de rotação provocou o seu achatamento. Surgiu um disco achatado enquanto o seu centro se aqueceu. Esse disco, de cerca de 10 bilhões de quilômetros de diâmetro e mais de 100 milhões de quilômetros de espessura, começou a condensar os elementos mais pesados no centro enquanto os mais leves eram lançados para o exterior. A parte central continuou a se contrair para formar o Sol, quando a sua temperatura permitiu colocar em ação as reações termonucleares. De fato, ao fim de 50 milhões de anos, a temperatura do núcleo central atingiu 2.000°K, enquanto as dos bordos vizinhos eram de 100°K. No intervalo de alguns milhões de anos, fortes correntes provenientes da parte central transferiram para o disco a parte essencial do momento angular do sistema. Um milhão de anos mais tarde, os gases e as partículas sólidas se condensaram para formar os protoplanetas*. Próximo do astro central, quente, concentraram-se os metais e o silício; afastados do centro, os gases se associaram em nuvens de oxigênio e hidrogênio. Logo o Sol se iluminou. Erupções violentas e ventos solares eliminaram os traços desses gases. Finalmente, apenas 1/100 da matéria do disco que se formou ao redor do Sol condensou-se em planetas e satélites.

Todo esse processo explica a quantidade relativamente rara dos elementos leves – hidrogênio e hélio – nos planetas próximos ao Sol. A velocidade de rotação da estrela central – o Sol – foi retardada por uma freagem magnética.

Os pequenos planetas ou asteroides, meteoroides, matéria interplanetária e os cometas acabaram como restos de nebulosa primitiva em forma de disco que envolve o Sol.

COSMOGONIA ATRAVÉS DOS TEMPOS

No século VI a.C., iniciaram-se as primeiras tentativas de estudar a Terra, a Lua, o Sol e as estrelas com base em uma filosofia racional, usando princípios ou processos da Física e da Mecânica. Nossos modernos cosmogonistas inspiraram-se nos filósofos e físicos gregos. Com efeito, no século XVIII, o filósofo alemão Emmanuel Kant (1724-1804), em sua obra *Allgemeine naturgeschichte und Theorie des Himmels* (História natural geral e teoria dos Céus), admitiu que sua teoria apresentava muitas semelhanças com as hipóteses levantadas por Leucipo, Demócrito e Epicuro, na Grécia Antiga.

Uma das primeiras cosmogonias* científicas foi proposta pelo cientista francês René Descartes (1596-1650), em sua obra *Principia philosophia* (1650). Embora tenha sido escrita em 1644, somente foi publicada seis anos depois. Como a abjuração de Galileu ocorrera recentemente, em 1633, Descartes tinha motivos para temer a todo-poderosa Inquisição.

A hipótese de Descartes considerava o aspecto turbilhonar da origem do sistema solar. Baseando-se nas leis de conservação do movimento sob uma forma puramente qualitativa, ele mostrava a transformação do movimento da matéria em calor e em luz; na formação do Sol, Descartes via a causa dos movimentos dos planetas e satélites, e da natureza dos planetas.

Mas para Descartes, os planetas eram arrastados pela matéria do céu em movimento turbilhonar em volta do Sol. Intuição espantosa da ação da matéria sobre a matéria por intermédio do éter, a teoria de Descartes, simplesmente qualitativa, era menos direta, menos simples, que a lei da gravitação* universal de Newton, que, entretanto, implicava a ideia difícil da ação a distância.

Quando Descartes empreendeu seu estudo sobre a origem do sistema solar, a Astronomia ainda não estava tão avançada que pudesse propiciar uma base sólida para especulações cosmogônicas. De fato, foram as ideias expostas por Isaac Newton (1642-1727), em *Philosophiae Naturalis Principia Mathematica* (Princípios matemáticos de filosofia natural), de 1687, em particular a lei da gravitação universal, que provocaram uma rápida e profunda repercussão nos processos científicos e filosóficos, de grande efeito nas hipóteses cosmogônicas. Assim, no século XVIII, o *"verdadeiro sistema do mundo"* era razoavelmente conhecido. Ninguém se surpreendeu quando o brilhante e culto naturalista francês Georges Louis Leclerc, conde de Buffon (1707-1788), atacou o problema da origem dos planetas e cometas sem recorrer à ideia de Deus. Foi o primeiro dos cientistas modernos a sugerir que planetas, satélites e cometas foram produzidos por fragmentos de origem solar. O conde de Buffon escreveu que um cometa, ao colidir com o Sol, arrancou dele uma enorme quantidade de matéria que se reuniu em fragmentos de diferentes tamanhos e a diversas distâncias desta estrela. Estes globos, ao esfriarem, tornaram-se sólidos e passaram a constituir os planetas e seus satélites.

Mais tarde, o astrônomo e matemático francês Pierre Simon Laplace empenhou-se em mostrar por que a explicação de Buffon não pôde ser a teoria aceita como a mais provável e apresentou a sua própria – a célebre hipótese da nebulosa.

Por volta de 1721, o grande cientista e místico sueco Emanuel Swedenborg (1688-1772) apresentou uma explicação científica para a origem do Universo que se encontra em seu livro *Prodromus Principiorum Rerum Naturalium* (Precursores dos princípios dos objetos naturais), uma curiosa teoria mecânica e geométrica para a origem dos corpos celestes, antecipando as teorias de Wright, Lambert, Kant e Laplace.

Embora pouco conhecido, o matemático inglês Thomas Wright (1711-1786), construtor de instrumentos matemáticos, teve o mérito de ter contribuído para parte da grande obra de Kant, que se baseou em sugestões encontradas em nove cartas publicadas sob o título original de *Theory or New Hipothesis of the Universe* (Uma teoria ou nova hipótese do Universo), de 1750. Sem pretender enunciar uma verdade imediatamente demonstrável, Wright estava de todo convencido de que o Sol era um imenso corpo de matéria incandescente, bem como os outros sóis do Universo infinito, todos eles rodeados por um sistema de planetas.

Criação do mundo pelo Espírito Santo (Claude Buy de Mornas, Atlas historique et geographique, *1761)*

Ainda que somente há mais de meio século tenha sido revelada a verdadeira natureza das nebulosas por meio de poderosos

CRÉATION DU MONDE, SUIVANT MOYSE.

Caos da criação, gravura de Picart, em Je Temple des Muses *(séc. XVIII)*

NA PÁGINA AO LADO:
Simulação em ordinado da origem do mundo

telescópios, Wright reconheceu que muitas delas eram compostas de um denso aglomerado de estrelas. Kant considerava as pequenas e luminosas áreas elípticas – as nebulosas espraiadas de hoje – como galáxias semelhantes à nossa. No entanto, pensava que os anéis de Saturno eram compostos de partículas de gás, ao passo que Wright supunha que eles pudessem compreender um vasto sistema de pequenos satélites – como demonstrou, mais tarde, o astrônomo norte-americano James Edward Keeler (1857-1900) com o espectrógrafo.

O espaço, dizia Wright, é suficiente para muitos destes sistemas, antecipando, assim, nossa moderna concepção de *universos-ilhas.*

Kant aceitou o ponto de vista de Wright de que todas as estrelas possuem sistemas planetários tão definidos como nosso sistema solar. Adotou a teoria de Wright de que existem muitos outros sistemas solares, todos surgidos através de leis naturais.

Abrindo caminho para a hipótese das nebulosas, proposta, mais tarde, pelo matemático francês Pierre-Simon Laplace (1749-1827), Kant sugeriu que a matéria primitiva de que foram formados o Sol, planetas, satélites e cometas, em seu estado primordial, preenchia todo o espaço, onde os vários corpos que compreendem o sistema solar evoluem agora.

Segundo as ideias correntes em sua época, o filósofo de Konigsberg acreditava que estes elementos primordiais foram *"criados"* do nada. O movimento das partículas, entretanto, surgiria naturalmente no espaço. Discípulo de Newton, Kant reconheceu que matérias densas deveriam atrair matéria de densidade menor.

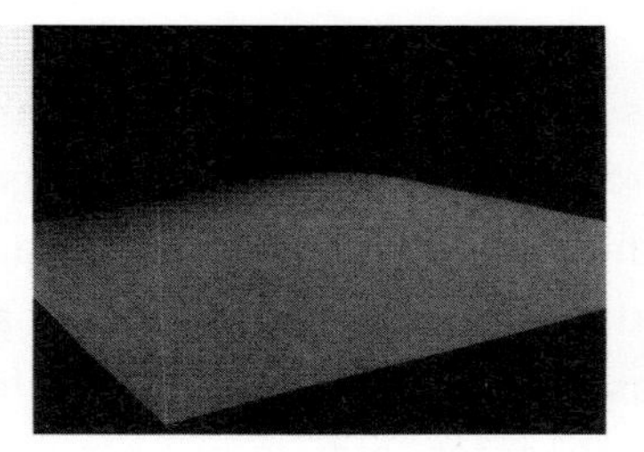

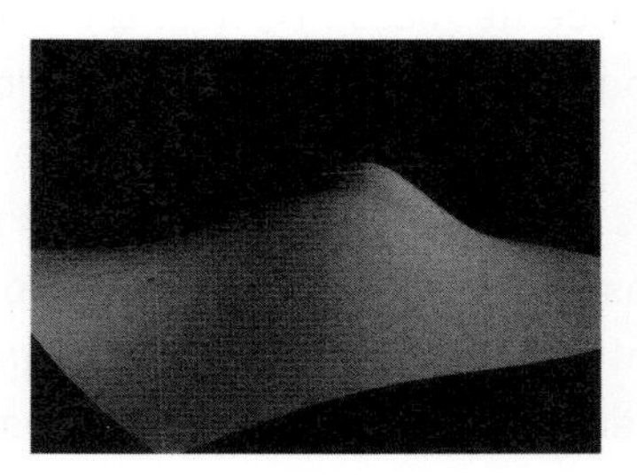

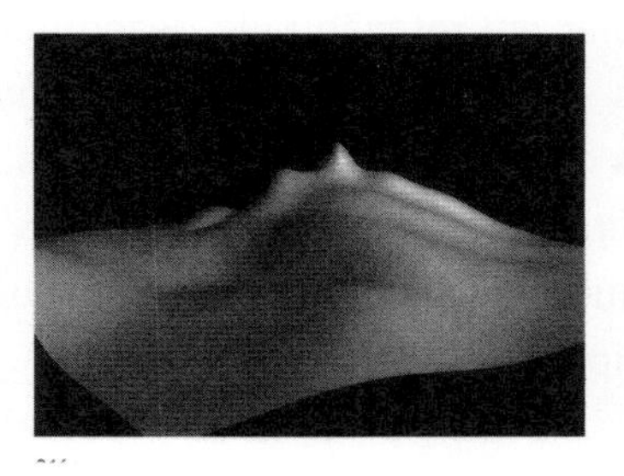

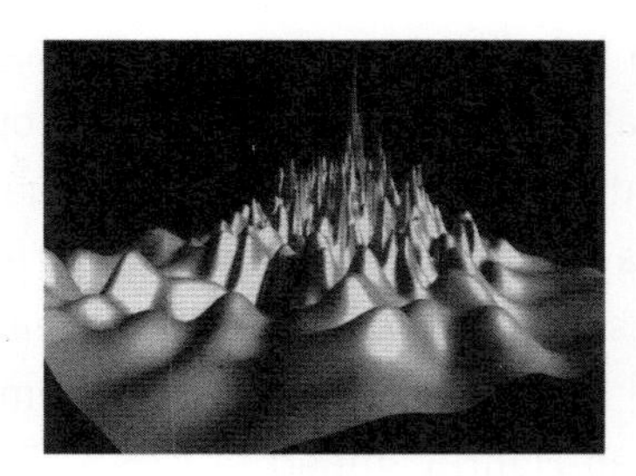

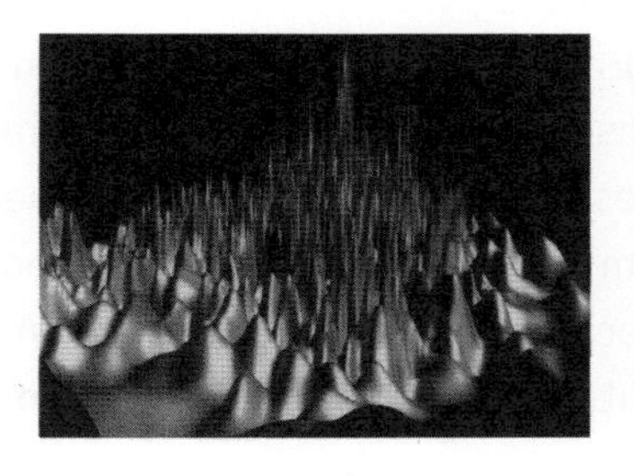

Ele afirmou que a repulsão, tanto quanto a atração, está presente entre as partículas de matéria disseminadas pelo espaço. Acreditava erroneamente que o movimento circular próximo do centro de gravidade era causado por estas repulsões e atrações, tendo as várias espécies de partículas diferente poder de atração ou repulsão. Em virtude das diferenças de atração das partículas e das desigualdades de resistência das partículas ao caírem de diferentes alturas na direção do foco comum, ocorriam movimentos laterais que resultavam num movimento circulatório geral em torno da crescente massa nuclear – o Sol. A rotação harmoniosa do Sol é o resultado natural do impacto de partículas caindo da corrente que o circundava.

"A matéria fora do embrião solar", escreveu Kant, "pode tomar a forma de um disco gasoso fino, contínuo, em volta do equador* solar, devido à mútua interferência das partículas que giram em volta do centro de gravidade. Diferenças de densidade entre as matérias altamente variáveis dão origem a núcleos de condensação, e finalmente às zonas ou anéis de partículas discretas que se parecem um pouco com o sistema de anéis de Saturno. E assim como esses anéis foram separados da massa solar em rotação pelo desequilíbrio entre as forças centrípeta e centrífuga, também os satélites se formaram em torno dos planetas que giravam", especulou Kant. "Se os cometas são todos membros originários da família solar, não são intrusos", como afirmou Laplace e, mais tarde, muitos outros astrônomos modernos. Suas órbitas, muito excêntricas, foram atribuídas a suas distâncias fora do controle da força centrípeta do Sol.

A principal falha da hipótese de Kant, na opinião do astrônomo norte-americano William Wallace Campbell (1862-1938), é a de ter tentado explicar demais: "Partiu da matéria em repouso e fracassou ao tentar dar um movimento de rotação a toda massa unicamente através da operação de forças internas – uma impossibilidade". Entretanto, Wallace afirmou que "a ideia de Kant, de núcleos ou centros de atração gravitacional, espalhados aqui e ali através da massa caótica, no interior da qual se desenvolveu os planetas e satélites, é muito valiosa".

Em 1761, o eminente matemático, astrônomo e físico alemão de origem francesa Jean-Henri Lambert (1728-1777) – sem ter conhecimento da teoria de Wright – publicou o livro *Kosmologishe Briefe* (Cartas cosmológicas), em forma de cartas que expressam pontos de vista semelhantes aos de Wright e Kant; tão semelhantes, na verdade, que é desnecessário repeti-los. Lambert deve ser mencionado como um brilhante pioneiro no campo do pensamento e da investigação que, juntamente com Wright e Kant, abriu caminho à sublime hipótese tão modestamente exposta por Laplace em

Criação dos planetas segundo Buffon (George Louis Leclerc, Theorie de la Terre, *in* Histoire naturelle, *1749)*

1796 – uma especulação que não foi totalmente abandonada até hoje, embora outras hipóteses, como adiante veremos, tenham sido sugeridas e apreciadas por maior número de cientistas.

PRINCIPAIS HIPÓTESES COSMOGÔNICAS

Antes de estudarmos com mais detalhes as principais hipóteses sobre a origem do sistema solar, iremos expor as hipóteses de Kant, Laplace, Faye, Arrhenius, Lockyer, Moulton e Jeans.

HIPÓTESE DE KANT

Coube a Emmanuel Kant (1724-1804), em 1755, elaborar a primeira tentativa de explicar a formação do mundo então conhecido. Em sua opinião, a princípio, há bilhões de anos, o espaço era uma mistura de todos os elementos que entram na composição dos astros, mas sob a forma de um gás extremamente tênue. Em obediência à mecânica newtoniana, as várias partículas atraíam-se entre si e desse modo se formavam, lentamente, pequenos núcleos de condensação material, em virtude da gradual e crescente instabilidade interna do sistema. Assim, por todo o espaço, elementos de densidade diversa, em particular, os mais densos, sofriam ação mais intensa dos núcleos de condensação, e deles se aproximavam com maior velocidade, chocando-se no percurso com os elementos menos densos. Originavam-se, em consequência, movimentos irregulares, que depois começavam a regularizar-se, estabelecendo o caminho de menor resistência para as partículas. Após longuíssimo interstício, as partículas passavam a mover-se todas no mesmo sentido. Por força do acúmulo de matéria em dado ponto, formou-se o Sol, que se deixou arrastar pelo movimento de rotação geral.

Na nebulosa imensa se estabeleceram duas zonas: uma situada entre dois planos paralelos ao equador solar, e a outra, em todo o espaço restante. As partículas existentes nesta última região iriam se aproximar progressivamente do Sol, acabando por integrar-se em sua massa. Por outro lado, as partículas em circulação naquela primeira zona, possuindo velocidade capaz de contrabalançar a atração do núcleo solar, descreviam circunferências concêntricas a esse núcleo, e praticamente estavam em repouso umas em relação às outras (pois se moviam com a mesma velocidade), o que facilitava a formação de novas pequenas condensações de matéria aqui e ali, também gradualmente crescentes, e animadas do movimento circular comum ao conjunto. Esses centros secundários teriam dado origem aos planetas. A repetição desse processo ao redor dos planetas fez surgir os satélites.

Formação do mundo planetário, vendo-se o Sol e as zonas nebulosas que deram origem aos planetas (Guillemin, Le ciel, *1877)*

Segundo Kant, a Lua oferece à Terra sempre a mesma face iluminada, em virtude da ação da maré, que diminui a velocidade de rotação do nosso globo. Efeito insignificante para a Terra, este, mas considerável para a Lua. Assim, o tempo de rotação da Lua foi diminuindo até coincidir com o de sua revolução sideral. Tais considerações, Kant também as aplicou a Vênus e a Mercúrio, que ele considerava satélites do Sol.

HIPÓTESE DE LAPLACE

Segundo o marquês de Laplace (1749-1827), o sistema solar nasceu da condensação de uma nebulosa, de uma única massa nebulosa e esférica, que se estendia no espaço infinitamente grande e girava em redor de si por toda a parte, com a mesma velocidade angular.

A massa primordial, animada de um movimento de rotação de oeste para leste em torno de um eixo, era, de início, possuidora de um grande teor calorífico, que foi, em virtude do progressivo resfriamento, lentamente reduzido em seu volume. Com base nas leis da mecânica, sabe-se que, à medida que a velocidade de rotação de uma massa gasosa aumenta, também aumenta a força centrífuga, e os dois polos achatam-se consideravelmente. Quando a força centrífuga atingiu, na zona equatorial, a suficiente intensidade para equilibrar a força centrípeta, separou-se do resto da massa em um anel, que continuou a girar livremente no sentido da rotação inicial. Outros anéis semelhantes, concêntricos uns em relação aos demais, formaram-se sucessivamente, deixando no centro um globo – o Sol. Cada anel, não sendo de igual espessura em toda a circunferência, e não sendo todas as suas partículas animadas da mesma velocidade, acabou se fragmentando. Tais fragmentos reuniram-se num globo ou planeta, animado de movimento ao redor do Sol e de movimento de rotação próprio em torno do seu eixo de simetria, sempre de oeste para leste. Em consequência, cada planeta, em seu movimento de rotação, dá origem a fenômenos análogos aos que haviam ocorrido na massa primordial. Assim formam-se anéis que, por seu turno, irão dar origem aos satélites, movendo-se todos em torno do planeta, de oeste para leste. No caso especial de Saturno, um dos anéis, pelo fato de sua excepcional homogeneidade, conservou essa forma e não se converteu em satélites.

HIPÓTESE DE ARRHENIUS

Segundo o que o físico e químico sueco Svante August Arrhenius (1859-1927) expôs em seu livro *Worlds in the making* (*Mundos em construção*), 1907, toda a matéria universal descreveu, descreve e descreverá eternamente um ciclo: sóis extintos, choques de sóis, estrelas novas, nebulosas espirais, aglomerados estelares, sóis quentes, sóis em arrefecimento, sóis extintos. Vagueiam pelo espaço muitos sóis em que se vem processando arrefecimento há milhões de anos. Eles possuem uma crosta sólida e obscura, mas no seu interior ainda existem massas brutais de matéria em temperaturas elevadíssimas. Em dado instante, dois desses sóis se chocam, e daí resultam achatamento e aderência na zona de contato e rupturas nas crostas, por onde jorram jatos de matéria inflamável. Assim, nesse ponto do céu, passa a brilhar uma estrela nova. O sistema fica animado de rápido movimento de rotação, e, em consequência disso, a força centrífuga fará achatar o sistema, que tomará o aspecto de um disco, fino nos bordos e espesso no centro. Ao poucos, a estrela nova se transformará em uma nebulosa espiral. Os corpúsculos que cruzam o espaço aumentam de volume à custa das partículas da nebulosa espiral: são os meteoritos. Os sóis que atravessam a nebulosa, em consequência, agregam às suas massas certo número de meteoritos. Ao cabo de longo tempo, está formado o aglomerado estelar, com miríades de sóis.

HIPÓTESE DE FAYE

O astrônomo francês Hervé Auguste Etienne Albans Faye (1814-1902), em sua obra *Sur 1'origine du Monde* (Sobre a origem do mundo), 1884, baseou-se em Kant para expor sua hipótese cosmogônica. Com base na ideia de que a nebulosa kantiana era constituída de uma poeira cósmica não homogênea, em virtude das forças das atrações recíprocas que existiam em sua massa, formaram-se inúmeros fragmentos, animados de rápidos movimentos de translação, e de lentos movimentos de rotação interna. Da condensação progressiva desses fragmentos, surgiram os diferentes planetas; cada qual com os seus caracteres próprios, em função da constituição e dos movimentos do fragmento nebular que lhe deu origem. No caso de fragmentos nebulares não esféricos e não homogêneos, animados de movimentos turbilhonares internos, a condensação operou-se em redor de diferentes centros de atração. Assim, dois ou mais globos vieram a constituir uma estrela dupla ou múltipla.

Para explicar o caso muito especial do sistema solar, com órbitas planetárias quase circulares, Faye admitiu serem oriundos de uma nebulosa esférica homogênea, da qual importante fração se achava animada de um movimento turbilhonar lento. As partículas da massa restante descreviam elipses ou circunferências da mesma duração. Em virtude do equilíbrio da força centrífuga e da atração existente no plano equatorial, formaram-se anéis interiores e exteriores que, com a continuação, se tornaram instáveis, e deram origem aos planetas.

HIPÓTESE DE LOCKYER

Com base no fato de se encontrar no Universo um número sem conta de meteoritos isolados ou reunidos em enxames ou nuvens cósmicas, o astrônomo inglês Joseph Norman Lockyer (1836-1920) sugeriu que os astros se formavam por conglomerações de tais nuvens. As nebulosas representavam o estágio primário da evolução. Os movimentos em todas as direções dos meteoritos davam origem a choques, e deles resultavam condensação, aumento de calor e a libertação de gases. À medida que a condensação se acentuava, a nebulosa convertia-se numa estrela que, por contração, aumentava gradualmente de temperatura, até um máximo, quando os meteoritos vizinhos acabavam volatilizando-se. Cessada a contração, interrompia-se o aumento de sua temperatura, ou seja, começava a cair a temperatura, continuando o arrefecimento até a estrela apagar-se, perder o brilho, transformando-se em um astro obscuro.

HIPÓTESE DE MOULTON

Em 1900, o geólogo norte- americano Thomas Chowder Chamberlin (1834-1928) reviveu a ideia de Buffon ao sugerir que uma estrela, ao passar muito próximo ao Sol, teria provocado uma maré que se fragmentou em pequenos planetesimais. Levando em conta o fato de as nebulosas terem quase sempre forma espiral, o astrônomo norte-americano Forest Ray Moulton (1872-1952), em 1905, admitiu que o nosso sistema solar se desenvolveu a partir de uma dessas nebulosas. Era ela a princípio uma estrela fixa que se aproximou de outra estrela fixa. Em consequência, por um efeito semelhante ao do fenômeno das marés, foram emitidas grandes massas de gases, tanto do lado dirigido para a estrela que passava como do lado oposto. Formaram-se nesses gases, de densidade e movimentos desiguais, por concentração, os planetesimais, que giravam em órbitas elípticas em torno do Sol: lentamente, tais astros foram acumulando matéria e transformaram-se em planetas. A certas distâncias dos planetas surgiram centros secundários de condensação, e daí nasceram os satélites. A hipótese planetesimal, readaptada por Moulton, foi defendida por muitos cosmogonistas, como o químico norte-americano Harold Clayton Urey (1893-1981), que acreditava que os planetas teriam surgido de fragmentos muito pequenos.

HIPÓTESE DE JEANS

O astrônomo inglês George Howard Darwin (1809-1882) explicava a formação da Lua como consequência da ação solar sobre a Terra ainda em estado fluido. Disso, resultaram marés enormes que, acrescidas do movimento de rotação, teriam projetado matéria a distância. Em 1930, o astrônomo inglês Sir James Jeans (1877-1946), em *Astronomy and Cosmogony* (Astronomia e cosmogonia, 1928), sugeriu que marés cósmicas desse gênero tiveram grande influência na origem do sistema solar. A seu ver, há bilhões de anos, na superfície do Sol levantaram-se, à proporção que se aproximava alguma estrela, imensas erupções de gases inflamados; num dado instante, era atirado no espaço um jato dessa matéria inflamada, que ficava a vagar, até fragmentar-se e se converter em planetas.

NEBULOSA DE LAPLACE

Entre as especulações científicas, "a hipótese da nebulosa* ocupa uma posição única", declarou James Jeans, matemático, físico e notável escritor de divulgação científica. De fato, a hipótese de Laplace é única, por seu renome universal, bem como é a única que apresenta uma notável longevidade em seus aspectos especulativos... Tal longevidade, embora possa ser pequena para especulações metafísicas, quase não tem paralelo em ciência natural. A razão fundamental para esta longevidade poderá ser encontrada, talvez, na extrema dificuldade de se realizarem testes tanto de observação quanto teóricos sobre a autenticidade e veracidade da hipótese... "Claramente não estamos ainda em posição de nos pronunciarmos totalmente contra a hipótese da nebulosa", escreveu James Jeans, matemático e físico, professor do Trinity College, em Cambridge, na revista *Scientia*, em outubro de 1918.

Anos depois destas declarações, o próprio James Jeans reconheceu que a hipótese da nebulosa poderia ser abandonada. Nenhuma modificação importante poderia torná-la consistente com os fatos conhecidos. Com efeito, o astrônomo norte-americano George Ellery Hale (1868-1938), em *Stellar Evolution* (Evolução estelar), 1908, fundador dos observatórios de Monte Wilson e Monte Palomar, não hesitou em afirmar que a hipótese de Laplace poderia ser reconstruída e/ou abandonada. Com referência à origem e desenvolvimento de nosso sistema solar, isto constitui uma verdade, mas muito singularmente tal hipótese é aceitável no que se refere ao universo estelar.

Ao mesmo tempo que reconheceu a insuficiência dos pontos de vista de Laplace aplicados a nosso sistema solar, James Je-

Nebulosa América do Norte NGC 7000 (Observatoire de Haute Provence, França)

ans afirmou que se poderia admitir que "as ideias fundamentais de Laplace, quando desenvolvidas matematicamente, mostram uma capacidade notável de interpretar e/ou explicar muitas, sendo a maioria, das formações observadas no céu... Ainda não chegou a época de explicações mais profundas, mas a perspectiva é cheia de esperança. A única formação que a hipótese de Laplace parece definitivamente incapaz de explicar é, bem paradoxalmente, justamente aquela para cuja explicação foi criada, ou seja, o sistema solar... Não se pode dar um veredicto final – qualquer esforço neste sentido será dogmático – mas, talvez antes do que se pense, o veredicto razoável e estudado dos astrônomos dirá que a hipótese é, ao mesmo tempo, um fracasso e um esplêndido sucesso – um fracasso, se olhado para o propósito imediato para o qual foi elaborada; um sucesso quanto a um ponto com o qual, é possível, o autor jamais tenha sonhado".

Apesar de a obra fundamental e mais importante de Laplace ter sido o seu *Traité de Mecanique Céleste* (Tratado de mecânica celeste), publicado entre 1799-1825, em cinco volumes, no qual dá uma completa descrição dos movimentos do sistema solar, foi em *Exposition du système du monde* (Exposição do sistema do mundo), 1796, que Laplace apresentou sua hipótese da nebulosa* aplicada ao sistema solar, muito semelhante à concepção cosmogônica de Wright e Kant. No entanto, nem o autor inglês nem o filósofo alemão foram mencionados.

Laplace afirmou corretamente que todas as estrelas do Universo são produto da condensação gradual de matéria nebulosa, como ocorreu com nossa própria estrela – o Sol – que não poderia ter tido outra origem. O que resultou da condensação ou contração de massa no caso de nosso sistema solar? O estudo do sistema solar fornece a resposta a este problema. Nosso primitivo Sol devia preencher, em épocas distantes, todo o espaço agora ocupado pelos planetas e outros corpos do sistema solar, estendendo-se, assim, além da órbita do mais distante planeta. O diâmetro do Sol não poderia, portanto, ser menor do que sete bilhões de quilômetros. Tal expansão reduziu o Sol a uma esfera de gás cuja densidade seria centenas de milhões de vezes menor do que a densidade atual da atmosfera terrestre.

No estado primitivo em que o protosol se encontrava, muito semelhante ao que chamamos de nebulosas, quando vistas através de telescópios, elas parecem compostas de um núcleo mais ou menos brilhante, cercado por uma nebulosidade que ao se condensar dava origem a uma estrela. Mas de que maneira a atmosfera solar determinou a rotação e translação dos planetas e satélites? Se estes corpos penetraram profundamente em sua atmosfera, sua resistência poderia fazer com que se precipitassem no Sol. Podemos, porém, supor que os planetas formados em seus estágios sucessivos pela condensação de zonas (anéis) de gases podem, em seu resfriamento, ter sido abandonados no plano de seu equador*. Estas zonas (tendo sido sucessivamente abandonadas) muito provavelmente foram formadas pela sua condensação e pela atração mútua de suas partículas, diversos anéis de gases concentrados circulando em torno do Sol... É provável que a maioria destes anéis se tenha dividido em muitas massas que, movendo-se a velocidades diferentes, continuaram a girar à mesma distância do Sol. Estas massas assumiram uma forma esférica, com um movimento de rotação na direção de sua revolução, em virtude de suas partículas inferiores terem uma velocidade real menor do que as superiores. Assim se constituíram muitos planetas em estado gasoso. Mas se um deles fosse suficientemente poderoso para unir sucessivamente pela sua atração os outros em torno de seu centro, o anel gasoso poderia se transformar em uma única massa sólida esférica, circulando em torno do Sol.

À medida que a massa de gás girava mais depressa, resfriando-se gradualmente, em consequência contraía e achatava-se cada vez mais e mais. O aumento da velocidade de rotação fez com que, primeiramente, o anel mais externo e, depois, o mais interno a este fossem sucessivamente se separando da região equatorial. Cada satélite foi formado da mesma maneira. Com o contínuo aumento da velocidade angular, a força centrífuga no equador tornou-se maior do que a gravidade, diminuindo a coesão entre as suas partículas e, em consequência, provocou a sua ruptura. Assim, um anel, ao ser liberado, transformava-se num planeta. Desse modo, o momento angular de todo o sistema pode ter permanecido constante durante a revolução. Por outro lado, as diferenças de temperatura e densidade das partículas da massa original causaram as órbitas de diferentes excentricidades, bem como as diferentes inclinações do plano dessas órbitas em relação ao plano equatorial da massa primordial.

Prossegue Laplace: "Se determinarmos a mudança que o resfriamento posterior produziu nos planetas formados de gases, e dos quais sugerimos a formação, veremos surgir no centro de cada um deles um núcleo continuamente em crescimento pela condensação da atmosfera em volta. Neste estado, o planeta se parece com o Sol em estado nebuloso, primeiro estágio que supomos para ele; o resfriamento produzirá, porém, nos diferentes limites de sua atmosfera, fenômenos semelhantes aos que descrevemos, isto é, anéis e satélites girando em torno de seu centro na direção do movimento de rotação e na mesma direção de seus eixos..."

Se o sistema solar se formasse com regularidade perfeita, as órbitas dos corpos que o compõem seriam órbitas circulares, cujos planos, assim como os de vários equadores e anéis, coincidiriam com o plano do equador solar. Mas podemos acreditar que as inúmeras variedades que existiram necessariamente em temperatura e densidade nas diferentes partículas destas grandes massas causaram as excentricidades de suas órbitas e os desvios de seus movimentos.

Os cometas foram considerados por Laplace como corpos estranhos, como pequenas nebulosas, perambulando de um sistema solar para outro, e formados pela condensação da matéria nebulosa espalhada tão profusamente através do Universo. Assim, podemos conceber que, quando chegam a uma região do espaço em que predomina a atração do Sol, serão forçados a descrever órbitas elípticas ou hiperbólicas. Mas como suas velocidades são iguais em qualquer direção, eles se deslocarão indiferentemente em todas as direções e em cada possível inclinação com a eclíptica, o que está de acordo com a observação.

Na época de Laplace, nenhum fato conhecido em física, astronomia, termodinâmica ou geologia estava em atrito com a hipótese nebular. Durante alguns anos, sucessivas descobertas pareciam confirmar cada vez mais a hipótese. Mais tarde, começaram a surgir as descobertas que pediam uma revisão das concepções laplacianas. Há pouco tempo, os cientistas abandonaram muitos de seus aspectos característicos, exceto a ideia de que o Sol e os planetas, de fato, se originaram de uma nebulosa composta das matérias que, atualmente, constituem a nossa família planetária, oriunda do Sol.

Algumas das mais importantes objeções à hipótese da nebulosa de Laplace são expostas a seguir.

Todos os planetas e seus satélites giram na mesma direção ao redor do Sol, de onde provieram, isto é, de oeste para leste. Alguns deles não seguem este movimento, girando de modo retrógrado, ou seja, de leste para oeste. O satélite de Netuno, Tritão, gira de leste para oeste em torno do planeta com uma inclinação de 35 graus em relação ao equador netuniano. Mas Netuno gira de oeste para leste, como foi demonstrado pelos astrônomos norte-americanos Joseph M. Moore (1878-1949) e Donald H. Menzel (1901-1976), do Observatório de Lick, em 1928. Os cinco principais satélites de Urano giram em volta deste planeta num plano aproximadamente em ângulos retos com o plano médio de Urano, e a direção da rotação dos planetas concorda com a da revolução dos satélites. Pasife e Sinope, satélites de Júpiter, giram de leste para oeste, em movimento retrógrado. O nono satélite de Saturno, Febe, gira também em movimento retrógrado. Pode-se notar que os casos excepcionais se referem aos planetas mais afastados do sistema solar, Urano e Netuno, e aos mais distantes satélites de Júpiter e Saturno. A direção de movimento – translação e rotação – em todas as outras partes do sistema solar é de oeste para leste.

O Sol, que poderia girar com a velocidade de 432 km/s, gira, de fato, a 2,12 km/s. Os supostos anéis da nebulosa que se contraiu, e que se libertaram em virtude da contração e rotação, sabe-se agora que variavam de acordo com o comportamento dos gases. A este respeito escreveu o geólogo norte-americano Rollin T. Chamberlin, filho do célebre autor da teoria dos planetesimais, em seu livro *A natureza do mundo e do homem* (1926): "Em lugar de uma reunião compacta de moléculas gasosas, todas esperando um sinal para assumirem a forma de um anel, tais moléculas se libertaram, certamente, uma a uma. Espalharam-se e nunca poderiam ter formado um anel." O físico norte-americano Moulton mostrou que, sempre que um anel se forma, é impossível aproximar esta matéria nebulosa de um planeta. Por outro lado, um anel não pode continuar em estado gasoso por muito tempo lançando anéis secundários para formar satélites ao redor dos planetas. O cosmólogo inglês James Jeans mostrou que, longe da instabilidade de rotação resultante dos anéis de Laplace, uma massa quase homogênea, tal como a nebulosa solar de Laplace, dará origem a uma estrela dupla ou múltipla com massas quase iguais, ao passo que uma massa de forte condensação central, se condensada em todas as partes, provavelmente provocará a formação de uma nebulosa espiral. Diz ainda Rollin T. Chamberlin: "Um dos princípios básicos de qualquer sistema livre de forças externas é que a quantidade (energia) de rotação (tecnicamente chamado momento) permanece a mesma através de seus vários estágios. Assim, cada esfera gasosa, ao se contrair, expele anéis, e, se continuar contraindo, terá sua rotação cada vez mais acelerada. Todos os planetas fariam sua rotação em menos tempo do que seus satélites giram em torno deles. Examinando atentamente nosso vizinho, o planeta Marte, através de um grande telescópio, verificamos que seu satélite mais rápido, Fobos, dá três voltas em torno do planeta durante o dia marciano (24h37min22,7s). De acordo com a hipótese de Laplace, seria outro o caminho: Fobos precisaria de mais de um dia marciano para sua revolução em torno do planeta. Isto significa que Fobos, o satélite mais próximo de Marte, a uma distância de menos de 6.400 km da superfície do planeta, gira em torno dele em 7h39min, um período menor do que um terço da rotação de Marte. Os dois satélites de Marte, de somente doze e nove quilômetros de diâmetro, eram, é claro, desconhecidos de Laplace, e só foram descobertos em 1877. O anel interno de Saturno também faz sua revolução em menos tempo do que o dia saturniano (cerca de 10h12min) – mais um fato desconhecido no tempo de Laplace. O anel interno de Saturno, ou melhor, as partículas, movem-se em torno do planeta em 5h59min, quase a metade do tempo de rotação de Saturno."

Talvez as mais sérias objeções à hipótese de Laplace – dificuldades que parecem intransponíveis – são as que se fundamentam na distribuição de energia no sistema solar. Júpiter possui cerca de um milésimo de massa total deste sistema, ainda que possua 95% da energia de rotação.

Já se chamou a atenção para o fato de que a quantidade de rotação do sistema solar postulado por Laplace é muito pequena para ser levada em conta. O cálculo mostrou que a rotação original da massa de gás, que se afirma ter ocupado todo o espaço da órbita do mais distante planeta, teve de se contrair até alcançar um diâmetro muito menor do que a órbita do mais próximo planeta (Mercúrio) antes que fosse bastante rápida para poder libertar um anel. Mas, neste caso, os planetas não poderiam circular em suas órbitas atuais. Eles teriam se concentrado num espaço delimitado pela órbita de Mercúrio – o planeta mais próximo do Sol, cerca de 57,8 milhões de quilômetros de distância. Em lugar disso, a distância média de Plutão é de 4.500 milhões de quilômetros.

Além disso, a inclinação do equador solar, a excentricidade das órbitas e a descoberta do movimento retrógrado de alguns satélites e outros fatos são contrários à hipótese. Escreveu Chamberlin: "Não se pode manter por mais tempo e deve ser abandonada esta teoria, tão aceita durante anos e tão regular e harmoniosa em si mesma, mas contrária aos fatos."

No entanto, a hipótese da nebulosa de Laplace, em suas ideias fundamentais, é muito útil quando aplicada à maioria das formações reveladas pelos mais poderosos e modernos telescópios e sondas espaciais. Por outro lado, falha quando tenta explicar, como James Jeans indicou, a formação do sistema para o qual ela foi especialmente criada – o sistema solar.

Se abandonarmos a hipótese de Laplace, que teoria poderemos adotar seguramente para suplantá-la?

PIERRE SIMON, MARQUÊS DE LAPLACE

Astrônomo e matemático francês nascido em Beaumont-en-Auge, em 23 de março de 1749, e falecido em Paris, em 5 de março de 1827. Filho de um pobre agricultor, sempre procurou esconder sua origem, o que gerou um desconhecimento sobre sua infância e adolescência. Foi para Paris, em 1769, convidado por D'Alembert, que, entusiasmando-se com uma carta que recebeu, na qual Laplace tratava de questões de mecânica, resolveu indicá-lo para professor de matemática da Escola Militar. Em 1794, entrou para a Escola Normal como professor e, no ano seguinte, para o Bureau des Longitudes. Nomeado ministro do Interior por Napoleão, foi indicado para o Senado em 1799, do qual veio a ser vice-presidente (1803). Apesar de nomeado conde do Império (1806), aderiu a Luís XVIII, que o fez marquês e par de França (1817). Possuía um caráter muito adaptável às situações políticas, a ponto de alterar os prefácios de seus livros a cada mudança de regime. Estudou a perturbação dos planetas e satélites, a forma e rotação dos anéis de Saturno e a estabilidade do sistema solar. Em sua obra *Exposition du système du monde* (1796), em dois volumes, propôs sua hipótese de importante valor histórico segundo a qual a origem do sistema solar proviria de uma nebulosa, que se demonstrou teoricamente impossível. Modificada, esta hipótese constitui a base das modernas teorias sobre o assunto. Nesse mesmo livro, em sua primeira edição, apresentou a ideia do buraco negro, que não foi reproduzida nas edições subsequentes. Seu *Traité de mécanique céleste* (1799-1825), em cinco volumes, reuniu todos os trabalhos sobre astronomia dinâmica existentes até então. Descobriu uma irregularidade no movimento secular da Lua.

Hipótese dos planetesimais

Em geral, a maior parte dos cosmogonistas reconhece que os planetas, asteroides, meteoritos e cometas fizeram parte do Sol em uma determinada época. Aceita-se também que o nascimento de nossa Terra e de todos os outros membros do sistema ocorreu entre três bilhões e dez bilhões de anos antes.

Há uma concordância quase unânime com relação à questão de que uma força, ao provocar uma perturbação (maré) no Sol, deu origem ao sistema solar. A hipótese mais aceita é de que esta causa ocorreu em uma distância muito próxima – possivelmente entre dois e três milhões de quilômetros – pela passagem de uma estrela de massa superior à do Sol. O astrônomo norte-americano Moulton afirmava que, "se a aproximação fosse inferior a oito milhões de quilômetros, a força da maré poderia ter sido 16 mil vezes maior do que a exercida pela Lua sobre a Terra".

Restava, todavia, desenvolver uma teoria para explicar os vários estágios do processo que se sucederam depois da primeira grande erupção solar até a constituição do sistema solar como conhecemos atualmente.

Neste breve relato, não nos propomos discutir todas as várias teorias que foram apresentadas desde que as primeiras objeções à hipótese de Laplace foram formuladas por T.C. Chamberlin e F.R. Moulton, em 1900. Não contentes em apontar as falhas das hipóteses anteriores, à luz de recentes descobertas, estes cientistas elaboraram uma teoria revolucionária – ou pelo menos uma hipótese – agora conhecida como hipótese dos planetesimais.

Talvez possamos dizer que a hipótese dos planetesimais sobre a origem do sistema solar, pelo menos com certas modificações, obteve o apoio da maioria dos geólogos norte-americanos e foi aceita por muitos astrônomos como satisfatória.

Formação do sistema solar, segundo a teoria da accresão

O astrônomo norte-americano W.W. Campbell expressou a opinião da maioria dos seus colegas norte-americanos nestas palavras: "A hipótese de Chamberlin e Moulton tem a vantagem de apresentar uma massa original em rotação praticamente num plano comum, no interior do qual a matéria se distribui harmonicamente de acordo com a atual distribuição da matéria no sistema solar. Com efeito, além de possuir todas as vantagens da teoria de Kant e Laplace, apresenta uma enorme flexibilidade, suficiente para solucionar as irregularidades encontradas em nosso sistema planetário."

O geofísico inglês Harold Jeffreys (1891) sugeriu algumas alterações em pontos essenciais e propôs uma forma de desenvolvimento que acredita estar mais em harmonia com todos os fatos conhecidos na época.

Não se poderá formar um conceito definitivo sobre as hipóteses cosmogônicas; no entanto, podemos afirmar para muitos leitores que, após a leitura de um resumo dos principais pontos da teoria, cada um poderá tirar suas próprias conclusões, diante dos argumentos apresentados. Assim, ao expor a hipótese de Chamberlin-Moulton, iremos explicar os pontos de vista contrários de Harold Jeffreys, cujas sugestões constituem uma nova teoria das marés sobre a origem da Terra.

De forma resumida e omitindo alguns pontos sem muito interesse para a presente explanação, a hipótese dos planetesimais sugere que o Sol desintegrou-se parcialmente em virtude de forças internas eruptivas, assim como pela maré provocada pela passagem de uma estrela, em sua proximidade, há bilhões de anos. Enormes massas de matéria solar foram lançadas no espaço interplanetário, como protuberâncias, produzidas em parte pela estrela perturbadora e em parte pelas próprias forças explosivas internas do Sol.

Como no caso das marés oceânicas, causadas pela Lua, houve duas projeções antípodas. Todavia, a maior porção da matéria solar foi arrancada do hemisfério que estava voltado para a estrela. A ação da estrela visitante, aproximando-se e depois prosseguindo em seu caminho, provocou um movimento contrário na matéria nebulosa do Sol, composta de dois filamentos com vários nodos. Esse movimento contrário evitou o seu retorno ao corpo de origem. Deste modo, formaram-se dois filamentos curvos e nodosos, compostos de massas, mais ou menos condensados.

A teoria dos planetesimais, como vimos, sugere que as órbitas das partículas pequenas e nodosas deviam descrever elipses que se cruzavam, diferindo em muito em forma e dimensão. Em consequencia, muitas destas partículas tiveram oportunidades de colidir. Teoricamente falando, com base nas leis físicas conhecidas, quando uma massa de partículas maiores colide com outra de partículas menores em um ponto de interseção de suas órbitas, a maior, naturalmente – pela ação da gravidade –, poderá incorporar a menor, acrescentando-a à sua massa. Repetindo-se este processo muitas vezes, a massa primitiva transforma-se num planeta.

As pequenas partículas disseminadas em corpos sólidos, cada uma das quais girando em sua própria órbita independente, são os planetesimais. Cada planeta que aumenta sua massa ou satélite arrebata os planetesimais vizinhos. Desse modo, por um constante aumento de sua massa e pela fricção originada pelo impacto das partículas que caem, a órbita do planeta ou satélite é modificada e afinal se torna quase circular. Quanto maior o planeta, mais sua órbita se aproxima do círculo. Grandes inclinações e excentricidades apenas podem ser encontradas em órbitas de corpos pequenos, cujo processo de integração foi menor.

Os planetesimais eram, originariamente, muito pequenos, pesando, de acordo com Chamberlin, cerca de dez gramas cada um, praticamente poeira meteórica.

As massas dos núcleos planetários giravam rapidamente quando expelidas pelo Sol, mas afirma-se que "os impactos dos planetesimais que se precipitavam nelas modificaram enormemente a velocidade inicial que possuíam. Cada colisão, ao que parece, afetava a velocidade e o maior número de impactos e o equilíbrio do momento determinava se o movimento do planeta era retrógrado ou não".

Referindo-se ao nosso próprio planeta, a Terra, Chamberlin e Moulton sugerem que ela foi expelida do Sol em um nó de matéria de cerca de um décimo de sua massa atual, o que equivale quase à quantidade de matéria contida hoje no planeta Marte.

A Terra atingiu sua massa atual pela incorporação de inúmeros planetesimais. Constituído inicialmente por partículas discretas reunidas pela gravidade mútua, o planeta transformou-se gradualmente numa massa sólida.

A Terra aumentou ainda mais sua massa com a queda de poeira cósmica ou matéria meteórica que ela arrebatou em sua translação em torno do Sol. Em 1928, o astrônomo norte-americano Harlow Shapley (1885-1972) escreveu: "O espaço interestelar é densamente povoado, pois já se calculou seguramente que a Terra incorpora diariamente cerca de trinta milhões de meteoritos, num total, talvez, de trinta toneladas de matéria, a maior parte de ferro. Os corpos menores são destruídos pelo calor gerado quando penetram na atmosfera; os maiores são as bolas de fogo, cujas altas velocidades nos levam a acreditar que alguns, pelo menos, são de origem interestelar. Em virtude de o Sol ser maior e mais maciço do que a Terra, o número de meteoros que ele pode receber é muito maior, de fato; o Sol pode acumular em sua órbita muita matéria, uma vez que é uma fonte de energia de radiação. Duas mil toneladas por segundo é uma pequena estimativa deste acréscimo; quatro milhões de toneladas por segundo foi o cálculo da expulsão em forma de radiação." Na verdade, tudo parece indicar que, nos tempos primitivos, os espaços interplanetários deviam ser muito mais povoados por planetesimais e matéria meteórica do que atualmente.

Podemos notar que o eminente geólogo norte-americano Joseph Barrell (1869--1919) aceitava a hipótese dos planetesimais, mas afirmava que estes planetesimais eram corpos muito maiores, comparáveis aos asteroides, com um diâmetro entre dois quilômetros e centenas de quilômetros. Com a queda de tais corpos, não só o crescimento da Terra foi relativamente rápido, mas também seu impacto logo provocou o desenvolvimento de um planeta muito quente.

De acordo com a teoria de Barrell, entre um quarto e a metade da matéria expelida pelo Sol ficou compreendida nos nós, permanecendo o restante como planetesimais. O maior asteroide conhecido é Ceres, que tem cerca de 800 km de diâmetro. Os de menos de 80 km de diâmetro dificilmente são vistos, mesmo com o auxílio de poderosos telescópios. O impacto dos maiores asteroides e/ou planetesimais sobre a crosta dos planetas produziu as enormes crateras visíveis, detectadas pelas sondas espaciais Mariner, nos planetas Mercúrio e Marte, bem como em diversos satélites do sistema solar.

"Certamente", escreveu o professor Charles Schuchert, que adotou o ponto de vista de Barrell –, não se pode saber se, durante o crescimento da Terra, o centro, ou matéria do nó original, tendeu para um estado líquido ou sólido. Por outro lado, entretanto, com uma espessura de cerca de um quarto do raio, compreendendo aproximadamente a metade do volume da esfera, parece ter passado por um estado verdadeiramente de fusão.

Na hipótese Chamberlin-Moulton, o calor interno da Terra é proveniente da compressão e possivelmente da radioatividade. A pressão, porém, não se exerceu sobre a matéria de densidade original alta, mas sobre a acumulação porosa de matéria fria dos planetesimais acumulados.

De acordo com a hipótese da nebulosa, o calor interno da Terra é principalmente residual ou herdado do primitivo estado de fusão. Completado o crescimento, ou melhor, atingido o tamanho total, enquanto a matéria recolhida era ainda extremamente quente e a superfície, de rocha líquida, havia sobre ela uma camada de gases de minerais pesados.

Na hipótese dos planetesimais, a superfície terrestre sempre foi sólida, e comparativamente fria, especialmente nos últimos estádios de crescimento, e nenhuma atmosfera ainda existia. Os planetesimais arrecadados possuíam todas as substâncias da Terra e da futura atmosfera e mares. Quando a Terra atingiu uma massa um pouco maior do que a de Marte, adquiriu uma atmosfera primitiva de gases pesados. Eventualmente, o vapor d'água, escapando da crosta ou expelido por atividade vulcânica, ficou retido, e sua condensação produziu a hidrosfera (oceanos). De acordo com a hipótese da nebulosa, o ar e a água atingiram sua expansão máxima quando a Terra era ainda quente na superfície. Os futuros oceanos estavam ainda na atmosfera, enquanto a água era expelida posteriormente pelos vulcões.

TEORIA DAS MARÉS

Em 1917, o astrônomo inglês James Jeans, em sua tese *Problemas de cosmogonia e dinâmica celeste* (1917), concorda com seu colega e compatriota Harold Jeffreys quanto ao fato de que "a evidência terrestre indica que a idade de nosso planeta deve ser entre um milhão e meio e cinco bilhões de anos, de modo que este é provavelmente o período que transcorreu desde que os planetas e satélites nasceram do Sol" como resultado da atração de uma estrela que passou muito próximo. "Achamos", escreveu James Jeans, "que a instabilidade gravitacional explica o nascimento de quatro gerações sucessivas de corpos celestes: de nebulosas oriundas do caos; de estrelas provenientes de nebulosas, de planetas vindos de estrelas e de satélites gerados de planetas. Nossa conclusão de que estas sucessivas gerações nasceram da instabilidade gravitacional não exige nenhuma hipótese, além da presença de forças já conhecidas, ou seja, gravitação e pressão de gás, e se verifica em cada etapa do teste de cálculo numérico."

Ao contrário de James Jeans, Harold Jeffreys, em sua obra *A Terra: sua origem, história e constituição física* (1924), dedicou algumas palavras ao Universo estelar, restringindo seus argumentos aos problemas relacionados ao nosso planeta.

Em geral, segundo Jeffreys, a influência da gravidade é no sentido de atrair a matéria de um corpo como o Sol, a partir do interior. Com a passagem em suas vizinhanças de uma estrela, a matéria do envoltório solar foi arrancada em uma curva acentuada na direção da estrela.

"De início a velocidade e a aceleração da matéria expelida eram desprezíveis, mas, quando a estrela aproximou-se mais, a aceleração aumentou, e a matéria começou, então, a mover-se na direção da estrela. Por outro lado, enquanto a estrela se movia transversalmente em direção ao Sol, a matéria já se encontrava a alguma distância. Assim, a estrela ainda não estava longe, quando essa matéria expelida foi atraída para sua órbita, ganhando, desse modo, velocidade em torno do Sol... Uma vez que todas as acelerações relativas ao 501 estão num plano, ou seja, aquele do movimento da estrela relativamente ao Sol, segue-se que todo movimento produzido pode estar aproximadamente neste plano, exceto um possível pequeno desvio devido à rotação do Sol antes da passagem da estrela. Posteriormente, o movimento transversal de cada porção da matéria expelida estava no mesmo sentido do movimento da estrela", escreveu Jeffreys.

Seria errôneo, porém, supor que toda matéria expelida seguiria, desde o início, a mesma órbita. O ponto em que está ocorrendo a ejeção volta-se necessariamente para a estrela e por isso está continuamente mudando, de acordo com a estrela, sua trajetória relativa ao centro do Sol, sendo geometricamente semelhante à trajetória relativa da estrela.

A origem da Terra pode ter ocorrido enquanto o Sol estava num estágio primordial, naturalmente, uma estrela gasosa gigantesca. Sua temperatura, por isso mesmo, devia ser suficientemente elevada para manter os constituintes dos planetas em estado gasoso. De fato, sugeriu Jeffreys, se quisermos explicar como a Terra se formou a partir do Sol, a temperatura real do protossol não poderia ser menor do que três mil graus absolutos.

Com *"estágio gigantesco"*, Jeffreys não quer se referir a uma estrela de tamanho equivalente à órbita de Urano e Netuno. Nisto residia a principal diferença entre a teoria das marés de Jeffreys e a de Jeans.

As pesquisas de Jeffreys levaram-no à inevitável convicção de que o tamanho do Sol nesta época de esfacelamento estava compreendido na órbita atual de Mercúrio, ao passo que Jeans estava inclinado a supor que o nosso Sol se estendia muito além, num vasto espaço, representado pela órbita de Netuno. Parece que Jeans foi levado a esta convicção em virtude da maior probabilidade de encontro de tão grande corpo com uma estrela. Mais tarde, Jeans aceitou a conclusão de Jeffreys.

A origem do mundo (Camille Flamarion, Les terres du ciel, *1884)*

Com efeito, o espaço para a acomodação das estrelas é, na verdade, muito grande, e colisões entre estrelas são extremamente raras. Para usar uma imagem do astrônomo inglês Arthur S. Eddington (1882--1944), em *Estrela e átomos* (1927), imaginemos trinta bolas de pingue-pongue percorrendo o interior da Terra; o risco de colisão entre as bolas de pingue-pongue é o mesmo com relação às estrelas no espaço cósmico.

À concepção anterior de Jeans, Jeffreys suscitou três objeções. Em primeiro lugar, segundo as modernas teorias sobre a constituição de estrelas, poderia haver uma temperatura real de apenas 200 graus absolutos, e por isso, se ela reinasse em toda a superfície, esta poderia consistir em poeira sólida. Assim, a teoria da evolução do planeta, na hipótese de que era inicialmente gasoso poderá ser derrubada completamente. Em segundo lugar, implica uma densidade extremamente baixa e, num planeta gasoso, a temperatura teria de ser mais baixa para explicar massas tão pequenas como as dos planetas. Em terceiro, planetas produzidos a distâncias do Sol maiores do que Netuno teriam de ser produzidos por outros meios. O único agente capaz de tal propósito parece ser o meio resistente.

Demonstrou-se que, em um meio resistente, o movimento de qualquer ponto onde não haja diferença sensível em relação ao movimento de um planeta em uma órbita circular, não pode causar nenhum efeito a distância média do planeta. Em um meio no qual esta diferença é considerável pode ocorrer uma densidade tão pequena em tal distância que não produziria qualquer apreciável efeito de fricção sobre um planeta. Assim, em nenhum caso, a distância média pode ser afetada apreciavelmente pelo meio resistente.

Jeffreys empenhou-se ainda em demonstrar, matematicamente e em harmonia com os conhecimentos astronômicos da época, que é quase certo que pelo menos uma estrela no Universo pode ter um encontro à distância que ele adotou. Afirmou, porém, que é provável que sistemas planetários, análogos ao sistema solar, "sejam exceções no Universo, e não regra".

Mais tarde, com base na existência de cerca de cem milhões de estrelas amontoadas perto do nosso Sol, James Jeans, em *Astronomia e cosmogonia* (1928), supõe que as possibilidades de que estrelas de nossos sistemas entrem em contato com outras estrelas são desprezíveis. Assim, concluiu Jeans que os sistemas planetários apareceram há apenas cinco bilhões de anos, e desse modo o nosso próprio sistema, com a idade da ordem de dois bilhões de anos, é provavelmente o mais jovem sistema de todo o gigantesco complexo de estrelas.

Apesar de estar de acordo com Chamberlin e Moulton sobre os estágios iniciais da formação dos planetas, Jeffreys diverge, entretanto, dos fundadores da hipótese dos planetesimais.

Assim, enquanto Chamberlin e Moulton afirmam que a matéria planetária foi expelida em grandes massas do Sol em erupções intermitentes, formando, deste modo, os núcleos dos futuros planetas, Jeffreys conclui que a matéria ejetada formará em lados opostos do Sol uma protuberância maior ou menor na forma de um estreito filamento.

Quando a estrela se afastou, grande parte da matéria expelida, inclusive, talvez, toda a protuberância menor, poderia ter-se precipitado no Sol. A parte externa da maior, entretanto, continuou a se afastar dele. Após ser desviada transversalmente pela estrela, não encontrou o Sol na volta de sua trajetória e prosseguiu girando em torno dele... Se tal filamento fosse arrancado firmemente pela influência conjunta do Sol e da estrela, a massa por unidade de comprimento, em qualquer parte de sua superfície, teria variado, talvez, com a distância do Sol, assumindo possivelmente um máximo em seu centro. Se, porém, recebeu uma pequena distorção, a massa por unidade de comprimento em alguma região foi aumentada, sendo possível que um poder extragravitacional nesta região tenha podido expelir outras matérias. O distúrbio aumentará, então, exponencialmente com o tempo, e se formará, assim, uma condensação no filamento, como escreveu James Jeans em *Problemas de cosmologia e dinâmica celeste* (1928).

A porção do filamento que se destacou por si mesma do corpo principal passou a levar daí em diante uma vida independente, como um planeta. Prosseguindo a ejeção, como deve ter sido o caso, um segundo planeta pode ter sido formado, e outros sucessivamente, até que terminou a ejeção. "Os últimos a serem formados", escreveu Jeans, "podem ter-se precipitado no Sol como corpos em distúrbio que voltaram atrás, mas os primeiros mantiveram sua identidade." Os filamentos destacados que se afastaram do Sol, estando neste momento longe bastante para não se partirem mais tarde, tornaram-se mais esféricos e mais densos.

Considerações matemáticas levaram à conclusão de que o comprimento e a espessura de uma seção do filamento em ruptura poderiam ser iguais, e Jeffreys afirmou que "não há razão para se supor que tenham ocorrido grandes mudanças na proporção entre as dimensões longitudinal e transversal, de modo a invalidar a suposição de que a ordem de grandeza da densidade permaneceu inalterada durante a adoção da forma quase esférica. O certo é que a formação de planetas por condensação do filamento gasoso é possível, para não dizer provável. Desta maneira, formou-se um grande número de planetas líquidos, porém de vários tamanhos, descrevendo órbitas muito excêntricas".

Por outro lado, parece claro que os corpos menores do sistema solar – todos os asteroides conhecidos e todos os satélites, com exceção de nossa Lua, Titã (o sexto e maior satélite de Saturno) e os quatro maiores satélites de Júpiter – não foram formados por condensação lenta do estado gasoso. Assim, deve ter havido dois processos na formação dos planetas e seus satélites, como expôs Jeffreys.

Não há dúvida de que a gravitação mútua de um grande planeta o consolidou. A opinião de Jeffreys e Jeans é de que a radiação da superfície do planeta gradualmente o liquefez. Este é um ponto de grande divergência com a hipótese de Moulton e Chamberlin, que afirma que os planetas aumentaram gradativamente sua massa com a queda de planetesimais frios sobre uma superfície temperada. Segundo Jeffreys, a condensação original do filamento expelido continha a maior parte de toda a massa atual de qualquer planeta, e o planeta resfriou-se, passando do estado gasoso ao líquido, seguindo-se uma crosta constantemente em resfriamento. "Uma vez que o resfriamento ocorreu no exterior, gotas se formaram e se precipitaram no interior. As mais densas se reuniram no centro e começou a solidificação até o completo acabamento." Como Jeffreys declarou mais tarde, as massas menores de mesma densidade original, ou massas menos densas de mesmas dimensões lineares, podem ter uma história muito mais complicada.

Qualquer que tenha sido a maneira de agregação, o planeta, ao passar por um estágio líquido, deve seguir, segundo Jeffreys, o seguinte processo: "Inicialmente, as gotas estavam no ponto de ebulição e se precipitaram para o centro através de uma massa de gás a uma temperatura muito acima da que reinava no interior. Assim, a temperatura das gotas aumentaria tanto por condução como por fricção. Quando atingiram o centro, ficaram em repouso, sendo depois aquecidas pelos seus mútuos impactos e formaram um centro líquido. Daí em diante, o centro continuou a ser esquentado pelo contato com o gás circunjacente. Qualquer matéria agregada ao núcleo tornou-se líquida."

Aqui nos deparamos com uma contradição da teoria de Chamberlin e Moulton que, como Jeffreys registrou, "é de capital importância no desenvolvimento da teoria geofísica". Enquanto os criadores da hipótese dos planetesimais concluem que os planetas se resfriaram principalmente por expansão adiabática, ou seja, queda de temperatura causada pelo consumo de energia interna, os criadores da teoria da maré, dentre eles Jeffreys, demonstraram, aparentemente, que pelo menos os maiores planetas se resfriaram principalmente pela radiação de sua superfície. Mais tarde, Jeffreys asseverou que todos os planetas formaram gotas líquidas que se solidificaram rapidamente, e que os planetas formados por agregação de partículas sólidas eram também sólidos quase desde o início. Todavia, Jeffreys, como vimos, mostra que, qualquer que tenha sido a maneira pela qual os planetas esfriaram, eles passaram por um estágio líquido. Se foi possível o resfriamento das gotas, não poderiam ter-se esfriado até um estágio sólido por resfriamento adiabático. De acordo com Jeffreys, "a temperatura nunca poderia ser reduzida desta maneira de mais do que 200 graus no máximo, abaixo do ponto de ebulição. Mas a diferença entre o ponto de ebulição e o ponto de solidificação do silício e dos metais pesados é pelo menos de várias centenas de graus. Assim, o resfriamento adiabático pode reduzir a matéria dos planetas no máximo ao estado líquido e não ao estado sólido".

Após examinar a questão de vários ângulos, Jeffreys se convenceu de que é impossível que todos os corpos do sistema solar tenham se produzido pela fragmentação já examinada: "O diâmetro e a densidade do filamento (ou de qualquer dos sucessivos filamentos) variaria certamente de um ponto para outro, mas é incrível que possam variar tanto que cheguem a explicar a ocorrência de corpos com massas diferentes tão grandes como Saturno e seus satélites e entre dois outros corpos, ambos comparáveis em massa a Saturno." Por outro lado, Jeans concluiu que um filamento produzido por um planeta chegaria a um processo de desenvolvimento semelhante ao de um filamento produzido pelo Sol. Jeffreys acreditava que este não é um pensamento completo, uma vez que alguns satélites têm movimento retrógrado. Esta evolução retrógrada pode de algum modo ser levada em conta para isto. Conclui que a maioria dos satélites provavelmente se formou pela fragmentação que o Sol causou nos planetas quando eles passaram pelo periélio pela primeira vez. A formação da Lua, entretanto, não pode ser explicada desta maneira. O problema exige um estudo especial.

Demonstra-se matematicamente que, enquanto os planetas maiores devem ter mantido todos os seus constituintes, os planetas menores devem ter perdido uma parte de suas massas, sendo dispersados os elementos mais leves. Isto pode explicar o fato de que os planetas maiores tenham densidades baixas, e os planetas menores, altas densidades. "Se o diâmetro do Sol nesta época (do esfacelamento causado pela estrela que passou nas proximidades do Sol) fosse o maior possível (de acordo com as leis físicas conhecidas), as massas de núcleo que poderiam manter todos os seus constituintes deveriam ser de ordem superior a $1,2 \times 10^{28}$ gramas, cerca de duas vezes a massa da Terra."

Uma grande porção da massa dos pequenos planetas provavelmente se perdeu, mas todos os planetas devem ter atravessado um estágio líquido, passando gradualmente a um estágio sólido pelo resfriamento de sua superfície, embora os planetas menores possam ter-se solidificado pela evaporação superficial. Sem dúvida, muitos satélites se destacaram completamente de seus planetas originais e tornaram-se, por seu turno, planetas independentes.

NUVENS DE GASES E POEIRA DE SCHMIDT

Explicar de maneira nova a origem dos planetas do sistema solar, inclusive da Terra, partindo de uma série de conclusões científicas igualmente novas, foi proposto pelo astrônomo e enciclopedista soviético Otto Yulevitch Schmidt (1891-1956), que dirigiu a elaboração da grande enciclopédia soviética com 62 volumes.

As nuvens de matéria, formadas por gases e poeira cósmica, são muito abundantes nos espaços interplanetários, e bem conhecidas pelos astrônomos. Pode-se supor que, há seis a oito bilhões de anos antes, o Sol se achava envolto por uma dessas nuvens. Os diminutos corpúsculos da nuvem original moviam-se em torno do Sol em diversas direções e com diferentes velocidades. Seguindo as trajetórias mais variadas. Em seu movimento caótico, os corpúsculos entrechocavam-se inevitavelmente. Em virtude das leis da física, uma parte da energia cinética das partículas converteu-se em calor, que se degradou no espaço. Essa perda de energia produziu a redução do número de partículas que se moviam em desordem. Ao mesmo tempo, a direção predominante do movimento era mantida. Assim, pois, a nuvem de gases e poeira foi concentrando-se e transformou-se numa camada plana, em forma de disco, que passou a girar na direção predominante proveniente dos corpúsculos.

À medida que se nivelava, a nuvem de poeira adquiria densidade, pois diminuía a distância entre seus corpúsculos. Como resultado, fez com que adquirisse um papel crescente a força de atração mútua dos corpúsculos, e na camada aplanada começassem a formar-se numerosas condensações. A princípio, eram pouco compactas, e seus corpúsculos, em se chocando com outras condensações, dissolviam-se. Posteriormente, a nuvem, em forma de camada, ficou reduzida a uns quantos núcleos que, paulatinamente, se foram unindo entre si e aos quais foi aderindo a poeira restante. Por fim, como resultado de um grande processo de fusão das partículas de poeira e dos grandes núcleos, formou-se nosso gigantesco sistema planetário.

Por meio dessa teoria, conseguiríamos explicações para todas as particularidades fundamentais do sistema planetário; além disso, a rotação dos planetas em torno do eixo, o movimento dos satélites em redor dos planetas e a divisão desses grupos por suas dimensões e sua composição química foram explicados pela primeira vez.

Também adquiriu, com a teoria de Schmidt, nova feição o problema do passado, presente e futuro do nosso planeta. Segundo essa teoria, a Terra jamais foi em sua totalidade uma esfera de líquido incandescente como supôs a maioria dos geólogos nos últimos cem anos. A temperatura das partículas de poeira, na parte da nuvem em que se formou a Terra, foi de cerca de 0° centígrado. Supõe-se que o calor das entranhas da Terra se produziu posteriormente, como resultado da desintegração de substâncias radioativas, como o urânio, o tório e outros. Em alguns lugares da crosta terrestre, onde havia abundância dessas matérias, originaram-se, inclusive, focos de fusão, que são a origem das erupções vulcânicas. Além disso, o calor acumulou-se como resultado da fricção que acompanhou o deslocamento gradual das substâncias mais pesadas até o fundo, em direção ao centro da Terra.

Segundo os dados atuais, a temperatura do centro da Terra é de vários milhares de graus. Mas isso não significa que as entranhas da Terra se encontrem em estado de incandescência. Ocorre que, simultaneamente com uma elevada temperatura, nas profundezas das entranhas da *Terra,* atua sobre a matéria uma colossal pressão que alcança, em seu centro, um milhão de atmosferas. A física moderna demonstrou que a matéria, submetida a temperatura elevada e a grande pressão, não pode passar ao estado líquido. Produz-se um processo absolutamente distinto: modifica-se a estrutura atômica da matéria. Sob a ação de uma pressão elevada, a trama cristalina da matéria quebra-se e adquire uma nova propriedade: a capacidade de redensificar-se. Isso explica o fato de, nas entranhas da Terra, haver um núcleo extraordinariamente denso.

Quanto às camadas intermediárias entre o núcleo e a crosta, nela se operam grandes e complexas redistribuições da matéria, de acordo com o seu peso específico. Quando se formou a Terra, as partes pesadas e leves uniram-se em forma caótica, independentemente de suas proporções e de seu peso específico. Enquanto a Terra permaneceu fria, não se modificou a disposição das partículas. Mas sob o influxo do aquecimento a matéria das camadas intermediárias tornou-se plástica, isto é, adquiriu a propriedade de fluir lentamente. Então, as substâncias pesadas começaram a descer, e as leves, a aflorar à superfície.

A força de fricção opõe-se à remoção das substâncias plásticas viscosas. Por isso, no corpo da Terra surgem e acumulam-se gradualmente fortes tensões. Como resultado, produz-se algo parecido ao que se passa quando tentamos romper uma boa corda. Ao estendê-la, vemos que não se vai rompendo pouco a pouco e sim de uma só vez, quando a força de tensão alcança um grau determinado. Assim, também nas entranhas da Terra vão-se acumulando tensões, e, quando alcançam um grau crítico, produz-se a remoção de alguns blocos até o fundo. Esses deslocamentos, ao que parece, são a causa direta dos fenômenos sísmicos.

ORIGEM DA LUA

Um dos problemas mais discutidos é a origem da Lua. Os astrônomos não conhecem nada análogo ao sistema Terra-Lua. A massa da Lua é 1/82 da massa da Terra. Os únicos satélites maiores do que a Lua são muito menores em relação a seus planetas do que a Lua em relação à Terra. As relações de massas dos dois maiores satélites de Júpiter são de 1/12.500 e 1/22.200, e a relação entre Titã (o maior satélite do sistema solar) e Saturno é de 1/4.700.

Desta maneira, não é difícil conceber Saturno expelindo um filamento de 1/4.700 de sua massa, embora seu enorme satélite, Titã, seja 1/50 da massa da Terra. É possível que Titã tenha sido um planeta independente capturado pela atração da gravidade do poderoso Saturno. Em tamanho, Titã tem um diâmetro de 5.550 km, um pouco superior ao do planeta Mercúrio (4.878 km). O diâmetro do terceiro satélite de Júpiter (Ganimedes) é de 5.260 km, e o diâmetro do quarto satélite de Júpiter (Calisto) é de 4.800 km. Nossa Lua tem um diâmetro de 3.473 km. Um observador em Urano e Netuno poderá chamar de *estrela* dupla o sistema Terra-Lua.

Seria a Lua um pedaço da Terra que se destacou do nosso planeta, na época, ainda fluido sob o efeito das marés solares? Tal hipótese foi proposta pelo astrônomo inglês George Darwin (1845-1912), filho do célebre naturalista Charles Darwin (1809-1882), em 1880.

Não teria sido um planeta isolado que, tendo surgido em outra região do sistema solar, foi capturado pela atração terrestre, ao passar próximo do nosso

Nebulosa de Órion – NGC 1976-M42 (Foto de Marco Antônio de Bellis)

planeta? Esta ideia foi desenvolvida em 1950 pelo astrônomo norte-americano Harold Urey (1893-1981) e retomada mais tarde, em 1971, por outro americano Fred Singer.

Alguns investigadores estão inclinados a acreditar que ela foi formada de um outro planeta, mas, abandonando-o, imediatamente se tornou um planeta independente. Por fim, ela foi capturada pela Terra. Embora isso possa ter acontecido em outros casos, geralmente é visto como muito improvável – ou quase impossível – se aplicada ao sistema Terra-Lua. A Lua, certamente, não foi formada de um dos quatro grandes planetas externos. Sua densidade é quase três vezes maior do que a de Ganimedes e quatro vezes a de Calisto. Supor que nossa Lua tenha sido formada por um dos três planetas – Marte, Vênus ou Mercúrio – "serve apenas para aumentar as dificuldades quando se examina o problema da massa".

Assim, praticamente, ficamos, durante muito tempo, limitados à única alternativa, ou seja, a de que a Lua nasceu da Terra, como sugeriu Georges Darwin em 1879, embora tenha sido um tanto vago em seu ponto de vista sobre a maneira de separação. Disse ele: "Não tentei definir o modo de separação ou dizer se a Lua era mais ou menos anular." Hoje parece quase certo que a Lua não começou sua carreira na forma de anel, mas foi formada a partir de sua mãe Terra, que tinha a forma inicial de uma pera, a porção menor da massa (o embrião lunar) tendendo a mover-se na direção de uma extremidade do eixo maior "como se procurasse se afastar por si mesmo do massa maior". A massa foi-se tornando "cada vez mais enrugada, até *que se fragmentou e finalmente se separou* em duas massas distintas", como sugeriu o matemático e físico francês Henri Poincaré, em seu livro *Sobre a estabilidade de equilíbrio dos corpos em forma de pera afetados por uma massa fluida em rotação*, escrito em 1901.

Este é o ponto de vista defendido também por Jeffreys, apesar da objeção suscitada por Moulton, que determinou, em 1889, a velocidade angular que a Terra precisou ter para produzir um satélite em sua trajetória, supondo-se a Terra homogênea. Mais tarde, Moulton demonstrou que o momento angular no sistema é muito pequeno para dar a velocidade de rotação necessária – de acordo com Darwin, uma revolução completa (rotação) da Terra em um período de duas a quatro horas. Jeffreys afirmou que, quando se leva em conta o fato de que a Terra não é homogênea, as condições tornam-se mais favoráveis à teoria de Darwin. "A modificação produzida nos resultados numéricos pela admissão de muita heterogeneidade no problema bidimensional como existe na Terra deve ser tão grande como a necessária para abandonar a divergência levantada por Moulton."

Jeffreys mostrou que, se a Terra e a Lua tivessem constituído um só corpo, o período de rotação seria de cerca de quatro horas. Esta velocidade seria suficiente para erguer uma maré equatorial* de tal amplitude que provocaria uma enorme protuberância na direção do Sol. "Quando a perturbação se tornasse muito grande", concluiu Jeffreys, "a massa poderia se partir em duas partes, quase da mesma maneira apontada por Jeans quando mostrou ser possível para uma massa líquida homogênea, submetida a uma pressão baixa, entrar em choque sem resistência." No sistema heterogêneo em discussão, estando presentes tanto a ressonância como a instabilidade, e se condições de ressonância persistirem durante muito tempo, não há limite para o tamanho da maré produzida. Quando o alongamento da Terra deformada tornou-se tão grande e a massa ficou instável, acabou por partir-se, "a porção que se destacou foi lançada a uma considerável distância do centro da Terra (de 10 a 20 mil quilômetros), certamente muitas vezes o raio (a matéria do denso interior não poderia ter sido lançada no direção do Sol), e se comporia principalmente de matérias das regiões externas da Terra. Quando ocorreu a ruptura, a porção que se destacou teria uma considerável velocidade transversal e assim não poderia voltar a cair na Terra".

Recentemente, de acordo com três astrônomos, o americano Fred Whipple, o inglês Fred Hoyle e o francês Alexandre Dauvillier, a Lua poderia ter sido formada por acreção, a partir de um anel de poeira, conjuntamente com a Terra, de tal modo que os dois astros constituiriam um planeta duplo.

Apesar dos avanços efetuados na década de 1960, não existe ainda nenhum argumento decisivo que permita determinar, de modo definitivo, qual a hipótese verdadeira. Acredita-se que a última seja a mais provável.

Fundamentado nesta última hipótese, e nos atuais conhecimentos da estrutura interna e constituição química de nosso satélite, podemos traçar a sua história, através dos tempos, desde a origem.

Na verdade, foi graças aos dados recolhidos pelos sismógrafos que se tornou possível estabelecer um modelo para a estrutura interna da Lua. Assim, o seu interior deve compreender uma crosta de várias camadas, cuja espessura varia, aproximadamente, de 60 km, para o lado visível da Terra, a 100 km, para o lado oculto. Abaixo dessa crosta, deve existir um manto de 540 km de espessura, com uma zona de transição situada a 500 km da superfície. Esse manto termina a 1.040 km de profundidade, e é separado do núcleo por uma região denominada astenosfera, que se supõe conter elementos em fusão parcial. A seguir, por fim, o núcleo de cerca de 700 km de raio, contendo uma grande quantidade de composto em ferro. A temperatura desse núcleo baseia-se, essencialmente, no fato de as ondas sísmicas transversais não se propagarem de 1.000 a 1.100 km de profundidade, o que permite supor que, nesse nível, a matéria se encontra em estado de fusão, pelo menos parcialmente.

As amostras recolhidas pelos astrônomos permitiram estimar o tempo de vida da Lua. De fato, parece que a Lua surgiu há 4,6 bilhões de anos, ao mesmo tempo que a Terra e os outros astros do sistema solar, seja por condensação de vapores, seja por aglomeração de partículas sólidas, ou mesmo, o que é mais provável, pela conjunção* simultânea desses dois fenômenos. Logo a seguir, a temperatura das camadas externas atingiu 1.000ºC, liquefazendo-se a uma profundidade de 200 km, quando o material do seu interior se distribuiu do centro para a superfície, em densidade crescente. Essa diferenciação química por densidade produziu, entre 4,5 bilhões e 4,3 bilhões de anos atrás, uma crosta superficial rica em anortositos. Quando ainda não se havia solidificado totalmente, essa camada externa sofreu intenso bombardeio de enormes meteoritos, muito frequentes nessa época do espaço interplanetário. Esses impactos cavaram os enormes golfos ou baías, e provocaram a fusão das rochas. Essa época dos cataclismos terminou há 3,9 bilhões de anos. Assim, parece que o último impacto importante foi aquele que deu origem ao Mar das Chuvas.

Logo em seguida, durante 800 milhões de anos, a Lua foi centro de uma enorme atividade interna. Assim, o calor desprendido pelos átomos radioativos, presentes nas rochas situadas sob a crosta, provocou uma segunda fusão em profundidade e a formação de lavas basálticas que subiram até a superfície e se espalharam, preenchendo os golfos para constituir os mares, como observamos hoje. Essa corrida de lavas ultrapassou os grandes golfos, representados pelos grandes mares circulares nas *terras baixas* que os envolvem, para atapetar os mares de contornos irregulares. A ausência quase total de mares do hemisfério oculto da Lua explica-se pelo fato de a crosta nesse lado ser sensivelmente mais espessa, de tal modo que o magma que fluiu do interior só conseguiu atingir a superfície em apenas alguns pontos, como no Mar de Moscou, a maior planície do lado invisível.

Nos últimos três bilhões de anos, o aspecto da Lua sofreu poucas transformações. De fato, como a atividade interna da Lua se acalmou, o aspecto lunar se manteve inalterado por ausência total de erosão. À medida que o sistema solar se organizava, afastando-se do caos inicial, os impactos dos grandes meteoritos em sua superfície tornaram-se mais raros. Ao mesmo tempo, o satélite foi lentamente se resfriando, tornando-se mais sólido até uma profundidade de 1.000 km.

Graças às amostras lunares, foi possível reconstituir a história do nosso satélite natural. Nos primeiros milhões de anos de vida, a Lua foi sede de tão violentas ocorrências, que não existe nenhum traço ou sinal dessa época. Após a solidificação das suas partes exteriores, formou-se uma camada de centenas de quilômetros de espessura, constituída de diferentes tipos de rochas. Nesse período, a frequência de meteoroides no espaço interplanetário era muito elevada.

Alguns desses corpos que bombardearam a superfície lunar possuíam dimensões enormes, equivalentes aos maiores asteroides. Foram alguns deles que, ao atingirem a superfície lunar, criaram imensas planícies ou marés de centenas de quilômetros que atualmente vemos na Lua. Com efeito, durante as missões Orbiter, que precederam as Apollo, observou-se a existência de concentração de massa (mascon) que parece justificar essa fase da histeria lunar.

Esse bombardeio catastrófico, há cerca de 4 bilhões de anos seguintes, deixou as elevações lunares (continentes) cobertas por enormes crateras e partes das rochas das camadas inferiores destruídas. Nos 500 milhões de anos seguintes, ou seja, a cerca de 3,8 a 3,1 bilhões de anos, grandes fluxos de lava escaparam do interior lunar, cobrindo as falhas e os grandes meteoritos. Nessas regiões encontram-se as atuais superfícies escuras que constituem os mares lunares. Desde então, há 3 bilhões de anos, a Lua deixou de sofrer as inundações de lavas. As erupções praticamente cessaram. A partir dessa época, a superfície lunar só foi alterada pelo impacto de meteoritos e partículas atômicas de origem solar. Assim, a Lua preserva até hoje alguns dos aspectos formados há 4 bilhões de anos.

Em oposição a essa capacidade de preservação da história lunar, a Terra é um mundo em permanente alteração. Assim, além do seu calor interno ainda ativo, a Terra constrói até hoje as suas montanhas. Segundo as mais recentes teorias geológicas, o fundo dos oceanos, que deve possuir uma idade de 200 milhões de anos, formou-se pela lenta separação das placas que constituem os continentes.

Diante dessa série de eventos que nos contam a história da formação lunar, ainda é impossível decidir entre três teorias que explicam a origem da Lua. Para uns ela teria se formado próximo da Terra como um corpo separado, para outros, ela se separou da Terra, e, segundo um terceiro grupo, ela teria sido capturada pela Terra. Tendo em vista a enorme diferença química entre os dois corpos e a ausência da água na Lua, parece que esta não teria se separado da Terra.

Por esse fato, constata-se que a Lua e a Terra seguiram dois caminhos muito diferentes. Assim, enquanto a Lua se acalmou, a Terra continuou a criar suas montanhas, vulcões, oceanos, atmosfera e vida. As velhas rochas terrestres foram continuamente destruídas por diferentes formas de erosão, enquanto a Lua preservou as mais antigas, por mais 4 bilhões de anos e, assim, irá conservar as pegadas dos homens que lá estiveram por bilhões de anos, até que os turistas lá cheguem para visitá-las.

A exploração da Lua através da projeção do solo, através das amostras e da sua estrutura interna, pelo sismômetro instalado pelos astronautas, permitiu esclarecer muitas das dúvidas sobre sua origem e evolução. No entanto, ainda existia muito para ser pesquisado, quando os americanos cessaram as pesquisas *in loco* para se dedicar à corrida armamentista no espaço.

ORIGEM DOS COMETAS

Durante muitos séculos, toda explicação para a origem dos cometas envolvia uma força sobrenatural, o que permite compreender que os cometas fossem vistos sempre como um objeto de mau agouro. Aliás, nessa época, o próprio movimento dos cometas era desconhecido. Com as primeiras determinações das órbitas cometárias, nos fins do século XVIII, tornou-se possível o aparecimento das primeiras hipóteses científicas sobre a origem desses astros.

Todas essas teorias deveriam explicar o grande predomínio das órbitas muito alongadas, a distribuição quase aleatória das inclinações dessas órbitas em relação aos planos dos planetas.

No início do século XIX, surgiram simultaneamente dois grupos de teorias. Segundo uma delas, os cometas teriam uma origem interestelar, seriam visitantes de fora do sistema solar. A outra sugeria que os cometas eram de origem planetária.

O cometa Cruls (1882 II) fotografado em 13 de novembro de 1882 pelo astrônomo inglês David Gill no observatório do Cabo da Boa Esperança

A teoria do primeiro grupo – origem interestelar – foi proposta pelo astrônomo francês Pierre Simon de Laplace (1749-1827), na quarta edição de sua obra *Exposition du système du monde*

(1813). Laplace considerava os cometas como pequenas condensações de matéria interestelar que o Sol capturava logo que penetravam na sua esfera de influência. De acordo com essa hipótese, as órbitas cometárias deveriam ser muito hiperbólicas, o que não estava de acordo com as observações. Para ajustar as observações com a teoria, Laplace imaginou uma série de mecanismos que tornavam essas órbitas elípticas ou parabólicas.

Por outro lado, com a descoberta de que o Sol se deslocava em relação às estrelas vizinhas com uma velocidade de 20 km/s, numa direção bem determinada (o ápex), deveria haver, se a teoria de Laplace estivesse correta, uma maior quantidade de cometas nessa direção; ao contrário, os cometas seriam raros na direção oposta. Na realidade, não existe uma região privilegiada para a aparição dos cometas. Mais tarde, o astrônomo inglês Raymond Arthur Lyttleton, em seu livro *The Comets and their Origin* (1953), retomou a teoria de Laplace, sugerindo que, quando o Sol passa através de uma nuvem de poeira interestelar, algumas partículas poderiam se aglomerar em condensações sob o efeito de atração solar. Segundo Lyttleton, dezenas de milhares dessas condensações seriam capturadas toda vez que o Sol atravessasse uma grande nebulosa. Essa teoria supõe que a estrutura dos cometas seja a de um *banco de areia.* Tendo em vista as forças não gravitacionais registradas nos cometas, eles não seriam compatíveis com a existência do modelo de *banco de areia* proposto por Lyttleton, e a teoria interestelar foi abandonada.

O segundo grupo de teoria foi proposto pelo astrônomo francês Joseph Louis Lagrange (1736-1813). Com base na existência de um conjunto de cometas associados à órbita do planeta Júpiter, Lagrange lançou a hipótese de que os cometas seriam corpos ejetados, durante as erupções que ocorreram na superfície dos grandes planetas Júpiter e Saturno ou mesmo nos seus satélites. Mais tarde, em 1874, esta ideia foi retomada pelo astrônomo inglês R. Proctor, que sugeriu que a mancha vermelha de Júpiter era um vulcão que ejetava cometas logo que entrava em erupção.

Em 1890, o astrônomo francês Tisserand retomou a ideia de Lagrange, introduzindo alguns aperfeiçoamentos matemáticos. Onze anos mais tarde, o astrônomo inglês Chamberlin sugeriu que os cometas poderiam ser produzidos pela fratura de pequenos asteroides que viessem a passar muito próximos ao campo gravitacional dos grandes planetas. Em 1925, o astrônomo inglês Crommelin atribuiu uma origem solar aos cometas, em especial aos que passam rentes ao Sol.

O último defensor dessa teoria foi o astrônomo soviético S.K. Vsekhsvyatsky que, entre 1930 e 1935, defendeu uma variante desta teoria, segundo a qual os cometas seriam ejetados, não pelos planetas, mas pelos seus satélites. De fato, a ejeção dos planetas exigiria uma velocidade considerável de, pelo menos, 42 km/s se o cometa partisse de Saturno, e de 67 km/s, se partisse de Júpiter. Esta última hipótese foi menos feliz, pois era muito difícil explicar a existência de órbitas cometárias parabólicas.

Todas essas teorias tinham como principal dificuldade explicar a órbita fortemente inclinada dos cometas em relação à dos planetas e, principalmente, explicar a existência dos cometas que não passavam jamais nas vizinhanças de nenhum planeta.

Atualmente a teoria mais aceita é a que considera os cometas como os resíduos da nebulosa solar primitiva que deu origem ao nosso sistema planetário. Os cometas, nesse caso, teriam origem nos confins do sistema solar. Foi depois de 1950 que o astrônomo holandês Oort, com base num estudo estatístico de um conjunto de cinquenta órbitas de cometas, concluiu que o afélio (a região mais distante do Sol) se situa a uma distância compreendida entre 0,6 e 2,3 anos-luz. Segundo Oort, essa zona afastada do sistema solar constitui um vasto reservatório, capaz de conter até 100 bilhões de cometas, cuja massa não deve exceder a um décimo de massa do nosso planeta.

Sob o efeito gravitacional das estrelas mais próximas, os cometas sairiam pouco a pouco desse reservatório. Alguns seriam expulsos definitivamente do sistema solar para o espaço interestelar e jamais seriam observados por nós. Por outro lado, uma dezena seria enviada anualmente para as vizinhanças do Sol, constituindo os novos cometas que observamos, como o cometa Austin, recentemente descoberto. O estudo da natureza desses cometas é muito importante, pois eles constituem uma amostra original do reservatório cometário de Oort. Por outro lado, convém lembrar que a atração gravitacional dos grandes planetas, agindo sobre os cometas novos, pode alterar as suas trajetórias, transformando-as em órbitas elípticas, fazendo com que os cometas passem a ser periódicos. De fato, em geral esses astros periódicos se associam em famílias de cometas, cujo afélio passa pelos planetas Júpiter e Saturno, que os capturaram.

ESTRELAS

Algumas milhares de estrelas podem ser vistos a olho nu. Umas são mais brilhantes que as outras. Com um binóculo, podem-se ver mais estrelas, e seu número cresce muito mais quando observadas por intermédio de um telescópio. Assim, quanto maior e mais poderoso o telescópio empregado, mais cresce o número de estrelas nas profundezas do espaço. Surgem, então, as perguntas: O que é uma estrela? Qual o número total de estrelas no céu?

O que denominamos estrelas são enormes corpos gasosos de forma aproximadamente esférica, no interior dos quais reinam temperaturas e pressões elevadíssimas, em especial nas regiões vizinhas do centro. Ali se verificam reações termonucleares que liberam considerável energia, a qual se propaga do centro para a periferia, através das diversas camadas que as constituem, até atingir o espaço sob a forma de radiações eletromagnéticas. No centro, a radiação é rica em componentes de alta frequência (radiações gama e X) e, na periferia, avolumam-se as radiações luminosas, ultravioletas e infravermelhas.

Na realidade, o que chamamos estrelas são sóis – em geral muito maiores e muito mais quentes do que o Sol. O número de estrelas visíveis a olho nu é de cerca de 7 mil, distribuídas por toda a esfera celeste. Elas se diferenciam uma das outras quanto ao seu brilho. Assim, são classificadas de acordo com seu brilho e conhecidas como estrelas de primeira magnitude, de segunda, de terceira, até a vigéssima sétima magnitude. Uma estrela de qualquer magnitude é cerca de 2,5 vezes mais luminosa do que outra da ordem de magnitude seguinte. A magnitude das estrelas varia de acordo com seu poder de emissão de luz e também com sua distância em relação ao nosso planeta.

ESTRELAS NA POESIA

Estrelas. Pontos luminosos no céu escuro, piscando, piscando... luzes trêmulas, com mudanças contínuas de brilho e cor...

Estrelas que pestanejam frio
Impossível de contar.
O coração pulsa alheio,
Impossível de escutar.

Se o poeta português Fernando Pessoa viu, no brilho cintilante e variável das estrelas pálpebras que pestanejam, o brasileiro Olavo Bilac não teve impressão muito diferente:

Olhou-me do alto uma pequena estrela,
Abrindo as áureas pálpebras luzentes:
E outras se acendiam nela,
Como pequenas lâmpadas trementes.

Aos poetas de alma sensível e ao povo de alma simples, tudo é permitido. Não estranhe, portanto, se alguém lhe disser que as estrelas piscam como faróis que Deus acendeu no oceano da noite, orientando os navegantes do espaço...

O piscar de olhos das estrelas, a variação incessante de brilho e cor que tanto inspira os poetas, é um fenômeno conhecido em astronomia como *cintilação estelar,* efeito produzido pela diferença de temperatura das várias camadas da atmosfera terrestre que a luz das estrelas encontra em seu caminho.

Você já deve ter observado como parecem se mover as imagens que atravessam o ar quente próximo a uma chapa quente.

Nas noites frias, depois de um dia de muito calor, também é possível notar que as luzes das cidades muito distantes piscam como as estrelas.

O lento resfriamento das diferentes camadas de ar aquecidas durante o dia causa as diferenças de temperatura. E estas diferenças de temperatura causam o *cintilar.*

Quando este fenômeno ocorre com as luzes das estrelas, é denominado *cintilação.* A cintilação é produzida pelo desvio do raio luminoso de uma estrela ao atravessar camadas atmosféricas que possuem diferentes temperaturas. Ela é mais sensível nas estrelas luminosas e mais intensa na medida em que as estrelas estão mais próximas do horizonte, onde as camadas da atmosfera são mais espessas, causando, portanto, maiores diferenças de temperatura.

É, pois, a cintilação, o piscar e o tremeluzir das estrelas. Manuel Bandeira, no entanto, apresenta outra explicação. Para ele, as estrelas tremem de frio...

As estrelas tremem no ar frio, no Céu frio
E no ar pinga, levíssima, a orvalhada.
Nem mais um ruído corta o silêncio da estrada,
Senão na ribanceira um vago murmúrio.
Tudo dorme. Eu, no entanto, olho o espaço sombrio.
Pensando em ti, ó doce imagem adorada!...
As estrelas tremem no ar frio, no céu frio,
E no ar frio pingam as gotas da orvalhada...
E enquanto penso em ti, no meu sonho erradio,
Sentindo a dor atroz desta ânsia incontestada,
Fora, aos beijos glaciais e cruéis da geada,
Tremem as flores, treme e foge ondeando, o rio.
E as estrelas tremem no ar frio, no céu frio...

Existem, entretanto, estrelas que não cintilam. Sua luz parece fixa no céu. Seu brilho não pisca, não treme, sabe por quê?

Porque parecem estrelas, mas não são... São os planetas.

A luz refletida pelos planetas não cintila. E isso é fácil de constatar com uma luneta ou mesmo com um binóculo. Com a ajuda destes instrumentos, podemos observar que os planetas possuem um diâmetro aparente.

O mesmo não acontece com as estrelas. Como estão muito mais distantes, elas aparecem sempre como pontos luminosos, piscando, sem diâmetro aparente.

Os feixes de raios luminosos dos planetas são muito maiores que os das estrelas. Por isso, os desvios dos raios dos planetas são compensados, dando origem àquela luz fixa tão característica. Você pode observá-la em Vênus, que o povo chama de Estrela da Manhã.

Todos os planetas descobertos até hoje pertencem a uma mesma família que gira em torno do nosso Sol. Conhecemos atualmente nove planetas. Um deles é a Terra, o mundo em que vivemos.

AS ESTRELAS E O CARNAVAL

"Brilha no céu a estrela que me faz sonhar"
(J. Brito, Muca, Guinna e Joãozinho)
(G.R.E.S. Mocidade Independente de Padre Miguel – Carnaval 1998)

O céu vai me guiar
O brilho das estrelas
Vai iluminar!!
Nesta noite de magia
Cai do céu a poesia.
Vem da estrela que me faz sonhar (sonhar!!)
Nesse Universo de mistérios
Um livro aberto cheio de fascinação.
Vejo nos astros minha luz na escuridão.

Amor vou te levar
Nesse mar de alegria.
Iluminado vou na paz da
Estrela guia (Mas reluz).

Reluz no mapa celeste,
A sorte e o destino
Dos grandes impérios.
Deixa o sonho te levar
Pro futuro que virá.
Entre heróis, mitos e animais,
Cruzeiro do Sul, não me perco jamais.
Se o mundo gira, o Sol se põe.
A lua vem e anuncia,
Uma chuva de estrelas
Vai cair nessa folia.

Uma luz riscou o céu,
O espaço sideral.

Fiz um pedido
Pra brilhar no carnaval.

UM MISTÉRIO: EXISTE ANÃ MARROM?

Os resultados das pesquisas efetuadas nos últimos 15 anos parecem indicar que o nosso sistema solar não é o único no Universo. Neste curto período, os astrônomos descobriram vários indícios que fazem supor a existência, ao redor de determinadas estrelas, de sistemas planetários em formação ou planetas já formados.

Assim, depois de ter sido detectado pelo satélite infravermelho IRAS, em junho de 1983, um disco de poeira ao redor da estrela Vega, que os astrônomos sugeriram tratar-se de um sistema planetário em formação, cerca de 49 estrelas, dentre elas a estrela Fomalhaut, foram registradas com suspeita de possuírem um sistema de planetas em desenvolvimento. No entanto, o período de vida muito curto de Vega e Fomalhaut talvez não venha dar a estes discos de poeira o tempo suficiente para que se transformem em planetas.

Pouco tempo antes desta descoberta, o astrônomo norte-americano H. Dyck, da Universidade do Havaí, e seus colaboradores questionaram se o objeto localizado próximo à estrela T Tauri não seria um protoplaneta em estágio de condensação. Quase na mesma época, uma equipe de astrônomos japoneses, liderada por N. Kaifu, detectou sinais de um disco de poeira em rotação ao redor de uma estrela na região da nebulosa de Órion.

Em 1984 os astrônomos norte-americanos Bradford Smith, da Universidade do Arizona, e Richard Terrile, do Laboratório de Propulsão a Jato, ao processarem os registros da estrela Beta Pictoris, obtidos com o telescópio de 2,5 metros de diâmetro do Observatório de Las Campanas, da Fundação Carnegie, próximo de La Serena, no Chile, verificaram que esta estrela, situada a 55 anos-luz, possuía a seu redor um disco de 64 bilhões de quilômetros de raio, com grande quantidade de partículas sólidas. Embora não tenha sido possível determinar se existem realmente planetas ao redor da estrela, é muito provável que se trate dos primeiros estágios de evolução de um novo sistema planetário, pois, sendo Beta Pictoris uma estrela muito jovem, com cerca de 1 bilhão de anos, acredita-se que ainda não houve tempo suficiente para que os protoplanetas se condensassem e, muito menos, atingissem o estágio de evolução dos planetas do nosso sistema solar.

Em 1989, os astrônomos norte-americanos Donald W. McCarthy Jr. e Frank J. Low, ambos da Universidade do Arizona, em Tucson, bem como seu colega Ronald G. Probst, do Observatório Nacional de Astronomia Óptica, em Tucson, anunciaram ter descoberto o que eles acreditam ser o primeiro planeta observado fora do sistema solar.

O novo objeto foi descoberto em órbita ao redor da estrela Van Biesbroeck 8, que é o terceiro componente de um sistema múltiplo de três estrelas na constelação de Ofiúco. As duas outras constituem o sistema binário Kuiper 75, descoberto em 1984, que compreende duas estrelas com o mais curto período de revolução. Com efeito, a companheira de Kuiper 75 gira ao redor da principal em 1.715 anos. Um dos aspectos interessantes deste sistema de duas estrelas anãs de brilho fraco (magnitude 9) é o fato de uma delas constituir uma estrela variável do tipo *flare**, ou seja, uma estrela que apresenta clarões luminosos. A terceira estrela deste sistema múltiplo foi descoberta nos anos 60 pelo astrônomo norte-americano de origem belga George Van Biesbroeck. Por ter sido a oitava estrela descoberta por este astrônomo, recebeu o nome de Van Biesbroeck 8 ou VB8. Como as anteriores componentes do sistema, a VB8 é uma estrela anã (dM), de brilho muito fraco (magnitude visual 11,7), situada a 21 anos-luz, ou seja, 202 bilhões de quilômetros de distância da Terra.

Com uma massa de apenas 10% da massa do Sol, a sua temperatura superficial foi estimada em 1.649ºC, muito inferior à do Sol, cujo valor é de 5.482ºC.

Em 1983, o astrônomo norte-americano Robert Harrington, do Observatório Naval de Washington, detectou um companheiro ao redor da estrela VB8, em observações realizadas com o telescópio astrométrico de um metro, em Flagstaff, Arizona, onde se encontra o principal instrumento desta instituição.

Este objeto, que gira ao redor de VB8 a uma distância de cerca de 960 milhões de quilômetros, foi visto diversas vezes por intermédio do telescópio refletor de 3,87 metros do Observatório de Kitt Peak, no Arizona. O telescópio estava equipado com sensores infravermelhos capazes de detectar as mais fracas e distantes fontes emissoras de calor. Em sua pesquisa os astrônomos utilizaram a interferometria granular, técnica que permite eliminar os efeitos perturbadores da turbulência atmosférica, bem como obter uma sequência de exposições muito curtas da ordem de 10 segundos, ao contrário de uma exposição muito longa, em ondas infravermelhas. Os sinais assim obtidos são processados, acumulados e intensificados para reconstituírem uma imagem composta do objeto observado. Após a análise das imagens registradas desta maneira, os astrônomos, liderados por McCarthy, publicaram as conclusões de suas observações sobre a estrela VB8 no último número da revista *Astrophysical Journal Letters*. Depois de expor as principais propriedades do novo objeto, ou seja, sua temperatura, raio e massa, concluíram que eles são consistentes com um companheiro de massa subestelar, isto é, um planeta.

Segundo McCarthy, o novo objeto deve possuir, em relação a Júpiter – o maior planeta do sistema solar –, um diâmetro nove décimos inferior a uma massa estimada em 30 a 80 vezes superior à de Júpiter. Sua temperatura foi estimada em 1.903° em sua superfície gasosa.

O corpo identificado como um planeta é muito escuro e muito frio para ser uma estrela, afirmou McCarthy. Com este ponto de vista não concordamos, assim como também os astrônomos norte-americanos Harrington e seu colega George Gatewood, do Observatório de Allegheny da Universidade de Pittsburgh.

Tudo parece indicar – tendo em vista a sua temperatura superficial da ordem de 1.103°C, comparativamente com a do Sol, de 6.000°C e a de Júpiter, da ordem de -96°C – que a bola de gases não é uma estrela em sua conceituação comum nem um verdadeiro planeta. Deve tratar-se de uma anã marrom, um novo tipo de corpo celeste, ou melhor, quase estrela, embora previsto teoricamente, que não tinha sua existência ainda comprovada pela observação.

As anãs marrons são bolas de gás interestelares que não chegam a constituir propriamente estrelas, visto que a sua massa, em geral de apenas 1/10 da massa do Sol, não é suficiente para desencadear as reações nucleares que irão permitir a fusão de dois núcleos de hidrogênio e um núcleo de hélio – origem da energia das estrelas.

No entanto, esta estrela teve uma vida muito curta. Em 23 de março de 1986, os astrônomos franceses Christian Perrier e Jean Marie Mariotti, no Observatório Europeu Austral, em La Silla, no Chile, refazendo as observações dos seus colegas norte-americanos, verificaram que nem planeta gigante nem anã marrom existem. A anã VB8 vive completamente só, sem companheiros, assim não se confirmando a hipótese de que o objeto detectado por McCarthy seja uma anã marrom – a existência dessas quase estrelas só se mantém no campo da teoria –, mas um mistério do cosmo para solução futura.

EJNAR HERTZSPRUNG

Astrônomo dinamarquês nascido em Frederiksberg, em 8 de outubro de 1873, e falecido em Roskilde em 21 de outubro de 1967. Tornou-se conhecido pelos estudos em que relacionava a luminosidade e o tipo espectral das estrelas. Ao plotar cada um desses elementos num gráfico, descobriu a existência de estrelas gigantes, supergigantes* e uma sequência principal* onde se localizavam as estrelas normais.

O gráfico ficou conhecido como diagrama Hertzsprung-Russell, por ter sido estabelecido independentemente por H.N. Russell. Hertzsprung é conhecido pelo seu trabalho em estrelas duplas e variáveis. Ele desenvolveu o método das exposições múltiplas para observar estrelas duplas visuais.

ESTRELAS CANIBAIS

Na última reunião, no fim da década de 1980, da Fundação de Ciências dos EUA, os astrônomos norte-americanos Albert Graner, da Universidade de Arkansas, e Howard Bond, da Universidade Estadual de Louisiana, anunciaram a descoberta de canibalismo entre as estrelas, que parecem estar se devorando mutuamente. Tal constatação só foi possível graças às excelentes qualidades do céu, onde estão instalados os grandes telescópios de Kitt Peak e de Baton Rouge, nos EUA, e o de Cerro Tololo, no Chile.

Foi observando nestes três observatórios que Graner e Bond descobriram a existência de sistema de *duas estrelas girando* uma ao redor da outra, em curtos períodos de algumas horas, no interior das nebulosas planetárias – extensas nuvens de gás em forma anular que, por terem sido confundidas com os planetas ao serem observadas com as lunetas de pequeno porte do século passado, foram batizadas impropriamente de planetárias.

A ideia até recentemente aceita era a de que, no interior das nebulosas planetárias, houvesse apenas uma estrela simples, que, no fim de sua vida, teria começado a expelir as camadas gasosas exteriores de sua atmosfera, dando origem ao anel de gases tão peculiar a essas nebulosas. De fato, assim que todo o hidrogênio do centro de uma estrela se esgota, rompe-se o equilíbrio hidrostático e térmico do núcleo. Não suportando mais as pressões, o núcleo começa a contrair-se sob a influência da gravidade. Tal contração irá converter energia gravitacional em energia térmica; em consequência, o núcleo continua a contrair-se, e a sua atmosfera começa a se expandir.

Em virtude da fusão de dois átomos de hidrogênio em um de hélio, o que dá origem à energia radiante das estrelas, o núcleo estelar passa a se constituir inteiramente de hélio. O colapso deste núcleo rico em hélio o levará a uma elevação violenta de pressão e temperatura. Em consequência, a camada que reveste o núcleo começará a se aquecer. As camadas entre o núcleo e a superfície estelar contêm ainda hidrogênio; após um relativamente curto período de tempo, a temperatura acima do núcleo em contração (da ordem de 4 milhões de graus Kelvin) é suficiente para que o hidrogênio comece a queimar, formando um envelope ao redor do núcleo. O início da transformação de hidrogênio em hélio ao redor desse núcleo produz enormes mudanças nas outras camadas das estrelas. Com efeito, a contínua contração do núcleo inerte da estrela (pois nele cessou reação termonuclear) e a nova fonte de energia termonuclear do envoltório de hidrogênio produzem uma enorme expansão da atmosfera da estrela. Assim, as camadas exteriores se expandem cada vez mais, enquanto a estrutura da estrela tenta manter o seu equilíbrio com a nova fonte de energia. Ora, como a termodinâmica nos ensina, toda vez que um gás se expande, a sua temperatura cai, ou seja, o gás se resfria; o mesmo ocorre com a energia do núcleo em contração, o que produz a expansão da estrela. Tal expansão irá provocar o resfriamento da atmosfera estelar. Sua temperatura pode atingir 4 mil graus Kelvin. De acordo com a lei de Wien, um objeto a essa temperatura emite radiação vermelha. Como a estrela se torna gigantesca e muito vermelha, convencionou-se chamá-la de *gigante vermelho.*

No caso de existir uma outra estrela nas suas proximidades, ela acabará engolida pelas camadas exteriores da atmosfera da gigante vermelha. Na realidade, a estrela irá gradualmente mergulhando no interior da atmosfera estelar que se expandiu. O próprio atrito da estrela companheira com as camadas mais densas da atmosfera da gigante vermelha irá frear o seu deslocamento, provocando a sua lenta queda em espiral, como aliás ocorre com os satélites artificiais que penetram na atmosfera terrestre.

Estes verdadeiros canibalismos estelares ocorrem nas nebulosas planetárias que possuem em seu centro uma estrela dupla. À medida que elas se aproximam da estrela principal, acabam devoradas pela gigante vermelha. Um dos casos mais notáveis é a denominada Abell 41. As duas estrelas que a compõem estão tão próximas que uma completa uma órbita ao redor da outra em cerca de 2 horas e 43 minutos.

Para aqueles que desejam localizar a posição da nebulosa Abell 41, convém lembrar que ela se encontra na nossa Galáxia – a Via-Láctea – a cerca de seis mil anos-luz, na constelação de Serpens (Serpente), e situada na cauda desse asterismo visível em nossa latitude próxima ao zênite nos meses de abril e maio, respectivamente às 2h30min e 0h30min. Como é muito frequente a existência de estrelas duplas no centro das nebulosas planetárias, tudo parece indicar que a ocorrência do canibalismo no espaço é um fenômeno corriqueiro.

A arte mostrando como se daria a troca de matéria entre as estrelas canibais

NEBULOSA

Matéria interestelar é toda matéria existente entre as estrelas. Sua concentração é da ordem de um átomo por centímetro cúbico, em média. Ao gás formado nesse espaço se juntam partículas sólidas, em geral denominadas poeira cósmica. Os gases são constituídos de hidrogênio atômico, neutro ou ionizado, de grãos sólidos, de partículas sólidas mal conhecidas, responsáveis pela extinção e polarização interestelar. A matéria interestelar aparece brilhante ou obscura, muito densa ou tênue. Forma imensas nuvens que são facilmente detectáveis aos telescópios ou astrógrafos sob a forma de enormes nebulosas brilhantes, como a nebulosa de Órion, ou escuras, como o *Saco de Carvão*.

Classificação das Nebulosas Gasosas: A diversidade de condensação da matéria interestelar não parece associada a uma diferença de natureza, e tudo indica que a proximidade ou o afastamento das estrelas quentes são responsáveis pelo fato de uma nebulosa ser um objeto escuro ou brilhante. Morfologicamente, as nebulosas podem ser: *nebulosas planetárias*, *nebulosas difusas* e *nebulosas obscuras*.

As *nebulosas planetárias* apresentam-se com camadas gasosas esféricas, que envolvem uma estrela quente. Seu aspecto é esverdeado, o que faz lembrar os planetas longínquos, que deram origem ao seu nome. Possuem um espectro com mecanismos de emissão contínua térmica e raias.

O aspecto obscuro das *nebulosas obscuras* é facilmente perceptível quando em contraste com nebulosas brilhantes. Parecem ser protoestrelas, o que faz supor que sejam pontos de condensação no interior das nebulosas difusas. Pela dificuldade de estudo, sua natureza é bastante duvidosa e contraditória.

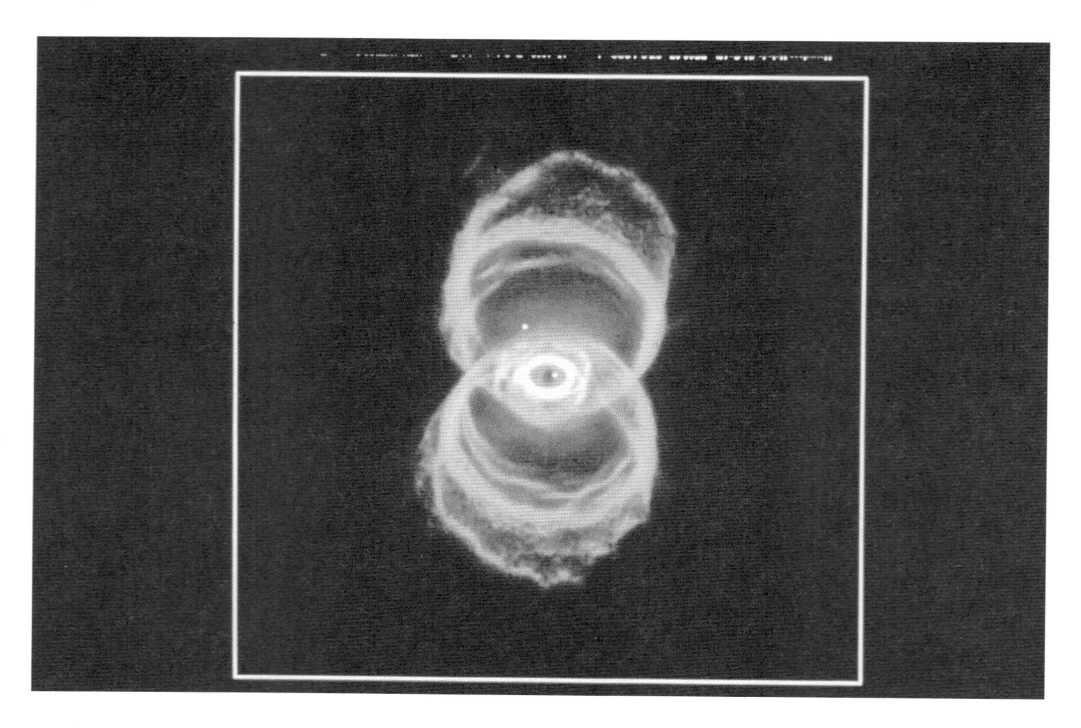

As *nebulosas difusas* foram as primeiras a serem observadas. Apresentam-se como o espectro das nebulosas planetárias, os espectros contínuos térmicos e os contínuos não térmicos. Apresentam espectro somente contínuo, mas de aspecto térmico, se as estrelas são mais quentes do que as do tipo B_1; espectro e raias de emissão, se o tipo estelar atinge ao menos a temperatura das do tipo B_0. Nesse grupo se incluem as nebulosas difusas ou nebulosas com raia de emissão. Por outro lado, detectam-se nebulosas a espectro contínuo não térmico, que constituem intensas fontes de rádio, de radiações X. Algumas parecem ser resíduos de supernovas.

Nebulosa "Hourglass", fotografada pelo telescópio espacial Hubble (NASA)

NA PÁGINA AO LADO:
Nebulosa de Egg, telescópio espacial Hubble (NASA)

VIA-LÁCTEA

A Galáxia, ou Via-Láctea, é o sistema estelar em que está situado o sistema solar. Sua massa é equivalente a cem bilhões de sóis. Seu aspecto a olho nu é o de uma faixa de luz débil e trêmula, constituída por inúmeras estrelas que a vista humana não consegue determinar. Foi a descoberta da luneta e, principalmente, a aplicação da fotografia que produziram um importante avanço no estudo da Via-Láctea.

O estudo fundamental da estrutura da Galáxia resulta das observações ópticas – em especial do estudo da sua distribuição no espaço, que trata das estrelas e da matéria interestelar – e das observações radioastronômicas, que se aplicam, em particular, ao meio interestelar. A primeira deu origem ao desenvolvimento da estatística estelar, que estuda o movimento e distribuição das estrelas no espaço.

A forma lenticular de nosso sistema estelar sugeriu a muitos astrônomos a existência de uma rotação em torno do seu eixo. Na verdade, tal rotação foi comprovada pelos estudos matemáticos e observacionais do astrônomo holandês Jan Hendrik Oort (1900-1992) e seu colega sueco Bertil Lindblad (1895-1965).

Imagem da Via--Láctea inspirada na Divina Comédia *que sugeria que a mesma fosse constituída por nebulosa de estrelas ou pela condensação da matéria celeste. (Fazio degli Uberti,* Il dittamondo, *1447)*

Tudo parece indicar, pela teoria de Oort, que o Sol e a maior parte de seus vizinhos giram ao redor do centro galáctico com velocidades de 200 a 250 km/s, sendo que as estrelas mais próximas do centro giram mais rapidamente do que as mais afastadas, à semelhança dos planetas no sistema solar.

Pela hipótese de Oort, foi possível nova determinação da distância que nos separa do centro galáctico, a saber, 27.000 anos--luz, que coincide, portanto, com o deduzido do estudo da distribuição dos cúmulos globulares. Além disso, pela teoria em questão, pôde-se chegar a um valor aproximado para a massa de toda a Via-Láctea. A massa total é da ordem de 200 bilhões (2×10^{11}) de massas solares, da qual, aproximadamente, a metade está no núcleo central. O período de uma revolução completa de nossa Galáxia ao redor de seu eixo parece ser, ainda pela mesma teoria, de uns 200 milhões de anos.

A VIA-LÁCTEA E A POESIA

Nossa viagem nos leva até a Via--Láctea. Afinal, já é tempo de conhecer de perto esta esteira cor de pérola que corta as trevas de um horizonte a outro.

Numa noite límpida e de preferência sem luar, olhe para o céu e observe a Via-Láctea. Mas use os olhos e a imaginação, e procure desvendar todos os mistérios deste caminho de estrelas.

A noite está de estrelas recoberta
e a Via-Láctea ...
a esparramar-se, inteira,
parece uma florida trepadeira
abrindo os astros na amplidão deserta.

Se para o poeta J.G. de Araújo Jorge a Via-Láctea é um caminho de flores, bem diferente é a versão da tradição popular. No sertão do Nordeste brasileiro, a Via-Láctea ainda é chamada de *Carreiro de Santiago* ou *Estrada de São Tiago de Compostela.*

De acordo com a lenda, vinda de Portugal, o Carreiro de Santiago, ou mais simplesmente Santiago, é o caminho que todas as almas atravessam para subir ao reino dos céus. Esta quadrinha, colhida por Leite de Vasconcelos no século XIX, comprova a antiga crença:

São Tiago de Galiza
é um cavaleiro forte;
Quem lá não for em vida,
há de ir depois da morte.

Esta também é a opinião do poeta Olavo Bilac, que compara a Via-Láctea a uma escada:

Talvez sonhasse, quando a vi. Mas via
Que, nos raios do luar iluminada,
Entre as estrelas trêmulas subia
Uma infinita e cintilante escada.

Em resumo: a Via-Láctea é a mancha leitosa que atravessa o céu de um lado a outro do horizonte, tão fácil de se ver nas noites sem luar, longe das luzes artificiais das cidades.

É importante acentuar "noites sem luar" e "longe das cidades", pois a luminosidade da Via-Láctea é muito tênue, não resistindo à concorrência das luzes artificiais que poluem as maravilhas do céu.

De qualquer modo, sempre foi admirada e cantada em prosa e verso. A poluição luminosa não conseguiu ainda diminuir o seu encanto...

Assim, escreveu Cassiano Ricardo:

A Via-Láctea parecia
uma correição de formigas de prata
atravessando o azul de ponta a ponta.

Via-Láctea significa Caminho de Leite. E este nome, a exemplo de tantos outros que designam os fenômenos celestes, está ligado à mitologia grega.

Os pastores gregos acreditavam que a mancha leitosa que corta o céu era o caminho que a deusa Juno percorria todos os dias quando amamentava os filhos. Gotas de leite caíam diariamente do seio de Juno. E pouco a pouco essas gotas formaram a Via-Láctea, esteira luminosa da cor do leite.

As antigas civilizações, não podendo explicar cientificamente os fenômenos que observavam no firmamento, utilizavam-se da fantasia para melhor compreender o Universo. Assim, as opiniões divergiam. Para outros, a Via-Láctea era o caminho percorrido pelo Carro do Sol, que todos os dias atravessava o céu. E, para outros ainda, era apenas a estrada que conduzia à morada dos deuses ou ao palácio de Júpiter, o grande deus do raio.

Muitos carros percorriam aquela estrada levantando grande quantidade de poeira visível de muito longe. Na verdade, a Via-Láctea, uma esteira branca de poeira cósmica, poderia parecer, para a fértil imaginação da época, a poeira que a grande caravana levantava ao percorrer aquela estrada celestial.

Muitas hipóteses foram suscitadas, mais tarde, para explicar o fenômeno da Via-Láctea. Teofrasto, por exemplo, afirmava, no século IV antes de Cristo, que aquele arco reluzente eram os pontos nos quais estavam soldadas as duas metades da esfera celeste. Com o passar do tempo e o progresso da ciência, verificamos que a realidade supera a mais bem arquitetada fantasia. Na verdade, a Via-Láctea é um agrupamento de mais de cem milhões de estrelas semelhantes ao nosso sol. Apenas não conseguimos distingui-las, porque estão muito longe, mas muito longe mesmo...

Quem descobriu que a Via-Láctea era composta de estrelas foi o astrônomo italiano Galileu Galilei, ao direcionar para o céu a luneta que construíra. Mas vale a pena lembrar que 400 anos antes de Cristo, na Grécia antiga, Demócrito já acreditava ser a Via-Láctea formada por uma infinidade de estrelas.

Galáxias

O vocábulo galáxia, de origem grega, sinônimo de Via-Láctea, surgiu com o objetivo de nomear o conjunto de estrelas, gases e poeira ao qual pertence o sistema solar. Com a descoberta de que certas *nebulosas extragalácticas* eram um agrupamento de estrelas análogo ao da nossa, resolveu-se denominá-las galáxias. A denominação anteriormente empregada *nebulosas extragalácticas,* até hoje em uso, é completamente imprópria, pois aqueles objetos celestes não são nebulosas, e sim sistemas estelares enormes. Assim, resolveu-se designar como *galáxias* a todo conjunto de gases, poeira e estrelas, que podem ser considerados como um sistema dinâmico isolado, enquanto o sistema onde está situado o sistema solar passou a ser denominado Galáxia ou *Via-Láctea.*

A variedade de aspectos apresentada pelas nebulosas extragalácticas levou Hubble a classificá-las em três tipos. Essa classificação se baseia simplesmente no aspecto das nebulosas sobre os clichês fotográficos. Eis a classificação de Hubble: a) *galáxias elípticas;* b) *galáxias espirais;* e c) *galáxias irregulares.*

As *galáxias elípticas* constituem 17% das nebulosas extragalácticas catalogadas por Hubble. Parecem desprovidas de todos os detalhes de sua estrutura. A luminosidade diminui regularmente do centro para o exterior. As formas variam desde os objetos perfeitamente circulares até as formas lenticulares, passando por uma série de elipses de achatamento crescente.

As *galáxias espirais* se dividem em espirais normais e barradas. Nas primeiras, os braços têm origem tangencialmente ao núcleo, em dois pontos diametralmente opostos. Nas segundas, as espirais barradas, as espirais ou braços surgem nas duas extremidades de

Nebulosa dupla na constelação dos Cães de Caça

uma barra que passa pelo núcleo da nebulosa. Das nebulosas catalogadas, 50% são espirais, ao passo que 30% são espirais barradas.

As *galáxias irregulares* são, como o nome indica, caóticas e amorfas. Um exemplo desse tipo são as Nuvens de Magalhães. O número dessas nebulosas catalogadas é pequeno, pois é difícil sua identificação em relação aos outros tipos.

A distribuição das galáxias no espaço não é uniforme. Encontram-se agrupadas em aglomerados que podem atingir milhões de parsecs*, nos quais se reúnem, às vezes, mais de mil galáxias. Um dos mais célebres é o aglomerado de Virgem.

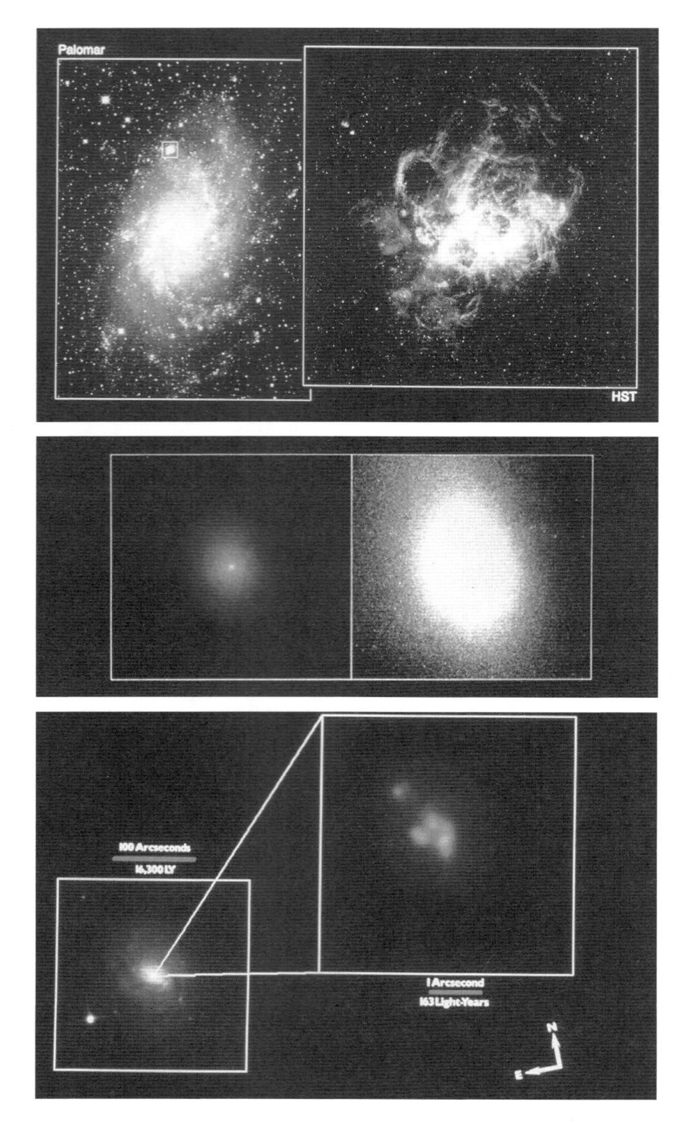

Na primeira das duas fotos, à direita, um detalhe obtido com o telescópio espacial Hubble, da imagem à esquerda (NGC 604); na segunda sequência, à direita, as imagens de um aglomerado globular na galáxia de Andrômeda; na terceira sequência, a imagem da esquerda vista ao telescópio na superfície e à direita, a mesma nebulosa NGC 604, vista pelo telescópio espacial Hubble

A galáxia espiral NGC 628, na constelação dos Peixes, em cima, e a galáxia também espiral Messier 101, na constelação da Ursa Maior, embaixo

Nebulosa de Cães de Caça

Acima: *Nebulosa de Andrômeda. A mais antiga referência a esta galáxia encontra-se na obra de al-Sufi (964)*

Abaixo: *Um fragmento do Atlas da galáxia de Sandage. A galáxia do alto à esquerda NGC 5194/5 foi a célebre galáxia dos Cães de Caça, pintada por Van Gogh em* La nuit étoilée

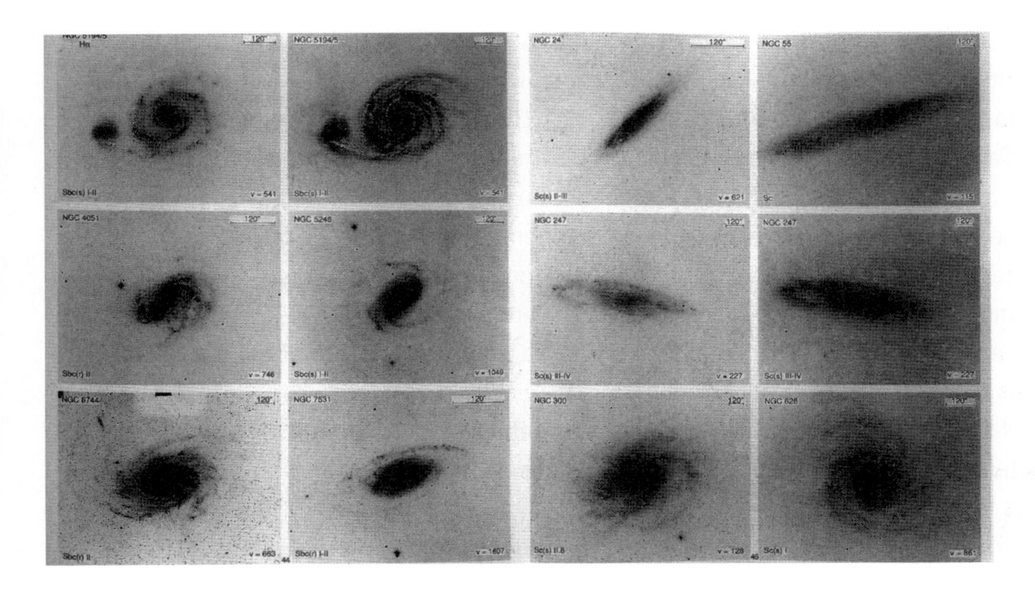

GALÁXIA MAIS DISTANTE

Os astrônomos norte-americanos Hyron Spinrad e Stanislav Djorgovski, ambos da Universidade da Califórnia, em Berkeley, anunciaram ter detectado nove galáxias muito afastadas, sendo que uma delas se encontra à distância de 12 bilhões de anos-luz da Terra. (Convém lembrar que um ano-luz é a distância que a luz percorre à velocidade de 300 mil quilômetros por segundo em um ano, ou seja, 9,5 trilhões de quilômetros.)

Para chegar a este resultado, os dois astrônomos procuravam, desde 1981, quando Spinrad descobriu uma galáxia situada a 10 bilhões de anos-luz, e uma outra mais longínqua, com o auxílio do telescópio refletor Mayali de quatro metros de diâmetro, do Observatório Nacional de Kitt Peak, a oeste de Tucson, Arizona.

Segundo a teoria da expansão do Universo, quanto maior a velocidade de afastamento de uma galáxia, maior a sua distância. Ora, estudando a luz extremamente tênue desta galáxia, que recebeu a designação 3C256 (256ª radiofonte do *Terceiro catálogo de Cambridge*), os dois astrônomos constataram que sua velocidade de recessão é da ordem de 216 mil quilômetros por segundo, ou seja, cerca de 72% da velocidade da luz.

Se esta galáxia está situada aproximadamente a dois terços da trajetória do início do nosso Universo, a sua distância, segundo a teoria do *big-bang,* deve ser de 12 bilhões de anos-luz, o que supera o recorde anterior, em 1981, em 2 bilhões. Assim, verifica-se que a luz que estamos recebendo viajou durante 12 bilhões de anos, ou seja, oito bilhões de anos depois do *big-bang*.

Na realidade, esta nova galáxia constitui uma notável máquina de tempo, como quase tudo no Universo. Como sua luz é muito mais tênue do que seria de se esperar de uma galáxia muito jovem, poderíamos especular e sugerir que ela devia ser cerca de 4 bilhões

Campo de galáxias distantes obtido pelo telescópio espacial Hubble (NASA)

de anos mais velha, quando a luz a deixou. Assim, poderíamos supor que ela se formou há 16 bilhões de anos. Isto permitirá estimar a data de sua criação em somente 4 bilhões de anos, depois da grande explosão, que, segundo a teoria da origem do Universo mais aceita atualmente – o *big-bang* – , teria ocorrido há 20 bilhões de anos.

Na astronomia, em especial quando estudamos os objetos situados a distâncias muito remotas, constatamos que, na realidade, estamos olhando para algo muito jovem. Assim, as galáxias mais distantes surgem como os objetos de um Universo situado em um estágio muito próximo do *big-bang*. Por outro lado, o aspecto que temos atualmente da galáxia mais próxima – Andrômeda, situada a 2 milhões de anos-luz – é mais ou menos o estágio em que estava quando na Terra apareceram os primeiros homens, isto é, há dois milhões de anos. Se considerarmos a estrela mais próxima, o Sol, cuja luz gasta oito minutos para nos atingir, concluiremos que a nossa imagem do Sol é a que ele apresentou oito minutos antes.

Aplicando o mesmo raciocínio, constatamos que a luz da galáxia 3C256 viajou 12 bilhões de anos, ou seja, 67% da idade do Universo. Nessa galáxia, o que estamos vendo é a juventude do Universo.

Nas condições atuais, é impossível obter uma fotografia instantânea do Universo, uma representação panorâmica do cosmo, num determinado instante ou momento preciso. Na realidade, a nossa visão do Universo é a de um indivíduo que estivesse no vértice da montanha do tempo, em cujo cume – o ponto mais avançado no tempo – nos encontrássemos. Tudo aquilo que observamos à nossa volta, no Universo, constitui o passado. De fato, só vemos em nossa vizinhança imagens de um passado que será mais antigo à medida que mergulharmos no cosmo à procura de suas fronteiras. Por outro lado, como aquilo que é mais velho representa o que surgiu nos primeiros tempos que se seguiram à grande explosão primordial, estas imagens mais antigas, que estamos recebendo no momento, devem constituir as primeiras etapas do cosmo em seu estágio mais primitivo. De fato, como tudo que estamos vendo é o passado, um mergulho cada vez mais profundo irá conduzir sempre na direção das imagens iniciais do Universo. É a lenta velocidade da luz, no contexto deste enorme Universo, que permite estas viagens inimagináveis ao passado.

QUASARES – OS SINAIS DOS PRIMEIROS ESTÁGIOS DO UNIVERSO

Em 1963, quando procurava descobrir se uma fonte de rádio* muito possante, catalogada como 3C273 (ou seja, a 173ª fonte do *Terceiro catálogo de Cambridge*), se relacionava com um objeto visível opticamente, o astrônomo holandês Maarten Schmidt, que trabalhava em Monte Palomar, conseguiu localizar uma estrela relativamente brilhante que se encontrava naquela região. Ao efetuar a análise espectral dessa estrela, que emitia ondas de rádio muito mais intensas, verificou que as suas raias espectrais apresentavam um enorme desvio para o vermelho, o que significava que essa estrela estava se afastando com uma velocidade de 50 mil quilômetros por segundo, valor equivalente ao das galáxias mais afastadas então conhecidas. No máximo, as estrelas de nossa Galáxia possuem velocidades da ordem de algumas centenas de quilômetros por segundo. A primeira e mais lógica explicação para um tal deslocamento seria a de que se tratava de um objeto exterior à nossa Galáxia, situado talvez a uma distância de mais de 2 bilhões de anos-luz. Não teria mais sentido falar de uma simples estrela, mas de um objeto de aparência esteloide, de onde a origem da expressão inglesa *quasi stellar object,* da qual se originou o vocábulo *quasar.*

Se considerarmos o afastamento desses astros, o seu brilho aparente, o seu brilho intrínseco que deve ser equivalente a cem vezes ao da galáxia mais próxima a nós – a grande nebulosa de Andrômeda –, seria impossível qualquer associação a uma estrela. Por outro lado, após a descoberta de Schmidt, iniciou-se o estudo de diversos outros objetos ópticos idênticos a fontes de rádio, descobrindo-se um enorme número de quasares.

Com os quasares foi possível ampliar os limites do Universo observável, tanto no tempo como no espaço. Assim, conseguiu-se observar além de 10 bilhões de anos-luz, valor atingido pela observação das galáxias mais afastadas. No presente, as velocidades de recessão chegavam a atingir a metade da velocidade da luz, com astros cem vezes mais poderosos, que nos permitiam mergulhar muito mais longe no infinito. Segundo um cálculo simplesmente baseado na lei do quadrado das distâncias, os quasares seriam visíveis 10 vezes mais longe que as galáxias. Assim atingiríamos distâncias de 600 bilhões de anos-luz e velocidades de fuga de cinco vezes a da luz.

Ora, pela teoria da relatividade, tais velocidades são proibitivas. Aplicando a teoria de Einstein, concluiu-se que se poderia explorar, com os quasares, quase todo o espaço acessível, atingindo-se os próprios confins do Universo.

Com efeito, nos anos seguintes, descobriram-se quasares com velocidades de recessão fantásticas. Em 1963 verificou-se que o quasar 3C273 possuía uma velocidade de fuga de 45 mil quilômetros por segundo, ou seja, 0,158% da velocidade da luz. Pela lei de Hubble, segundo a qual quanto maior a velocidade de recessão maior a distância, o quasar 3C273 deveria estar situado a 3 bilhões de anos-luz. Logo em seguida, constatou-se que o quasar 3C48 mostrava um desvio para o vermelho que conduzia a uma velocidade de recessão de 123 mil quilômetros por segundo, isto é, 41% da velocidade da luz. Sua distância, de acordo com a lei de Hubble, seria de 7 bilhões de anos-luz. Em 1985, constatou-se que o quasar Q1208 N1011 descoberto, na direção da constelação de Virgem, por William Sargent, do Instituto de Tecnologia da Califórnia, está a 12,4 bilhões de anos-luz.

Se aceitarmos a idade do Universo como cerca de 20 bilhões, concluiremos que esse quasar acha-se no estado no qual se encontrava quando o Universo ainda jovem só tinha 7,6 bilhões de anos. Essa é talvez a mais prodigiosa máquina do tempo, inimaginável pela própria ficção científica, pois ela nos permite acompanhar a criação das galáxias. Daí a razão de se afirmar que os quasares recuam os limites do Universo observável no tempo e no espaço. Poderíamos considerá-los como únicos testemunhos do mais primitivo estágio de evolução do Universo.

UM PULSAR VAI EXPLODIR

Quinze anos depois da descoberta do primeiro pulsar em Cambridge, pesquisadores norte-americanos anunciaram a descoberta de um tipo completamente diferente de todos os outros cinco mil já catalogados.

De fato, esse novo objeto pulsa vinte vezes mais rápido do que qualquer outro, emitindo 642 *flashes* por segundo em intervalos espaçadamente regulares de 1,557 milissegundos, como foi possível analisar no gigantesco radiotelescópio de 305 metros de Arequibo, em Porto Rico, pelos astrônomos D. Backer, S. Kulkarni e C. Heiles, da Universidade da Califórnia, em Berkeley.

Convém lembrar que os pulsares são fontes emissoras de rádio, com impulsos de duração média de 35 milésimos de segundo. Tais emissões se repetem em intervalos extremamente regulares da ordem de 1,4 segundo.

Para explicar a origem dessa irradiação tão regular e de tão curto período, o astrônomo norte-americano de origem austríaca Thomas Gold (1920-2004) sugeriu que os pulsares fossem uma estrela de nêutrons muito pequena que, ao girar, emite feixe de ondas de rádio à semelhança dos clarões emitidos por um farol. Para melhor explicar tais emissões, seria conveniente lembrar que toda estrela de nêutrons deve possuir um campo magnético muito intenso, cujos polos não coincidam com o seu eixo de rotação, como ocorre com o globo terrestre. Na superfície dessas estrelas, os nêutrons transformam-se em elétrons e prótons. A ação conjunta do movimento de rotação e do campo magnético dá origem a partículas carregadas que voam pelo espaço ao longo das linhas do campo magnético das estrelas de nêutrons. Os principais pontos de emissão destas partículas são os polos magnéticos. Por serem as partículas mais leves que deixam a estrela, os elétrons desenvolvem velocidades elevadas, atingindo provavelmente a da luz. Por outro lado, como os dois cones polares de emissão são também rotativos, as estrelas de nêutrons projetam seus elétrons no espaço, como dois jatos de luz de um farol. Quando um desses jatos atinge o observador, um pulso é registrado. O observador recebe as emissões segundo o ritmo da rotação estelar.

Os astrônomos acreditam que os pulsares são, na realidade, estrelas de nêutrons muito compactas, constituídas de uma sopa de nêutrons, cujos espaços intra-atômicos foram eliminados pela força de gravidade desses corpos de grande massa. Elas são tão densas que uma cabeça de alfinete da matéria que as constitui deve pesar cerca de um milhão de toneladas. Uma estrela de nêutrons de massa uma vez e meia maior que o Sol ocuparia uma esfera de 20 km de diâmetro.

Tais estrelas tão compactas e densas parecem ter sido formadas por implosões catastróficas, ocorridas no interior de estrelas gigantes ou de supernovas.

O mais rápido pulsar anteriormente conhecido, que possuía novecentos anos, está localizado na Nebulosa de Caranguejo. Ele gira trinta vezes por segundo com emissões periódicas de 33 milissegundos.

O novo pulsar designado 4C21.53 (ou seja, o pulsar de ascensão reta 21 horas e 53 minutos do *Quarto catálogo de Cambridge*) deveria ser uma estrela de nêutrons mais recente que a do pulsar de Caranguejo, pois as estrelas, quanto mais velhas, mais lentamente giram, por perderem mais radiação eletromagnética e gravitação. Assim, devemos supor que a supernova que originou 4C21.53 explodiu mais recentemente que a da nebulosa de Caranguejo, cuja explosão foi registrada pelos chineses e japoneses em 1054.

Dois fatos demonstram que o novo pulsar é muito mais velho do que se supõe. Em primeiro lugar, sabe-se que uma jovem estrela de nêutrons é mais quente e em consequência produz uma enorme quantidade de raios X. Ora, o Observatório Espacial Einstein, que detecta emissões em raios X, não registrou emissões do 4C21.53, donde se conclui que o mesmo deve ter surgido há milhões de anos. Outra indicação provável de que este pulsar deve ter pelo menos 100 mil anos de idade foi determinada, em 1987, pelos astrônomos de Arequibo e Jodrell Bank, que calcularam ser sua taxa de rotação muito lenta. Em um Simpósio de Astrofísica Relativista, ocorrido em 1988, em Austin, EUA, D. Backer anunciou que este pulsar se encontra prestes a sofrer uma ruptura.

ETA CARINAE – A ESTRELA QUE VAI EXPLODIR "AMANHÃ"

A estrela Eta Carinae, uma das mais densas e luminosas estrelas de nossa Galáxia, 120 vezes mais densa que o Sol e cerca de três milhões de vezes mais luminosa, irá explodir dentro em breve.

A notícia de que essa estrela iria explodir muito cedo foi explorada pela imprensa internacional, que não compreendeu que o cedo dos astrônomos significa dentro dos próximos milênios. Em consequência, recebemos os mais curiosos telefonemas e pedidos de informação. Num deles, um jovem solicitava a hora exata do fenômeno e o local onde seria possível observá-lo. Na realidade, quando um astrônomo estima que a explosão irá ocorrer dentro de 10 mil anos, tal intervalo de tempo é muito curto comparado com o período de vida de uma estrela, em geral da ordem de algumas dezenas de bilhões de anos. No entanto, a explicação que deixou um dos meus interlocutores completamente decepcionado foi a que expus a uma

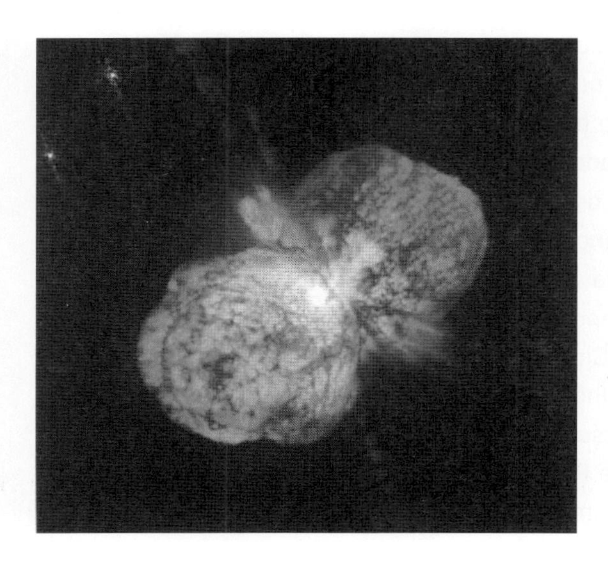

ETA Carinae fotografada pelo telescópio espacial Hubble

jovem: "Se Eta Carinae explodisse hoje, só daqui a 7 mil anos seria possível assistir ao seu belo e reluzente clarão." De fato, em virtude da sua enorme distância, 7 mil anos--luz, a radiação luminosa emitida de Eta Carinae leva sete mil anos para atingir-nos, viajando à velocidade da luz (300 mil quilômetros por segundo). Eta Carinae é uma velha conhecida dos astrônomos. Sua história é até certo ponto extraordinária, e por essa razão merece ser relatada com alguns detalhes.

A primeira observação dessa estrela remonta ao ano de 1677, quando o astrônomo inglês Edmund Halley (1656-1742), em viagem à ilha de Santa Helena, atribuiu-lhe, ao observá-la, um brilho equivalente à quarta magnitude. Ora, se considerarmos que, 18 séculos antes, Ptolomeu (90-168 d.C.), em seu catálogo de estrelas publicado no *Almagesto,* não havia relacionado essa estrela, somos obrigados a aceitar a hipótese de que naquela época o seu brilho deve ter sido inferior à magnitude quatro. Em 1751, o astrônomo francês La Caille (1713-1762) estimou o seu brilho como de segunda magnitude, durante a sua viagem ao Brasil e à África, onde estabeleceu o primeiro mais preciso catálogo de estrelas do Hemisfério Sul. No início do século XIX, o viajante inglês William Burchell (1788-1863), em sua permanência de 1811 a 1815 na África do Sul determinou o seu brilho como de quarta magnitude. Convém lembrar que, além de suas pesquisas botânicas, Burchell foi um notável e persistente observador dos fenômenos celestes. Assim, durante a sua viagem pelo Brasil, conseguiu evidenciar que a estrela Eta Carinae apresentava variações luminosas, o que justificou o fato de ter sido desde então classificada entre as estrelas variáveis. Em dezembro de 1829, em São Paulo, ao observar novamente a Eta Carinae, Burchell estimou que o seu brilho era equivalente ao da estrela Alfa do Cruzeiro do Sul, ou seja, ao de um astro de primeira magnitude. Dois meses depois, em fevereiro de 1830, quando se encontrava em Goiás, ele constatou que o seu brilho havia enfraquecido, passando para a segunda magnitude. Em 1824, os astrônomos ingleses Brisbane e Fallows, na Austrália, registraram que Eta Carinae possuía um brilho de segunda magnitude. Não havia mais dúvida de que a estrela apresentava notáveis flutuações em sua luminosidade.

Reconfirmando a natureza instável dessa estrela, o astrônomo inglês John Herschell (1792-1871), no Cabo da Boa Esperança, considerou a estrela como de primeira magnitude, em 1834, e como de segunda magnitude, em 1837. Cinco anos mais tarde, em março de 1843, os astrônomos irlandeses Thomas Maclear (1794-1869) e Mackay, em observações respectivamente na Cidade do Cabo, na África, e Calenta, na Índia, foram surpreendidos pelo máximo brilho de Eta Carinae, superior, nesse momento, ao de Canopus e inferior ao de Sírius. Esse máximo brilho foi também constatado por astrônomos amadores no arquipélago de Riukiu, como relata Yasuaki Iba: "No nono ano de Shoh Iku Oh, uma estrela anormalmente grande surgiu, na aurora, no sudeste, a

30 da segunda Lua e 30 da quinta, ou seja, de 30 de março a 27 de junho de 1843." Desde então, o esplendor de Eta Carinae começou a declinar, lentamente, com alguns sobressaltos em 1856 e 1870. Em 1888, o astrônomo belga Luis Cruls, no Imperial Observatório do Rio de Janeiro, estimou a sua magnitude em 7,5 e, mais tarde, em agosto de 1893, em 6,5.

Como a espectroscopia dava os seus primeiros passos, nenhuma análise espectral foi efetuada durante o seu brilho máximo, como costumamos fazer atualmente, quando surge no céu uma *novae*. De fato, a primeira observação espectral visual foi realizada nos meados do século XIX e, os primeiros espectrogramas, ou seja, a aplicação da fotografia na análise espectral, na última década daquele século, coincidiu com o seu máximo secundário de Eta Carinae. Durante esse período, um espectrograma permitiu classificá-la como uma estrela supergigante do tipo FS com raias de absorção idênticas às normalmente registradas nas estrelas explosivas do tipo *novae*. Durante essas explosões estelares, é extremamente provável que convulsões de grande violência percorram toda a estrela, projetando ao seu redor sucessivas camadas de massas gasosas muito brilhantes, que reproduzem aspectos semelhantes aos de um sistema múltiplo. Alguns componentes desse sistema múltiplo de pontos luminosos de condensações gasosas foram registrados e medidos por diversos astrônomos: Innes, Dawson, Finsen, Van den Bos e eu mesmo.

Em 1948, o astrônomo A.D. Thackeray, do Observatório de Radcliffe, em Pretória (África), com auxílio de um telescópio de 188 cm, detectou, nas proximidades imediatas da estrela, nebulosidades que se estendiam de um lado ao outro. Essas massas muito luminosas podem ter sido assimiladas às componentes do sistema múltiplo registrado.

A distância de Eta Carinae é muito mal conhecida. Os valores determinados diferem muito entre si. Para o astrônomo norte-americano Bart J. Bok, profundo estudioso dessa região do céu, a nebulosa que envolve a estrela deve estar a 7.000 anos-luz.

Todas as estrelas muito densas e altamente luminosas queimam seu combustível nuclear muito rapidamente, de modo que a sua vida se torna muito curta. De fato, os cálculos mostram que uma estrela de centenas de massas solares pode viver somente dois milhões de anos – um período muito curto para os astrônomos, considerando que o Sol, por exemplo, pode viver 10 bilhões de anos. A Eta Carinae parece já ter queimado quase todo o seu combustível. As evidências de que Eta Carinae se encontra no final de sua vida foram descobertas pelos astrônomos norte-americanos Nolan R. Walborn, do Observatório Interamericano de Cerro Tololo, Theodore R. Gull, do Centro de Voo Espacial Goddard, da NASA, e Kris Davidson, da Universidade de Minnesota, que, ao investigarem o espectro de uma das condensações nebulosas que envolvem a estrela, constataram a existência de forte linha de emissão de átomos de nitrogênio, embora não fosse possível registrar a presença intensa de oxigênio. Tal resultado é muito estranho, pois, em geral, no espaço existe sete vezes mais oxigênio do que nitrogênio.

Por outro lado, ao estudarem as linhas de espectro de carbono, que ocorreu no ultravioleta, com auxílio do satélite *Ultraviolet Explorer*, eles encontram uma enorme quantidade de nitrogênio e nenhuma de carbono. Em geral, existe no espaço quatro vezes mais carbono do que nitrogênio.

Ora, em seus últimos estágios evolutivos, as estrelas tendem a converter carbono e oxigênio em nitrogênio, como um subproduto do ciclo CNO, cujo resultado final será o retorno ao hidrogênio e ao hélio.

Parece, portanto, mais do que lógico esperar que a estrela Eta Carinae venha a explodir dentro em breve. Para outros autores, o que irá ocorrer será uma implosão. De fato, uma estrela morre quando a reação nuclear em seu centro cessa. As suas camadas exteriores começam a cair para o interior. Existe também a possibilidade de que a estrela volte a explodir em uma supernova. Além disso, Eta Carinae é bastante maciça para se tornar uma estrela de nêutrons ou um buraco negro.

AS GALÁXIAS EM MOVIMENTO DE RECESSÃO

A primeira demonstração de que as galáxias se afastam entre si foi obtida, observacionalmente, em 1929, pelo astrônomo norte-americano Edwin Hubble (1889-1953), apesar de tal possibilidade ter sido sugerida teoricamente pelo astrônomo holandês Willem de Sitter (1872-1934), em 1917, pelo matemático russo Alexander A. Friedmann (1888-1925), em 1922, e pelo abade e astrônomo belga George Lemaître (1894-1967), em 1927. Foi a relatividade geral, anunciada em 1916, que deu nascimento a uma nova concepção de universo, a uma nova e revolucionária cosmologia. Pela teoria da relatividade geral, os campos de gravitação dos diferentes corpos são considerados como curvatura do espaço-tempo, nas proximidades que envolvem esses corpos. Ao aplicar as equações da relatividade geral ao problema cosmológico, o matemático Albert Einstein (1879-1955) foi conduzido a conceber um universo homogêneo e estável no tempo, onde as galáxias deveriam estar uniformemente distribuídas em um espaço, com propriedades geométricas que não variavam com o tempo. Entenda-se aqui por propriedades geométricas a própria gravitação, que, definida como uma força na teoria newtoniana, passou, na teoria einsteiniana, a constituir uma deformação na geometria do espaço próximo à matéria. Desse modo, o espaço curvo passou a apresentar fossas locais, nas vizinhanças das estrelas, enquanto no resto do cosmo existia uma curvatura uniforme, característica própria do Universo. Para as primeiras deduções de Einstein, tal curvatura devia ser positiva, como a superfície de uma enorme esfera. Assim, ter-se-ia um universo finito, ainda que ilimitado. Embora a superfície de uma esfera seja finita, é possível

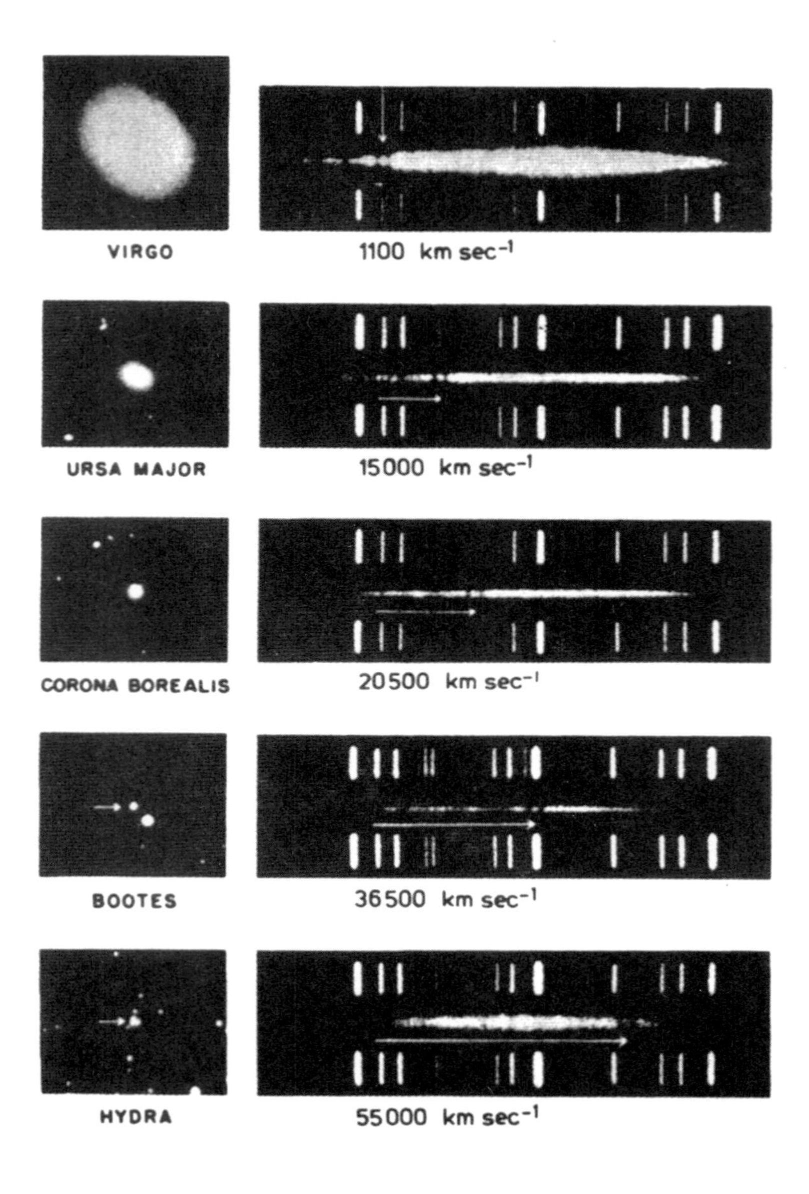

A velocidade recessão das galáxias. *As cinco galáxias, identificadas segundo a constelação a que pertencem, são mostradas com seus respectivos espectros, obtidos, em condições idênticas, com o espelho de 5 metros de Monte Palomar. A galáxia Virgo está mais próxima da Terra, as demais a distâncias crescentes, de cima para baixo. O espectro da galáxia em horizontal, no meio de cada espectograma, apresenta, acima e abaixo, espectros artificiais de comparação. Nos espectogramas estão marcadas as duas linhas H e K de absorção, particularmente nítidas nas galáxias elípticas, e cujos deslocamentos para a direita, ou seja, para o vermelho, indicam a velocidade de fuga das galáxias. Verifica-se que as galáxias mais próximas possuem um menor desvio para o vermelho, enquanto as mais distantes apresentam um desvio maior.*

percorrê-la sem jamais encontrar um limite. O raio de curvatura de um tal universo vai depender da densidade média de matéria existente em seu interior. Em 1922, Alexandre Friedmann demonstrou que Einstein fora conduzido ao Universo estático por um pequeno engano, que se constituiu em haver dividido ambos os membros de uma equação por uma quantidade que, em determinadas circunstâncias, poderia tornar-se igual a zero. Considerando que a divisão por zero não é permitida nos cálculos algébricos, a possibilidade de um Universo que não fosse estático não deveria ser excluída, pois naqueles casos, pelas equações einstenianas, era possível conceber um modelo de universo cuja matéria variava com o tempo. Dois eram os modelos não estáticos previstos pelas equações de Einstein. Em um desses modelos, o Universo se expande com o tempo, e no outro se contrai. Alguns anos mais tarde, com a descoberta da fuga das galáxias pelos astrônomos norte-americanos Slipher e Hubble, confirmaram-se os trabalhos de Friedmann, e desde então começou-se a aceitar a teoria da expansão do Universo como um fenômeno real observacionalmente comprovado. Dessa época em diante, o valor do raio de curvatura, assim como as dimensões do Universo, passou a ser calculado por intermédio de equações, nas quais entram, além da constante de expansão cósmica determinada por Hubble, a densidade de matéria contida no Universo. Aliás, esta última constitui um valor crítico nessas equações. Por exemplo, se a densidade de matéria é superior a determinado valor, o raio de curvatura será igual a zero, e teremos então o universo fechado. Ao contrário, se a densidade de matéria é inferior a este valor crítico, o raio de curvatura é negativo, o Universo aberto e a expansão permanente *ad infinitum.* Uma vez iniciada, a expansão não termina, tende ao infinito. No Universo fechado, ao contrário, no início a expansão cresce com o tempo, até que se atinja um limite máximo, quando tem começo a contração, que terminará na implosão.

EDWIN POWELL HUBBLE

Astrônomo norte-americano nascido em Marshfield, Maryland, em 20 de novembro de 1889, e falecido em San Marino, Califórnia, em 28 de setembro de 1953. Estudou Direito em Oxford e, ao regressar aos EUA, em 1913, montou um escritório de advogado em Louisville, Kentucky. Em poucos meses, Hubble estava insatisfeito com o Direito. Um dia, decidiu abandonar a advocacia e voltou para a Universidade de Chicago, disposto a estudar os astros. Em 1914, inscreveu-se no curso de astronomia e, pouco tempo mais tarde, começou a trabalhar com a grande luneta de 1 metro de abertura – a maior de sua época – no Observatório de Yerkes. Começou pelo estudo das nebulosas, assunto a que se dedicou pelo resto da vida. Em 1917, recebeu seu doutoramento. Apesar do convite para trabalhar no Observatório de Monte Wilson, decidiu alistar-se para lutar do lado dos aliados durante a Primeira Guerra. Ao regressar aos EUA, um ano após o Armistício, foi para Monte Wilson, onde iniciou o estudo das nebulosas com o grande telescópio de 2,50 metros de abertura. Descobriu que muitas das nebulosas eram, na realidade, objetos extragalácticos, ou seja, sistemas estelares exteriores à nossa Via-Láctea. Com essa ideia, revolucionou a nossa concepção sobre o Universo, ao comprovar que muitas das nebulosas situadas além da nossa galáxia se resolviam em estrelas – os universos-ilhas do filósofo Emmanuel Kant, ou seja, em autênticos sistemas semelhantes à Via-Láctea, galáxia espiral, com mais de 200 bilhões de estrelas, em uma das quais está situado o nosso sistema solar. Estabeleceu que estas galáxias estavam uniformemente distribuídas. Instituiu um sistema de classificação das galáxias. Além de estabelecer que as galáxias estavam uniformemente distribuídas, Hubble descobriu que elas se afastavam, e mostrou que o Universo estava em expansão. Suas observações estabeleceram uma relação entre a velocidade de recessão e a distância das galáxias. Por meio desta relação, que constitui a lei de Hubble, é possível determinar a idade do Universo, isto é, o momento inicial da grande explosão, responsável pela expansão do cosmo. Apesar de pouco conhecido, Hubble é talvez o único astrônomo do mundo moderno que pode figurar ao lado dos grandes idealizadores ou construtores de universos, como Ptolomeu, Copérnico, Galileu, Kepler e Newton.

SUPERAGLOMERADO DE GALÁXIAS ATRAI A VIA-LÁCTEA

Uma extraordinária concentração de galáxias – mais maciça que nenhuma outra descoberta anteriormente – foi localizada, em 1986, por um grupo de astrônomos norte-americanos, liderados por Sandra M. Faker, do Observatório de Lick, da Universidade da Califórnia. Os astrônomos acreditam que este misterioso aglomerado de galáxias atrai, com seu gigantesco campo gravitacional, a Via-Láctea – a nossa Galáxia, onde se encontra o sistema solar – e centenas de outras em sua direção.

Desde o início do século XX, o estudo de quase 40 mil galáxias com brilho superior à magnitude 15 sugeria a existência de diversos agrupamentos em que se reuniam as galáxias: em pares, em grupos de aglomerados e em superaglomerados.

Os levantamentos fotográficos realizados nos observatórios de Lick e de Monte Palomar, bem como os catálogos elaborados pelo astrônomo norte-americano de origem alemã Fritz Zwicky, colocaram em evidência a existência de aglomerados de galáxias. De fato, os recenseamentos de cerca de 1 milhão de galáxias mais brilhantes, de magnitude 18,7, no hemisfério celeste norte, realizados em 12 anos pelos astrônomos norte-americanos Donald Shane e Carl Wirtanen, assim como o das galáxias de brilho superior à magnitude 20,5, numa região mais limitada do céu, feita por K. Rudnicki e J. Peebles, colocaram em evidência que as galáxias se distribuem de acordo com a seguinte hierarquia: grupos densos que se constituem em aglomerados e que por sua vez se agrupam em superaglomerados. Constatou-se, no entanto, que estes conjuntos se diluem quando se consideram dimensões cósmicas da ordem de 1.000 megaparsecs (ou seja, distâncias que a luz gasta mais de três bilhões de anos para percorrer).

Na realidade, o Universo considerado como conjunto único, o cosmo pode ser tido como homogêneo e isótropo para as grandes escalas.

Os mais importantes aglomerados em distância de afastamento do sistema solar são os seguintes:

Aglomerado de galáxias	Número de galáxias	Distância em milhões de anos-luz
Virgem	2.500	36
Pégaso 1	100	130
Peixes	100	130
Câncer	150	160
Perseus	500	175
Cabeleira	1.000	220
Ursa Maior	90	260
Hércules	?	340
Aglomerado A	400	490
Centauro	300	490
Ursa Maior 1	300	550
Leão	300	570
Gêmeos	200	570
Coroa Boreal	400	620
Aglomerado B	300	650
Boeiro	150	1.240
Ursa Maior 2	200	1.240

Parece que esses diversos grupos de galáxias estão associados, numa mesma direção, ao aglomerado de Virgem. Por outro lado, tudo faz supor que todos esses grupos e aglomerados constituem um único superaglomerado local, ou seja, uma supergaláxia, com centro no aglomerado de Virgem – o maior de todos, com cerca de 2.500 galáxias. No interior dessa supergaláxia, numa posição longe do centro, encontra-se o nosso *grupo local* – conjunto de galáxias da qual fazem parte a nossa Via-Láctea, as Nuvens de Magalhães e a de Andrômeda. Segundo o estudo do astrônomo norte-americano de origem francesa G. de Vaucouleurs, as galáxias desse superaglomerado devem completar uma rotação ao redor do aglomerado de Virgem em 20 a 200 bilhões de anos. Em abril de 1987, o astrônomo norte-americano Alan Dreisler, do Observatório de Monte Wilson e Las Campanas, anunciou que um grande número de galáxias, entre as quais se incluem o aglomerado de Virgem e o Superaglomerado de Hidra-Centauro, constituem uma única corrente de galáxias que se deslocam sob a ação gravitacional da enorme concentração de galáxias descobertas por Faber. Três vezes e meia mais afastada do que o aglomerado de Virgem, o novo superaglomerado possui uma massa 15 a 30 vezes superior a este. A evidência de uma concentração de quasares na mesma direção desse *gigantesco ímã* de galáxias foi relatada na revista *Nature* de 23 de abril de 1987 pelo astrônomo R.A. Shaver, do Observatório Europeu Austral.

Acredita-se atualmente que os superaglomerados devem constituir cubos elementares de 100 megaparsecs de lado no interior do qual os espaços seriam praticamente vazios: as galáxias e os aglomerados de galáxias se encontrariam em sua paredes ou lados, todos eles associados entre si por filamentos cósmicos – cordas cósmicas. Tudo parece indicar que viveríamos num universo celular: o megacosmo seria uma ampliação do microcosmo.

UNIVERSO

Em Astronomia denomina-se Universo o espaço com a matéria e a energia que este contém. Desde a Grécia antiga, o homem vem ensaiando uma representação do Universo a partir dos fenômenos observáveis. Os filósofos gregos admitiam que o Universo se compunha de esferas concêntricas, cujo centro era ocupado pela Terra. As rotações dessas esferas explicariam o movimento diurno* e os movimentos dos planetas em relação às estrelas. Na esfera exterior fixavam-se as estrelas. A invenção da luneta e as observações posteriores derrubaram esse sistema. Galileu mostrou que a Lua não era um "cristal", mas uma "segunda Terra", e que Júpiter, com os seus satélites, era um sistema solar em miniatura.

No século XX, o nosso conhecimento do Universo se tornou considerável, e aumenta progressivamente. De um Universo que se compunha unicamente da Via-Láctea, no século XIX, passamos, hoje em dia, para a concepção de um Universo que contém milhares de galáxias, registradas pelos nossos maiores telescópios, mesmo a distâncias superiores a 10 bilhões de anos-luz. Atualmente, ensaia-se a construção de modelos teóricos do Universo que permitam explicar todos os fenômenos que conhecemos através da observação.

Estudando as galáxias no Monte Palomar, os astrônomos norte-americanos Edwin Hubble (1889-1953) e Milton Hamilton (1891-1957), depois de classificarem os diferentes tipos de galáxias, verificaram que elas se afastam umas das outras com velocidades proporcionais às suas distâncias. Tal constatação baseou-se no desvio para o vermelho das raias espectrais dos espectros das galáxias (efeito Doppler). Com esta descoberta pensou-se, de início, que a Terra seria o centro do

Nebulosa da Roseta – NGC 2237-9 do Observatoire de Haute Provence

Universo. Ora, este não era o caso. Comparemos o espaço à superfície curva de uma bola de borracha, no qual se marcaram diversos pontos. Depois, inflamos a bola; à medida que ela incha, os pontos se afastam, não só de um deles, mas de todos os pontos entre si. Um observador situado num destes pontos constatará que os seus vizinhos se afastam dele. Tais pontos da superfície da bola são as galáxias que se afastam entre si. Visto desta maneira, o Universo é um espaço em expansão. O desvio das raias espectrais permite calcular a velocidade de fuga das galáxias. Se conhecermos as distâncias das galáxias, poderemos facilmente determinar o instante em que todas as galáxias se encontravam reunidas em um único ponto. Alguns cientistas consideram este instante como o da criação do Universo. Lemaître admitiu que inicialmente toda matéria estava reunida em uma espécie de "átomo primitivo". Tal átomo gigante, ao explodir, provocou a expansão do Universo, como o observamos atualmente. A criação do Universo não teria levado mais que um instante. Existem outras teorias sobre a origem do Universo. Como dizem os cientistas, existem outras cosmogonias. Uma tem como base a concepção de um Universo estável, que exige uma criação contínua de matéria, pois a densidade média das regiões observadas deve permanecer invariável, apesar da expansão do Universo. Para tal é necessário que a matéria se crie permanentemente em qualquer parte do Universo. Admitindo-se o processo, a velocidade será da ordem de um átomo de hidrogênio por litro em milhões de anos. Neste modelo de Universo, o espaço é de forma euclidiana, e o tempo é infinito. A matéria novamente criada se agrupa para formar novas galáxias, ainda que a expansão faça desaparecer a nossos olhos as mais velhas. As galáxias que, pela sua distância de nós, se afastam com velocidade superior à da luz não são mais observáveis.

As ondas luminosas que elas emitem não podem mais atingir-nos: assim, tais objetos desaparecem para sempre. Entretanto, o número de nebulosas observadas permanece constante; aquelas que desaparecem são continuamente substituídas por outras recém-criadas. O Universo apresenta, portanto, sempre o mesmo aspecto para um observador. Tem-se igualmente imaginado um modelo de Universo oscilante entre dois limites. Após uma contração, uma vez que um determinado limite é atingido, o Universo sofre uma nova expansão. Neste caso, temos o Universo pulsante – ele é ilimitado no tempo e limitado no espaço. Pela teoria da criação contínua, as galáxias envelhecem e morrem individualmente ao mesmo tempo em que outras nascem, de tal maneira que existem galáxias jovens e velhas, pouco importa em que direção observemos o Universo. Pela teoria da grande explosão – o *big-bang* –, admite-se um começo determinado de tal modo que todas as galáxias devem ter aproximadamente a mesma idade. Assim, as galáxias afastadas forneceriam a imagem de um Universo

Acima:

Galáxia NGC 7331, na constelação de Pégasus

Na próxima página:

Pequena Nuvem de Magalhães. (R.R.F.M.)

jovem. A expansão do Universo pela teoria do *big-bang,* prova que o ritmo de expansão do Universo deve mudar com o tempo – este ritmo depende da importância do fenômeno de repulsão, definido por uma constante cosmológica. Para uma constante nula, a expansão deverá diminuir devido à ação gravitacional recíproca entre as galáxias.

Já na teoria da criação contínua, o ritmo de fuga das galáxias cresce sempre. Com os nossos conhecimentos atuais, é impossível descobrir a origem e a forma do Universo. É muito difícil nas próximas décadas prever qual destas teorias cosmogônicas e cosmológicas seria a mais provável. Em geral ouve-se falar que tal astrônomo acredita ou defende tal teoria. Na verdade, todos estão conscientes dos seus limites e consideram as teorias que defendem apenas como uma hipótese de trabalho, tendo em vista a procura de uma solução. Se o Universo é limitado ou ilimitado é uma questão atualmente sem resposta. Entretanto, podemos concluir que o Universo evolui, e as galáxias parecem se afastar. Tudo parece indicar que o Universo está em expansão, mas ignoramos o início desta expansão e qual será o seu fim.

ORIGEM DO UNIVERSO

Como surgiu o Universo? Esta questão tem perseguido o homem desde o momento em que ele começou a pensar. De início surgiram as explicações míticas, com base em uma criação milagrosa que exigiria a existência de um ente superior, criador de todas as coisas. À medida que a ciência evoluiu, a ideia da criação começou a ser

substituída por teorias científicas racionalmente mais lógicas, fundadas em observações astronômicas e experiências físicas. De fato, a origem do Universo impõe a questão: qual é a sua constituição, e como se comportam os seus elementos constituintes? A observação astronômica mostra que o Universo compreende galáxias, estrelas, planetas, onde existem continentes, oceanos e seres vivos. Na realidade, o Universo é a matéria que o contém. Ora, esta matéria compreende moléculas que se subdividem em átomos, que se compõem de partículas elementares: prótons, elétrons, nêutrons, bem como os fótons e os neutrinos. Assim, para compreendermos a origem do Universo, seremos obrigados a conhecer as forças físicas que interagem entre estes diferentes elementos do cosmo e procurar determinar a história e evolução da matéria no Universo.

No entanto, será conveniente lembrar que a matéria equivale à energia, segundo a lei de Einstein: $E = mc^2$, onde E é a energia; m, a massa e c, a velocidade da luz. Segundo esta equação, se a energia E (que está associada à temperatura do meio) é superior à energia da massa mc^2 de uma partícula, ela poderá ser materializada sob a forma desta partícula. Assim, de modo análogo, quando a energia de um meio ultrapassa a que mantém a ligação entre as componentes de um núcleo, o mesmo se decompõe, ocorrendo uma reação nuclear. Esta ideia será fundamental para se compreender as sucessivas transformações da matéria em relação às variações de temperaturas que estão ocorrendo desde a criação do Universo. De fato, a cada temperatura corresponderá uma energia cinética produzida pelo movimento das partículas. Em consequência, a diminuição rápida de temperatura, desde o instante zero da criação, permitirá relatar todo o romance da matéria no Universo.

Por outro lado, verificamos que a origem do Universo não será explicada unicamente pelos astrônomos que observam o infinitamente grande, o macrocosmo; mas também pelos físicos que, estudando o infinitamente pequeno, o microcosmo, procuram através das partículas elementares compreender toda a evolução da matéria no Universo.

Para decifrar este mistério, os físicos estudam as forças físicas que regem as ações e determinam a história da matéria. A primeira destas quatro forças é a *força forte*, que age entre as partículas dos núcleos atômicos, assegurando sua coesão. A segunda é a *força fraca,* que intervém na desintegração da radioatividade no núcleo dos átomos e nas reações termonucleares que ocorrem no interior das estrelas. A terceira, a força eletromagnética, é responsável pela manutenção das partículas elétricas negativas – os elétrons – ao redor do núcleo atômico, o que permite a estabilidade dos áto-

Na página 402, foto da nebulosa Cabeça de Cavalo; na página 403, na parte superior, nebulosa de Serpentário, e na inferior, as nebulosas Messier 8 e Messier 20. (Marco Antônio de Bellis)

mos. Por fim, a quarta, a gravitação, é responsável pela ordenação do macrocosmo, que, além de assegurar o equilíbrio entre as massas do Universo, mantém associados entre si as estrelas nas galáxias e os planetas, inclusive a Terra, em sua órbita ao redor do Sol.

As atuais concepções que procuraram explicar a origem do Universo baseiam-se nos seguintes fatos observacionais: *1.* A organização cósmica da matéria, desde as partículas que formam os planetas e as estrelas de cuja reunião surgem as galáxias até os aglomerados de galáxias que se dispersam no Universo, sugere que este não é homogêneo, sob o aspecto local. No entanto, podemos considerá-lo como homogêneo, em sua totalidade. *2.* As galáxias parecem se afastar à grande velocidade entre si, sugerindo que o Universo deve estar em expansão desde a sua criação. *3.* A abundância relativa dos elementos no Universo parece constante no tempo e no espaço: 75% de átomos de hidrogênio, 23% de núcleo de hélio e o restante dos outros elementos, como se houvesse uma proporção quase constante de 1 átomo de hélio para 3 de hidrogênio. *4.* Não existem traços de antimatéria no cosmo, em oposição ao princípio da física das partículas fundamentais, segundo a qual a toda partícula corresponde uma antipartícula. Se verdadeira esta proposição, toda teoria cosmológica deverá explicar o seu desaparecimento. *5.* Existe no espaço cósmico uma nuvem residual e homogênea emitindo uma radiação uniforme de 3° Kelvin. *6.* O Universo não é denso; sua densidade média é de um próton, um nêutron e um elétron por metro cúbico, e de 300 fótons e 100 neutrinos por centímetro cúbico. Isto significa que no Universo existe uma relação de um próton para um milhão de fótons.

Para explicar todo o panorama observacional atual, a teoria do *big-bang* – a grande explosão – leva uma enorme vantagem sobre as outras, pois, além de conseguir explicar estes seis pontos, tem o grande mérito de ter surgido em 1922, quando o matemático soviético Alexandre Friedmann (1888-1925) estudava a equação da gravidade de Einstein, antes, portanto, de sua primeira evidência observacional. De fato, foi em 1929 que o astrônomo norte-americano E. Hubble (1889-1953) enunciou que o Universo se encontrava em expansão, confirmando a teoria do Universo instável de Friedmann, em 1923, e a do átomo primitivo proposta pelo abade belga George Lemaître (1894-1967), em 1927. Estes dois físicos chegaram a esta conclusão ao estudarem as equações de campo de Einstein, quando concluíram que o Universo não era estático, como supôs Einstein, porém instável, em expansão.

Atualmente, graças aos físicos das partículas elementares, é possível contar a história da criação do Universo, com base no *big-bang*, num espaço muito curto (da ordem 10-35 segundos), e

Região da Via-Láctea em Sagitário (Marco Antônio de Bellis)

chegar à conclusão de que tudo terminou em 3 minutos. Para isto devemos supor que, há 15 ou 20 bilhões de anos, uma enorme quantidade de energia se encontrava localizada numa esfera inferior a 1 cm de diâmetro. Sua rápida expansão criou o Universo que se dilatou e se resfriou uniformemente. A redução rápida de sua temperatura determinou as sucessivas transformações da matéria. A enorme energia liberada se materializou em partículas e antipartículas de igual quantidade. No entanto, na fase de 10-43 a 10-35 segundos, intervalo de tempo ultracurto, porém decisivo, a antimatéria desapareceu, em virtude de um pequeno excesso de matéria. De fato, no curso deste lapso de tempo, as partículas (*quarks*) e antipartículas (*antiquarks*) se aniquilaram, dando origem aos fótons. A íntima quantidade de matéria que sobrou deu origem ao universo em que vivemos.

No instante t = 10 -30 segundos, os *quarks* entram em fusão, dando origem aos prótons e nêutrons. Esta operação foi concluída em $t = 10^{-6}$ segundos. Neste momento, os *quarks* desapareceram. Os prótons e os nêutrons podiam se transmutar entre si, coexistindo com os elétrons e os fótons. Todavia, depois de t = 1s, esta possibilidade se interrompeu com a queda da temperatura reinante. Os prótons não mais puderam se desintegrar, porém o mesmo não ocorreu com os nêutrons. Esta é a razão pela qual existem quatro vezes mais prótons do que nêutrons, proporção que se mantém até hoje. Dez segundos depois do tempo zero, as primeiras reações de fusão de núcleos teve início: os prótons penetraram no núcleo de hélio, e os nêutrons continuaram a se transformar em prótons. No fim de 3 minutos, o fundamental já havia ocorrido.

Depois de uma longa pausa de 1 milhão de anos, a sopa primordial se tornou morna, e os elétrons começaram a se associar aos prótons para formar os átomos de hidrogênio. Desse momento em diante, as transformações atômicas se tornaram possíveis: a era química teve início. Por outro lado, como os elétrons deixaram de circular livremente para se associarem aos prótons, os fótons começaram a circular no espaço: o Universo se tornou transparente.

Antes que o Universo atingisse a idade de 1 bilhão de anos, a mais fraca das forças de interação, a gravitação, começou a agir. As primeiras galáxias apareceram. Depois de 14 a 19 bilhões de anos, atingimos a era atual. Apesar do sucesso, de sua enorme aceitação, a teoria do *big-bang* não explica todos os fenômenos observados. Seus opositores relacionam as seguintes principais falhas: *1.* A teoria prevê uma expansão uniforme das partículas no espaço, porém não explica como os planetas, as estrelas, as galáxias e aglomerados das galáxias se associaram durante esta expansão. *2.* As previsões teóricas, além de pouco precisas, contêm verificações experimentais pouco convincentes. De fato, a relação hélio/hidrogênio é a única prevista corretamente; as outras são totalmente falhas. *3.* Como não existe meio de detectar as antigaláxias, não se pode afirmar que elas não existem. *4.* Existem galáxias que se opõem à lei de Hubble de expansão do Universo. *5. O big-bang* sugere a existência de uma distribuição heterogênea da matéria e da energia, em oposição ao que se tem observado. *6.* O Universo inicial teria de sofrer uma hiperinflação logo no início para continuar a se expandir (teoria do Universo inflacionário). *7.* Finalmente, de onde vem a enorme concentração de energia (1057 kg de matéria em um centímetro cúbico)? Para os que acreditam em uma entidade superior, a origem seria Deus. Os homens da ciência, ateus, insistem que a ciência explica como os fenômenos ocorrem, na natureza, e não se preocupam com os porquês. Para o astrônomo sueco Hannes Alfvén (1908-1995), estas duas condições permitem que consideremos a teoria do *big-bang* como um novo *mito* de criação a ser colocado ao lado dos inúmeros outros relacionados pelo homem desde o seu aparecimento.

TREVAS! LUZ! A EXPLOSÃO DO UNIVERSO

No Carnaval de 1997, durante o desfile da escola de samba Unidos do Viradouro, o genial carnavalesco Joãozinho Trinta, ao interpretar o enredo de Dominguinhos do Estácio, Mocotó, Flavinho Machado e Evaldo Faria, ofereceu um novo panorama dos primeiros instantes da criação do Universo ao associar, no branco e escuro dos componentes de sua escola, a ideia da matéria e da antimatéria que reinaram nos primeiros instantes do início do Universo, transformando aquele momento numa explosão de alegria

Lá vem a Viradouro aí, meu amor!
É Big-bang, coisa igual eu nunca vi!
Que esplendor

Vem das Trevas tudo pode acontecer,
A noite vira dia, luz de um novo amanhecer!
Vai, meu verso, buscar a Terra em embrião,
Da poeira do Universo
Desabrocha a natureza em expansão.
Oh! Mãe Iemanjá, deusa das águas!
Naná, deixa o solo se banhar!

Ora, iê, iê, ô, mamãe oxum,
Vem com ondinas reinar,

No fogo a salamandra a dançar,
As pombas brancas simbolizando o ar,
Explodem as maravilhas,
Vejo a vida brilhando afinal!
Surge o homem iluminado
Com hinos de luta e cantos de paz:
É o equilíbrio entre o bem e o mal.
E com o coração nessa folia,
Seja noite ou seja dia, amor,
Eu quero me acabar!

Vou cair na gandaia, com a minha bateria!
No balanço da mulata, a explosão de alegria.

Ampla visão da Via-Láctea na constelação do Sagitário (Marco Antônio de Bellis)

FIM DO UNIVERSO

O problema do fim do mundo tem preocupado o homem desde o momento em que ele tomou consciência de que o futuro imprevisível infundia um terror e um medo muito análogos à ideia de morte. Assim, no processo de domínio e concentração de poder, os sacerdotes da maior parte das religiões desenvolveram mitos relativos ao fim do mundo. Este ora seria provocado por um ente superior – Deus – para punir o homem, ora ocorria devido a processo natural, às vezes cíclico, associado às forças da natureza. Com o aparecimento, no século XIX, da literatura de ficção-científica, este tema passou a ser desenvolvido das mais diferentes formas. O escritor francês Rey-Dusseil, em *La Fin du Monde* (1830), imaginou a destruição da Terra pela passagem de um cometa que, além de produzir uma alteração no eixo de rotação do nosso planeta, provocava uma elevação do nível dos oceanos. No fim daquela década, o escritor norte-americano Edgar Allan Poe (1809-1849), em *Conversa de Eiros com Charmion* (1839), supôs a destruição da Terra produzida pelos gases da cauda de um cometa. Em oposição a estas duas catástrofes, o escritor e astrônomo francês Camille Flammarion (1842-1925), em *La Fin du Monde* (1893), imaginou a morte lenta do planeta pelo frio e uma intensa glaciação. Não foi só aos escritores que esta ideia seduziu: o astrônomo inglês Arthur Eddington (1882-1944), uma das autoridades em astrofísica e teoria da relatividade no início do século XX, dedicou um capítulo do seu livro, *Nouveaux Sentiers de la Science* (1936), exclusivamente ao tema do fim do mundo com uma visão muito atual para a época, com conceitos de espaço-tempo relativistas, dentro da nova física que surgia. No Brasil, o astrônomo brasileiro de origem belga Louis Cruls (1848-1908) ocupou-se do assunto no fim do século na ocasião da comunicada passagem do cometa Biela. Atualmente, é incontável o número de cientistas, físicos e astrônomos que se ocuparam do tema, quer sob o prisma geral de uma destruição do Universo como um todo, quer sob a visão restrita de uma catástrofe que viesse a destruir a Terra, como é o caso do inverno nuclear anunciado pelo astrônomo norte-americano Carl Sagan (1934-1996).

Se aceitamos a expansão do Universo, sabemos que as galáxias continuarão a se afastar entre si e as estrelas se formarão e evoluirão por muitos bilhões de anos. Sabemos que o Universo tem 15 bilhões de anos, e a Terra e o Sol, cerca de 5 bilhões. Ainda restam outros cinco para que todo o hidrogênio solar seja consumido. Ao fim deste período, o Sol se transformará numa estrela *gigante vermelha,* e a Terra será engolida pela atmosfera solar. Na realidade, dez bilhões de anos é o tempo de vida típico para uma estrela das dimensões do Sol. As estrelas menores viverão mais tempo. O fim de uma estrela vai depender da sua massa: ela poderá se transformar numa anã branca*, uma estrela muito densa das dimensões de um planeta, numa estrela de nêutrons, objeto extremamente denso de alguns quilômetros, ou num buraco negro, objeto com um campo de gravidade tão intenso que a própria luz não pode escapar. As estrelas poderão também se destruir, devolvendo à galáxia toda a sua matéria sob a forma de gases e poeira. Dentro de 40 a 50 bilhões de anos, espera-se que a formação de estrelas tenha decrescido consideravelmente. As estrelas irão se apagando: primeiro as maiores e mais brilhantes que despendem mais combustível, em alguns milhões de anos; e depois as menores, de dimensões médias, como o Sol, que gastam mais lentamente sua energia. No fim, só existirão as pequenas estrelas nas galáxias, onde corpos escuros se deslocaram em meio a uma intensa poeira interestelar proveniente das estrelas que explodiram. Os centros das galáxias se transformarão em superburacos negros com massas milhões de vezes maiores que a do Sol. Com o passar do tempo, eles tudo absorverão, transformando galáxias inteiras em enormes e maciços buracos negros.

Por outro lado, a expansão do Universo continuará inexorável: as galáxias continuarão a se afastar umas das outras. É possível que a matéria não absorvida pelos buracos negros comece a se desintegrar. De fato, parece que as partículas fundamentais não são estáveis por períodos de tempo muito longos, o que permite supor que toda a matéria do Universo irá desaparecer. Uma parte será tragada pelos buracos negros, e o restante evaporará. O próprio próton, considerado, até bem pouco tempo, uma das partículas estáveis, também pode se desintegrar ao fim de 1031 anos. Se, por outro lado, estas partículas fossem estáveis, não iriam resistir a um tão longo intervalo de tempo, no fim do qual o Universo irá se expandir e resfriar completamente. O Universo acabará se transformando num deserto vazio sem calor. Será o gélido apocalipse, que atingiremos dentro de 100 bilhões de anos, quando o Universo, em diluição total, constituirá um nada, a uma temperatura de zero absoluto.

O fim do mundo pressupõe que a expansão do Universo nestes últimos 15 bilhões de anos irá continuar no futuro eternamente. A questão a que devemos responder é se a expansão não irá afrouxar sua marcha, ou melhor, não irá diminuir de velocidade.

Para melhor compreender a resposta a esta questão, seremos obrigados a fazer uma analogia. Se uma bola é lançada da superfície terrestre, sua velocidade vai se tornando cada vez mais lenta; ela irá parar e cair em virtude do campo de gravidade da Terra. Se a bola for lançada com uma velocidade superior a 11 km/s, ela não voltará, permanecendo no espaço. Sua volta irá depender de duas coisas: da rapidez com que se desloca e da atração da Terra, ou seja, da massa que este corpo contém.

A expansão do Universo pode ser analisada da mesma maneira. Uma galáxia que se afasta com uma determinada velocidade poderá afastar-se para sempre ou começar a diminuir e se aproximar, o que vai depender do campo de atração gravitacional do resto do Universo. Se houver matéria suficiente, o Universo começará um dia a se contrair. Se não houver, a expansão continuará para sempre.

No jargão dos cosmologistas, um Universo com matéria suficiente para reverter a expansão é um Universo fechado, ao passo que um Universo com matéria inferior a essa quantidade critica será um *Universo aberto.*

Se a densidade da matéria do Universo for superior a um determinado valor crítico, poderemos esperar que a atração da gravidade provoque uma redução da expansão e, em consequência, uma parada eventual do movimento de recessão das galáxias. O instante deste evento vai depender da quantidade de matéria presente. Se a densidade for duas vezes o valor crítico, a contração terá início em 50 bilhões de anos. Se for inferior, um tempo maior será necessário. Como não sabemos com precisão a massa do Universo, não podemos afirmar se a expansão vai cessar daqui a 20, 50 ou 100 bilhões de anos.

No entanto, somente como hipótese de trabalho, suponhamos que a contração venha a ocorrer, aceitando que o Universo é fechado. A contração, uma vez iniciada, tornar-se-á cada vez mais rápida, pois, à medida que as galáxias se aproximarem, a sua atração gravitacional se tornará mais intensa, o processo será mais acelerado. No início, o único efeito observável será o registro pelos astrônomos de algumas galáxias com desvio para o azul no seu espectro. Durante algum tempo, as galáxias com desvio para o vermelho (em expansão) e outras com desvio para o azul (em contração) aparecerão simultaneamente no céu. Isto vai ocorrer devido ao fato de a luz das galáxias mais distantes, que levam muito tempo para nos atingir, estar ainda desviada para o vermelho, ao passo que a luz das mais próximas estar já desviada para o azul. Assim, apesar de a contração ter se iniciado ao mesmo tempo em todo o Universo, os seus efeitos serão visíveis primeiro nas galáxias mais próximas. No fim de algum tempo, só existirá desvio para o azul.

Ao se aproximarem, algumas galáxias começarão a se chocar. Em virtude de as estrelas se encontrarem muito separadas entre si numa galáxia, as colisões galácticas irão provocar uma maior aproximação entre as estrelas. Para os astrônomos habitantes nos planetas destas galáxias, fenômenos espetaculares serão registrados, embora não haja motivos de grande preocupação. No momento em que a contração atingir os seus estágios finais, as condições serão críticas para a vida, o Universo começará a se aquecer, o céu noturno se tornará brilhante como o dia. Tanto a luz estelar como a radiação cósmica deverão aumentar. As atmosferas planetárias se aquecerão. A radiação atingirá níveis suficientemente intensos para separar as moléculas. A vida se tornará impossível. As estrelas e os planetas se evaporarão, os átomos serão destruídos. Logo a seguir os núcleos atômicos começarão a se associar em prótons e nêutrons. A matéria entrará no estado semelhante ao que existiu no início, logo após a grande explosão, com uma única diferença: o fim do Universo será o de uma bola de fogo que implode. É o apocalipse do fogo, que atingiremos daqui a 50 bilhões de anos, quando o Universo se contrair totalmente.

Este Universo que implode não poderá novamente explodir, dando origem a um novo Universo? Esta ideia do Universo que se contrai e se expande numa eterna oscilação é uma outra possibilidade matemática.

O grande debate entre o Universo aberto e o fechado é uma volta à velha questão de se saber se o fim do mundo será de fogo ou gelo. Esta é uma das últimas questões da ciência que o homem poderá tentar responder. Incapaz de influenciar o seu destino, a descoberta de seu fim será um grande triunfo para a mente humana, que procura também responder às seguintes questões: o que havia antes? Por que tudo isto começou?

O COMETA BIELA E O FIM DO MUNDO

A socioastronomia, este novo ramo das ciências sociais, é muito pouco estudada em nossos meios. Algumas valiosas contribuições foram relacionadas pelo incansável estudo do folclorista brasileiro Luiz da Câmara Cascudo. A própria palavra foi cunhada recentemente, nos anos 1970, nos Estados Unidos, em virtude dos movimentos sociais que surgiram como consequência do aparecimento do cometa Kohoutek, em 1973. Conhecedor de meu interesse por esses estudos, tive indizível alegria de escutar do nosso dicionarista maior, Aurélio Buarque de Holanda Ferreira, no chá da Academia Brasileira, em 12 de maio de 1983, uma canção que sua mãe, D. Maria Buarque Ferreira, lhe cantava quando ele era menino, e cujo tema era o cometa Biela. Parece que esta música era corrente no Nordeste, no princípio do século XX, pelo menos na cidade de Passo do Camaragibe. De acordo com a memória de Aurélio, que conseguiu revivê-la em seus ritmos, a letra da canção que sua mãe cantava era a seguinte:

Eu passava a noite em claro,
Com minha sogra na janela,
Esperando a minha morte, na passagem do Biela.
O boato corre corre, em minha porta bateu,
e o Biela lá nos ares, nunca mais apareceu.

No sertão do Ceará, os cantadores assim falavam do tão anunciado fim do mundo:

Em 13 de novembro
O dia determinado
Pela profecia do Dr. Falb
Ia o mundo se acabar...

O boato corre, corre
Com ardor e a prevenir
Que não tarda o cataclisma
Para a terra demolir!....
Mas os garotos a tocarem
Qua... Qua... Qua... Qua...
E os velhos a se lamentarem
Qua... Qua... Qua... Qua...
E as beatas a rezarem
Qua... Qua... Qua... Qua...

A origem da popularidade desse cometa deve-se à profecia de um cientista alemão, Rudolf Falb, professor de geologia e matemática, que anunciou o fim do mundo, na noite de 13 para 14 de novembro de 1899, quando um monstruoso cometa envolveria a Terra por todos os lados, com sua enorme cauda flamejante. Seus gases asfixiantes e inflamáveis, segundo a previsão de Falb, acenderiam a nossa atmosfera provocando a queda de uma enorme enxurrada de bólidos incandescentes. Tal profecia charlatanesca não poderia merecer uma consideração especial de um iniciado em astronomia.

Todavia, como nem todos são capazes de apreciar os problemas astronômicos que esse tipo de previsão explora, as consequências, na época, foram inacreditáveis. Houve mesmo algumas mortes. Assim, em Santa Rosa, quatro senhoras enlouqueceram. Em Jundiaí, uma negra atirou-se em um poço. Em Santos, uma senhora, ao sair de uma igreja local, morreu; em seu atestado de óbito constava: "Impressão pelo terror do cometa Biela."

De fato, Falb referiu-se ao Biela, cometa periódico de seis anos e nove meses que está associado à famosa chuva de estreles cadentes de 13 e 14 de novembro, que, por terem o seu radiante na constelação de Andrômeda, ficaram conhecidas como andromedidas ou andromedídeos, último vestígio do cometa que se fragmentou em 1846.

Desde a sua descoberta, o cometa Biela tem sido uma história de inesperadas e surpreendentes revelações. Descoberto em 8 de março de 1772 pelo astrônomo francês Jacques Laibets-Montaigne (1716-1788), na cidade de Limoges, com um telescópio Dollond, atingiu mais tarde a magnitude 6, ou seja, o limite dos astros visíveis à vista desarmada. Foi nestas condições que o astrônomo francês Charles Joseph Messier (1730-1817), o grande caçador de cometas do século XVIII, o observou em 15 de março.

Trinta e três anos mais tarde os astrônomos franceses Jean-Louis Pons (1761-1831), em 10 de novembro de 1805, e Alexis Bouvard (1767-1843), seis dias depois, descobriram um cometa cuja cauda em duas semanas atingiu até seis minutos de arco de extensão. No dia de sua maior proximidade da Terra, em 8 de dezembro, foi possível observá-lo a olho nu. Estudando o seu movimento, o astrônomo alemão Friedrich Bessel (1784-1846) previu seu retorno para 1826. Alertados pela previsão, os astrônomos iniciaram a procura. O grande sucesso coube ao militar austríaco Wilhelm von Biela (1782-1856), da cidade de Josephstadt, na Boêmia, que a descobriu em 27 de fevereiro de 1826. Dez dias mais tarde, o astrônomo francês Adolphe Gambart (1800-1836), em Marselha, também redescobriu o mesmo cometa. A órbita desse cometa, calculada por Biela e Gambart, permitiu identificá-lo com os cometas observados em 1772 e 1805, determinando o seu período em seis anos e nove meses. No retorno seguinte, em 1832, o cometa foi redescoberto pelos astrônomos do Colégio Romano, em 22 de agosto. Em 1839, não foi possível observá-lo, pois o cometa passou muito próximo do Sol. Em sua quinta aparição, o cometa Biela foi localizado simultaneamente em Roma, em 26 de novembro de 1845, pelo astrônomo italiano Francesco de Vico (1805-1845), e em Berlim, pelo astrônomo alemão

Johann G. Galle (1812-1910). Durante essa passagem, em 19 de dezembro, o cometa apresentou-se ligeiramente alongado. Uma quinzena depois, o cometa fragmentou-se. Seis anos mais tarde, em 1852, os dois núcleos foram redescobertos pelo astrônomo italiano Angelo Secchi (1818-1878), em Roma. Desde então, como diz a canção, o cometa nunca mais apareceu. Até que inesperadamente, como confessou Secchi, na noite de 27 de novembro de 1872, um curioso chamou sua atenção para uma belíssima chuva de estrelas cadentes. O célebre astrônomo francês Camille Flammarion, que se encontrava na época em Roma, chorou de tristeza ao ter notícia no dia seguinte do belo e indizível fenômeno cósmico. Em 1879, esperou-se o cometa e a chuva de estrelas. Nada ocorreu. Todavia em 1885 uma brilhante chuva de meteoros permitiu concluir que o cometa Biela havia se desagregado em um pulvéreo enxame de meteoroides. Em 1899, surgiu o terror do fim do mundo, num fogo de artifício cósmico. Ao contrário da chuva de estrelas prevista por Luiz Cruls, astrônomo do Observatório Nacional, no Rio de Janeiro, o que ocorreu foi uma terrível tempestade.

Para eliminar a ameaça do fim do mundo, o astrônomo brasileiro de origem belga Luiz Cruls (1848-1908) anunciou que a única ocorrência extraordinária seria uma possível chuva de estrelas, como a que já havia ocorrido anteriormente. Os jornais do Rio de Janeiro gostaram da ideia, que provocou um verdadeiro rebuliço. Todos queriam assistir ao apoteótico fenômeno. O povo correu para as praias, e as ruas e praças encheram-se de curiosos, alguns com suas lunetas, para assistir ao feérico espetáculo. A chuva de estrelas cadentes não ocorreu. A decepção foi enorme. Um aguaceiro caiu no dia provocando um sentimento ainda maior de descrença.
Na *Revista Ilustrada,* o caricaturista Angelo Agostini escarneceu o astrônomo, vestindo-o de astrólogo.

Olavo Bilac, o célebre poeta do "ouvir estrelas...", na época cronista do jornal *Gazeta de Notícias*, de Ferreira Viana, escreveu uma crônica na qual esclarecia, com muita ironia, que as estrelas têm pudor, atribuindo o fracasso do fenômeno astronômico ao orgulho e à castidade das estrelas.

Como as estrelas foram sempre uma das imagens preferidas do poeta, Olavo Bilac, como sempre fazia com os assuntos de sua preferência, não se satisfez com a crônica e investiu no verso, admitindo a chuva de estrelas como uma realidade, e assim a descreveu:

Venham estrelas, estrelas,
Caiam nas ruas, nas salas,
Que Deus não possa contê-las
Que ninguém possa contá-las

Grandes, pequenas, vermelhas,
Azuis, verdes, amarelas,
Não escapem duas telhas
Contanto que venham elas.

Veremos que belo jogo,
É este milagre da uva:
Quando o céu abrir em fogo,
Lá vêm os astros em chuva.

Chuva no céu e na terra,
Que solene bebedeira!
Os deuses fazendo guerra
Aos devotos da parreira.

Que foi aquilo! Que tombo
Levou agora um borracho!
Quebrou-lhe uma estrela o lombo,
E uma outra já estava embaixo.

Dentre as estrelas, acesa,
E confundida com elas,
Diz uma moça – "Estou presa
Numa gaiola de estrelas?"

E um velho à sua vizinha
Dirá, com a fala mudada,
– "Até que enfim, que eu já tinha
A minha estrela apagada."

– Mulher, pergunta um sujeito,
Que é isto? que gritaria
E ela – Estou vendo do leito
Estrelas ao meio-dia.

Venham estrelas, estrelas,
Caiam nas ruas, nas salas,
Que Deus não possa contê-las
Que ninguém possa contá-las.

E a terra, ao última pingo,
Quando cessar a chuvinha,
Estará feita ao domingo
Uma sopa de estrelinhas...

QUARKS E O MISTÉRIO DA ESTRUTURA ELEMENTAR DO COSMO

A descoberta de subpartículas despertou interesse para a estrutura da matéria, em especial para a sua natureza simétrica.

Nos últimos qaurenta anos, foram enormes os avanços no estudo das partículas elementares. Há poucos decênios, acreditava-se que a matéria fosse constituída por moléculas, por sua vez constituídas de átomos estruturados, como minissistemas planetários: um núcleo central, um minissol, formado por prótons (com massa e carga elétrica positiva) e nêutrons (com massa e sem carga elétrica), ao redor do qual giravam numerosos elétrons (sem massa e com carga elétrica negativa), como miniplanetas, em planos bem determinados.

Mais tarde, o físico alemão Werner Heisenberg (1901-1976) descobriu o denominado princípio de indeterminação, que afirma não ser possível conhecer todos os parâmetros de uma partícula, o que deu origem à teoria segundo a qual, ao redor do núcleo, se formariam configurações de tipo elíptico, chamadas *nuvens de probabilidade*, não havendo uma trajetória permanente para as partículas.

Com o aperfeiçoamento dos gigantescos aceleradores de partículas, os físicos verificaram que a estrutura do átomo era bem mais complexa, como aliás já desconfiavam, ao detectarem a existência de várias subpartículas.

A ideia dos *quarks* surgiu, inicialmente, em 1963, quando o físico norte-americano Murray Gell-Mann (1929-) e George Zweig (1937-), ambos do Instituto de Tecnologia da Califórnia, tentaram explicar as características de todas as partículas que sofrem uma interação muito forte, como as partículas ditas *pesadas*, denominadas *hádrons* (que compreendem os bárions e os mésons), e propuseram que essas partículas fossem constituídas pela associação de três subpartículas, chamadas *quarks*. Numa primeira hipótese, fizeram apelo a três *quarks*, q_u, q_d e q_s, assim designados, segundo as iniciais das palavras inglesas *up* (para cima), *down* (para baixo) e *strange* (estranho).

Esses *quarks* possuiriam cargas fracionárias em relação à carga elétrica elementar. A essas três subpartículas foi necessário adicionar os *antiquarks* u, d, s, todos esses com números quânticos opostos aos dos *quarks* correspondentes. De acordo com essa hipótese, os bárions, ou seja, as partículas pesadas dos núcleos (prótons e nêutrons), assim como os hipérions (partículas instáveis e muito mais pesadas que as anteriores), seriam constituídos a partir de três *quarks*.

De modo análogo, seria possível encontrar a carga e os outros números característicos de uma determinada partícula, pela adição de *quarks* que supostamente poderia conter. A partir desse critério, o *antibárion* seria formado de 3 *antiquarkers,* e os *mésons* seriam pares de *quark* e *antiquark*.

Tal ideia de uma simetria, na elaboração dos modelos das partículas elementares, conduziu a teoria dos *quarks* a sucessos notáveis. Várias partículas previstas teoricamente foram descobertas. Assim, em 1974, foi descoberto o *charm* (encanto), previsto quatro anos antes pelo físico norte-americano Gloshow, pelo grego Iliopoulos e pelo italiano Mapini. Mais tarde, em 1979, foi encontrado o *bottom* (baixo), que, pela natureza simétrica dos *quarks*, deveria ter um companheiro, o *top* (topo), descoberto agora pela equipe chefiada pelo físico italiano Carlo Rubbia, da Universidade de Harvard (que dirigiu o CERN – Centro Europeu de Pesquisas Nucleares, em Genebra). Nesta descoberta, Rubbia utilizou o gigantesco acelerador de partículas deste organismo europeu, um anel de seis quilômetros de circunferência, ao fazer colidir um feixe de antiprótons (partículas dotadas de igual massa e energia negativa). Em consequência, houve a liberação de 270 bilhões de elétrons-volt de energia e a captura de um *quark* de grande massa, o sexto a ser descoberto, que foi batizado de *top*, por ser o mais elevado na escala dos *quarks*.

O nome *quark* bem como as designações das outras subpartículas tiveram sua origem em escritores e filósofos. Assim, *quark* foi retirado do romance *Finnegans Wake* (1939) do escritor irlandês James Joyce; os termos *estranho, beleza* e *charme* foram extraídos da seguinte frase do filósofo inglês Francis Bacon (1561-1626): "Não há beleza com charme que não tenha algo estranho em suas proporções."

Em "*Átimo de pó*" (1995), Gilberto Gil e Carlos Rennó associam o microcosmos dos *quarks* ao macrocosmos da Via-Láctea:

Entre a célula e o céu
O DNA e Deus
O quark e a Via-Láctea
A bactéria e a galáxia
Entre agora e o eon
O íon e o Órion
A lua e o magnéton
Entre a estrela e o elétron
Entre o glóbulo e o globo blue
Eu, um cosmo em mim só
Um átimo de pó
Assim: do yang ao yin
Eu e o nada, nada não
O vasto, vasto vão
Do espaço até o spin
Do sem-fim além de mim
Ao sem-fim aquém de mim
Den' de mim

OS QUATRO PRINCIPAIS CAMPOS DE FORÇA DO COSMO

Apesar da enorme variedade de partículas elementares, previstas teoricamente, apenas quatro grupos devem realmente existir. Elas são necessárias para uma explicação comum dos quatro principais campos de forças que parecem interagir entre si no Universo. Elas agem na interação eletromagnética, na interação gravitacional, na interação nuclear forte e na interação nuclear fraca.

Duas destas forças, a gravitação e o eletromagnetismo, têm uma ação bastante ampla. Por essa razão são muito mais familiares a todos nós. A força gravitacional é a responsável pela ordenação do macrocosmo. Ela mantém associadas entre si as estrelas nas galáxias e os planetas, inclusive a Terra, em sua órbita ao redor do Sol. Para explicar sua ação, os físicos se proveem da existência de uma partícula – o *gráviton* – que carregaria a força de gravidade. A outra força – a *eletromagnética* – , de grande aplicação na vida moderna, permitiu a descoberta do rádio assim como os últimos desenvolvimentos da tecnologia de comunicação. Ela mantém associadas as partículas elétricas nos campos magnéticos. É a interação eletromagnética que mantém as partículas elétricas negativas (elétrons) ao redor do núcleo dos átomos constituídos de nêutrons e prótons. A partícula intermediária nesse campo é o fóton. Assim, ao passar de uma superfície de energia para outra, os elétrons emitem um fóton, partícula de luz que carrega e mantém a interação das forças eletromagnéticas.

As duas primeiras forças, pela sua escala de ação bastante vasta, são muito mais familiares ao homem. As duas outras, as interações forte e fraca, não podem ser percebidas diretamente, em virtude de a sua amplitude ser muito limitada. Sua ação não excede os raios dos núcleos atômicos. Assim, a interação forte só pode ser compreendida pela existência de uma força nuclear forte que manteria juntos os prótons e os nêutrons. É a única maneira de explicar por que os núcleos atômicos não explodem apesar da repulsão eletrostática dos prótons que existem no seu interior. Apesar de intensa, a sua ação é muito restrita – não se faz sentir além do núcleo. Para explicar a forma nuclear forte, o físico norte-americano Richard P. Feynman (1918-1988) sugeriu, em 1969, a existência de uma partícula batizada de *glúon*, nome de origem latina que significa colo, ou seja, a partícula que mantém unido o núcleo dos átomos.

Por outro lado, a interação fraca, identificada desde 1934 nos processos de emissão de radioatividade, permaneceu pouco compreendida até 1954, quando dois físicos norte-americanos, C.N. Yang e Robert L. Mills, começaram a estudar o que acontecia quando ocorriam trocas de alguns prótons e nêutrons e um núcleo atômico. Para manter as simetrias de algumas equações, Yang e Mills sugeriram a existência de três novas partículas, denominadas *vetores bósons intermediários:* W positivo, W negativo e Z. essa teoria não teve repercussão até que os físicos Steven Weinberg, dos EUA, e Abdus Salam, do Paquistão, que pesquisavam juntos em Londres, perceberam que a hipótese de Yang e Mills constituía a base teórica necessária. A explicação da força nuclear fraca, sugerindo a existência da partícula W, ou *Weakon,* do inglês *weak*, fraco. Os *weakon* seriam, portanto, as partículas portadoras de força fraca que governam os fenômenos de desintegração radioativa.

É possível explicar como um nêutron desintegra-se em um próton e mais uma partícula W, que por sua vez se transforma num elétron e num antineutrino.

Estas partículas W e Z – espécie de veículo de força fraca – têm uma existência muito curta. Sua vida é de alguns milionésimos de milionésimo de segundo, no fim dos quais se desintegram. Seu tamanho, comparável ao de um próton, é de um milésimo de bilionésimo de milímetro.

A grande importância das partículas W e Z, descobertas em 1983 pelo físico italiano Carlo Rubbia (1934-), da Universidade de Harvard, e pelo engenheiro holandês Simon Van der Meer (1925-2011), é permitir unificar, ou seja, dar uma explicação comum para a força eletromagnética e a força nuclear fraca. Constitui um passo para a unificação dos demais campos de forças: o gravitacional, que faz girar os corpos celestes; o eletromagnético, responsável pela eletricidade; e o magnetismo: o de força nuclear forte, que mantém juntos os prótons e os nêutrons, e o de força nuclear fraca, responsável pela radioatividade e pela energia das estrelas. Trata-se do segundo grande passo para a unificação dos campos de força no Universo. O primeiro foi anunciado, em 1862, pelo fisico escocês James Clerk Maxwell (1831-1879), que unificou matematicamente os campos elétrico e magnético. A teoria eletromagnética de Maxwell só foi confirmada com a descoberta das ondas de rádio pelo engenheiro alemão Heinrich Rudolph Hertz (1857-1894). Um dos sonhos de Albert Einstein era unificar o campo eletromagnético e o gravitacional – o grande desafio que ainda permanece.

OS QUANTA

Em "*Quanta*" (1995), Gilberto Gil expressa sua intenção de integrar a ação dos *quanta* à arte de criar e de saber em um mesmo momento, no qual a ciência se associa à arte, dentro da criação divina:

Quanta do latim
Plural de quanta
Quando quase não há
Quantidade que se medir
Qualidade que se expressar
Fragmento infinitésimo
Quase que apenas mental
Quanta granulado no mel
Quanta ondulado do sal
Mel de urânio, sal de rádio
Qualquer coisa quase ideal
Cântico dos cânticos
Quântico dos quânticos
Canto de louvor
De amor ao vento
Vento arte do ar
Balançando o corpo da flor
Levando o veleiro pro mar
Vento de calor
De pensamento em chamas
Inspiração
Arte de criar o saber
Arte, descoberta, invenção
Teoria em grego quer dizer
O ser em contemplação
Cântico dos cânticos
Quântico dos quânticos
Sei que a arte é irmã da ciência
Ambas filhas de um Deus fugaz
Que faz num momento
E no mesmo momento desfaz
Esse vago Deus por trás do mundo
Por detrás do detrás
Cântico dos cânticos
Quântico dos quânticos

ONDAS GRAVITACIONAIS

A existência das ondas gravitacionais foi colocada em evidência por uma equipe de pesquisadores europeus. Eles demonstraram que uma das inúmeras vibrações do Sol provém das ondas gravitacionais emitidas por *Geminga*, a estrela de nêutrons mais próxima do sistema solar.

Em 1916, o físico Albert Einstein (1879-1955) introduziu pela primeira vez a ideia das ondas gravitacionais. Segundo a teoria da relatividade geral, elas deveriam se propagar à velocidade da luz, como as ondas eletromagnéticas. A grande dificuldade em comprovar a existência da radiação gravitacional se deve à sua fraca intensidade. Nos anos 1960, o físico norte-americano Joseph Weber (1919-2000) chegou a anunciar que detectara as ondas gravitacionais, o que foi mais tarde posto em dúvida.

Assim como as ondas eletromagnéticas (ondas de rádio, luz, raios X e gama) são emitidas por cargas elétricas em movimento, as ondas gravitacionais têm necessidade de objetos maciços em deslocamento rápido para que suas emissões sejam mais facilmente registradas. De fato, como a taxa de emissão das ondas gravitacionais é muito fraca, é praticamente impossível detectá-las, a não ser que astros muito densos e pequenos, como as estrelas de nêutrons e os buracos negros, venham a emitir uma quantidade importante de ondas gravitacionais. Por outro lado, será necessário, para senti-las, ou seja, detectá-las, um objeto de matéria considerável, como, por exemplo, o Sol, com uma massa três vezes superior à da Terra.

Esta primeira ação das ondas gravitacionais sobre a matéria, ou seja, sobre o Sol, foi obtida pelo astrônomo francês Philipe Delache, do Observatório de Nice, pelo físico francês Jacques Paul, do Centro de Estudos Nucleares de Saclay, e pelo físico inglês George Isaak, da Universidade de Milão.

Nesta pintura do século III, um sacerdote egípcio oferece incenso ao deus solar Rê-Horakhty. No alto, o corpo do Sol é conduzido por duas grandes asas do deus Horus. Para alguns historiadores este simbolismo representa um eclipse total do Sol, num período de atividade solar mínima

Há vários anos equipes inglesas de Birmingham, soviéticas da Crimeia e francesas de Nice estudam as vibrações do Sol. Dois tipos de vibrações foram registradas: uma da pressão e outra da gravidade. As oscilações de pressão, além de possuírem um período muito curto, da ordem de alguns minutos, parecem provenientes das camadas superficiais do Sol. Como seus efeitos são visíveis na superfície solar, seu estudo está bem mais avançado. Ao contrário, as oscilações de gravidade são menos conhecidas por serem de difícil observação. Elas parecem oriundas das camadas mais profundas do Sol. Sua intensidade, além de atenuada pelas camadas superficiais, possui períodos muito longos, da ordem de algumas horas.

Dessas oscilações, a mais nítida, com um período de 160,010 minutos não pode ser explicada pelos modelos teóricos do Sol até hoje sugeridos. Estudando estas oscilações, Philippe Delache argumentou que sua origem estava num efeito parasita produzido pela rotação terrestre. Sugeriu-se até mesmo a existência de um buraco negro no centro do Sol, ou a passagem de uma estrela muito densa próxima do Sol em tempo pré-histórico. Todavia, tal oscilação resistiu a todas estas explicações. Segundo George Isaak, ela deveria ser proveniente da excitação produzida na massa solar por ondas gravitacionais de origem ainda desconhecida.

Logo que se identificou *Geminga* como um astro próximo do Sol, a ideia de Isaak assumiu uma nova dimensão. Após uma longa análise dos sete anos de dados acumulados de observação de *Geminga* pelo satélite europeu Cos-B, verificou-se que as ondas gravitacionais dessa estrela de nêutrons possuíam um período de 159,960 minutos, valor muito próximo do de 160,010 minutos observado no Sol. Vista da Terra, *Geminga* pode ser considerada como um astro fixo, ao contrário do Sol, que efetua uma volta em cada ano. Para explicar a diferença de um dia, Philipe Delache lembrou o *efeito Phileas Fogg*. Segundo este efeito, inspirado no personagem de Júlio Verne que conseguiu ganhar uma aposta em que afirmava poder completar a volta ao mundo em 80 dias, graças a um dia ganho ao se deslocar na direção da rotação da Terra. Assim, aplicando o mesmo princípio, em cada ano deve-se contar um período a menos quando se observar o Sol em relação a *Geminga*. Depois desta correção devida ao *efeito Phileas Fogg*, constatou Delache que dois períodos são perfeitamente iguais. Tal coincidência só se pode explicar pelas ondas gravitacionais emitidas por *Geminga* e pela sua detecção pelo Sol.

MIRAGEM GRAVITACIONAL

UMA NOVA COMPROVAÇÃO DA RELATIVIDADE DE EINSTEIN

Uma equipe de astrônomos franceses do Observatório de Paris-Meudon, observando com um grande telescópio franco-canadense-havaiano de 4 metros de diâmetro, instalado no Havaí, confirmou a existência de um fenômeno conhecido como *miragem gravitacional* ao observar o quasar triplo PG 1115 + 080.

A miragem gravitacional, ou melhor, a *lente gravitacional*, como preferem designá-la os astrônomos, é a propriedade que possui um intenso campo de gravidade de desviar os raios luminosos que lhe passam próximos, provenientes de um objeto celeste mais afastado, produzindo em consequência uma forte distorção da imagem original deste objeto ou até mesmo a formação de imagens múltiplas. A existência deste efeito foi sugerida, em 1937, pelo astrônomo norte-americano de origem suíça Fritz Zwicky (1898-1974) como um dos resultados da teoria geral da relatividade. Segundo este efeito, um mesmo astro pode aparecer em diversos pontos do céu, muito próximos entre si, no caso em que a luz por ele emitida venha a passar nas vizinhanças de um outro objeto de campo gravitacional suficientemente intenso para encurvar as trajetórias dos raios luminosos emitidos por aquele astro. Na realidade, este campo de gravidade muito intenso, oriundo de objeto celeste muito maciço, faz o papel análogo a uma lente que desvia os raios luminosos para concentrá-los em um ou vários pontos determinados do espaço.

Cruz de Einstein é uma configuração produzida pelo fenômeno conhecido como "lentes gravitacionais". Esta imagem foi obtida pelo telescópio espacial Hubble (NASA)

Gravitational Lens G2237+0305

Para melhor compreender este fenômeno, convém considerar um raio luminoso que, ao passar a uma distância *d* de uma massa importante *M,* sofre, sob o efeito de atração gravitacional desta massa, uma ligeira deflexão de um ângulo *a*, proporcional à massa de *M* e inversamente proporcional a de *d*. Em consequência, um astro *G*, mais distante que o objeto de massa *M*, aparentemente mais próximo, aparecerá na direção *G* com um desvio *a*. Se a massa *M* for de dimensões angulares muito reduzidas, observar-se-ão duas imagens: *Ga* e *Gb*, provenientes de dois feixes de raios luminosos, ambos oriundos de *G*, mas que, ao passarem próximos de *M* sofreram um desvio para um lado e outro do intenso campo gravitacional de *M*. Esta massa *M* constituirá uma *lente gravitacional*. Se o objeto de massa *M* for extenso, ele poderá produzir três imagens, como ocorreu com o quasar triplo PC1115+080, descoberto em junho de 1980 por astrônomos franceses, no Observatório do Havaí.

Os quasares, contração de expressão inglesa *quase-star* (quase estelar), como já vimos, são objetos celestes de natureza ainda misteriosa, situados sempre a grandes distâncias, que apresentam o aspecto de uma estrela, mas que emitem mais luz do que as galáxias normais. Supõe-se que sejam os núcleos de grande violência, capazes de fornecer a fantástica energia emitida pelos quasares, protogaláxias, ou seja, galáxias em formação. A denominação adotada para designá-los compõe-se das letras iniciais do catálogo onde estão relacionados e os algarismos das coordenadas usadas para localizá-los no céu. Assim, PC1115+080 significa que este quasar figura no catálogo estabelecido no observatório norte-americano de Monte Palomar (*Palomar Catalogue*), e os números indicam a ascensão reta (11h15min) seguido da declinação boreal (+08,0∞), coordenadas que permitem conhecer a direção do quasar na abóbada celeste.

O grande interesse desta descoberta foi a comprovação da teoria geral da relatividade a uma distância em que faltavam provas diretas. Poucas são as verificações experimentais desta teoria estabelecida por Albert Einstein no início do século. Nas duas principais, como o avanço do periélio do planeta Mercúrio ou o desvio dos raios luminosos das estrelas que passam próximo ao Sol, durante os eclipses totais deste, as distâncias que intervêm são pequenas em escala astronômica: a primeira ocorre no sistema solar, e a segunda envolve estrelas situadas a algumas centenas de milhares de anos-luz, distância que nos separa das estrelas relativamente próximas.

Existem atualmente seis casos prováveis de miragem gravitacional nos 2.300 quasares catalogados. O mais seguro deles até então era o caso do quasar duplo 0951 + 561, detectado em junho de 1981. De fato, este quasar fornece duas imagens aos telescópios, com características espectrais muito análogas nas duas imagens. A lente gravitacional que deve provocar este quasar duplo é uma galáxia muito tênue, praticamente alinhada com as duas imagens. Infelizmente, ao contrário do que ocorre com o quasar recentemente descoberto, não foi possível estabelecer correlações entre as variações de brilho das duas imagens do quasar 0951 + 561, o que deixou os astrônomos na dúvida de que se tratasse realmente de duas imagens de um mesmo objeto.

No caso do quasar PC 1115 + 080, a equipe francesa conseguiu mostrar que as suas variações de brilho, da ordem de 30%, produziram-se simultaneamente nas três imagens, provando deste modo que as três imagens possuem uma origem única.

Até recentemente não havia ainda nenhuma verificação para as enormes distâncias que nos separam das galáxias. Com a observação do efeito da lente gravitacional num quasar, situado à distância de 5 a 10 bilhões de anos-luz (um ano-luz equivale a 9,5 trilhões de quilômetros), podemos afirmar que a relatividade geral é uma teoria válida nestas distâncias cósmicas.

Tendo em vista que toda a cosmologia moderna se baseia na teoria geral da relatividade, a confirmação desta teoria torna mais aceitável as atuais ideias sobre a origem do nosso Universo.

BURACOS NEGROS

O astrônomo inglês John Michell (1724-1793) foi quem, em 27 de novembro de 1783, na Royal Society, expôs, pela primeira vez, a possibilidade da existência dos buracos negros fundada na lei da gravitação de Newton. Mais tarde, o matemático francês Pierre Simon de Laplace (1749-1827) elaborou a imagem dos buracos negros, também baseada na teoria da emissão corpuscular da luz. Aliás, nas duas primeiras edições da *Exposition du système du monde*, de Laplace, publicadas em 1796 e 1799, encontra-se este curioso trecho: "Inúmeras estrelas apresentam, em sua coloração e em seu brilho, variações periódicas muito notáveis; existem umas que aparecem de súbito e outras que desaparecem, depois de terem, durante algum tempo, emitido uma luz muito viva. Que prodigiosas mudanças devem se operar na superfície desses corpos, para que eles sejam tão sensíveis à distância que nos separa; de quanto eles devem ultrapassar aquelas que nós observamos na superfície do Sol! Todos esses corpos se tornam invisíveis no mesmo lugar onde foram observados, pois eles em nada mudaram durante o seu aparecimento; existem, portanto, nos espaços celestes, corpos obscuros tão consideráveis, e talvez tão grandes em número, como as estrelas. Um astro luminoso de mesma densidade que a Terra, e cujo diâmetro fosse o do Sol, não deixaria, em virtude de sua atração, que nenhum de seus raios luminosos nos atingisse; é possível que os maiores corpos luminosos do Universo sejam por isto mesmo invisíveis. Uma estrela que, sem possuir tal grandeza, ultrapassasse consideravelmente o Sol provocaria uma sensível redução na velocidade da luz e aumentaria assim a extensão da sua aberração."

Ilustração de um buraco negro

Esta passagem foi retirada de Laplace, a partir da terceira edição da *Exposition du système du monde*, publicada em

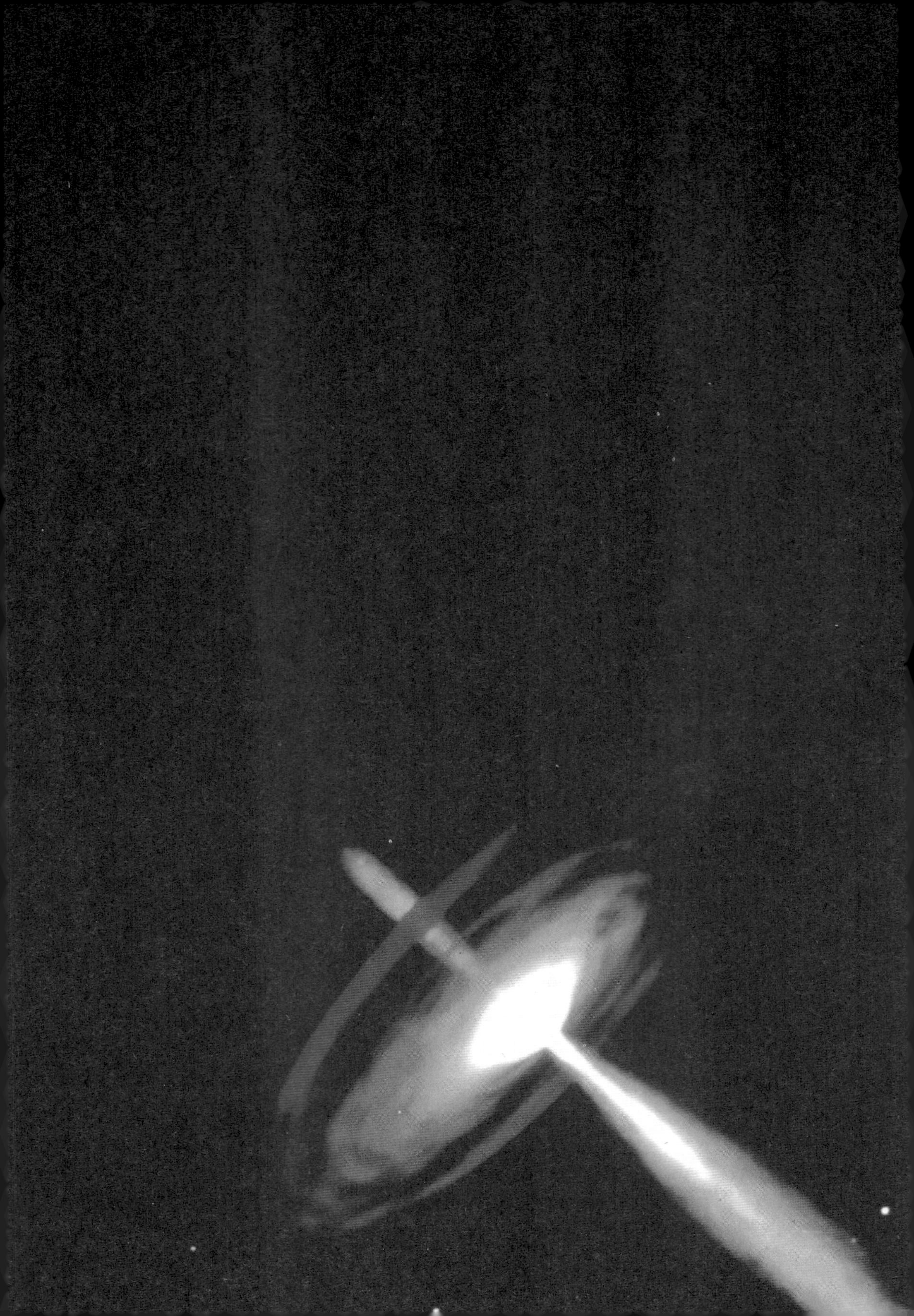

1808. Laplace inspirou-se, de fato, na teoria da emissão da luz, da qual era um convicto defensor.

Entre os divulgadores da ideia do buraco negro, no século XIX, encontrava-se Alexandre Humboldt (1796-1858), que, no terceiro volume de sua obra *Cosmos,* na página 93, afirmou que "*sentia necessidade de examinar se não existiam corpos celestes, cuja luz não nos atinge, retida que ela é pela atração de uma enorme massa e, deste modo, forçada a retornar ao corpo, de onde a luz teria sido emitida*". Ao concluir, afirmava Humboldt que "*a teoria da emissão da luz havia fornecido uma forma científica a este jogo de imaginação*" que seriam os astros obscuros.

Embora se possa aceitar uma possível identidade entre as ideias de John Michell, Laplace e Humboldt com as ideias que, no início do século XX, iriam desenvolver Einstein e Schwarzschild para dar origem ao conceito dos atuais buracos negros relativistas, somos obrigados a convir que, na realidade, existem profundas diferenças conceituais e físicas entre os buracos negros newtonianos e os relativistas. Ao analisarmos esses fatos históricos, surge uma pergunta que deverá ficar sem resposta: por que teria Laplace eliminado, a partir da terceira edição de sua referida obra, a ideia dos corpos celestes obscuros?

Ao conceber, em 1795, a provável existência de corpos celestes tão densos e maciços que a própria luz seria incapaz de escapar do seu campo de gravidade, Laplace possuía como única base para as suas elucubrações a teoria da gravitação universal de Newton. Foi necessário que a física se desenvolvesse, elaborando as modernas teorias sobre a evolução e estrutura interna das estrelas, para que esse "*jogo de imaginação*", como dizia Humboldt, se tornasse uma realidade. Hoje, depois da descoberta das anãs brancas e das estrelas de nêutrons, a própria teoria da evolução estelar prevê a existência dos buracos negros como uma consequência normal para as estrelas que, ao se colapsarem, possuem uma massa superior a três massas solares. Assim, um buraco negro é um dos três estágios finais possíveis da evolução estelar: as anãs brancas ou negras, as estrelas de nêutrons e, finalmente, os buracos negros.

Após a publicação das equações que descreviam o campo gravitacional, em 1916, pelo físico Albert Einstein, o astrônomo alemão Kari Schwarzschild descobriu a solução do tipo mais simples de buraco negro, com base na geometria do espaço-tempo. Tal solução concebe um buraco negro com simetria esférica e massa. Nesta solução, a estrela que lhe teria dado origem não devia possuir rotação, carga elétrica e campo magnético. Assim, este buraco negro é o mais simples de todos os buracos concebíveis, pois irá resultar de uma estrela maciça, sem carga nem rotação, que, no seu processo de colapso gravitacional, atingiu o ponto de completa exaustão do seu combustível nuclear. À medida que ocorre o colapso, as trajetórias dos raios luminosos emitidos pela estrela se encurvam em direção ao seu próprio núcleo. No último estágio da evolução estelar, os raios de luz emitidos não conseguem escapar para fora do convencionado *horizonte dos eventos*. Aliás, no interior do horizonte dos eventos, nada, na realidade, quer definir um horizonte além do qual nenhum evento pode ser observado. Com frequência a esfera ou contorno determinado pelo horizonte dos eventos define o próprio limite do buraco negro. Mesmo depois que uma estrela agonizante tiver ultrapassado o seu próprio horizonte dos eventos, nada existe que impossibilite a contínua contração gravitacional da estrela, que continuará a contrair-se até a sua implosão em um ponto no centro do buraco negro. A este ponto de pressão e densidade infinita, onde a curvatura do espaço-tempo é também infinita, designamos *singularidade*.

Toda luz emitida por uma singularidade retorna à superfície onde é esmagada. Poder-se-ia, então, definir um cone imaginário, denominado de *cone de saída,* cujo vértice estivesse centrado num ponto da superfície da estrela e cujo eixo fosse vertical à sua superfície. Todos os raios emitidos que estivessem dentro do cone conseguiriam escapar da estrela; os que estivessem fora seriam retidos. Por outro lado, os fótons emitidos num ângulo com vertical igual à metade do ângulo do cone não escapariam nem voltariam, ficariam numa órbita circular ao redor da estrela na *esfera de fótons*. Este *cone de saída*, à medida que a estrela agoniza, torna-se-ia tão estreito que iria se fechando até que só os raios verticais saíssem para o exterior. No estágio final do colapso gravitacional, quando a deformação do espaço-tempo se torna infinita, o cone fecha-se. Daí em diante nenhuma luz pode sair da estrela. Neste momento, em que o cone de saída se fecha, diz-se que o horizonte dos eventos foi atravessado. Não se pode mais comunicar-se com o universo exterior. No entendimento comum, poderíamos afirmar que tudo aquilo que atravessou o horizonte dos eventos realmente desapareceu do nosso Universo.

Em resumo, todo buraco negro de Schwarzschild se encontra envolvido por uma esfera de fótons, constituída por raios de luz em órbitas circulares instáveis, que, por sua vez, circulam o horizonte dos eventos, superfície espaço-tempo do interior da qual nada pode escapar. No centro comum destas duas esferas, encontra-se a singularidade, resultado final da implosão das estrelas que não conseguirá jamais escapar do horizonte dos eventos. Numa imagem surrealista, poderíamos supor que um astronauta situado na singularidade, com um pequeno transmissor, não chegaria a se comunicar com o universo exterior, pois as ondas de rádio seriam completamente bloqueadas pelo horizonte dos eventos, de modo que poderíamos afirmar que, daquele momento em diante, ele deixou de existir para o Universo. A imagem é surrealista, pois nenhum ser nem objeto resistiria à intensidade do campo gravitacional reinante.

A melhor apresentação de um campo gravitacional é fornecida pelo denominado "*diagrama em forma de redemoinho*". Aliás, o espaço-tempo deformado pela gravidade próximo a uma estrela em colapso está tão encurvado que lembra o aspecto que tornaria a superfície de uma camada de borracha que se encurvasse em consequência da colocação no seu centro de uma bola de chumbo. Tal superfície é a mesma que surge numa pia cheia ao retirarmos a tampa por onde a água escoa. Ao escoar, a água forma uma superfície de refluxo – um escoadouro. Assim, longe da estrela, o espaço-tempo é essencialmente plano, enquanto nas proximidades é curvo. Quanto mais próximo, mais curvo será. O campo gravitacional da estrela será representado pela curvatura da região que o envolve.

Um corpo, ao passar muito próximo, será, portanto, desviado pela curvatura desta superfície. Num buraco negro, esta curvatura do espaço-tempo torna-se cada vez mais intensa. Estudando os efeitos da curvatura do espaço, Einstein e Rosen foram surpreendidos ao constatar que este espaço-tempo eventualmente se abre em um segundo Universo. Assim, após passar o horizonte dos eventos, a curvatura do espaço-tempo se torna mais intensa, e emerge-se num segundo plano. Esta é a mais simples geometria de um grande buraco negro. A conexão de um Universo a outro como se encontra representada foi denominada de *buraco de minhoca* (*worm hole*) ou de *ponte de Einstein-Rosen*.

A primeira interpretação do buraco de minhoca referia-se à concepção de dois Universos distintos. Entretanto, tal ponte pode ligar também dois pontos muito distantes do nosso próprio Universo. A passagem de um universo para outro, no caso da solução de Schwarzschild (buraco negro não rotacional), vai exigir uma velocidade superior à velocidade da luz. Ora, tal consequência viola um dos princípios da teoria da relatividade, que prevê como velocidade limite da física a própria velocidade da luz. Assim, o que deve passar por um buraco de minhoca nada mais é do que a energia.

OS DIFERENTES TIPOS DE BURACOS NEGROS

Apesar de o buraco negro constituir um autêntico sumidouro de informação, nem mesmo a luz pode escapar à sua ação deglutidora; acredita-se que devem existir no Universo outros tipos de buracos negros, com carga eletromagnética e rotação, uma vez que estas informações, que estão em permanência no Universo, não desaparecem quando uma estrela entra em colapso. Na realidade, a massa de um buraco negro é um dos seus elementos que não será jamais completamente dragado, pois os seus efeitos permanecerão sob o aspecto de uma deformação no espaço-tempo. Por outro lado, as informações relativas ao campo magnético e elétrico, cujos efeitos dependem da distância, como a gravidade, entrarão em interação com as partículas nucleares que os envolvem. Uma terceira forma de informação, que não será jamais perdida durante um colapso gravitacional, é o efeito proveniente da rotação que irá dragar o espaço-tempo ao redor do buraco negro. Este último fenômeno, conhecido como *efeito de Lense-Thirring*, ou seja, rede inercial de dragagem, será tanto mais pronunciado quanto maior for a rotação e a massa do objeto que o produz. Assim, se um buraco negro for produzido por uma estrela em rotação, mais sensível será o seu efeito sobre o espaço e tempo que o envolve.

Em consequência, os buracos negros parecem, na realidade, os objetos mais simples do Universo, pois eles só possuem massa, carga e rotação, enquanto a completa descrição de uma estrela compreende uma porção de elementos, como a sua composição química, pressão, densidade. Com base nesta conclusão, o físico norte-americano John A. Wheeler, da Universidade de Princeton, propôs o célebre teorema: *os buracos negros não têm cabelos* (*black holes have no hair*).

Na realidade, foi entre 1916 e 1918 que os físicos H. Reissner e G. Nordström descobriram a solução das equações de campo que conduziram à concepção dos buracos negros que possuem massa e carga. Cinquenta anos mais tarde, o físico neozelandês Roy P. Kerr descobriu a solução de um buraco negro além da massa e que possuía rotação, ou seja, momento angular. A solução mais complexa foi obtida em 1965, quando o físico norte-americano Newmann elaborou a ideia de um buraco negro com massa, carga e momento angular.

Durante a Primeira Guerra Mundial, no período de 1916 a 1918, os físicos H. Reissner e G. Nordström encontraram a solução para a equação de campo de Einstein, na qual se descreve um buraco negro com carga. Tal carga pode ser elétrica e/ou magnética.

Assim, como na solução de Schwarzschild, o buraco negro independe da constituição da sua massa, que pode ser de diversas naturezas, como uma estrela, uma pedra etc. A solução de Reissner-Nordström, na geometria do espaço-tempo, não vai depender da natureza da carga, que tanto poderá ser positiva ou negativa, no caso da carga elétrica, e polo norte ou polo sul, no caso de uma carga magnética. O buraco negro de Reissner-Nordström depende de apenas dois valores, a massa total do buraco (M) e da sua carga total (C).

Segundo a opinião dos físicos, a existência real dos buracos negros de Reissner-Nordström não é muito importante, pois, sendo a força eletromagnética muito mais intensa que a gravitacional, pode ocorrer que um buraco negro, com um enorme campo eletromagnético, afaste com facilidade os átomos e gases que o envolvem enquanto as de carga oposta serão atraídas. Ora, se ocorrer uma violenta atração de cargas opostas, o valor da carga será, com o correr do tempo, muito superior ao da massa do buraco negro, que acabará sendo neutralizado. Desse modo, um buraco negro com carga só terá possibilidade de existir realmente no espaço se a sua massa for algumas centenas de bilhões de vezes superior à da sua carga.

Um buraco negro em que a carga é muito pequena possuirá, circulando a singularidade, dois horizontes dos eventos: um externo e outro interno. No caso em que a carga elétrica é equivalente à massa do buraco negro, estes dois horizontes acabam por se confundir em um único. No caso oposto, em que a carga se torna muito superior à massa, os horizontes dos eventos desaparecerão e teremos, então, uma singularidade nua. Neste caso, ainda que exista uma força de gravidade muito forte que atrai os corpos situados a grande distância da singularidade, haverá também uma região próxima à singularidade nua, na qual os objetos serão repelidos. Será uma região da antigravidade.

Tipos de buracos negros

Tipo	Data da elaboração	Parâmetros	Descrição
Schwarzschild	1916	Massa (M)	Constitui o mais simples dos buracos negros. Possui apenas massa, e a sua simetria é esférica
Reissner--Nordstrom	1916/1918	Massa (M) carga (C)	O buraco negro e carregado possui massa e carga (elétrica ou magnética). Sua inércia é esférica.
Kerr	1963	Massa (M) e rotação (R)	O buraco negro rotacional possui massa e momento singular. Sua simetria é axial.
Kerr-Newmann	1965	Massa (M), carga (C) e rotação (R)	O buraco negro rotacional e carregado é o mais complexo. Sua simetria é axial.

Considerando que todos os corpos no Universo possuem um movimento de rotação ao redor do seu eixo, como, por exemplo, o Sol e quase todas as estrelas, imaginou--se que, na verdade, na elaboração de soluções das equações de campo de Einstein, teríamos de considerar esta informação. Com efeito, constatou-se que as estrelas maciças são aquelas que giram com mais rapidez. Elas são, justamente, as melhores candidatas a se tornarem buracos negros. Por outro lado, sabe-se que as estrelas agonizantes, ao se contraírem, aumentam o seu movimento de rotação; aliás, tal fato é uma consequência direta da lei de conservação do movimento angular. Ora, todo bailarino, para atingir uma grande velocidade, fecha o braço ao redor do seu corpo, numa aplicação inconsciente desta lei.

Nos buracos negros rotacionais, ou de Kerr, existe um limite estático que envolve o horizonte dos eventos. Um astronauta hipotético que atravessa o horizonte dos eventos não poderia voltar ao nosso Universo, mas, se atravessasse apenas o horizonte estático, seria logo devolvido ao nosso Universo, pois a sua permanência nesta região seria impossível. Tal região situada entre o limite estático e o horizonte dos eventos é a denominada *ergosfera**, que foi descoberta, em 1969, pelo físico inglês Roger Penrose, ao calcular que todo objeto que cai na ergosfera de um buraco negro rotacional poderá sofrer dois efeitos: ou continuará no seu movimento, desaparecendo definitivamente no horizonte dos eventos, ou será devolvido para fora em direção ao nosso Universo. Neste último caso, a energia do objeto será maior do que a energia que possuía ao atravessar o limite estático. A ergosfera constitui uma fonte inesgotável de energia, pois parte da energia rotacional de um buraco negro será transferida para a matéria ejetada. Tal processo de obtenção de energia a partir do lançamento de uma partícula num interior da ergosfera e do seu retorno com mais energia é conhecido como processo *Penrose*. Na física atual, existem três modalidades de buracos negros que se caracterizam pela sua origem: o estelar, o supermaciço e o cosmológico.

BURACOS NEGROS ESTELARES

Os buracos negros estelares seriam aqueles formados na última etapa da evolução das estrelas maciças. Com efeito, o envelhecimento de uma estrela está ligado intimamente ao esgotamento do seu combustível nuclear. Não havendo mais energia para contrabalançar as forças gravitacionais, tem início o processo de contração das estrelas. Tal retraimento fornece a energia que alimenta o último período da sua vida, antes do seu colapso. O fim da existência de uma estrela está na dependência de sua maior ou menor massa.

Se a massa da estrela é inferior a 1,5 massa solar, isto é, uma vez e meia a massa do Sol, ela se tornará uma anã branca*, estrela muito densa de dimensões comparáveis às da Terra (a massa de um centímetro no seu interior é de cem toneladas). Nesse caso, a matéria está no estado denominado degenerado, pois ela se reduz a um gás de núcleos e elétrons.

Se a massa da estrela está compreendida entre 1,5 e 2 massas solares, a contração não termina quando a matéria atinge o estado degenerado, continuando até que os elétrons se fundem com o núcleo para dar origem a um gás de nêutrons. Temos, então, as denominadas estrelas de nêutrons. A densidade dessas estrelas é incrível; um centímetro cúbico de sua substância possui massa equivalente a 100 milhões de toneladas. Suas dimensões são reduzidas de dezenas de quilômetros de diâmetro.

Se a massa da estrela é superior a duas massas solares, não existe mais estado da matéria capaz de interromper a contração. Ela continuará até que a energia não possa mais sair do seu interior. Temos então os colapsares* ou buracos negros (*back holes*).

Algumas observações recentes, com satélites artificiais, têm permitido detectar misteriosas fontes de raios X invisíveis, ao redor dos quais giram estrelas. O mais notável desses objetos é Cygnus X-3, que, além de ser uma fonte de rádio, é também uma estrela binária, isto é, um sistema de duas estrelas que giram ao redor de um centro de gravidade comum. No caso de Cygnus X-3, o astro principal do sistema possui uma massa 12 vezes maior que a do Sol. Ora, como a massa do sistema é 15 vezes a do Sol, a massa da fonte de raios X deve ser três vezes superior à massa solar. Assim, pode-se considerá-la como um astro muito compacto, de dimensões equivalentes às do nosso planeta.

Em setembro de 1972, ocorreu uma explosão nessa radioestrela. As radioestrelas são astros que emitem ondas de rádio. A Cygnus X-3, entretanto, emitiu em três horas um fluxo 45% maior do que emitia normalmente. Tal explosão motivou um trabalho de colaboração observacional e teórico que absorveu durante um ano inteiro os radioastrônomos de todo o mundo.

OS BURACOS NEGROS SUPERMACIÇOS

Os buracos negros supermaciços são aqueles que se formariam pelo colapso do núcleo muito denso de um aglomerado globular ou do núcleo de uma galáxia. Tal modalidade de buraco negro é em geral utilizada para explicar a gigantesca atividade dos quasares e núcleos das galáxias Seyfert. Assim, algumas fontes de raios X situadas em aglomerados globulares, segundo Bachcall e Ostriker, seriam produzidas por buracos negros de cem a mil massas solares. Segundo Lynden-Bell, a atividade dos quasares e galáxias de Seyfert estariam associadas a buracos negros supermaciços em estado de crescimento de massa. Em tais casos, os buracos negros poderiam atingir massas de 3×10^8 massas solares.

O BURACO NEGRO COSMOLÓGICO

O buraco negro cosmológico seria aquele formado nas primeiras fases da criação do Universo. Tais ideias foram desenvolvidas pela primeira vez pelo astrofísico inglês Stephen W. Hawking, em 1971, quando então demonstrou que o intenso campo gravitacional, reinante na era pré-hadrônica do Universo, segundo a teoria da grande explosão, poderia ser uma fonte de criação de partículas muito maciças. Como as massas desses buracos negros seriam inferiores a 10-14 gramas, resolveu-se denominá-los de miniburacos negros. A física do início do Universo é, aliás, completamente desconhecida. Desse modo, tais valores são muito incertos.

Se o Universo foi criado há 18 bilhões de anos e se os buracos negros primordiais foram criados durante a grande explosão inicial, parece, em princípio, que todos os buracos negros já devem ter se evaporado completamente.

Os miniburacos devem ter sido tão quentes e devem ter emitido matéria com tanta rapidez que atualmente quase nada deve existir deles. Poderemos falar em período de vida de um miniburaco. O período de vida de um miniburaco, com uma massa equivalente a 100 toneladas, não poderia jamais ultrapassar um intervalo superior a um décimo milésimo de segundo antes de se evaporar completamente. Um buraco com um milhão de toneladas levaria quase três anos para evaporar-se totalmente, enquanto com um bilhão de toneladas, cerca de três bilhões de anos. Em consequência, se o fato da massa inicial de um buraco negro primordial determinasse o seu período de vida média, todos os buracos criados durante o *big-bang* já deveria ter-se evaporado inteiramente. Na verdade, só aqueles com massa superior a alguns bilhões de toneladas devem ter sobrevivido até hoje. Entretanto, se alguns cientistas conseguirem encontrar ainda um buraco negro primordial, ele não deverá possuir atualmente massa inferior à de um átomo. Segundo Hawking, eles serão detectados na forma de objetos minúsculos, apenas reconhecíveis em virtude da quantidade inacreditável de energia que devem emitir sob a forma de raios gama.

Para o físico inglês Martin J. Rees, o melhor método para detectá-los será pelas emissões de rádio ou óptica que irão provocar uma onda de choque em interação com o campo magnético ambiente. Algumas pesquisas neste sentido estão sendo efetuadas pelos astrofísicos N.A. Porte e T.C. Weekes no Observatório de Monte Hopkins, em Amado, no Arizona. O registro de alguns miniburacos negros, além de ser de grande importância cosmológica, será também – como sugerem os físicos norte-americanos L. Wood, T. Weaver e J. Nuebolis – de considerável importância econômica, pois os miniburacos poderão se transformar em importante fonte de energia.

Para o astrônomo norte-americano George F. Chapline, da Universidade da Califórnia, a radiação gama de fundo pode ser usada para estimar o número máximo de buracos negros primordiais ainda existentes no Universo. Com efeito, supondo, em primeiro lugar, que a evaporação dos buracos negros emitiria toda a sua energia sob a forma de intensos raios gama da ordem de 100 milhões de elétrons-volt, e sabendo-se, em segundo, que a radiação de fundo registrada é desta mesma intensidade, pode-se concluir que a densidade média de buracos negros primordiais existentes no Universo é de cerca de 300 em um cubo de lado igual a um ano-luz. Tal ilação supõe que toda a radiação gama de fundo detectada no Universo é proveniente dos buracos negros primordiais. Com um tal valor, não é possível esperar que se chegue a detectar um buraco negro primordial. O astrônomo norte-americano Dom M. Page afirma, entretanto, que esses buracos não devem apresentar-se uniformemente distribuídos. Eles devem se concentrar nas galáxias.

Assim, nas proximidades do sistema solar, a densidade deve ser de 300 milhões de buracos negros primordiais em um ano-luz cúbico. Imaginando-se que, ao explodir, um buraco negro primordial pode emitir uma rajada de raios gama de 100 a 500 MeV, será possível detectá-lo a uma distância de oito anos-luz com satélites artificiais preparados para esta finalidade.

ALBERT EINSTEIN

Físico teórico alemão nascido em Ulm, Alemanha, em 14 de março de 1879, e falecido em Princeton, Nova Jersey, em 18 de abril de 1955. Filho de Hermann Einstein e Pauline Hock. O pai administrava, com auxílio do irmão engenheiro, diretor técnico, uma pequena usina eletrotécnica, em Munique, para onde se transferiram em 1880. Termina o primário e ingressa no liceu Luipold, em 1891, quando tem seu interesse despertado pela geometria após a leitura de alguns tratados sobre o assunto. Em 1894, a família se transfere para Milão, na Itália, mas Albert permanece em Munique para concluir o ginásio. Em 1895, consegue uma dispensa dos estudos e viaja para a Itália, onde permanece todo o ano. Ao prestar exame de admissão na Escola Politécnica de Zurique, é reprovado. Apesar de ter conseguido uma vaga na Escola Provincial de Aarau, presta novamente exames, no ano seguinte, para a Politécnica de Zurique, onde então é aprovado. De outono de 1896 a outono de 1900, Einstein frequentou a Escola Politécnica Federal de Zurique. Apaixona-se por Mileva Maric, uma colega de escola, durante o seu curso. Diploma-se em 1900, mas tem seu pedido de emprego como assistente de ensino na Politécnica recusado. Trabalha como professor de gramática elementar, em 1901. Após dois anos perdidos, Einstein conseguiu, em 23 de junho de 1902, o emprego de 3.500 francos anuais, de assistente técnico de terceira classe, no Departamento Suíço de Patentes. Casa-se com Mileva Maric. Nesta época começa a elaborar a *teoria da relatividade.* Em 1904, nasce seu primeiro filho, Hans Albert. No ano seguinte, em 1905, no dia 5 de junho, entrega à revista científica *Annalen der Physik* um artigo que seria publicado sob o título de "Sobre a eletrodinâmica dos corpos em movimento". Tratava-se da *teoria da relatividade.* Esse manuscrito causou enorme repercussão no meio científico e provocou mudanças em toda a concepção que o homem tinha do Universo. Em 1907, candidata-se ao cargo de professor de física na Universidade de Berna, sendo aprovado. Dois anos mais tarde, em 1909, é convidado a lecionar na Universidade de Zurique. Nesse ano nasce seu segundo filho, Eduard.

Em 1912, assume a cátedra de matemática superior na Politécnica de Zurique. Em 1913, divorcia-se de Mileva Maric e muda-se para Berlim, assumindo a direção do Kaiser Wilhelm Institute. No ano seguinte, casa-se pela segunda vez, com uma prima, Elsa Rudolph. Recusa-se, então, a assinar um manifesto em favor da Primeira Guerra Mundial. Em 1916, em Berlim, publica a *Teoria da relatividade generalizada*, em complementação ao manuscrito de 1905. O reconhecimento da comunidade científica mundial é total. Em 1921, é laureado com o prêmio Nobel de física. Faz sua primeira viagem aos Estados Unidos. No período de 1922 a 1925, a perseguição aos judeus acentua-se na Alemanha, e Einstein sofre humilhações e violências. Em 1925, visita o Brasil, onde profere duas conferências: uma na Academia Brasileira de Ciências e outra no Instituto de Engenharia do Rio de Janeiro. Em 1930 transfere-se para os EUA. Trabalha no Instituto Tecnológico da Califórnia até 1933. Assume o cargo de diretor do Instituto de Estudos Avançados, em Princeton, em 1934. Dois anos mais tarde, em 1936, morre a sua esposa, Elsa Rudolph. Pressionado por outros cientistas, escreve uma carta ao presidente Roosevelt, dos EUA, em 1939, aconselhando-o a acelerar os estudos para a fabricação da bomba atômica. Em 1943, têm início os trabalhos finais para a fabricação da bomba atômica, sob a direção de Robert Oppenheimer, em Los Alamos. No dia 14 de julho de 1945, é testada a primeira bomba atômica, no deserto de Alamogordo. Einstein articula um movimento, juntamente com outros cientistas, contrário ao uso da arma nuclear. Nos dias 6 e 9 de agosto, duas bombas são lançadas, respectivamente, sobre Hiroshima e Nagasaki. No período de 1946 a 1954, Einstein prossegue com sua vida rotineira, alienando-se dos problemas científicos. Defende Oppenheimer da acusação de traidor. Subscreve um manifesto contra o uso de armas nucleares. Não recebe visitas, com exceção de uma menina, filha de um dos seus vizinhos. Ao morrer, na manhã de 18 de abril de 1955, deixa incompleta a *Teoria do campo unificado*. Suas contribuições para a física provocaram o maior impacto na ciência do século XX. Explicou o efeito fotoelétrico, em 1905, com base na teoria dos *quanta*; elaborou a teoria da relatividade restrita, em 1905, com a qual estabeleceu uma relação entre a massa e a energia; e a teoria geral da relatividade, em 1915. Tentou estabelecer uma teoria do campo unificado, com o objetivo de unificar a mecânica e o eletromagnetismo. A teoria da relatividade tem sido de grande significado para a evolução da astronomia e da cosmologia, permitindo, por exemplo, resolver o problema do avanço do periélio de Mercúrio, da curvatura da luz e do deslocamento para o vermelho das linhas espectrais por um campo gravitacional.

DESCOBERTA DE UM BURACO NEGRO

O problema principal nas pesquisas dos buracos negros é saber se eles realmente existem. Para muitos autores, eles ainda são fruto de elucubrações teóricas. Como os buracos negros retêm a própria emissão luminosa, a sua observação por processos normais é praticamente impossível. Como será possível registrar a sua existência se eles são invisíveis? Por este motivo, será necessário detectá-los por métodos indiretos.

No caso dos buracos negros isolados no espaço interestelar, é muito difícil detectar a sua presença, a não ser que eles estejam muito próximos para que os efeitos do seu intenso campo gravitacional se façam sentir.

Os físicos teóricos propuseram dois modos para registrar a sua presença.

O primeiro aproveita a interação do buraco negro com a matéria interestelar que o envolve. De fato, os gases interestelares, ao caírem no interior de um buraco negro, são intensamente comprimidos, provocando aquecimento e, em consequência, a emissão de radiações. Assim, o buraco negro seria registrado por essa emissão. Na realidade, a distribuição energética dessa radiação seria muito diferente daquela oriunda das estrelas. No entanto, a densidade de matéria interestelar não é suficiente para que uma radiação intensa venha a ser produzida. Por esse processo o buraco negro será um objeto muito difícil de ser descoberto.

O segundo método possível para registrar um buraco negro isolado é a utilização das denominadas *lentes gravitacionais.* Em virtude da densidade, a massa muito elevada dos buracos negros deformaria o espaço ao seu redor, de tal modo que os raios luminosos, provenientes de objetos afastados, ao passarem na proximidade dos buracos negros, seriam desviados e focalizados em direção à Terra. Assim, para um observador terrestre, a imagem de uma galáxia afastada, ao sofrer os efeitos do campo gravitacional, apareceria muito brilhante e mesmo deformada, surgindo, às vezes, uma componente secundária, como ocorre nas miragens. Aliás, o efeito de localização dessa lente gravitacional será tanto mais importante quanto mais afastada estiver a galáxia do buraco negro. Ora, a grande dificuldade deste processo é a ocorrência de tais alinhamentos: galáxia-buraco negro-Terra.

Se o buraco negro vier a constituir a componente de um sistema duplo, a possibilidade de se registrar a sua existência é muito maior. Como os membros de um sistema binário, o buraco negro deverá perturbar o movimento do seu companheiro. Com efeito, a órbita descrita por um dos companheiros do sistema binário será função das massas de cada um destes dois objetos. Assim, será possível, pelo estudo do movimento de um dos membros de um sistema duplo deduzir a massa do seu companheiro. Tal processo será tanto mais promissor quanto mais próximos estiverem os dois componentes do sistema. Essas *binárias cerradas** incluem estrelas cujo movimento de revolução é da ordem de algumas dezenas de horas. No caso de um par muito cerrado, o forte campo gravitacional resultante da massa elevadíssima do buraco negro poderá provocar uma transferência de matéria das camadas externas da estrela primária. Como a matéria retirada da primária atinge as vizinhanças do buraco negro quando esta se encontra em outra posição em sua órbita, não cai sobre o buraco negro, permanecendo ao seu redor; satelizada em volta do buraco negro, ela forma um cinturão de matéria denominado *disco de acreção**. Os gases desse disco, intensamente comprimido pelo campo gravitacional do buraco negro, se aquecem muito rapidamente. Por outro lado, como as camadas internas do disco de acreção giram mais depressa que as camadas externas, as fricções resultantes contribuem ainda mais para aquecer os gases até temperaturas da ordem de milhões de graus. Uma enorme quantidade de gases (mais de 40%) cai em espiral no buraco negro, dando origem à emissão de raios X.

Com o lançamento, em dezembro de 1970, do satélite norte-americano Uhuru, com detectores de raios X, cerca de 160 fontes de raios X foram descobertas, a maior parte em nossa Galáxia e algumas nas Nuvens de Magalhães.

O primeiro buraco negro descoberto foi Cygnus X-1. Tal designação significa que esta foi a primeira fonte de raios X descoberta na constelação Cygnus (Cisne). Pelo estudo de sua radiação rádio em 1971, foi possível identificá-lo como associado à supergigante MDE 226868, estrela que constitui uma binária* espectroscópica, ou seja, uma estrela dupla só separável através da análise de seu espectrograma. As variações de velocidade radial dessa estrela permitiram deduzir que a massa de Cygnus X-1 era de pelo menos cerca de 6 a 10 massas solares. Um objeto com uma tal massa só pode ser um buraco negro.

A partir do estudo das fontes em raios X na Pequena Nuvem de Magalhães, descobriu-se o segundo buraco negro. Esta nuvem é, na realidade, uma galáxia de tipo irregular, situada na constelação de Tucana (Tucano), facilmente visível a olho nu próximo ao polo celeste sul; daí a razão de os americanos estarem no Observatório interamericano de Cerro Tololo. A distância dessa galáxia, satélite da nossa Via-Láctea, é de 150 mil anos-luz.

A terceira fonte de raios X descoberta na Grande Nuvem de Magalhães (*Large Magellanic Cloud*), que por esta razão recebeu o nome LMC-X3, parece possuir o segundo buraco negro descoberto. A conclusão de que nessa fonte de raios X encontra-se um buraco negro só foi possível quando os astrônomos norte-americanos Anne R. Cowley, David Crampton e John B. Hutchings, do Departamento de Astronomia da Universidade de Michigan, descobriram que esta fonte possuía uma velocidade radial de 235 km/s, o que permitiu calcular o seu período orbital em 1,7049 dias. Assim, parece que a estrela visível gira ao redor do companheiro invisível em 40,92 horas. Por outro lado, sabe-se que as duas componentes acham-se separadas entre si por uma distância de 11 milhões e 200 mil quilômetros. A massa da componente invisível foi estimada em pelo menos seis vezes ou mais massas solares.

Na realidade, os astrônomos não ousam afirmar que se descobriu um buraco negro. Eles preferem dizer que nestas duas fontes de raios X, Cygnus X-1 e LMC X3, encontram-se os mais prováveis candidatos a buracos negros.

À PROCURA DE SERES INTELIGENTES NO UNIVERSO

A ideia da pluralidade dos mundos habitados por seres inteligentes remonta às mais antigas épocas. Os filósofos, os sábios e os escritores tiveram, antes dos astrônomos, a intuição de que o Universo abrigava outros seres vivos. Desde a escola iônia com Tales de Mileto (624-547 a.C.), tal possibilidade de vida extraterrestre foi questionada. Com o predomínio do pensamento de Aristóteles (383-322 a.C.), um sistema mais coerente e mais completo eclipsou os sistemas dos atomistas que propugnavam a pluralidade dos mundos. De fato, a teoria do movimento de Aristóteles, sua distinção entre o movimento perfeito e o imperfeito, levou-o a recusar a existência de outros mundos. Em *A cidade de Deus* (413-424), Santo Agostinho (354-430) usou de toda sua autoridade contra a pluralidade dos mundos. O poeta latino Lucrécio (97--55 a.C.), em *De natura rerum* (Sobre a natureza das coisas), escreveu: "Todo esse universo visível não é único na natureza, devemos acreditar que existem em outras regiões do espaço, outras terras, outros seres e outros homens." Todavia, argumentos de ordem não racionalista, como a crença na onipotência divina, levariam os pensadores mais livres a admitir a criação de outros mundos. De fato, em 1277, o bispo de Paris, Étienne Tempier, ao condenar 219 crenças em geral difundidas nas universidades, que de acordo com o seu julgamento deviam ser consideradas como heréticas, pois limitavam o poder de Deus, concordava com a ideia de que "a causa primeira não permitia a elaboração de diversos mundos". Sob os efeitos desta condenação ou não, a crítica a Aristóteles se desenvolveu. O teólogo e filósofo inglês Guilherme de Ockham (1280-1349) afirmou: "É provável que Deus poderia criar um outro mundo, melhor que este e distinto dele em espécie." Mais tarde, o filósofo e economista francês Nicolas Oresme (1320-1382), ao afirmar a existência de uma matéria extraterrestre, abriu-nos a vista a um mundo radicalmente novo. Sob a asserção famosa de Tertuliano de que "todos que creem não desejam nada mais", essas ideias permaneceram no limbo. Predominou durante quinze séculos a interpretação mais voltada para os livros sagrados e as ideias aristotélicas. Com o Renascimento, a concepção dos mundos habitados ressurge das cinzas, sob as ameaças da Santa Inquisição. Convencido da validade do sistema de Copérnico, o monge italiano Giordano Bruno (1548-1600) exprimiu, em 1591, sua convicção de que a grandeza do poder divino e a perfeição da natureza se exprimiam pela existência de mundos infinitos. Alguns anos antes, o mesmo Giordano Bruno, em *La cena delle ceneri* (A ceia das cinzas, 1584), proclamara que o mundo é infinito e, no seu diálogo italiano *Infinito, universo e mondi* (O infinito, o universo e os mundos, 1584), fez a apologia de um novo Evangelho de unidade e do infinito do Universo: "Se na nossa parte do espaço infinito existe um mundo, um astro-sol cercado por planetas, o mesmo acontecerá em todo o Universo". Com Copérnico, a espécie humana perdeu a sua posição de centro do Universo, a visão ptolomaica, defendida por Aristóteles, é o fim do antropocentrismo. A Terra não é mais o centro do Universo: além de descrever uma imensa órbita ao redor do Sol, é um planeta entre os outros. Apesar de defender a grandeza do poder divino, Giordano foi conduzido à Inquisição, em 1592. Acusado de recusar a divindade de Cristo, foi queimado vivo, em 17 de fevereiro de 1600. Mas as suas ideias continuaram a fazer adeptos. Um ano depois da condenação de Bruno, em 1593, o astrônomo alemão Johann Kepler (1571-1630) começa a redigir sua obra *Somnium* (Sonho, 1634), na qual descreveu os habitantes da Lua. Com o emprego da luneta, a resolução da Via-Láctea em estrelas permitiu a Galileu rejeitar a ideia de um centro do Universo e afirmar que as estrelas fixas constituíam na realidade outros sóis, cujos afastamentos eram tão grandes que não era possível perceber seus diâmetros aparentes nem observá-los como pontos luminosos. O primeiro grande divulgador da ideia pluralista é o ensaísta, filósofo e escritor francês Cyrano de Bergerac (1619-1655), que, influenciado por Kepler, redigiu *Histoire comique des États et Empires de la Lune* (1657) e *des États et Empires du Soleil* (1662). Todavia, a obra de vulgarização científica mais importante sobre os extraterrestres é *Entretiens sur la pluralité des mondes habités* (1686), do matemático e escritor francês Bernard de Fontenelle (1657-1757), que descreveu as criaturas inteligentes dos outros mundos como seres não pertencentes à humanidade, o que impediu qualquer ameaça aos dogmas cristãos de que Cristo teria também a missão de salvá-los. Menos popular, porém mais científica do que a obra de Fontenelle, é a obra póstuma *Cosmothéoros* (1699), do astrônomo holandês Christiaan

Huygens (1629-1695), que sugeriu a existência de planetas habitados associados às estrelas, que seriam, na realidade, sóis semelhantes ao nosso. Na verdade, a situação do Sol na Via-Láctea e a natureza do Sol entre as outras estrelas só seriam conhecidas no início do século XX, quando o astrônomo norte-americano Harold Shapley (1885-1972) pôde demonstrar que, pelo estudo de determinados sistemas estelares que gravitam ao redor da Via-Láctea, o Sol está situado muito longe do centro da nossa Galáxia. Mais tarde, entre 1905 e 1915, a descoberta, pelo astrônomo dinamarquês Ejnar Hertzsprung (1873-1967) e seu colega norte-americano Henry Norris Russell (1877-1957), das propriedades de maior parte das estrelas colocou em evidência que o Sol é uma modesta estrela no meio de outras modestas estrelas.

GIORDANO BRUNO

Filósofo e poeta renascentista italiano nascido em Nole, no reino de Nápoles, cerca de 1548, e queimado vivo em Roma em 9 de fevereiro de 1600. Seu nome era Felipe, porém adotou o apelido Giordano ao ingressar na ordem de predicadores que, mais tarde, abandonou para iniciar uma vida errante. Distinguiu-se desde cedo pelo seu espírito vivo e penetrante. Suas teorias filosóficas se anteciparam ao monismo do século XVII. Foi um dos grandes defensores das ideias de Copérnico de que a Terra e os outros planetas giravam ao redor do Sol. Bruno defendeu um Universo infinito, sem limites, com sóis ao redor dos quais giravam planetas. Ele acreditava que esses planetas deviam ser habitados por seres que deviam acreditar serem o centro do Universo. Foi quem primeiro mostrou que a nossa visão de Universo é puramente relativa. A Inquisição acabou condenando-o por defender que nenhuma verdade absoluta poderia existir. Escreveu, entre outros, *Del infinito, universo e mondi* (O infinito, o universo e os mundos ,Veneza, 1584), *Della causa, principio ed uno* (Sobre a causa, o princípio e o único, Veneza, 1584), *De immenso* (Do infinito,Veneza, 1591). Uma das mais famosas obras é *La Cena delle ceneri* (A ceia das cinzas, Veneza, 1584), na qual defendia o sistema de Copérnico e a pluralidade dos mundos.

À PROCURA DOS EXTRATERRESTRES

Com o desenvolvimento tecnológico, as fronteiras do mundo conhecido e sob o domínio da nossa civilização estão se ampliando. Há quinhentos anos, com os navios a vela e a navegação astronômica, os navegadores portugueses e espanhóis expandiram os limites do mundo conhecido, revelando à humanidade as verdadeiras dimensões do globo terrestre. Com os norte-americanos, a fronteira acessível ao homem atingiu a Lua. E se a tecnologia de hoje possibilita ao homem atingir a superfície lunar, o transporte automático já nos leva aos limites do sistema solar.

Com maior rapidez ainda, estão sendo desenvolvidos os métodos de comunicação. Não decorreram ainda cinquenta anos desde que o inventor italiano Guglielmo Marconi (1874-1937) obteve êxito na primeira transmissão transoceânica, e já somos capazes de fazer transmições num raio de 100 anos-luz. A simples extrapolação do desenvolvimento das tecnologias recentemente descobertas e em via de aperfeiçoamento, como as transmissões com um feixe luminoso de *laser* – de alcance inferior ao das ondas de rádio, mas com capacidade de transmissão de informações superior – é bastante para nos fazer pensar. Embora o *laser* seja capaz de transmitir num segundo milhões e milhões de bits, o que equivale a uma grande biblioteca contendo toda a história da humanidade, o seu alcance é ainda reduzido.

O grande problema é desenvolver os atuais métodos e encontrar, neste raio de 100 anos-luz ao nosso alcance (onde estão situados mais de 400 sóis iguais ao nosso), um planeta onde exista um interlocutor para o início do grande diálogo, que seria talvez o maior impacto nos processos civilizadores dos próximos cinquenta anos.

Vale a pena iniciar tal diálogo, se considerarmos que na Terra não nos entendemos? – perguntam os pessimistas. Ao que respondem os otimistas: Quem sabe não será nas diferenças culturais e contrastes das outras civilizações com a nossa que iremos encontrar a solução dos problemas da humanidade terrestre?

Quais foram até hoje as tentativas para iniciar o diálogo?

Todas elas acompanharam a evolução tecnológica de nossa ainda rudimentar civilização. Assim, por volta de 1820, o matemático Karl Friedrich Gauss (1777-1855) pensou que se devia plantar, na Sibéria, uma floresta de pinheiros de uns 16 km de largura, na forma de um triângulo retângulo, com os lados em forma de quadrados, com os quais demonstraríamos que conhecíamos o teorema de Pitágoras. Gauss sugeriu, mais tarde, que se construíssem grandes espelhos com os quais se fizessem sinais para os habitantes da Lua.

Outro notável astrônomo, o austríaco Joseph Littrow (1811-1877), sugeriu que se cavasse uma enorme cratera, de 30 quilômetros de diâmetro, no Saara. Após enchê-la de água, o homem derramaria em sua superfície querosene, que em combustão provocaria um círculo presumivelmente visível pelos selenitas.

No início do século XX, tais ideias se tornaram mais cuidadosas quando, após defender durante anos as comunicações ópticas, o astrônomo francês Camille Flammarion (1842-1925) concluiu que um dos maiores obstáculos a seu estabelecimento seria a atmosfera que, além de enfraquecer, deformaria qualquer sinal luminoso.

Em 1920, uma notícia sacudiu o mundo: sinais misteriosos haviam sido simultaneamente registrados na Europa e nas Américas. Entrevistado pelos jornais, Marconi declarou: "Tivemos ocasião de registrar sinais nítidos provenientes de uma fonte exterior ao nosso planeta. Notamos que, nos intervalos misteriosos das comunicações, certas letras, como em nossas mensagens, retornam com mais frequência. A letra S é um desses sinais. Não podemos dar explicação alguma para o conjunto de sinais."

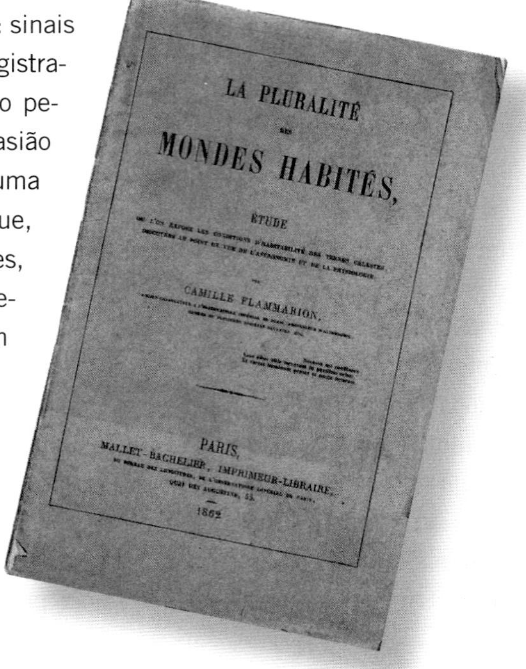

Na Terra, um só pensamento surgiu para explicá-lo: os marcianos tentavam comunicar-se com a Terra. Astrônomos famosos, como o norte-americano William Pickering (1858-1938), inundavam os jornais de notícias. As ideias do astrônomo norte-americano Percival Lowell (1855-1916) sobre os canais de Marte como obras de irrigação de uma civilização altamente inteligente foram republicadas.

O único resultado prático foi um hábil golpe na Bolsa, que permitiu a Marconi ganhar mais de 300 mil liras!

Por ocasião da oposição periélica de 1924, os marcianos voltam aos jornais. A agência Central News transmite esta notícia proveniente do Canadá: "No decorrer da última semana, estranhos sinais de telegrafia sem fio foram recebidos na estação de Point-Grey, perto de Vancouver. Inúmeros cientistas estão convictos de que se trata de uma tentativa dos marcianos de se comunicarem com a Terra." Incompreendidos pelos habitantes da Terra, os marcianos só voltariam dois anos mais tarde a tentar nova comunicação. Novas discussões se fazem em torno de sinais misteriosos recebidos pelo rádio. Sempre a mesma explicação, Lowell é lembrado, sua teoria reexaminada: "Não podemos ver os marcianos, mas os canais provam sua existência. Como pode a natureza ter traçado estes imensos cursos de água, de milhares de quilômetros e de impecável regularidade? A forma redonda dos oásis não anunciava um fenômeno artificial? A descida anual, para o equador, das águas provenientes das calotas polares, o esverdeamento anual das manchas escuras de Marte não são fenômenos antinaturais, que reclamam a presença de um ser inteligente?"

Lowell raciocinava como o astrônomo alemão Franz Von Paula Gruithuisen (1774-1852), que no início do século XIX via, nas ranhuras de Higinus, na Lua, uma obra de arte, e delas deduzia a existência dos selenitas.

Em 1932, os sinais misteriosos foram registrados pelo astrônomo norte-americano Karl Jansky (1905-1950), o engenheiro da Companhia de Telefones Bell, com o auxílio de uma antena girante. Entretanto, foi fácil explicar a sua origem: os sinais misteriosos provêm de objetos celestes exteriores ao sistema solar. Estava fundada a radioastronomia.

Os marcianos, desde então, deixaram de falar.

PROJETO OZMA*

Com o desenvolvimento da eletrônica, o problema de comunicação com inteligência extrassolar ficou no dilema: transmitir ou escutar?

A transmissão de uma mensagem exige que ela seja recebida, interpretada e respondida, para que tenhamos certeza da existência de outros seres inteligentes. Mas, se eles não desejarem mandar um aviso de recepção, como estaremos certos de que o contato foi feito? O mais lógico parece estabelecer um programa de escuta extensivo e seletivo de certas estrelas, na esperança de encontrarmos seres inteligentes que se revelem compatíveis aos nossos atuais limites tecnológicos.

Além disso, adotando este segundo critério, teremos a possibilidade de interceptar sinais que não são diretamente lançados em nossa direção, mas que estão sendo usados para comunicação entre civilizações extrassolares ou entre astronaves dessas civilizações.

Em 1959, os astrônomos norte-americanos Giuseppe Cocconi e Philip Morrison, da Universidade de Cornell, demonstraram que o meio mais fácil para estabelecer ligações com seres inteligentes situados fora do sistema solar seria o uso das ondas eletromagnéticas.

Eles partiram da hipótese de que existem outras sociedades inteligentes, no Universo, em planetas que giram ao redor de estrelas situadas relativamente próximas do Sol, que estão enviando pacientemente mensagens na esperança de que as decifremos e enviemos qualquer forma de resposta.

Cocconi e Morrison pensavam apenas nas ondas eletromagnéticas, na pressuposição de que a busca visasse contestar civilizações em via de desenvolvimento, e não sociedades altamente desenvolvidas, com as quais as comunicações entre si são frequentes.

Carl Sagan, da Universidade de Cornell, o autor de Cosmos*, sempre esteve ligado à pesquisa da vida extraterrestre. Foi ele quem encabeçou uma petição em outubro de 1923, em que 68 proeminentes cientistas solicitavam um esforço internacional a fim de detectar sinais de rádio de civilizações extraterrestres*

Em 1960, o astrônomo norte-americano Frank D. Drake, influenciado pelas ideias dos seus dois colegas e convencido da existência de seres inteligentes extraterrestres, tentou contatá-los, diretamente, por escuta. Batizou o seu projeto de Ozma, com a finalidade de evocar o nome da rainha do país imaginário de Oz, da novela de Frank Baum (1856-1919). Constitui o projeto em captar, durante vários meses, com o radiotelescópio de 28 metros de diâmetro de Green Bank, nos EUA, as radiações provenientes de duas estrelas, situadas a uma dezena de anos-luz. As estrelas escolhidas foram Tau Ceti e Epsilon Eridani, que se supõe possuirem sistemas planetários. O comprimento de onda das radiações estudadas foi de 21 cm, que é o das emissões do hidrogênio neutro. Drake pensou que as outras civilizações interestelares deveriam utilizar certamente essa frequência universal, no caso de desejarem realmente enviar qualquer mensagem para um eventual contato com a nossa civilização. Os resultados foram, entretanto, negativos após mais de 150 horas de escuta.

O avanço tecnológico tem sido tal no campo da radioastronomia, que cinco minutos de escuta, com a atual antena de 46 metros, equivalem a quatro dias com o radiotelescópio empregado durante as pesquisas do projeto Ozma, segundo estimativa do radioastrônomo sul-africano Gerrit Verschuur, que utilizou a antena de 46 metros de Green Bank, em 1972, nos comprimentos de 21 cm, na escuta das dez estrelas mais próximas. Entre essas dez estrelas estavam incluídas Tau Ceti, Epsilon Eridani e também a célebre estrela de Barnard, que, além de ser a segunda mais próxima de nós, parece possuir um sistema de planetas.

Mesmo usando uma tecnologia muito mais sensível que as utilizadas no projeto Ozma – como foi o caso da experiência posterior de Verschuur, com o radiotelescópio de 90 metros, também de Green Bank –, a ausência de quaisquer sinais inteligentes nas emissões não permitiu concluir nada a favor da existência de uma civilização em um provável planeta que existisse ao redor de uma dessas dez estrelas. Tais escutas permitiram, simplesmente, fixar um limite superior à potência com a qual uma eventual sociedade emitiria sinais na direção da Terra. Segundo Verschuur, tal limite seria de 665 kW para a estrela de Barnard e de 6 mW para Tau Ceti ou Epsilon Eridani, supondo-se que a antena emissora tivesse um diâmetro de 100 metros.

Os resultados negativos não surpreenderam os cientistas, pois sabem eles que será necessário muita sorte para que uma sociedade tecnologicamente desenvolvida exista ao redor de uma estrela próxima ao Sol. Considera-se, por outro lado, que os eventuais sinais extraterrestres não deveriam ser emitidos no comprimento de onda de 21 cm. Supõe-se, com efeito, que, se tal frequência fosse de grande importância em radioastronomia, qualquer civilização avançada cientificamente procuraria protegê-la de toda emissão parasita. Assim, surge a célebre pergunta: qual será, então, o comprimento de onda mais favorável à procura das prováveis mensagens de outras civilizações fora do sistema solar? Para o astrofísico Barnard Oliver, deveríamos estudar o domínio compreendido entre a frequência das emissões de hidrogênio neutro (1420 MHz) e a do radical hidroxila (1662 MHz), pois esses dois elementos são produtos resultantes da decomposição da água. Tal faixa – denominada por Oliver de faixa aquosa – além de ser favorável do ponto de vista do ruído de fundo, deverá constituir um domínio para troca de mensagens entre civilizações cuja vida está baseada na água como elemento vital. Existe, entretanto, uma dificuldade: por motivos econômicos, as sociedades interestelares ocupariam só uma estreita faixa de 200 MHz da faixa aquosa.

As primeiras pesquisas no comprimento de onda da molécula de água, isto é, 1,35 cm, começaram em 1974, com o radiotelescópio de 49 metros de Algonquin, no Canadá, pelos astrônomos canadenses Alan Bridle e Paul Feldman, que esperam analisar as emissões de quinhentas estrelas próximas, análogas ao nosso Sol. Os mesmos pesquisadores propuseram a utilização do radiotelescópio de 330 metros de Arecibo, em Porto Rico. A pesquisa, entretanto, será destinada à procura de civilizações galácticas; assim, cinquenta galáxias próximas já foram escolhidas.

Em 1975, os astrônomos Frank Drake e Carl Sagan começaram um programa análogo ao dirigirem a escuta em Arecibo para a nebulosa M33 do grupo local das galáxias, do qual faz parte a Via-Láctea e onde está situado o sistema solar. Eles pretendem estender as suas pesquisas para algumas galáxias próximas, nos comprimentos de 21, 18 e 12,6 centímetros.

Na Universidade de Ohio, os radioastrônomos Robert S. Dixon e Denis M. Cole vêm conduzindo uma varredura contínua do céu à procura de possíveis emissões de 21 cm provenientes de civilizações altamente avançadas, desde dezembro de 1973. "Nenhum sinal foi descoberto que nos leve a acreditar ter sido emitido por seres inteligentes", afirmou em meados da década de 1970.

PROJETOS CETI E SETI

A União Soviética não permaneceu afastada dessa discussão, pois é bom lembrar que um dos mais importantes congressos sobre vida extraterrestre realizou-se justamente no Oriente, no Observatório de Byurakan, Armênia, em 1971, com a participação dos norte-americanos. Assim, em março de 1974, a Academia de Ciências da URSS aprovou um programa de 10 a 15 anos de CETI (Communications From Extra-Terrestrial Intelligence).

É bom lembrar que todo esse interesse pelas comunicações com inteligências extraterrestres aumentou desde o momento em que a NASA e a Universidade de Stanford decidiram, em 1971, desenvolver o que se denominou Projeto Ciclope, que consiste em criar, ou melhor, procurar uma concepção ou um sistema de detecção dos sinais extraterrestres. Após longos estudos, os pesquisadores concluíram ser impossível saber quantos decênios ou mesmo séculos serão necessários para captar o primeiro sinal. Mas fizeram questão de afirmar que "a pesquisa de inteligências extraterrestres é uma tarefa científica legítima, que estimamos necessária e que deve estar integrada ao programa espacial".

O plano russo CETI é muito mais ambicioso do que o norte-americano, elaborado mais tarde.

Radiotelescópio australiano, construído na planície de Parkes, em Nova Gales do Sul. O gigantesco aparelho tem 60 metros de altura, podendo receber ondas radiofônicas das mais remotas distâncias estelares, a mais de 5.000 anos-luz

Compreende duas partes: a primeira, que começou em 1975, objetiva a vigilância de todo o universo mais próximo. Nessa tarefa, os russos constituíram dois grupos. No primeiro utilizam oito radiotelescópios assistidos por dois satélites numa vigilância onidirecional com equipamento de sensibilidade média, capaz de escutar todo o céu em numerosos comprimentos de onda. O segundo consistiu num sistema de antenas direcionais para a vigilância particular de regiões onde se suspeita da presença de civilizações extraterrestres. Esta parte constitui o CETI 1.

Na segunda parte do plano, ou seja, o CETI 2, que se iniciou depois de 1980, os soviéticos previram de início uma vigilância permanente do céu por um sistema de satélites e, posteriormente, a colocação em órbita de duas grandes estações equipadas de coletores com extensa superfície (da ordem de mais de 1 km^2).

Tais programas compreendem o desenvolvimento de cinco diferentes temas: análise preliminar dos sinais, identificação do tipo de linguagem (pictórica ou linguística), conhecimento de sua gramática e simetria, assim como o desenvolvimento de métodos que tornem possível a tradução automática das mensagens em nossas línguas.

Após a publicação do plano CETI, a pesquisa de civilizações extraterrestres se tornou tema oficial, que interessa tanto à ciência como a toda a humanidade. Assim, a partir de 1975, a NASA criou um grupo de trabalho em comunicação interestelar*, que vai reunir os mais eminentes especialistas em diferentes disciplinas, discordando da opinião de que só os amadores ou pesquisadores de segundo plano se interessam pelos extraterrestres. Aos astrônomos Frank Drake, Bruce Murray e Carl Sagan se juntaram Charles H. Townes, prêmio Nobel de física e inventor do *laser*; Joshua Lederberg, prêmio Nobel de medicina e pioneiro nos detectores de vida; Jess Greenstein, professor de astrofísica no Caltech etc.

Em 22-23 de janeiro de 1975, ocorre a primeira reunião do grupo de trabalho da NASA no Ames Research Center sobre a SETI (Search for Extra-Terrestrial Intelligence). Convém lembrar que existe uma pequena diferença entre as denominações soviética e norte-americana que demarca a estratégia e a filosofia dos dois grupos. Assim, por *Ceti* (Communication Extra-Terrestrial Intelligence), onde o C significa comunicação, os pesquisadores norte-americanos utilizam S, que demonstra que o seu desejo é de procura das civilizações extraterrestres.

Em 24-25 de novembro de 1975, à margem das reuniões específicas da SETI, a NASA patrocinou, em Palo Alto, um simpósio consagrado ao estudo da evolução cultural, ou seja, aos processos que poderiam ter conduzido os seres vivos na via de inteligência. Para presidir o evento, foi nomeado o professor Joshua Lederberg, diretor de genética da Universidade de Stanford.

Em 1976, um dos quatro organismos da União Internacional de Telecomunicações, o seu Comitê Consultivo Internacional de Radiocomunicação, analisou a reserva de uma faixa de frequência destinada à escuta do Universo, tendo em vista que as ondas eletromagnéticas constituem, no momento, o único meio prático para registrar a existência de vida inteligente extraterrestre.

Em 17 de outubro de 1978, o grupo de trabalho da SETI convocou uma reunião para estudar a detecção dos planetas ao redor das estrelas mais próximas. O principal convidado foi o professor Peter Van de Kamp, que, através do estudo das irregularidades do movimento da estrela Barnard, de magnitude 9,5 e que se encontra a seis anos-luz do Sol, na constelação* de Ofiúco, determinou que essa estrela deveria, pelo menos, possuir dois planetas ao seu redor. Sua experiência nesse campo da astrometria é enorme, pois Van de Kamp já se havia consagrado, nesses últimos anos, ao estudo das estrelas mais próximas ao Sol, determinando que quase a metade delas parecia, pela irregularidade de seu movimento, possuir um *"companheiro escuro"*. No caso específico de Barnard, existem evidências a favor de um sistema de planetas girando ao se redor.

Para eliminar as dúvidas dessas determinações, a grande esperança dos astrônomos era o telescópio espacial Hubble, que foi satelizado, em 1990, pela lançadeira espacial.

Durante a reunião da SETI de outubro de 1978, o professor John Billingham sublinhou a posição de que só adotará um programa de comunicação após a detecção de sinais. Ao contrário, os soviéticos adotarão duas operações: tentar receber e também emitir mensagens.

Em setembro de 1979, a WARC – World Administrative Radio Conference – tomou em consideração a solicitação de reserva de uma faixa para as ligações com extraterrestres.

Nos anos 1980 a pesquisa de civilizações extraterrestres inteligentes visava, segundo os cientistas soviéticos, a se transformar numa atividade piloto, como ocorreu com a conquista espacial nas décadas de 1960 e 1970, que, além de elevar o nível e a extensão das pesquisas científicas e tecnológicas, permitiu o desenvolvimento de uma série de pesquisas de vanguarda e uma nova visão ecológica do Universo.

MENSAGENS DOS TERRESTRES

Um dos grandes acontecimentos dos anos 1970 foi a tomada de consciência pelos mais eminentes astrônomos de que o problema das civilizações inteligentes extraterrestres deveria ser estudado dentro de um método científico. Tal tomada de posição, pouco conhecida entre os leigos, tem provocado nos últimos anos o desenvolvimento de uma psicose com relação aos chamados objetos não identificados, habitualmente vistos por alguns defensores das civilizações extraterrestres como uma prova. Vejamos, nesta rápida retrospectiva, o que realmente ocorreu no mundo científico com relação ao assunto.

De 5 a 11 de setembro de 1971, realizou-se em Byurakan, Armênia, URSS, a primeira conferência internacional sobre comunicação com civilização inteligente extraterrestre. Convém recordar que, nessa mesma cidade e local, em 1964, ocorreu uma reunião de cientistas soviéticos para analisar, objetivamente, as possibilidades da existência de civilizações extraterrestres e analisar os problemas relativos à sua detecção e os possíveis métodos de comunicação a serem utilizados.

Em 1972, depois que os norte-americanos concluíram o Programa Apolo, durante o qual foi possível a seis equipes andar sobre a superfície lunar, nela instalar 23 aparelhos e trazer 400 quilogramas de rochas, por uma curiosa coincidência o homem enviou sua primeira mensagem aos extraterrestres.

Assim, em 1971 e em 1972, quando foram lançadas as sondas Pioneer 10 e 11, as duas primeiras sondas interestelares da espécie humana, o astrônomo norte-americano Carl Sagan elaborou uma primeira mensagem, numa placa de alumínio anodizado com ouro, medindo 15 cm x 22,5 cm, afixada a um dos suportes da antena de cada sonda. Na placa estava gravado um esboço de dois representantes desnudos da espécie humana em posição de saudação ao cosmo; um diagrama do sistema solar, com as distâncias relativas dos planetas; a trajetória da Pioneer; bem como informações sobre o átomo de hidrogênio, e sobre 14 pulsares, que permitiram a determinação da posição do sistema solar no Universo. Esta é sem dúvida a primeira obra de arte criada pela civilização terráquea com vistas a uma civilização extraterrestre. A placa-mensagem foi desenhada por Linda Sagan, esposa de Carl Sagan. Tal ideia surgiu em dezembro de 1971, em San Juan, por ocasião de uma reunião da American Astronomical Society, quando o astrônomo norte-americano Frank Drake sugeriu a Carl Sagan a ideia dessa plaqueta.

Mais tarde, no satélite Lageos – Satélite Geodinâmico a Laser –, lançado em 1974, foram colocados, para os futuros habitantes da Terra daqui a 8 milhões de anos, em uma mesma placa, três diferentes imagens mostrando os deslocamentos dos continentes do nosso planeta. A primeira representa, há centenas de milhões de anos, os continentes juntos; na segunda, por ocasião do lançamento dos Lageos, apresenta-se o aspecto atual de distribuição dos continentes; e na terceira gravura, está representada a posição que os continentes deverão ocupar na época em que o satélite estiver retornando à Terra.

Nessas duas mensagens, o que motivou o homem foi a noção de que a comunicação para o futuro é uma tentação irresistível para todos aqueles que realizaram algo realmente valioso. Trata-se de um ato otimista e previdente dos homens que, expressando grande esperança no futuro, procuram com essas mensagens formar um elo através do tempo, sem esquecer que todas as nossas ações do momento terão um importante significado na longa jornada histórica que será a humanidade do ponto de vista galáctico, em cujo contexto somos meros participantes.

A inexistência ou o desconhecimento de uma linguagem cósmica fez com que estas duas mensagens tivessem um caráter científico, considerando-se que todas as civilizações do cosmo*, mesmo as mais exóticas, devem estar sujeitas às mesmas leis da física, da química e da astronomia. Assim pensou-se que as primeiras e mais bem-sucedidas comunicações seriam na realidade aquelas baseadas na ciência.

Em janeiro de 1977, durante a reunião anual da American Astronomical Society, em Honolulu, Carl Sagan e Frank Drake tiveram a ideia de colocar nas naves Voyager 1 e 2, que seriam lançadas em 20 de agosto e 5 de setembro daquele ano, um disco-mensagem com informações técnico-científicas, músicas e frases em todas as línguas faladas na Terra, ruídos dos animais terrestres, assim como fotografias que caracterizam a nossa civilização. Assim, neste pacote está reunida uma pequena enciclopédia de nossa civilização. Mais tarde, por ocasião da elaboração dessa terceira mensagem aos extraterrestres, Carl Sagan confessou que ficou maravilhado com a ideia: poderia

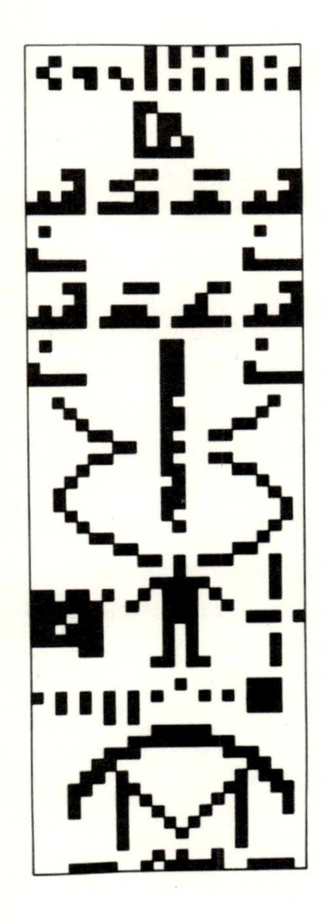

Descrição de uma mensagem enviada pelo Radiobservatório de Arecibo, em Porto Rico.

enviar música. As mensagens anteriores informavam como pensamos, como percebemos e onde estamos. Na realidade, os seres humanos são criaturas que sentem. Embora a vida emocional seja mais difícil de ser comunicada, em especial a seres de constituição biológica diversa, a música pareceu a Sagan a tentativa mais louvável como processo de transmissão das emoções humanas. Daí surgiu inicialmente a ideia de se enviar toda a obra completa de Johann Sabastian Bach.

Além de música, foi decidido que gravuras – retratos da nossa atual cultura – fossem codificadas e introduzidas no disco. Assim, foi reunida uma biblioteca contendo imagens de toda a Terra e dos seus habitantes. Além da música clássica, incluíram-se vários cantores populares, como Louis Armstrong, e diversas melodias típicas de vários povos, bem como alguns sons: os ribombos de um terremoto australiano de 1971; ventos; chuvas; coros de animais (rãs, aves, hienas, elefantes, golfinhos etc.); batidas cardíacas; o primeiro choro de um recém-nascido; som maravilhoso de um beijo etc. Com relação às imagens, foram incluídas algumas relações matemáticas e físicas; uma representação do sistema solar e da estrutura e da reduplicação do ADN, bem como outros diversos retratos de animais e aspectos da Terra etc. Infelizmente, a proposta inicial de dois seres humanos nus foi recusada pelo receio de uma possível reação adversa do público norte-americano, como já havia ocorrido com o casal representado na placa das Pioneer 10 e 11.

De fato, o disco-mensagem da Voyager constitui uma autêntica *garrafa de náufrago* da cultura terráquea. Podemos comparar o disco da Voyager com a garrafa que os marinheiros, às vezes, atiram de um navio. A enorme diferença é que esta mensagem foi elaborada por um computador, com o auxílio de uma equipe de cientistas e escritores. Ela foi lançada no vazio do espaço. Se acaso for encontrada por alguém que esteja passeando em alguma praia galáctica, a nossa geração não tomará conhecimento, mas ficará sabendo que existiu uma civilização "muito feliz" (pois as grandes catástrofes, as guerras e a ameaça nuclear não foram contempladas na amostragem), no terceiro companheiro de um sistema planetário situado nos bordos da nossa galáxia – a Via-Láctea.

Quem sabe se daqui a bilhões de anos, quando o Sol, depois que sua transformação numa gigante vermelha já tiver reduzido a Terra a um planeta sem vida, a gravação da Voyager, ainda intata, em algum ponto da Via-Láctea, talvez seja encontrada por um extraterrestre que irá escutar os murmúrios de uma antiga civilização?! Lá está registrado tudo que poderá restar da nossa cultura terráquea, se até lá outras "*garrafas de astronautas*" não forem enviadas. Da língua portuguesa, só restará uma saudação: "Paz e felicidade a todos."

A comunidade científica está convencida de que se deve tentar emitir mensagens em rádio pois é possível que outras civilizações no Universo também estejam na escuta. Assim, em 16 de novembro de 1974 foi emitida, pelo radiotelescópio de Arecibo, uma mensagem com destino ao aglomerado Messier 13, na constelação de Hércules, que se encontra a 25 mil anos-luz da Terra.

A mensagem, que foi redigida em sistema binário por Frank Drake, só será recebida daqui a 25 mil anos, se encontrar uma civilização de nível tecnológico semelhante ao nosso, e a resposta só voltará daqui a 50 mil anos. Até lá talvez os atuais sistemas de radiotelescópios não estejam mais em uso, o que evidencia a enorme dificuldade de um tal método de comunicação.

ONDE ESTÃO OS EXTRATERRESTRES?

A antiga ideia do físico italiano Enrico Fermi (1901-1954), de que os extraterrestres não existem em virtude de não terem até hoje se apresentado, foi retomada pelo astrônomo Michael Hart, que iniciou, em 1975, uma análise científica da ausência de extraterrestres.

Tal argumentação, conhecida no meio astronômico como paradoxo Fermi-Hart, se resume na questão "Onde estão eles?", atribuída ao físico italiano quando lhe perguntaram, em 1950, durante um almoço, o que pensava da hipótese da existência de seres inteligentes em outros planetas do Universo.

De fato, a alegação de que não podemos, nas condições tecnológicas atuais, realizar viagens interestelares, não é um argumento suficiente para justificar a ausência de interação entre a nossa civilização e as extraterrestres. Como alguns povos podem estar mais atrasados tecnologicamente, devem existir outros bem mais avançados. O raciocínio é bastante simples para justificar a existência de supercivilizações. A nossa é relativamente uma das mais jovens. Se considerarmos o nosso Universo como tendo surgido de uma Grande Explosão ocorrida há 20 bilhões de anos, idade atualmente aceita para o Universo, podemos supor que devem existir planetas com idade de 3 a 15 bilhões de anos. Pela análise das amostras trazidas da superfície lunar e dos meteoritos, a Terra deve ter uma idade de 4,5 bilhões de anos, o que justifica considerar o nosso planeta como jovem. Ora, a vida mais elementar, como, por exemplo, os vermes, surgiu em nosso planeta há cerca de 1 bilhão de anos. Se considerarmos o homem atual, o ser mais evoluído na escala da vida, como um organismo resultante do desenvolvimento daquele verme neste

período, poderíamos imaginar que a espécie humana não é o ponto culminante desta longa evolução. Assim, seria possível defender a tese de que este processo deverá continuar como uma consequência natural das leis que regem o Universo. Além disso, uma profissão prática é saudável para um homem como eu: "uma carreira acadêmica condena um jovem pesquisador a uma certa produção científica e só personalidades bem marcantes podem resistir à tentação de uma análise superficial", escreveu Einstein um mês antes de morrer. De fato, em Berna, Einstein desenvolveu estudos sobre o movimento browniano, pesquisas sobre o efeito fotoelétrico (com o qual ganhou o prêmio Nobel), a teoria da relatividade restrita, as bases que dariam origem à teoria da relatividade geral e, sem dúvida, a sua filosofia e modo de ver o mundo social e politicamente. Desse modo, nada mais lógico do que aceitar o possível surgimento de seres mais evoluídos biológica e intelectualmente nos próximos bilhões de anos. Por outro lado, convém lembrar que a ciência não atingiu, apesar do seu notável desenvolvimento nestas últimas décadas, o seu estágio final. Ela irá evoluir provocando em consequência o aparecimento de novas tecnologias, se bem que seja impossível imaginá-las na nossa atual etapa de processo civilizatório. As próprias extrapolações de ficção-científica têm sido ultrapassadas pelas realizações da ciência e tecnologia. Portanto, uma visão que pode parecer inicialmente otimista é justificável se fizermos uma rápida análise retrospectiva da evolução do nosso desenvolvimento científico-tecnológico nos últimos séculos. De fato, talvez fosse tido como visionário qualquer indivíduo que, na Idade Média, defendesse a possibilidade da existência dos modernos métodos de comunicação, como, por exemplo, a televisão, sem falarmos das viagens espaciais e dos atuais microprocessadores. Esta nossa

Esta fotografia, apresentada como uma provável primeira imagem de um planeta extrassolar, não foi confirmada (NASA)

visão positiva tem também um lado negativo. Assim, por exemplo, se uma civilização deixa de evoluir e/ou se estagna, podemos estar certos que a sua tendência é de desaparecer. Não será capaz de enfrentar os desafios que irão surgir em virtude das alterações climáticas, epidemias e até cataclismas naturais e artificiais que se apresentarão no decorrer da viagem da nave Terra pelo espaço, daí a importância de se defender o meio ambiente. Essa preocupação é tanto maior se considerarmos que, através da sonda Voyager, sabemos que só existe um Pantanal mato-grossense e uma floresta Amazônica no sistema solar. Aliás, o próprio homem, ao desenvolver sua tecnologia, está também desenvolvendo processos de autodestruição capazes talvez de eliminar a humanidade, ou, pelo menos, produzir um grande atraso no processo evolutivo, impossíveis de serem superados.

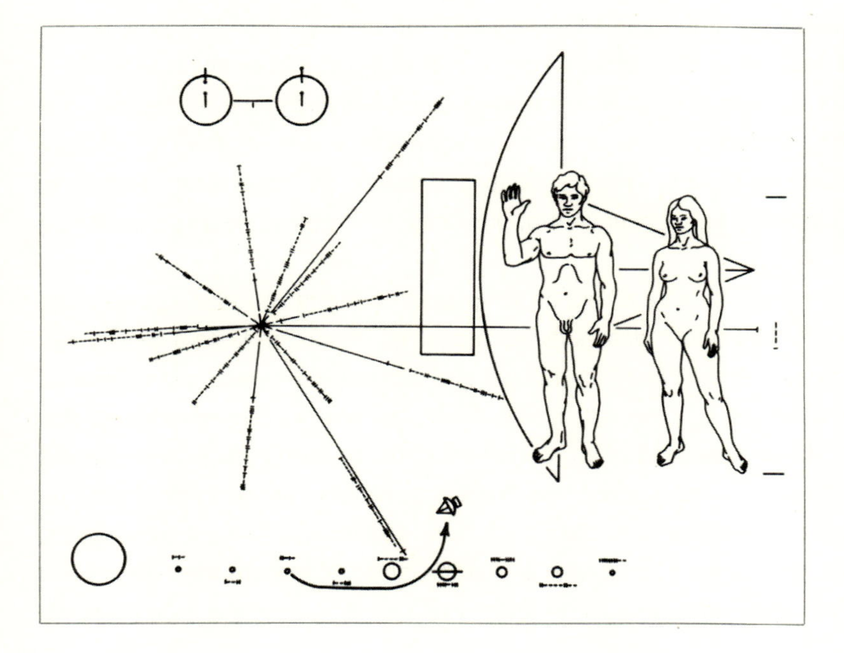

Placa em alumínio anodizado colocada na sonda Pioner 10 e 11 para os extraterrestres que venham a encontrar esta nave

Os extraterrestres

Como seriam os extraterrestres? Seriam eles antropomórficos, isto é, semelhantes aos homens, em sua aparência física, como aliás sugerem as cenas dos filmes de ficção científica?

Esta pergunta é bastante justificável a partir do instante em que se aceite a existência de vida inteligente no Universo. Aliás, desde o momento em que se inicie uma discussão sobre as possibilidades de uma aventura interplanetária, é razoável que se questione se outras possíveis formas de vida inteligente, por acaso existentes no Universo, serão parecidas com a humanidade. Convém lembrar que, como temos as nossas próprias ideias, os habitantes dos outros sistemas planetários terão também as suas.

Para o professor de antropologia William Howells, da Universidade de Harvard, que estudou este assunto cuidadosamente, a forma humana é inevitável, embora tenha algumas reservas, entre elas a de que seríamos incapazes, talvez, de reconhecer como seres inteligentes todos aqueles que, num encontro, provocassem surpresa pela sua aparência extraordinária.

Não há dúvida de que a fauna e a flora de um planeta que gira ao redor de uma outra estrela, que não o Sol, irão diferir das espécies terrestres, tendo em vista a própria natureza e característica da estrela ao redor da qual gira o planeta. Aqueles que defendem uma grande diferença entre as espécies vivas e existentes nos diferentes sistemas planetários da nossa galáxia baseiam-se na própria variedade de formas de vida existentes sobre a superfície terrestre, assim como nas diferenças raciais que ocorrem dentro da própria espécie humana, embora suas características fundamentais sejam as mesmas, especialmente com referência à postura e à marcha ereta. Estes últimos traços não foram herdados, mas adquiridos através do tempo pela espécie humana, que procurou manter-se ereta sobre os próprios pés com o objetivo de, desse modo, estar livre para usar melhor as próprias mãos. Aliás, muitos outros animais também desenvolveram tais hábitos, como os esquilos e os cangurus, mas foi o homem, entre os maiores mamíferos, aquele que o fez com tanto sucesso que suas mãos cresceram de modo imprevisível e atingiram uma enorme dimensão em relação ao resto do corpo. Simultaneamente, com o aumento do uso das mãos, o cérebro também aumentou sua capacidade, e deste modo cresceu numa maior proporção em relação ao resto do corpo. É provável que tais crescimentos tenham surgido em virtude de uma maior necessidade de controlar os movimentos cada vez mais delicados e complexos que seus instrumentos de trabalho exigiam, tanto dos braços como dos dedos. Ora, como existe uma correlação entre o tamanho do cérebro e o tamanho do corpo dos animais na Terra, é mais do que lógico que um animal inteligente deva possuir um corpo suficientemente desenvolvido para suportar um cérebro grande; assim, nenhum ser extraterrestre deve ser muito menor que o homem, no mínimo a metade. Pode ser que existam, em planetas extrassolares, ho-

O Marciano, segundo Alvim Corrêa. Ilustração da edição belga de Guerra dos mundos, *de H.G. Wells*

mens com até 10 vezes o nosso tamanho. Estaturas maiores, além de exigirem maiores recursos energéticos para sua locomoção, limitariam em muito a agilidade e a capacidade para longas caminhadas, que são sempre necessárias no início do desenvolvimento da espécie. Parece que as pequenas estaturas sempre seduziram o homem em suas concepções de extraterrestres na ficção científica, o que, aliás, é bastante justificável, como acabamos de observar.

Os olhos e os ouvidos, órgãos de sensibilidade vital, devem estar sempre situados mais próximos do cérebro, pois assim serão menores as trajetórias dos estímulos nervosos que, uma vez captados, devem ser retransmitidos ao cérebro, onde os sinais serão tratados pelas células nervosas e depois reenviados sob a forma de comandos às outras regiões do corpo. Tendo em vista tais considerações, poderemos imaginar que os outros seres, além de possuírem uma postura ereta, devem ter a cabeça (que reúne os principais órgãos receptores e analisadores) em uma posição privilegiada em relação ao resto do corpo, em geral na posição mais elevada. No caso de um planeta pouco iluminado, como, por exemplo, num sistema planetário em que o astro principal seja um sol avermelhado, os olhos poderiam ser bem maiores, de modo que permitissem maior captação da radiação luminosa, muito comum nas criaturas de hábitos noturnos; eles poderiam, igualmente, ver uma faixa de radiação do espectro para a qual somos insensíveis. No caso de uma visão rudimentar, talvez tivéssemos a hipótese de um ser que se orientasse como os morcegos, que empregam as ondas ultrassônicas emitidas e recebidas por eles mesmos. Aliás, convém lembrar que os morcegos são capazes de, com tal sistema, análogo ao sonar utilizado nos submarinos, determinar com grande precisão as distâncias e posições relativas dos obstáculos que os cercam, dos quais se desviam de modo notável.

Será também de grande utilidade que eles possuam a capacidade onidirecional dos olhos que, além de acompanhar o movimento da cabeça, que se desloca num grande ângulo, possuem um excelente sistema de engaste giratório, que permite seguir todos os objetos à sua volta. A visão estereoscópica, ou seja, a capacidade de sentir os relevos e estimar as distâncias, constitui uma das qualidades próprias de um ser inteligente que tem como finalidade sobreviver a todas as dificuldades durante o desenvolvimento de sua sequência evolutiva. Aliás, tais obstáculos nada mais são que estímulos à seleção natural, que manterá a sobrevivência da espécie que souber ultrapassá-los com sucesso.

A simetria do corpo também deve ser outra característica universal nos seres extraterrestres. Assim, eles devem possuir dois braços, jamais três, pois a coordenação de mais de dois tornar-se-ia complexa e exigiria um cérebro com tal desenvolvimento e de tais dimensões que transformaria as vantagens de mais um braço em uma enorme inconveniência. As mesmas razões não justificariam nem a existência de quatro braços nem de seis pernas, que se tornariam ineficientes. Entretanto, a chance da existência de um ser inteligente quadrúpede é possível, desde que a gravidade do planeta que habitasse assim o exigisse. Aliás, Howells chegou à notável conclusão, em seu trabalho, de que a maioria dos seres inteligentes extraterrestres poderia constituir-se em criaturas semelhantes aos centauros, com quatro pernas, dois braços e duas mãos. Howells justifica sua hipótese com o fato de que, na maioria dos casos da sequência evolutiva, os peixes passariam a ter, em terra, seis membros, enquanto os peixes de barbatanas lobulares e os anfíbios ficariam com apenas quatro membros, apesar de este número ser bastante superior. Se aceitarmos tal suposição, é plausível que a aparência evolutiva final dos seres inteligentes seja análoga à dos centauros; parece, entretanto, que a coordenação de mais de quatro membros não oferece grandes vantagens seletivas.

Outra questão curiosa refere-se à necessidade de mais de um sexo para que a reprodução se revele suficiente e adequada. Com efeito, dois sexos parecem ser a solução mais conveniente, pois a natureza o tem demonstrado nas mais altas ordens de forma de vida. Além disso, o bissexualismo, como está organizado, assegura uma variação quase infinita de mudanças genéticas. Seres assexuados, ou seja, hermafroditas, teriam como falha a ausência de tão útil e agradável estímulo: a atração sexual, que constitui uma forma notável de seleção natural e de manutenção da espécie e que, no ser inteligente, atinge facetas de poesia e beleza indizíveis. Por outro lado, a reprodução assexuada não permitiria as mudanças genéticas que o bissexualismo favorece; os assexuados só sobreviveriam se fossem prolíferos, com a desvantagem de uma variação genética muito limitada.

Se mais de dois sexos, como, por exemplo, três, quatro ou mais fossem necessários à reprodução, a possibilidade de continuidade da espécie seria um elo muito fraco: um elemento que faltasse quebraria a sequência da vida. Não há, portanto, motivo para que exista uma raça multissexuada nas galáxias, pois, além de não favorecer a proliferação, parece, com efeito, desnecessário e demasiado complicado e, até mesmo, antinatural. Como diz o povo, aliás, dois é bom, três é demais.

Não há dúvida de que os seres extraterrestres devem ser criaturas que vivem em terra, pois os oceanos constituem um ambiente desfavorável ao desenvolvimento tecnológico. Na realidade, parece que, para uma espécie evoluir, é essencial que esteja em contato com as riquezas materiais da superfície sólida de seu planeta. Assim, os golfinhos, esses admiráveis mamíferos altamente inteligentes, teriam tido sua evolução, com certeza, limitada pelos próprios meios em que viveram.

É possível, pela análise da sequência evolutiva das outras espécies terrestres, chegar à conclusão de que determinadas formas foram limitadas nas suas mutações, em virtude de sua própria constituição, que não permitiria jamais a sua transformação em seres superiores. Assim, por exemplo, a existência de seres inteligentes na forma de insetos é pouco provável, haja vista a sua evolução nos últimos milhões de anos, assim como a própria constituição do seu sistema nervoso.

Todas essas especulações conduzem, portanto, a uma forma antropomórfica, como aliás tem sido a escolhida nos próprios filmes de ficção científica. É conveniente lembrar que tal conclusão também não é oposta à Bíblia, que afirma que Deus criou o homem à sua própria imagem e semelhança; ora, se assim o foi, a descoberta dos extraterrestres não irá jamais contra a Igreja Católica, que assim verá aumentar as capacidades polivalentes e de onipresença do seu Criador.

Seria conveniente lembrar que a criação, se houve, não foi um instante ou período curto; ela deve ser permanente, ela evolui. Assim, o homem atual, que é um civilizado em relação aos bárbaros da Idade da Pedra, poderá ainda ser visto sobre este mesmo prisma, isto é, de um homem bárbaro, pelos homens provavelmente mais evoluídos do futuro.

Civilizações do espaço

Admitindo-se, como faz a maior parte dos astrônomos que estudaram o problema das civilizações extraterrestres, que existe, em nossa galáxia, mais de 600 mil estrelas com planetas, onde reinam possibilidades biológicas, poder-se-ia perguntar se a vida, nesses outros planetas, seguiu o mesmo desenvolvimento, ou seja, os mesmos caminhos evolutivos que conduziram ao aparecimento de vida inteligente como a conhecida na Terra.

Com efeito, embora as condições de aparecimento de vida sejam bastante limitadas, as leis de evolução biológica devem ser idênticas em todo o Universo, como as outras leis da natureza. Desse modo, os organismos extraterrestres não devem ser muito diferentes dos nossos. Entretanto, para o cientista russo Aleksandr Oparin, um dos pioneiros da biogênese, é muito difícil aceitar que as espécies vivas que povoam os outros planetas sejam semelhantes aos animais e plantas terrestres, pois, segundo tudo indica, o processo mesmo de aparição da vida, nesses planetas com diferenças de ambiente muito acentuadas, deve ter influído na sua evolução biológica.

Tratando-se de especulações, em que a falta de informações é muito grande, pode-se raciocinar em termos de probabilidade. Assim, se a vida existe num elevado número de planetas da Via-Láctea, é bem possível que uma parte dela tenha seguido caminhos evolutivos paralelos ao nosso, pois as vias divergentes não seriam capazes, talvez, de criar organismos com comportamentos inteligentes possíveis a uma vida social que desse origem a uma civilização tecnológica.

As dificuldades de um meio hostil, nas primeiras etapas do desenvolvimento da vida, podem conduzir ao seu provável estacionamento evolutivo ou, quem sabe, ao seu desaparecimento, embora essas mesmas dificuldades para seres inteligentes, altamente evoluídos e com tecnologia própria, apresentem-se como desafios que, além de exigir uma maior capacidade de luta e, portanto, de criatividade, vão conduzir ao desenvolvimento de novos meios e técnicas de adaptação. Tais processos irão permitir um rápido desenvolvimento científico e a consequente passagem de um estágio tecnológico rudimentar a outro superior. Essas dificuldades são, sem dúvida, os choques que têm tornado possível o aparecimento das supercivilizações.

Para o astrofísico russo Nicolaus S. Kardashev, as civilizações se classificam em três principais tipos, segundo dois aspectos que lhe parecem essenciais, como o espaço vital, no qual uma civilização se distribui, e o seu consumo de energia. Tais critérios, que estão intimamente associados, permitem separar as civilizações em três grandes categorias: as civilizações de nível tecnológico próximo ao nosso; aquelas que controlaram a energia do seu próprio Sol, e, num estágio muito mais avançado, aquelas que controlarão a energia na escala da sua galáxia.

Uma civilização do tipo I, que tem o nível equivalente ao nosso, estende-se por toda a superfície do planeta e consome toda a energia recebida por ele, ou pelo menos uma grande parte dessa energia. É capaz de concentrar o equivalente da produção total do planeta para finalidades vitais, como comunicação, aquecimento, eletricidade, transporte etc. A civilização terrestre atual não atingiu ainda esse nível. Atualmente consumimos aproximadamente 10 milhões de kw, o que é relativamente pouco; mas, se mantivermos o ritmo de 3,5% ao ano, daqui a 200 anos estaremos consumindo 10 mil milhões de kw, ou seja, 3% da energia que o Sol envia à Terra.

Seremos obrigados a procurar no futuro energia fora do nosso meio ambiente, o que nos vai conduzir ao estágio seguinte do processo evolutivo, que consiste em elevarmos nosso domínio ao espaço cósmico mais próximo, como aliás prevê o cientista norte-americano Gerard K. O'Neill, com as ilhas espaciais ao redor da Terra.

As civilizações do tipo II, além de já terem-se expandido sobre a totalidade do seu sistema planetário, são capazes de empregar como finalidades de comunicação uma produção de energia equivalente a 10^{26} watts. Nesse estágio, as civilizações podem chegar a colonizar os outros planetas. Para Kardashev, a passagem de tipo I para uma civilização do tipo II não deve ser muito rápida: ela não ultrapassa alguns milhares de anos. Localizá-la não chegaria a ser difícil, se imaginarmos que ela estivesse irradiando em nossa direção 10^{26} watts, numa estreita faixa de rádio, mesmo que estivesse muito distante no espaço. O nível de separação cultural-tecnológica entre essas duas civilizações não deve ser muito superior ao que nos separa dos homens pré-históricos da época Cro-Magnon. Se fôssemos transportados para aquela época por uma máquina do tempo (o que nos parece hoje impossível), ao relatarmos o nosso avanço técnico-científico, seríamos considerados loucos e talvez eliminados como elemento subversivo à ordem então constituída.

A terceira etapa seria a conquista das estrelas próximas, quando então se atingiria o tipo de civilização III. Kardashev afirma que a passagem da segunda para a terceira etapa será feita de modo mais lento, da ordem de algumas centenas de milhões de anos, quando então seus componentes deverão chegar a colonizar toda uma galáxia. Todas essas deduções podem parecer fantásticas; mas, segundo Kardashev, o número de galáxias que podem possuir essas supercivilizações deve ser relativamente grande, tendo em vista serem as idades das galáxias já bastante avançadas.

Os contatos diretos com essas civilizações do espaço revelam-se atualmente uma utopia. Com efeito, os engenhos espaciais conhecidos deslocam-se, utilizando os campos gravitacionais, à velocidade de algumas dezenas de quilômetros por segundo, de modo que atingir os sistemas estelares próximos e retornar à Terra levará dezenas ou centenas de anos. Tudo parece indicar que, no atual estágio civilizatório, as viagens intersiderais serão proibitivas, o que deixa uma esperança às ligações de rádio. Não devemos esquecer que uma mensagem de ida e volta levará vários anos para ultrapassar as distâncias interestelares. Tal troca de mensagens vai exigir para os interlocutores uma paciência verdadeiramente astronômica. Enviar hoje uma mensagem e só receber a resposta alguns anos depois é realmente uma prova de paciência. Quem sabe não estamos raciocinando com elementos equivalentes aos dos homens da Pré-História? A partir da relatividade das coisas, nosso atual estado de comunicação talvez seja o equivalente ao de uma era pré-tecnológica.

CIVILIZAÇÕES DO FUTURO

Ao analisarmos como seriam provavelmente os seres extraterrestres, deixamos intencionalmente de lado as especulações que apareceriam se extrapolássemos o tema proposto e analisássemos os aspectos que envolvem o futuro das civilizações ultra-avançadas que devem existir neste imenso Universo. São perspectivas de um futuro muito distante, de mais de dezenas ou centenas de milhares de anos, quando, então, as civilizações terão outros conceitos de vida biológica, econômica e social. Em tal análise, dois aspectos devem ser focalizados: em primeiro lugar, poder-se-ia discutir sua forma de vida – como, aliás, o faz Ronald Bracewell, em seu livro *The Galactic Club* – assim como as consequências que, em virtude da difusão dos conhecimentos técnicos e ideias, surgiriam entre as diversas culturas do cosmo. Tal interação ocorreria numa escala crescente e iria evoluir da cultura interestelar à galáctica, ou até, numa especulação mais ousada, teria como objetivo a constituição de uma futura cultura intergaláctica. Numa segunda etapa, poder-se-iam discutir os problemas que irão envolver o surgimento no futuro das civilizações extraterrestres artificiais, ou seja, dos autômatos inteligentes. Todas estas ideias impõem uma série de dúvidas. Será possível alterar a evolução bioquímica do envelhecimento? Não será possível, ao homem do futuro, viver algumas centenas de anos? Quais as consequências, tendo em vista a acumulação de sua experiência de vida neste período tão longo? Todas estas especulações se justificam desde o instante em que compreendemos que estamos conjeturando sobre intervalos de tempo de algumas centenas de milhares de anos. Para compreender e aceitar essas ideias revolucionárias, o mais conveniente seria talvez retrocedermos no tempo e perguntarmos se seria possível ao homem das cavernas imaginar que algum dia partiríamos para a engenharia genética.

Hoje, estamos familiarizados com os diversos tipos e estilos de vida das sociedades humanas e conhecemos as dificuldades que surgem quando diferentes grupos tentam se comunicar entre si; entre nós tudo é, entretanto, mais fácil, tendo em vista que somos todos semelhantes. O nosso modo de analisar os problemas envolve sempre as mesmas preocupações de desenvolvimento científico e tecnológico, controle da poluição, luta contra a estagnação e o perigo das catástrofes de origem física ou biológica. Suponhamos que existam sociedades extraterrestres em que a duração média de vida seja mais longa do que a nossa, na qual as vidas são limitadas pela combinação mútua dos seguintes fatores: acidentes, doenças e envelhecimento orgânico. Num outro planeta, onde as enfermidades e o envelhecimento sejam muito reduzidos e os acidentes sejam a principal causa de morte, é fácil imaginar como seria longa a vida; os estilos de vida seriam, então, radicalmente alterados. Num mundo onde a vida média fosse da ordem de algumas centenas de anos, as viagens interestelares em períodos semelhantes tornar-se-iam possíveis no decorrer de uma existência, em completa oposição às atuais ideias. Convenhamos, no entanto, que talvez essas sociedades já tenham sido, desde o início, constituídas de seres de vida média curta, como a nossa, mas cujo profundo conhecimento dos mecanismos biológicos já tenha permitido prolongar a existência, de tal modo que as doenças e o envelhecimento deixaram de ser a *causa mortis* normal, como ocorre atualmente em nosso planeta. As vidas curtas, como as do nosso planeta, parecem consequência lógica e necessária à própria evolução de nossa sociedade. A existência de seres com vida longa diminui a ocorrência de mudanças periódicas, onde quase sempre estão os jovens que lutam por seus ideais com inconformismo e tentam, sempre, modificar o próprio curso da história, em oposição aos espíritos conservadores e acomodados com a situação, como ocorre com seres inteligentes mais idosos. A longevidade dos seres inteligentes deve aumentar à medida que a sociedade evolui cultural e cientificamente.

Tal conclusão é uma consequência direta do seu domínio sobre as tecnologias médicas, mas também um resultado indireto da própria evolução mental do homem. Pois, em geral, à medida que o homem evolui culturalmente, menor é o seu conformismo e, portanto, menor o perigo de que intervenha no curso da evolução. Quando envelhece culto, o ser inteligente não perde sua capacidade de luta, nem mesmo se deixa acomodar às situações. As experiências acumuladas ao longo da vida são transmitidas aos jovens, como meios de luta e de incentivo e de um maior aperfeiçoamento do homem como um todo. Entretanto, infelizmente, nem todos, ao envelhecerem, sofrem este mesmo desenvolvimento mental. Em geral, só o humanista conserva-se jovem mentalmente, mesmo diante de seu empobrecimento orgânico, que o destrói lentamente. Por esta razão, só será possível um futuro promissor para aquelas sociedades constituídas de seres com vida média curta, no início. Imaginamos o absurdo de um governo autoritário nas mãos de um ser inteligente que vivesse mais de mil anos. Seria um verdadeiro pesadelo para todos os movimentos de aperfeiçoamento de uma tal civilização, que teria o seu potencial de renovação quase completamente reduzido no tempo. Com efeito, seria totalmente contrária a toda evolução política, social e tecnológica uma civilização em que a vida média fosse muito longa. Por um lado, se muito curta, teríamos a ausência do aperfeiçoamento e da experiência tão necessários e que só os anos fornecem. Por outro lado, se muito longa, teríamos o perigo das ideias conservadoras, pois lamentavelmente a maioria dos homens perde a capacidade renovadora e combativa, tão útil à evolução, à medida que envelhece.

Como na Terra, as diversas civilizações do espaço podem compreender inicialmente seres organicamente diferentes, fundamentados em bioquímicas e culturas de início diversas. Em consequência, uma homogeneização deverá ocorrer, como está ocorrendo entre as diversas culturas do nosso planeta. Embora na Terra tal homogeneização seja relativamente rápida, na galáxia ela exigirá um longo período, tendo em vista que uma troca de informações entre civilizações estelares, no interior de nossa própria galáxia, exigiria mais de 60 mil anos para a ida e volta de uma mensagem da Terra ao centro da Via-Láctea, em ondas de rádio. Ora, para assegurar uma homogeneização eficiente, será necessária, pelo menos, uma centena de trocas de mensagens desse tipo; assim, uma homogeneização da galáxia exigirá milhões de anos. Os componentes de um tal clube de civilizações estelares devem estar adiantados à nossa civilização em, pelo menos, alguns milhões de anos. Devemos, entretanto, estar certos de que um primeiro contato com uma tal comunidade não implicará nossa aceitação como um dos seus membros. Poderíamos, de início, imaginar que, sendo as galáxias de tal modo afastadas entre si, talvez conservassem suas individualidades culturais.

No entanto, não só de seres vivos serão constituídas as civilizações das galáxias: as máquinas inteligentes podem, também, como afirma Bracewell, fazer parte do clube galáctico. Assim, nada impede que os construtores de tais máquinas, diante do perigo de um desaparecimento da própria cultura em virtude de uma nova idade glacial, por exemplo, a qual não poderiam suportar, a exemplo dos organismos biológicos, procurem desenvolver autômatos inteligentes capazes de preservar todo acervo acumulado durante seu longo processo civilizatório. Algumas comunidades poderão lançar máquinas inteligentes na investigação e colonização dos mais afastados planetas interestelares, assim como na conservação da forma de vida orgânica que lhes teria dado origem. Não há dúvida de que tais seres inteligentes poderão conservar os genes dessa vida durante a idade do gelo, no fim da qual as mesmas máquinas inteligentes recriariam os indivíduos que lhes deram origem na sua forma original.

Embora seja possível fazer muitas especulações com grande segurança, em relação às características morfológicas gerais das espécies biológicas, pouco se pode afirmar com segurança sobre as características dos autômatos inteligentes, em particular sobre os autômatos superinteligentes que possam existir nas galáxias.

A TERRA SERIA UMA RESERVA BIOLÓGICA DO COSMO?

Se existe possibilidade da existência, no espaço, de seres superinteligentes e de civilização muito evoluída tecnologicamente, como poderemos compreender que a sua existência e presença ainda não tenham sido comprovadas cientificamente?

Existem várias hipóteses, algumas otimistas e outras profundamente deprimentes para a espécie humana, tão convencida de sua superioridade.

Apesar da existência dessas supercivilizações, que viveriam numa intensa interação entre si, constituindo uma cultura galáctica, não somos capazes de captar suas emissões nem de registrar os sinais de veículos em trânsito entre as estrelas, pelo simples motivo de que somos tecnologicamente incapazes de reconhecê-los.

Uma outra hipótese seria supor que todas as civilizações presentes atualmente em nossa Galáxia estejam num estágio tecnológico muito mais atrasado do que o nosso por serem mais jovens ou por também se terem estagnado (e em consequência, desaparecido), no caso das mais avançadas.

Uma terceira hipótese seria supor que essas civilizações existem, mas não tenham se interessado em desenvolver ou mesmo empreender viagens interestelares. Esta última nos parece pouco realista, pois o próprio desenvolvimento cientifico-tecnológico que permite que uma civilização se desenvolva sem estagnação (o que conduzirá ao seu desaparecimento mais cedo ou mais tarde) exige o empreendimento de viagens interestelares.

A última, a hipótese zoo*, foi sugerida pelo radioastrônomo norte-americano John A. Ball. A ausência de interação se justificaria pelo fato de os seres superinteligentes extraterrestres nos olharem como uma reserva biológica a ser protegida e observada sem interferência. Tal explicação, além de pessimista, é profundamente desagradável do ponto de vista psicológico. Seria muito mais agradável para o homem supor e acreditar que os extraterrestres gostariam de se comunicar ou conversar conosco se soubessem que nos encontramos aqui, no nosso pequeno planeta, como supõe a vaidade humana.

Por outro lado, não estariam os seres dessas civilizações preocupados em não afetar o desenvolvimento de cada civilização, sem intervir, em obediência ao princípio de autodeterminação e respeito dos direitos do homem cósmico, à semelhança dos direitos do homem propostos pela ONU e quase totalmente aceitos?

Em consequência dessa visão cósmica é que se supõe aceitável a ideia de que a Terra não tenha sido até hoje visitada, portanto, em respeito à não intervenção, de tal modo que o nosso planeta fosse, na comunidade galáctica, uma reserva a ser preservada e conservada para que os extraterrestres pudessem compreender a sua própria evolução. Tal comportamento seria uma decisão científica e humanista das supercivilizações.

A COLONIZAÇÃO DO ESPAÇO POR SONDAS AUTORREPRODUTORAS

O número de astrônomos que negam a existência de seres inteligentes em sistemas planetários extrassolares parece cada vez mais reduzido, se bem que eles sejam tão ativos na divulgação de suas ideias como os astrônomos que defendem a procura de civilizações tecnologicamente desenvolvidas.

Para alguns cientistas que procuram negar a existência dos extraterrestres, o principal ponto de apoio de sua teoria é o fato de essas supercivilizações não terem ainda entrado em contato com o homem. Eles se baseiam na teoria do matemático Van Neumann, segundo a qual, se existisse uma ou várias civilizações extraterrestres mais evoluídas que a nossa, elas já teriam entrado em contato conosco ou mesmo já teriam colonizado a nossa Galáxia, à semelhança do que fizemos com a Terra, cujos continentes foram quase totalmente explorados pelos homens. Tal hipótese supõe que os planetas, onde essas supercivilizações se desenvolveram, sejam mais idosos que a Terra que, com seus 4,5 bilhões de anos, pode ser considerada como um dos mais jovens planetas do Universo, cuja idade estimada deve ser de 20 bilhões de anos. Segundo cálculos de Van Neumann, toda a Galáxia, em seu diâmetro de 100 mil anos-luz e mais de 100 bilhões de estrelas, poderia ser colonizada em 300 milhões de anos com o auxílio de *sondas autorreprodutoras*. Para o nosso matemático, só este sistema de sondas (capazes de se reproduzirem automaticamente, sem auxílio do homem) permitiria as viagens interplanetárias e, em consequência, uma colonização da Galáxia em tempo razoável. Na realidade, essa concepção impõe a existência de civilização tecnológica extremamente avançada. Com essas sondas, seria possível a exploração interestelar, com o homem aterrissando nos planetas ou asteroides dos sistemas planetários que fossem encontrados pela viagem. Essas sondas poderiam se reproduzir usando as matérias-primas dos locais de escala. Ora, como seria possível, em determinados planetas, encontrar um ambiente mais favorável, algumas dessas sondas poderiam multiplicar-se em mais de três réplicas, de tal modo que a exploração seria mais rápida. Por outro lado, essas sondas seriam capazes, também, de sintetizar células biologicamente ativas, com o objetivo de semear vida nos planetas em que fossem aterrissando. Fundamentado nessa ideia, o matemático Frank J. Tipler supõe que já deveríamos ter encontrado no Universo traços de uma tal colonização. Se nada foi encontrado é porque as civilizações extraterrestres não existem.

Em seus argumentos astronômicos e matemáticos, Tipler tenta justificar a tese, sustentada por alguns biólogos e rejeitada por outros, segundo a qual o aparecimento de desenvolvimento de uma química biológica é algo muito raro, senão quase improvável – uma visão muito comum para os que acreditam que o homem se originou de um milagre. Segundo essa hipótese, o homem seria a última etapa do desenvolvimento biológico. Nada existiria no Universo superior aos seres inteligentes que criaram a nossa civilização.

As ideias de Tipler são muito limitadas; trata-se da visão de um matemático que, além de sustentar as ideias de um grupo de biólogos, procura acentuar a visão antropocêntrica do Universo. De fato, o homem, ao analisar o Universo, tem a tendência a julgar que sua organização biológica, social e tecnológica é a base de todas as ideias que deverão reger as leis da natureza cósmica.

Trata-se da aplicação inconsciente do princípio antrópico, que nos faz aceitar e projetar para o cosmo todas as experiências e ideias do mundo em que vivemos, esquecendo a própria evolução, esquecendo que as ideologias de hoje poderão ser superadas ou substituídas por outras. Caberia indagar se conviria a uma tal civilização explorar e colonizar o cosmo com uma nave autoprodutora. Não poderiam as civilizações também estagnar ou mesmo desaparecer, sem deixar sinais de sua existência?

GLOSSÁRIO

Ácido nucleico. Macromolécula biológica constituída de diversos polinucleotídeos (q.v.) que, além de agir como portador de informação genética (ADN), permite a sua transferência (ARN).

ADN ou DNA (ácido desoxirribonucleico). Ácido nucleico portador da informação genética.

Aglomerado. Agrupamento de dezenas ou centenas de milhares de estrelas ligadas entre si pela gravitação. Eles podem ser aglomerados abertos – quando pouco densos e situados próximo do plano de uma galáxia ou aglomerados globulares, quando formam grupos compactos e esféricos nos limites externos de uma galáxia. São também conhecidos como enxames estelares.

Amina (de am (oniaco) + ina). Substância orgânica derivada da amônia pela substituição de um ou mais de seus hidrogênios por um radical de hidrocarboneto.

Aminoácido (de amino + acido). Molécula orgânica que contém um conjunto de ácido e outro de amina em cada extremidade. Quando esses dois conjuntos estão separados por um só átomo de carbono, trata-se de aminoácido alfa; por dois, beta etc. Os aminoácidos alfa dão origem às proteínas.

Amor. Tipo de asteroide cujas órbitas atingem uma distância periéliea inferior a 1,3UA. Seu nome é devido a Amor, protótipo dessa espécie de asteroide. Até maio de 1996, foram descobertos 179 amores.

Anã branca. Estrela de grande densidade e de dimensões, relativamente pequenas. O companheiro de Sirius é uma anã branca.

Analisador de espectro multicanal. Receptor capaz de varrer 14 milhões de canais de uma única vez. Ele permitiu realizar em um minuto o que o programa Ozma faria em cem mil anos.

Androide. (do gr. *andro*, homem + *oide*, semelhante ao). 1. Autômato de figura humana. 2. Robô que possui o corpo baseado na química orgânica e na biologia. Eles são criados e não construídos como os autômatos. Podem ser programados, como os robôs, para obedecer a ordens. Em síntese: os androides são os robôs orgânicos ou robôs biológicos. 3. Robô mecânico controlado por computador que olha, anda e fala como um ser humano. C_3PO e R_2-D_2, do filme *Guerra nas Estrelas*, são androides desse tipo. O vocábulo androide, de grande uso na atualidade, foi cunhado em 1738 para designar o tocador de flauta criado por Jacques de Vaucanson (1709-1782); robô (6).

Ano-luz. Unidade de distância, e não de tempo, que equivale à distância percorrida pela luz, no vácuo, em um ano, à razão de aproximadamente 300.000 km/s. Corresponde a cerca de 9 trilhões e 500 bilhões de quilômetros. A Próxima-Centauri, estrela mais próxima de nós depois do Sol, está situada a 41.000.000.000.000 de quilômetros ou 4,4 anos-luz.

Apoastro. O ponto de uma elipse mais afastado do foco no caso de uma órbita elíptica descrita por um astro em torno de outro corpo celeste. Os nomes *afélio* e *apogeu* são empregados quando a órbita é respectivamente descrita em torno do Sol, ou da Lua.

Apollo. Tipo de asteroide cujas órbitas atingem uma distância periélica inferior a 1,0UA. Seu nome é devido a Apollo, protótipo dessa espécie de asteroide. Até maio de 1996, foram descobertos 174 apollos.

Arecibo. Maior radiotelescópio com antena em forma de disco, situado ao norte de Porto Rico, próximo à cidade de Arecibo. Esta radioantena aproveita a conformação natural entre as colinas para desenvolver um disco de 305 m de diâmetro. Instalada em 1963, teve a sua superfície refeita em 1974. Tem sido usado para estudos ionosféricos e para mapear, por meio de radar, a superfície da Lua e dos planetas, assim como na escuta dos extraterrestres.

Argus. Ver projeto Argus.

ARN (ácido ribonucleico). Ácido nucleico que permite a transferência de informações genéticas quando de sua duplicação. Os ARN são formados pela polimerização dos nucleotídeos de ribose. Existem três tipos de ARN: o mensageiro, o transferidor e o ribossonal.

Ascensão reta. Ângulo que faz o *círculo horário* de um astro com o círculo horário do ponto gama.

Associação estelar. Grupo de estrelas de características físicas análogas, de fraca densidade de distribuição no espaço e de origem comum.

Asteroide. Pequeno corpo celeste que gravita em torno do Sol. A maioria dos asteroides tem órbita entre as de Marte e Júpiter. Alguns asteroides são grupados em famílias, segundo as suas órbitas. Mais de 3.000 asteroides já foram catalogados, devendo existir de 30 a 40 mil de magnitude inferior a 19. Tal número deve crescer exponencialmente com a magnitude, de modo que seja possível estabelecer uma continuidade entre esses objetos e os meteoroides. O maior – Ceres – tem aproximadamente 800 quilômetros de diâmetro, e os menores cerca de um quilômetro. Alguns são esféricos, outros têm forma completamente irregular. *Eros*, por exemplo, tem a forma de um charuto. Por serem tão pequenos, têm um poder de atração fraquíssimo, não conseguindo reter atmosfera.

Astrologia. É o estudo do movimento do Sol, da Lua, dos planetas e das estrelas com a finalidade de estabelecer supostas ligações de influência dos astros sobre a vida humana.
A astrologia é uma falsa ciência.

Astronáutica. Em 1927, Rosny Ainê propôs o nome de astronáutica para o conjunto das ciências e das técnicas relacionadas com a exploração do espaço cósmico e as viagens entre os corpos celestes. Von Pirguet, em 1928, sugeriu o vocábulo *cosmonáutica*, também de uso corrente, em especial na União Soviética.

Astronomia. Ciência que estuda os corpos celestes. A astronomia é a mais velha das ciências exatas. As primeiras observações astronômicas datam das eras pré-históricas. Estudos sistemáticos foram feitos pelos povos do Egito, Babilônia, Índia, China e pelos Maias. Os mais importantes ramos da astronomia são: *astrometria* ou *astronomia de posição* que visa à determinação da posição e do movimento dos astros; *mecânica celeste* – estudo do movimento dos corpos celestes e determinação de suas órbitas; *astronomia estelar* – estudo da composição e tamanho do sistema estelar; cosmogonia* – que estuda a origem do Universo; *cosmologia** – que estuda a estrutura e evolução do Universo como um todo; *astrofísica* – estudo das propriedades físicas dos corpos celestes; *rodioastronornia* – que investiga o Universo através das ondas de rádio.

Astros. São todos os corpos existentes no espaço cósmico.

Aten. Tipo de asteroide cujas órbitas possuem um semieixo maior inferior a 1,0UA. Seu nome é devido a Aten, protótipo dessa espécie de asteroide. Até maio de 1996, foram detectados 22 atens.

Azimute. Ângulo que faz o plano vertical passando por um astro com uma vertical de origem.

Bases pirimídicas. Moléculas orgânicas complexas de estrutura bicíclica, dentre elas a timina, a uracila e a citosina, três dos mais importantes componentes dos nucleotídeos.

Bases púricas. Moléculas orgânicas complexas de estrutura cíclica, dentre elas, a adenina e a guanina, que constituem um dos mais importantes componentes dos nucleotídeos.

Big-bang. Teoria cosmológica segundo a qual o Universo, em seu estado inicial, se apresentava sob a forma bastante condensada e sofreu violenta explosão. É a teoria atualmente mais aceita para explicar a formação do Universo. A expressão inglesa *big-bang,* a grande explosão, foi cunhada pela primeira vez pelo astrônomo inglês Fred Hoyle (1915), numa série de palestras radiofônicas sobre astronomia da BBC de Londres, mais tarde publicada sob a forma de livro in *The nature of the Universe* (1950).

Binária. São duas estrelas muito próximas que giram uma em torno da outra, como a Lua ao redor da Terra, formando um sistema físico. Distinguem-se quatro tipos de binárias, segundo o processo de observação: *binárias visuais* – são aquelas vistas separadamente numa luneta ou telescópio; *binárias espectroscópicas* – são aquelas que são separadas pelo estudo do seu espectro; *binárias eclipsantes* ou *fotométricas* – são duas estrelas muito próximas cuja variação de brilho permite deduzir o seu caráter binário; *binárias astrométricas* – são aqueles sistemas cuja duplicidade é posta em evidência pelo estudo das irregularidades do seu movimento.

Binária cerrado. Estrela binária cujas componentes são muito próximas.

Bioastronomia. (de bio, vida + astronomia). Ciência que objetiva o estudo das atividades biológicas em outros sistemas planetários e das moléculas no espaço interestelar.

Biocibernética (de bio, vida + cibernética). O mesmo que biônica (q.v.)

Bioinformática. Estudo do tratamento de informação nos seres vivos. Esse estudo inclui desde a comunicação das informações transmitidas pelos nossos sentidos até as mensagens transmitidas pelos códigos genéticos.

Biônica. (de bio, vida + (eletrônica) l. Relativo a associações da biologia com a eletrônica. 2. Disciplina que procura utilizar na eletrônica dispositivos copiados do mundo biológico, em relação ao funcionamento do cérebro. Essa palavra foi cunhada pelo engenheiro norte-americano Hans L. Oestreicher, da Wright Patterson Air Force Base, Ohio, em 1960, a partir da associação da expressão inglesa *biological eletronics.* Usa-se também biocibernética.

Biosfera. (de bio, vida + esfera). 1. Parte do globo terrestre constituída pelos seres vivos. Tal designação foi introduzida em 1875 pelo geólogo e sismólogo austríaco Edward Suess (1831-1914). A biosfera ocupa a troposfera inferior, praticamente toda a hidrosfera, uma delgada camada da litosfera. 2. Parte da atmosfera ao redor de um planeta no qual a vida pode existir. 3. Parte do espaço ao redor de qualquer estrela na qual a vida é possível.

Buraco d'água. Ver Water Hole.

Buraco negro. O estágio final hipotético da evolução de uma estrela cuja massa original fosse superior a oito massas solares.

Câmara todo-céu. Instrumento do tipo catadióptrico que, possuindo um campo de 180°, é empregado no registro fotográfico das auroras polares, da nebulosidade atmosférica diurna e noturna e também no estudo dos meteoros brilhantes.

Canal. Formação de existência duvidosa, de aspecto retilíneo, observada no planeta Marte pela primeira vez pelo astrônomo italiano V. Schiaparelli, em 1877. Apesar de ter sido reconhecida desde 1888 como resultado das condições de resoluções insuficientes dos telescópios, o astrônomo norte americano Percival Lowell, no início do século XX, desenvolveu uma teoria segundo a qual seriam canais artificiais de irrigação de uma civilização de tecnologia altamente desenvolvida. Os resultados obtidos com as naves Mariner, que fotografaram o planeta, confirmaram a natureza não artificial desse aspecto do planeta.

Cefeida. Tipo de estrela que se expande e contrai periodicamente. O seu brilho varia, como se fosse uma *estrela pulsante*.

Centauro. Tipo de asteroide que descreve órbita com distância periélica situada além da órbita de Júpiter e semieixo maior, situado no interior da órbita de Netuno. Seu nome é devido a Centauro, protótipo dessa espécie de asteroide. Até maio de 1996, foram detectados cinco centauros.

CETI. Programa soviético de procura de vida inteligente no Universo. Em sua primeira fase, que começou em 1975, objetivava a vigilância do Universo mais próximo. A segunda consiste num sistema de antenas direcionais para a vigilância particular de regiões onde se suspeita da presença de civilizações extraterrestres.

Cibernética. (do gr. *kybernetike*, i. e., *techare kybernetike*, a arte de pilotar). Ciência que estuda as comunicações e o sistema de controle não só nos organismos vivos, mas também nas máquinas. Nesse sentido, o vocábulo foi usado pela primeira vez em 1938, pelo engenheiro americano Norbert Wiener e registrado em seu livro *Cybernetics* (1948). Antes, foi usado em 1836, por A.M. Ampère, para conceituar a ciência de governo, em sua obra *Essai sur la Philosophie des Sciences* (1843).

Ciborgue. (do inglês *cyborg,* abreviação de *cybernetic organism*). 1. Autômato semelhante à figura humana, com uma parte biológica e outra, máquina; ser vivo com partes mecânicas ou eletrônicas. 2. Órgãos artificiais usados em um ser humano. Um indivíduo com marcapasso é um ciborgue; homem biônico.

Cíclope. Projeto desenvolvido por 24 cientistas da American Society for Engineering Education, sob a liderança dos físicos norte-americanos Bernard M. Oliver e Jonh Billingham, nos EUA, em 1971, no sentido de otimizar as técnicas de detecção dos sinais de uma civilização extraterrestre tecnológica. Sugeriu-se que a frequência ótima para uma comunicação interestelar* seria a região de microondas do espectro, onde o ruído de fundo das fontes astronômicas parece ser mínimo. Partindo dessa ideia, aceitou-se que as civilizações avançadas deveriam procurar advertir de sua existência transmitindo em tal frequência. O projeto prevê a construção de uma rede de discos antenas-rádios, cobrindo uma superfície de 5 km de diâmetro, com a qual se poderia detectar um feixe de até 1.000 megawatts a uma distância de cerca de 1.000 anos-luz. Supõe-se que nessa área existam um milhão de estrelas semelhantes ao Sol. O projeto não foi executado em virtude do seu custo muito elevado, correspondente ao orçamento de todo o programa Apollo, ou seja, cerca de 40 bilhões de dólares.

Círculo horário (de um astro). Círculo máximo da esfera celeste* que passa pelo astro e pelos polos.

Classe espectral. Classificação das estrelas de acordo com as características de seus espectros. As principais classes espectrais são W – O – B – A – F – G – K – M –, cada uma com subdivisões decimais, isto é, B_1, B_2, B_3, a ... B_{10}. Pertencem à classe W estrelas do tipo das novas. A temperatura decresce da classe O para a classe M. Nas classes à esquerda, as estrelas são brancas e azuladas; nas do centro, amarelas e alaranjadas; nas da direita, são vermelhas.
O Sol é uma estrela do tipo G.

Cometas. São astros pertencentes ao nosso sistema solar. Compõem-se de um núcleo formado por pequenas partículas sólidas envoltas por uma camada de gases que dão origem à cabeleira e à cauda. Esta última, apesar de sua densidade extraordinariamente fraca, pode atingir centenas de milhares de quilômetros.
Os cometas movem-se em torno do Sol, descrevendo uma órbita elíptica muito alongada que é completada num período de tempo que normalmente varia entre 3 e 100 anos. Os mais conhecidos são os cometas de Encke, com período de três anos e meio, e o Halley, que gasta 76 anos para completar sua volta ao Sol.

Comunicação interestelar. Intercâmbio de mensagem entre civilizações interestelares tecnologicamente desenvolvidas. Tendo em vista que uma comunicação direta por intermédio de naves não é no momento factível para a nossa civilização no Projeto Daedalus*, a comunicação interestelar deverá ser efetuada por intermédio de microondas, como foi proposto nos projetos Cíclope e Ozma. Tais trocas de informação poderão ser efetuadas utilizando-se princípios matemáticos fundamentais.

Condrito carbonáceo. Meteoritos ricos em carbono. Sua densidade média é duas vezes a da água. Acredita-se que nunca foram muito aquecidos. Muitos asteroides parecem ter a superfície análoga à dos condritos carbonados, que são provavelmente os meteoritos mais comuns do espaço interplanetário. Poucos atingem a superfície terrestre, em virtude da sua fragilidade. Devem ser originários dos asteroides ou do núcleo dos cometas; condrito carbonado.

Condrito carbonado. Ver condrito carbonáceo.

Condritos. Meteoritos heterogêneos que contêm cerca de 85% de inclusões denominadas côndrulos. Sua densidade é 3,6 vezes a da água. Mais de 90% dos meteoritos que atingem a superfície do nosso planeta são desse tipo e ricos em carbono. Muitos asteroides parecem ter superfície análoga à dos condritos carbonados e são, provavelmente, os meteoritos mais comuns do espaço interplarietário. Poucos atingem a superfície terrestre, dada sua fragilidade. Devem ser originários dos asteroides ou do núcleo dos cometas.

Conjunção. Configuração apresentada por dois astros ou naves espaciais no instante em que as suas longitudes geocêntricas, ou as suas ascensões retas, atingem um mesmo valor.

Conjunção tríplice. Três conjunções sucessivas de dois planetas. Uma conjunção tríplice não é uma conjunção entre três planetas. Convém notar que as conjunções duplas são impossíveis. Alguns autores supõem que a Estrela de Belém foi uma conjunção tríplice entre Júpiter e Saturno no ano 7 a.C.

Constelações. São grupos de estrelas. De acordo com sua posição na esfera celeste* classificam-se em: boreais – situadas no Hemisfério Norte; austrais – situadas no Hemisfério Sul; e zodiacais – situadas no Zodíaco. As principais constelações são o Cruzeiro do Sul e a Ursa Maior, pelas quais se determinam respectivamente o polo Sul e o polo Norte.

Coordenadas astronômicas. Sistema de duas distâncias angulares determinando a posição de um astro sobre a esfera celeste. Os sistemas de coordenadas se distinguem em função do plano de referência escolhido que pode ser: o horizonte (coordenadas *horizontais*), o Equador (coordenadas *equatoriais*) ou o plano da Galáxia (coordenadas *galácticas*).

Cosmogonia. Conjunto de teorias que propõe uma explicação sobre a formação do sistema solar.

Cosmologia. Ciência que trata da estrutura e evolução do Universo como um todo. Expõe a maneira como se formou o Universo, o que ocorreu no passado e o que poderá ocorrer no futuro.

Cosmos. Vocábulo bastante indefinido usado para designar o Universo, sem nenhuma limitação, desde as menores partículas atômicas até as mais afastadas galáxias.

Daedalus. Estudo desenvolvido pela British Interplanetary Society para investigar a factibilidade de projetar os planos de uma nave interestelar capaz de atingir as estrelas mais próximas dentro de alguns decênios, usando unicamente a atual tecnologia.
A conclusão inicial foi usar um foguete propelido por uma série de explosões termonucleares controladas, com o objetivo de atingir uma velocidade de exaustão da ordem de 10.000 km/s, ou seja, um foguete milhares de vezes superior aos melhores foguetes. Com uma relação de massa de 150, seria possível alcançar a velocidade de 50.000 km/s. A nave, de 500 toneladas, deveria ser construída por módulos em órbita ao redor da Terra. O objetivo de uma tal missão seria a estrela de Barnard, onde, acredita-se, deve existir um sistema planetário. De acordo com os cálculos efetuados, a estrela de Barnard, situada a 6 anos-luz, seria atingida em quarenta anos. Além das dificuldades econômicas, trata-se de um projeto com muitos desafios tecnológicos.

Declinação. Altura de um astro acima do equador celeste, contado positivamente no hemisfério Norte e negativamente no hemisfério Sul.

Desoxirribonucleotídeo. (de desoxirribose + nucleotídeo). Composto formado pela combinação de desoxirribose, com radical de ácido fosfórico (fosfato) e uma base nitrogenada, que pode ser púrica ou pirinúdica. Pela polimeria de uma grande quantidade de suas moléculas se forma as longas cadeias de DNA.

Desoxirribose. (do lat. *des*, retirada + *oxi* (gênio) + do gr. *ribos*, laços). Componente químico do DNA.

Diagrama de Hertzprung-Russell. Representação das estrelas segundo seus tipos espectrais e sua magnitude absoluta. Este diagrama foi obtido em 1915 por Russell, permitindo distinguir as estrelas *anãs* e *gigantes**, como já havia sido notado por Hertzprung em 1905. As estrelas se agrupam neste diagrama em zonas características de certas propriedades, ligadas à estrutura interna das estrelas e, principalmente, por sua idade. Este diagrama permitiu o desenvolvimento das modernas teorias sobre evolução estelar.

Disco de acreção. Disco de matéria que orbita ao redor de um buraco negro.

DNA. (do ingl. *dexyribo nucleic acid*). O mesmo que AND.

Earth-grazer. Diz-se dos asteroides ou cometas que passam muito próximos à Terra; rasante à Terra.

Eclipse. Fenômeno em que um astro deixa de ser visível, total ou parcialmente, seja pela interposição de outro astro entre ele e o observador, seja porque, não tendo luz própria, deixa de ser iluminado ao colocar-se no cone de sombra de outro astro.

Eclipse lunar. É o fenômeno que ocorre quando a Terra se coloca entre o Sol e a Lua, impedindo que os raios solares a iluminem. Neste eclipse, a Lua penetra no cone de sombra da Terra, deixando de ser visível para todos os observadores terrestres que a têm acima do horizonte naquele intervalo de tempo. Pode ser total, quando nosso satélite fica completamente na sombra, ou parcial, quando uma parte dele é iluminada.

Eclipse solar. É o que ocorre quando a Lua passa entre o Sol e a Terra, encobrindo os raios solares. Neste eclipse, o Sol deixa de ser total ou parcialmente visível para os observadores terrestres situados em uma região da superfície terrestre interceptada pelo cone de sombra da Lua. Pode ser parcial, se apenas uma parte do Sol é encoberta, total quando a Lua o esconde inteiramente, e anular quando a Lua oculta somente o centro do disco solar, deixando visível um anel luminoso à sua volta. Eclíptica (plano da). Plano da órbita terrestre. Podemos defini-la também como o grande círculo de interseção deste plano com a esfera celeste. O plano da eclíptica é inclinado de 23"27' em relação ao do equador celeste.

Eclíptica. Trajetória aparente do Sol entre as estrelas.

Ecosfera. (de eco + esfera). 1. Extensão esférica habitada por organismos vivos ou adequada para a vida de tais organismos na atmosfera de um planeta. 2. Camada espacial em torno do Sol, que se estende até a órbita de Marte.

Efeito Döppler. Variação do comprimento de onda observado quando o corpo que emite a luz se desloca. As raias espectrais se deslocam para o azul quando o corpo emissor se aproxima (desvio para o azul), e se deslocam para o vermelho quando o corpo emissor se afasta (desvio para o vermelho). A medida desse desvio permite-nos calcular a velocidade com que o corpo se aproxima ou se afasta de nós.

Eixo do mundo. Linha imaginária em torno da qual se faz o movimento aparente das estrelas num dia. É o prolongamento indefinido nos dois sentidos do eixo de rotação da Terra.

Entotérmica. A reação química que absorve o calor.

Enzima. Proteína capaz de aumentar seletivamente a velocidade de uma reação bioquímica.

Equador. Círculo máximo da esfera celeste perpendicular ao *eixo do mundo.* A interseção do Equador e da eclíptica corresponde aos *equinócios.*

Equatorial. Instrumento que se desloca paralelamente ao plano do Equador.

Equinócio. Ponto da esfera celeste, interseção da eclíptica com o Equador. O equinócio da primavera, ou simplesmente, equinócio ou ponto vernal, corresponde à passagem do Sol do hemisfério austral ao hemisfério boreal.
O equinócio do outono é o caso inverso. Tais termos se aplicam também aos momentos em que estes fenômenos ocorrem. Podemos dizer, também, que o equinócio é a data do ano na qual o dia é igual à noite (20 ou 21 de março para o equinócio da primavera e 22 ou 23 de setembro para o equinócio do outono, no hemisfério Norte).

Esfera celeste. Esfera de raio unitário sobre a qual se consideram os pontos representativos das diferentes direções. Ela é topocêntrica, geocêntrica, heliocêntrica, se considerarmos, respectivamente, para seu centro o lugar de observação, o centro da Terra ou o Sol.

Estrela. Globo de gases incandescentes. O Sol é uma estrela. Existe uma grande variação física entre as estrelas. Algumas irradiam energia cerca de mil vezes (em certos casos bilhões de vezes) mais intensa que a do Sol. Existem *estrelas frias,* que irradiam na cor vermelha, com temperatura entre 1.600° e 2.000° C, e as *estrelas quentes,* com temperatura superficial superior a 100.000° C. A variação entre os diâmetros das estrelas é enorme. Existem as *anãs brancas,* com dimensões inferiores à da Terra (com uma densidade média 100.000 vezes maior que a água) e as supergigantes cujo diâmetro pode ser 3.000 vezes maior que o diâmetro do Sol e com uma densidade de 10-9 vezes a densidade do Sol. A energia irradiada pela estrela é, na maioria dos casos, oriunda da fissão nuclear desencadeada no interior da estrela devido às altas temperaturas.

Estrela cadente. Ver meteoro.

Estrela pulsante. Estrela que se dilata e contrai periodicamente.

Exobiologia. (do gr. exo = fora + biologia). Ciência que visa a estudar os sistemas biológicos que podem existir fora da Terra. No momento atual, ainda não foram encontrados seres vivos em outras regiões do Universo, mas existe uma grande probabilidade de sua ocorrência.
O problema da exobiologia pode ser solucionado pelos seguintes processos: a) estudo das amostras provenientes de outros planetas (as amostras lunares nada evidenciaram sobre traços de vida, e os resultados da Viking em Marte permanecerem dúbios); b) meteoritos (alguns parecem conter matéria orgânica); c) registros de sinais transmitidos por outras

civilizações, se elas existirem; d) experimentos tentando simular os processos pelos quais ocorreu a formação de vida na Terra, testando-os nas condições dos planetas reproduzidas em laboratórios.

Exosfera. (do gr. exo = fora + esfera). Orla ou camada externa da atmosfera, onde as colisões entre partículas moleculares são tão raras que somente a força da gravidade pode retê-las; as moléculas em geral escapam para o espaço interplanetário.

Exotérmica. Reação química que libera calor.

Flare. Aumento rápido e de curta duração do brilho de uma estrela.

Flare solar. Área brilhante de curta duração na cronosfera solar, geralmente associada a outras atividades solares. O primeiro flore solar foi observado em 1° de setembro de 1859 pelo astrônomo inglês Richard Christopher Carrington (1826-1875). Aconselha-se o uso do vocábulo erupção, pois a locução flare solar emprega termos de origem inglesa.

Fonte de rádio. Fonte estelar emissora de onda de rádio. Inúmeras ondas de rádio já foram identificadas opticamente.

Galáxia. Nosso sistema estelar, a Via-Láctea.

Galáxia. Qualquer outro sistema estelar isolado no espaço cósmico contendo mais de 100 bilhões de estrelas, nebulosas, aglomerados, poeiras de gás. O sistema solar pertence a uma galáxia: a Via-Láctea. Existem milhares de galáxias. A mais famosa é a de Andrômeda, que pode ser vista a olho nu, embora a dois milhões de anos-luz de nós. As galáxias são das mais diversas formas e tamanhos. Existem, entretanto, três tipos principais: *elípticas, espirais e barradas*. Algumas galáxias não têm forma especial sendo chamadas de *irregulares*.

GEODSS. Sigla da expressão inglesa *Ground-based Electro-Optical Deep Space Surveillance* (Vigilância Eletro-óptica, do Espaço Profundo baseado em Terra) da Força Aérea dos EUA, instalada em Haleakala, Maui, Havaí.

Gigantes. São estrelas pouco densas, com diâmetro 15 a 40 vezes maior que o do Sol e 100 vezes mais luminosas do que ele. As *supergigantes* são até 300 vezes maiores.

Gravitação. É a força de atração mútua exercida entre dois ou mais corpos celestes na razão direta de suas massas e na razão inversa do quadrado das distâncias que os separam. A força de gravidade da Terra que atrai os objetos para o solo é a mesma que mantém a Lua em sua órbita.

Guarda do espaço. Ver Spaceguard.

Helíaco. Diz-se do nascer ou pôr de um astro quando este fenômeno se dá ao mesmo tempo que o nascer ou o pôr do sol.

Heliosfera. Esfera que delimita o campo de influência da atividade solar.

Hipótese da nebulosa. Teoria segundo a qual o sistema solar surgiu com o desenvolvimento de uma nebulosa primordial de gás e poeira que se contraiu em um disco rotativo.

Informática. (de informação + automática). Ciência que se ocupa do tratamento racional, em particular por máquinas automáticas, da informação considerada como suporte dos conhecimentos humanos assim como das comunicações no domínio técnico, econômico e social. Esse vocábulo foi cunhado pelo engenheiro francês Philippe Dreyfus em 1962 ao associar as palavras, "informação" e "automático", com o objetivo de caracterizar o tratamento da informação.

Inteligência artificial. Conjunto de programas muito avançados que conferem ao computador ou robô determinada capacidade de raciocínio; ramo de computação cujo objetivo é elaborar programas que revelam comportamentos ou procedimentos adaptativos em situações novas, bem como possuem a capacidade de discernir ou estabelecer relações entre fatos. Tais procedimentos produzem uma máquina controlada pela inteligência artificial que poderia ser considerada inteligente se realizada por humanos. A máquina é treinada para acompanhar ou realizar um conjunto de tarefas por seus construtores, em uma direção que não é tão rígida como na maior parte dos computadores atuais. Estes seguem o procedimento das máquinas Neumann, que executam uma instrução após a outra.

Júpiter. É o maior dos planetas do sistema solar, com um diâmetro de 143.000 km. Leva 11 anos para completar uma volta em torno do Sol, a uma distância média de 780.000.000 km. Possui uma atmosfera densa, composta quase unicamente de metano e amônia. A atmosfera que oculta a sua superfície sólida apresenta-se sob a forma de faixas escuras e claras. Um dos mais curiosos aspectos de Júpiter é a *grande mancha vermelha* que ocasionalmente muda de posição e intensidade, chegando a desaparecer para reaparecer mais avermelhada do que fora observada antes. Júpiter passou a ter especial interesse depois que se descobriu que possui um poroso campo magnético e que emite ondas de rádio naturais. A origem destas emissões ainda é completamente desconhecida. Júpiter possui 17 satélites: Amalteia, Io, Europa, Ganimedes, Calisto, Leda, Himalia, Lisiteia, Elara, Ananque, Carme, Pasífae, Sinopo e outros quatro ainda sem nome próprio. Possui também um anel.

Lua. É o único satélite da Terra. Sua revolução em torno de nosso planeta dura cerca de 27 dias e 8 horas, o mesmo tempo que gasta para girar em tomo de seu próprio eixo. Por essa razão, a face lunar voltada para nós é sempre a mesma. Em 1958, a nave espacial russa Lunik 3 fotografou pela primeira vez a face oculta. A Lua não tem luz própria, mas reflete a do Sol, de formas diferentes, de acordo com a posição em que se encontra. Tais variações são denominadas fases que podem ser: *Lua cheia,* quando o reflexo da luz solar é feito por toda a superfície visível da Lua; *Lua nova,* quando o Sol ilumina a face oculta da Lua, que não pode assim refletir sua luz sobre a Terra; quarto *crescente, e* quarto *minguante*, quando apenas uma metade da superfície visível é iluminada. A Lua não possui atmosfera. Sua superfície é seca e muito acidentada, apresentando montanhas e crateras. As regiões planas são chamadas impropriamente de mares, pois não existe água no satélite. Em 21 de julho de 1969, Neil Armstrong e Edwin Aldrin desceram na superfície lunar a bordo da nave Apollo 11, realizando o maior feito científico da Humanidade.

Lunação. Intervalo de tempo que separa duas Luas novas.

Macromolécula. (do gr. *macro*, grande + molécula). Molécula gigante, constituída pela sucessão de pequenas moléculas de estrutura bem determinadas, associadas de maneira covalente.

Magnetopausa. Limite externo da magnetosfera que separa a zona de ação do campo magnético terrestre da do vento solar. A magnetopausa está situada a uma dezena de raios terrestres na direção do Sol, em relação à Terra, e a uma distância mal conhecida, superior a 500 raios terrestres, em direção oposta à do Sol, o que constitui a cauda da magnetosfera.

Magnitude. A magnitude caracteriza o fluxo de radiação que se recebe de um astro. A classificação das estrelas por magnitude substitui aquela de grandeza dos antigos astrônomos. A escala de magnitudes visuais foi escolhida de maneira a concordar com a escala de grandezas.

Mancha solar. Zona escura na superfície solar onde se manifestam fenômenos magnéticos, que afetam as transmissões de rádio na Terra.

Marte. É de todos os planetas aquele sobre o qual mais conhecemos e também aquele que mais se assemelha à Terra. Possui quatro estações, um dia pouco mais longo que o nosso e uma calota polar. A atmosfera marciana é pouco densa (8% da terrestre) e composta, principalmente, de nitrogênio, dióxido de carbono e gases de argônio, já tendo sido registrada pequena quantidade de oxigênio e vapor d'água. Durante muito tempo, acreditou-se que fosse o planeta com maior probabilidade de vida inteligente. Com os resultados obtidos pelas sondas automáticas Mariner 6, 7 e 9, verificou-se, através das fotografias enviadas, que a superfície marciana tem um aspecto semelhante ao da Lua, com inúmeras crateras, sendo as calotas constituídas por gás carbônico congelado. Não existem indícios de vida. Marte tem dois satélites: Fobos e Deimos.

Megalitos. Monumentos de pedra que parecem constituir os mais antigos vestígios de uma civilização pré-histórica na Europa. A técnica da datação pelo carbono-14 permitiu estabelecer que os mais antigos foram erguidos há 6.000 anos, aproximadamente, ou seja, no Neolítico, enquanto os mais recentes devem datar de 3.000 anos, correspondendo à Idade do Bronze. Alguns parecem ter sido orientados segundo critérios astronômicos, e exerceriam funções de um observatório, a fim de examinar o Sol e a Lua em determinadas épocas do ano. Seu nome, de origem grega, significa *pedra (s) grande (s)* (*mega + lithos*).

Mercúrio. É o mais próximo ao Sol de todos os planetas do sistema solar. Recentemente os radiotelescópios demonstraram que Mercúrio tem uma rotação lenta em tomo de si mesmo, com um período de 58 dias, dois terços do período de translação. Mercúrio tem provavelmente uma superfície análoga ao solo lunar, cheia de crateras. Não possui atmosfera.

Meridiano. Círculo máximo que passa pelos polos; o meridiano origem é o de Greenwich. A passagem de um astro no meridiano é observada com um círculo meridiano.

META. Projeto-pesquisa da vida extraterrestre, lançado em setembro de 1985, que deverá explorar o Universo com uma antena de 25 m, empregando 8.400.000 canais unicamente nas faixas de frequência mágica (aquelas que correspondem às emissões espectrais mais distribuídas no Universo). O seu receptor foi concebido por Paul Morowitz e realizado com um financiamento particular de Steven Spielberg, autor do filme *ET*. Meta é a abreviatura da expressão inglesa *Mega-channel Extra Terrestrial Array*. Ver CETI, MOP, SETI e SETA.

Meteoro. 1. Em meteorologia, todo fenômeno óptico ou acústico que ocorre na atmosfera. Segundo a natureza da sua formação, quatro são os grupos de meteoros que a Organização Meteorológica Mundial reconhece: os hidrometeoros, os eletrometeoros, os fotometeoros e os litometeoros. 2. Traços luminosos deixados pela passagem rápida na alta atmosfera terrestre de fragmentos de dimensões variáveis chamados meteoroites (em geral da ordem de alguns milímetros) que circulam no espaço e encontram a Terra na sua passagem. Ao penetrar na nossa atmosfera com grande rapidez, os meteoritos se aquecem, tornando-se incandescentes. Alguns meteoros de maiores dimensões dão origem aos bólidos ou *bolos de fogo,* que não se consomem completamente ao entrarem na atmosfera.

Meteoroites. Ver meteoros.

Minicometa. (do gr. mini, pequeno + cometa). Bola de gelo e poeira cósmica, de 10 m de diâmetro em média, e uma massa de dezenas de toneladas. Sua existência foi prevista pela primeira vez em 1981, pelo físico Louis Frank, depois que a câmara ultravioleta do satélite Dynamic Explorer, lançado em 3 de agosto de 1981, detectou pequenos buracos temporários na atmosfera terrestre. As primeiras imagens destes minicometas só foram obtidas, com a espaçonave *Polar*, lançada pela NASA, em 24 de fevereiro de 1996. A sonda Polar mostrou que, de cinco a trinta minicometas penetram na atmosfera terrestre a cada minuto. Eles desintegram-se entre mil e 24 mil quilômetros acima da superfície terrestre.

Momento. Produto da massa vezes a velocidade.

Monômeros. (do gr. mono, um + meros, parte). Moléculas simples representando a unidade que constitui um polímero ou uma macromolécula.

MOP. Programa americano de procura de vida inteligente no Universo, iniciado em 12 de outubro de 1992, quando se comemoravam os 500 anos da descoberta da América por Cristóvão Colombo.

Movimento diurno. Movimento aparente das *estrelas fixas* em torno da Terra, em virtude da rotação da Terra em tomo do seu eixo. O movimento diurno se faz de leste para oeste (sentido retrógrado) e dura 23 horas e 56 minutos.

Movimento próprio. Deslocamento anual aparente das estrelas consideradas individualmente, na esfera celeste. Tal deslocamento é a projeção na esfera celeste do movimento das estrelas em relação ao sistema solar. O movimento próprio é determinado medindo-se a posição de uma estrela em dois instantes o mais afastados possíveis. O movimento próprio é muito pequeno. Somente duzentos estrelas têm um movimento próprio maior que um segundo de arco por ano. Para a grande maioria das estrelas, o movimento próprio é desprezível.

MSA. Sigla da expressão inglesa *Multichannel Spectrum Analyzer*. Ver Analisador de espectro multicanal.

Murchison. Meteorito condrito carbonado que caiu, em 28 de setembro de 1969, perto de Murchison, pequena cidade a cerca de 136 km ao norte de Melbourne, na Austrália. Sua queda foi presenciada por muita gente, tais como observadores de Camberra, a 370 km do local da queda. Sobre Murchison, este objeto explodiu, provocando uma chuva de fragmentos. O peso total de material recolhido foi de 82 kg e se encontra no Museu Australiano, no Museu Nacional de Washington e no Museu de História Natural de Chicago. O interior de um dos fragmentos foi analisado pelo químico norte-americano Cyril Ponnamperuma, que verificou a presença de hidrocarbonetos. Uma análise cromatográfica gasosa dos aminoácidos encontrados evidenciou sua origem extraterrestre.

Murray. Meteorito condrito carbonado que caiu em 20 de setembro de 1950, no estado de Kentucky, EUA. Foram recolhidos cerca de 13 kg do material. Grande parte do Murray encontra-se no Museu Nacional de Washington. Além de moléculas orgânicas, tanto esse como o Murchison contêm aminoácidos, o que os aproxima do material elaborado pelos seres vivos. Esses aminoácidos possuem, no entanto, uma propriedade que os diferencia daqueles que se encontram nas células vivas terrestres; metade são levógiros e metade dextrógiros, ou seja, polarizam a luz tanto para a esquerda quanto para a direita. Todos os aminoácidos terrestres conhecidos são levógiros. Esta diferença inexplicável permite afirmar sua natureza extraterrestre.

Nadir. Ponto da esfera celeste diametralmente oposto ao zênite.

Nascer helíaco. Primeira aparição anual de um astro sobre o horizonte oriental, quando surgem os primeiros raios do Sol. Isso se dá ao fim da noite, isto é, pouco antes do nascer do Sol, quando o crepúsculo astronômico já teve início, há quase uma hora. Nesse momento, o céu está ligeiramente iluminado a leste, e as estrelas mais fracas ausentes do céu, em virtude da luz da aurora. A aproximação do Sol, sob o horizonte, iluminando o céu, provoca o desaparecimento do astro. A primeira aparição é muito breve, pois o Sol se eleva, no horizonte, após a estrela ou constelação, iluminando o céu fazendo desaparecer a visibilidade da estrela. Entretanto, nos dias subsequentes ao nascer helíaco teórico, a estrela permanece mais longamente visível, sendo então mais fácil observá-lo. Para evitar um atraso no registro da data do nascer helíaco, os sacerdotes egípcios, que determinavam as estações em função desse fenômeno, eram obrigados a vigílias rigorosas. Os antigos astrônomos faziam as suas observações no horizonte, utilizando-se frequentemente do nascer e do pôr helíaco dos astros. Tal particularidade perdeu a sua importância desde que as observações passaram a se fazer no meridiano. O nascer helíaco de Sírius no Egito marcava o início de canícula, isto é, o período das secas. Algumas tribos de índios da América do Sul e do Brasil serviam-se do nascer helíaco das Plêiades para indicar o início do ano. O primeiro calendário assírio, assim como o calendário egípcio, baseava-se no nascer helíaco da constelação de Canis Major, cuja estrela principal, Sírius, tinha importante papel na mitologia desses povos.

NEAS. Asteroides de menos de 10 km com uma diversidade de composição idêntica a de todo tipo comum de asteroides. Eles parecem provenientes de uma mistura de fragmentos, resultante de colisões ocorridas na faixa principal dos asteroides, ou de cometas de curtos períodos que perderam seu envoltório gasoso. O número total de NEAs acima de 100 metros de diâmetro é estimado em 100.000, dos quais cerca de 150 são conhecidos. Os sistemas de observação semiautomática, como o *Spacewatch*, da Universidade do Arizona; Neat - *Near Earth Asteroid* Tracking (Rastreamento de Asteroides próximos à Terra) da NASA e da Força Aérea dos EUA etc., têm aumentado consideravelmente o número de descobertas de asteroides deste tipo, com profundas consequências sobre a utilidade dos NEAS, como recursos espaciais existentes próximos à Terra. Seu nome NEAs, provém da expressão inglesa *Near-Earth Asteroids* (Cf.: NEO).

NEAT. Sigla da expressão inglesa *Near Earth Asteroid* Tracking (Rastreamento dos Asteroides próximos à Terra). Este observatório astronômico autônomo foi projetado para realizar uma completa e automática procura no céu de asteroides e cometas rasantes à Terra. Instalado no GEODSS - *Ground-based Electro Optical Deep Space Surveillance* - da Força Aérea dos EUA, em Haleakala, Maui, Havaí. Trata-se de um esforço de cooperação entre a NASA, o Laboratório de Propulsão a jato e a Força Aérea dos EUA. O Laboratório de Propulsão a jato (JPL) projetou, fabricou e instalou a câmara do NEAT e o seu sistema de computação no telescópio GEODSS de 1 metro de abertura. A Força Aérea dos EUA (USAF), através do seu contratador, PRC Ine, opera o NEAT. A pesquisadora-chefe do NEAT é a doutora Eleonor Helin e seu diretor, o doutor Steven H. Pravdo. O NEAT entrou em operação em dezembro de 1995, observando uma região com centro próximo à Lua nova durante 12 noites em cada mês. Até maio de 1996, mais de 3.307 asteroides foram detectados, tendo sido descobertos 1.545 novos objetos dos quais 234 já têm novas designações. Além da descoberta de um novo cometa (1996EI), foram detectados cinco novos asteroides rasantes: 1996EN, 1996EO, 1996FQ3, 1996FR e 1996KE.

Nebulosa. São nuvens de poeira e gás existentes fora do sistema solar. O termo foi impropriamente usado para designar as galáxias. Realmente, no início da astronomia, tal designação foi usada para nomear todo objeto fixo que aparecia como uma mancha difusa num pequeno instrumento. Assim, nessa época, os aglomerados estelares e as galáxias foram denominados nebulosas. Atualmente não convém usar mais esse termo para designar tais objetos. Existem nebulosas claras ou brilhantes e escuras. A mais célebre das primeiras é a nebulosa de Órion. Entre as escuras destaca-se o chamado *Saco de Carvão,* situado junto ao Cruzeiro do Sul e facilmente visível a olho nu.

Nebulosa primitiva. Nuvem de gás e poeira que teria dado origem ao sistema solar, segundo a hipótese da nebulosa.

Nebulosa protossolar. Nuvem de gás e poeira em rotação lenta, que deu origem ao sistema solar.

Neo. Sigla de origem inglesa, *Near-Earth Object* (objeto próximo à Terra), designa os asteroides e cometas que passam próximo à Terra, como por exemplo, os asteroides 1996JA1, 1996JG, (433) Eros, (1566) Icarus, (2062) Aten, (3200) Phaethon, (3753) 1986TO, (4015) Wilson-Harrington e (4179) Toutatis; os cometas: Hyakutake (c/1996B2), 2P/Encke, 7P/Pons-Winnecke etc.

Netuno. Netuno é o oitavo planeta na ordem de distância do Sol. Foi o último dos planetas gigantes descobertos matematicamente por Leverrier. Com um diâmetro de 45.000 quilômetros, é o quarto planeta em tamanho no sistema solar. A temperatura em Netuno é muito baixa, inferior a -220"C, e sua atmosfera é constituída de gases venenosos. Netuno possui dois satélites: Nereida e Tritão.

Nova. Estrela que se tornou bruscamente muito luminosa. As novas aparecem subitamente. Brilham intensamente por alguns dias, enfraquecendo lenta e gradualmente até atingir o seu brilho primitivo. Em virtude da sua aparição brusca, elas foram denominadas estrelas novas ou simplesmente novas. Tal vocábulo é impróprio, pois elas já existiam anteriormente como provam traços delas encontrados nas chapas fotográficas obtidas antes da explosão.

Nucleicos. (do lat. *nucleu*, caroço, no sentido de núcleo celular + suf. *ico,* próprio de). Relativo ao núcleo das células.

Nucleossíntese. Formação dos núcleos atômicos por reações nucleares que ocorreram no *big-bang* (a grande explosão) ou nos meios interiores estelares. Somente os elementos mais leves (hélio e deutério) foram produzidos em quantidade no início do Universo. Os elementos mais pesados devem ter se produzido nas estrelas.
A nucleossíntese é, portanto, a evolução no tempo e no espaço da composição química das estrelas.

Nucleotídeos. (de núcleo + suf. gr. idion, comum a). Composto de três moléculas associadas de modo covalente: um açúcar, um fosfeto e uma base púrica ou pirimidica.

Ocultação. Passagem de um astro por trás da Lua ou passagem de um satélite atrás do seu planeta. O instante do desaparecimento é denominado imersão; o instante de reaparecimento, de emersão.

Órbita. Trajetória descrita por um astro em torno de outro. Para a Terra e os planetas, se considera a órbita em tomo do Sol. No caso das estrelas duplas, cada componente descreve uma órbita elíptica em relação à outra componente.

Otimista (optimista). Hipótese segundo a qual a produção de moléculas vivas não é resultado do acaso, mas a realização de uma ordem e de uma estrutura provenientes das leis da termodinâmica. A aparição da vida é uma consequência natural, um desenvolvimento normal no Universo, ou seja, uma necessidade e não um acidente, como acreditam os que defendem a *hipótese solipsista* (q.v.).

Ozma. Primeiro grande projeto destinado a detectar os sinais provenientes de outras civilizações tecnologicamente desenvolvidas que podem existir na Galáxia. O projeto foi orientado pelo astrônomo norte-americano Frank Drake, do Observatório Radioastronômico Nacional dos EUA, que empregou uma antena-disco de 27 metros de diâmetro, operando no comprimento de onda de 21 cm (frequência de 1420 MHz) para procurar sinais de duas estrelas muito próximas, Epsilon Eridani e Tau Ceti. O argumento de tal escuta baseava-se no fato de que outras civilizações com tecnologia radioastronômica deveriam ter logicamente escolhido tal comprimento para emitir e receber as mensagens que por acaso desejassem transmitir.

Panspermia. Hipótese proposta em 1906 pelo físico e químico sueco Svante Arrhenius (1859-1927), segundo a qual a vida deve existir no espaço em forma de esporos, sendo transplantada de um corpo celeste a outro por meio da radiação de pressão.

Paradoxo de Fermi. Paradoxo atribuído ao físico italiano Enrico Fermi (1901-1954) com relação à possibilidade de existirem outros seres inteligentes no Universo. Este paradoxo se resume na célebre pergunta: Onde estão eles? A ausência de interação entre a nossa civilização e as extraterrestres pode ser explicada pela hipótese zoo, segundo a qual seríamos uma espécie de reserva.

Paralaxe. Para medir o afastamento das estrelas, os astrônomos utilizam-se do fato da Terra girar em torno do Sol. A Terra se encontra, no verão, a 300.000.000 de quilômetros do ponto em que se encontrava no inverno. Tendo em vista tal fato, os astrônomos passaram a fotografar uma região do céu no inverno e no verão, determinando o deslocamento de uma certa estrela mais próxima em relação às outras mais distantes. Podemos definir a paralaxe de uma estrela como o ângulo sob o qual um observador situado em uma determinada estrela veria o raio da órbita terrestre. Esta medida é expressa em segundo de arco.

Parsec. Unidade astronômica de distância equivalente a uma paralaxe anual de 1". Um parsec é igual a 3,26 anos-luz, ou seja, 206.265 unidades astronômicas, o que equivale aproximadamente, a 3,09 X 1013 km. Seu nome é formado das três primeiras letras dos dois vocábulos da expressão paralaxe segundo. Símbolo: pc. Múltiplos usuais: quiloparsec (kpc) e megaparsec (Mpc).

Peptídeos. (de pept, rad. do gr. *pepto,* digerir + suf. *eidos*, semelhante). Cadeias curtas de alguns aminoácidos por oposição às proteínas que são cadeias muito longas.

Periastro. O ponto de uma elipse, o mais próximo do foco, no caso de uma órbita elíptica descrita por um astro em torno de um corpo celeste. Os vocábulos perigeu e periélio são utilizados respectivamente quando a órbita é descrita em torno da Terra ou do Sol.

Phoenix. Projeto de procura de vida inteligente extraterrestre a ser coordenado pelo Seti Institute, Mountain Wien, na Califórnia, sob a presidência do astrônomo norte americano Frank Drake (q.v.). Seu nome advém de uma analogia com a ave mitológica que renasce das cinzas, assim como ocorreu com esse projeto que, iniciado em 12 de outubro de 1992, como uma das comemorações dos 500 anos da descoberta da América, foi interrompido em outubro de 1993, quando o Congresso dos EUA cortou do orçamento o recurso de 100 milhões de dólares que havia concedido um ano antes, com o objetivo de manter uma busca sistemática de extraterrestres, num período de dez anos. As observações em ondas de rádio, com o objetivo de registrar possíveis sinais, serão realizadas principalmente com o Radiotelescópio de Parkes, na Austrália, que dispõe de uma antena de 64 metros de diâmetro, e no radiobservatório de Arecibo, na Costa Rica, com sua antena de 308 metros de diâmetro. Espera-se que cada um deles venha a varrer os dois hemisférios celestes à procura de uma possível detecção de sinais de vida inteligente. Nessa nova fase, como projeto Póneis, a pesquisa será completamente financiada com recursos provenientes da iniciativa privada. As principais doações provêm de William R. Hewlett e David Packard, ambos da Hewlett-Parckard Corporation; de Paul Allen, um dos fundadores de Microsoft Corporation, do escritor de ficção científica Arthur Charles Clarke e do produtor e diretor de cinema Steven Spielberg.

Planeta. Corpo celeste compacto, sem luz própria, relativamente frio, que gira em torno de uma estrela em órbita quase sempre elíptica. São nove os planetas que giram em torno do Sol: Mercúrio, Vênus, Terra, Marte, Júpiter, Saturno, Urano, Netuno e Plutão.

Planetário. Instrumento de projeção usado para demonstrar a posição e o movimento dos corpos celestes. Instalado no centro de uma sala, o instrumento projeta as imagens das estrelas e dos planetas numa cúpula. Podemos projetar o céu como seria visto em qualquer época e lugar do planeta.
O planetário do Rio de Janeiro foi instalado pela Secretaria de Ciência e Tecnologia, durante a administração de Arnaldo Niskier, e está situado na Gávea. Atualmente, encontra-se subordinado à Secretaria de Educação do Município do Rio de Janeiro.

Planetesimal. Corpo sólido hipotético de pequenas dimensões que teria se formado quando a nebulosa protossolar se colapsou em um disco e se fragmentou. A maior parte dos planetesimais deve subsequentemente ter se agrupado em planetas. A ideia dos planetesimais foi sugerida pelo geologista norte-americano T. C. Chamberlin (1843-1928), que propôs em 1901 a hipótese planetesimal para explicar a origem do sistema solar. Mais tarde, em 1905, o físico norte-americano E.R. Moulton (1872-1952), em colaboração com o anterior, retomou essa hipótese com algumas modificações. Estes dois autores foram os primeiros a propor que os planetas se formaram pela aglomeração de corpos frios.

Plutão. É o mais distante de todos os planetas do sistema solar, descoberto através de cálculos matemáticos por intermédio do estudo das irregularidades do movimento de Urano. Alguns astrônomos acreditam que Plutão seja um satélite que escapou da atração gravitacional de Netuno. Plutão, com um diâmetro de 2.200 quilômetros, completa uma volta em torno de si mesmo em cada seis dias e gasta 248 anos para circundar o Sol. Plutão possui um satélite: Caronte.

Plutino. Asteroide que se desloca em uma órbita plutoide, ou seja, semelhante à de Plutão.

Polimeria. (do gr. *polys*, muito + *meros*, parte + suf. *ia*, qualidade). Combinação de numerosas moléculas de um mesmo composto, que processa como monômero, com objetivo de formar uma molécula maior, considerada *polímero* da primeira substância. Exemplo: o amido é um polímero da glicose, já que compreende mais de 1.400 resíduos de glicose encadeados por ações da polimerização.

Polimerização. (do gr. *polys*, muitas + *meros*, parte + sufixo *izar*, ação). Reação química de polimerizar, ou seja, reação entre moléculas formadas pela combinação de numerosos nucleotídeos que compreendem os ácidos nucléicos, como os DNA e RNA.

Polimerizar. Realizar reação química de polimeria.

Polímeros (do gr. *polys*, muitos + *meros*, parte). Composto constituído a partir de numerosas moléculas de substâncias mais simples, conhecidas como monômeros.

Polinucleoideos. (do gr. *polys,* muitos + núcleo, caroço + suf. gr. *eidos*, semelhante). Composto formado pela polimerização de numerosos nucleotídeos que compreendem os ácidos nucleicos, como os DNA e RNA.

Polipeptídeos. (do gr. *polys*, muito + *pepto*, digerir + suf. *eidos*, semelhante). Compostos de natureza protídica formados pela polinurização de numerosos aminoácidos.

Ponto vernal. Ponto da esfera celeste, situado na interseção da eclíptica com o

Equador, na qual o Sol, em seu movimento aparente anual, passa do hemisfério Sul para o Norte. O ponto vernal serve de origem para as ascensões retas e as longitudes celestes, intervindo desse modo nas definições de tempo. O ponto vernal é habitualmente designado pela letra grega gama (g), daí o nome *ponto gama*.

Prebiótico. (do lar. *prae*, anterior + *bio*, vida + suf. *ico*, próprio de). Relativo aos processos físicos e químicos que podem conduzir ao aparecimento de sistemas vivos a partir de substâncias simples.

Precessão dos equinócios. O movimento do equinócio, consiste em uma retrogração (ou precessão) sobre *a eclíptica,* da ordem de 50.256 por ano, ou seja, de uma volta completa do equinócio em 25.800 anos. Na realidade, este movimento cíclico dos equinócios ao longo da eclíptica, na direção oeste, é causado pela ação perturbadora do Sol e da Lua sobre a dilatação equatorial da Terra e dos planetas sobre o plano da órbita terrestre. Reserva-se o termo precessão à parte secular da precessão enquanto a sua parte periódica de curto período denomina-se nutação. A precessão corresponde a um movimento do eixo terrestre, segundo um cone de semiabertura igual a 23°27', que é o valor aproximado da obliquidade. A velocidade angular do ponto vernal em 1.900,0 constitui uma constante astronômica primária igual a 5.025"62 por século trópico.

Procarionte. (do gr. *pró*, anterior + *karyon*, núcleo + *onthos*, ser). Organismo vivo muito primitivo, unicelular. Seu material nuclear não se mostra circunscrito por uma membrana. Em consequência, sem núcleo individualizado, seu material se encontra difundido por toda a célula. Por este motivo, seu núcleo parece inexistir.

Projeto Argus. Projeto de escuta radioastronômica que visa desenvolver e coordenar cerca de 5.000 pequenos radiotelescópios ao redor do mundo, numa vigilância de sinais em micro-onda de possível origem extraterrestre inteligente. Quando operacional, o projeto Argus permitirá a primeira mais contínua monitorização de todo o céu, em todas as direções, em tempo real. A fase de procura do Projeto Argus começou em 21 de abril de 1996, com cinco radiotelescópios. Seu nome é uma referência ao vigia grego de cem olhos.

Projeto Cíclope. Projeto desenvolvido por 24 cientistas da American Society for Engineering Education, sob a liderança dos físicos norte-americanos Bernard M. Oliver e John Billingham, nos EUA, em 1971, no sentido de otimizar as técnicas de detecção dos sinais de uma civilização extraterrestre tecnológica. Sugeriu-se que a frequência ótica para uma comunicação interestelar seja a região de micro-ondas do espectro, onde o ruído de fundo das fontes astronômicas parece ser mínimo. Partindo dessa ideia, aceitou-se que as civilizações avançadas deveriam procurar

advertir de sua existência transmitindo em tal frequência. O projeto prevê a construção de uma rede de discos-antenas-rádios, cobrindo uma superfície de 5 km de diâmetro, com a qual se poderia detectar um feixe de até 1.000 megawats a uma distância de cerca de 1.000 anos-luz. Supõe-se que nessa área existam um milhão de estrelas semelhantes ao Sol.
O projeto não foi executado em virtude do seu custo muito elevado, correspondente ao orçamento de todo o programa Apollo, ou seja, cerca de 40 bilhões de dólares.

Projeto Daedalus. Estudo desenvolvido pela British Interplanetary Society para investigar a factibilidade de projetar os planos de uma nave interestelar capaz de atingir as estrelas mais próximas dentro de alguns decênios, usando unicamente a atual tecnologia. A conclusão inicial foi usar um foguete propelido por uma série de explosões termonucleares controladas, com o objetivo de atingir uma velocidade de exaustão da ordem de 1.000 km/s, ou seja, milhares de vezes superior aos melhores foguetes. Com uma relação de massa de 150, seria possível alcançar a velocidade de 50.000 km/s. A nave, de 500 toneladas, deveria ser construída por módulos em órbita ao redor da Terra. O objetivo de uma tal missão seria a estrela de Barnard, onde acredita-se, deva existir um sistema planetário. De acordo com os cálculos efetuados, a estrela de Barnard, situada a 6 anos-luz, seria atingida em quarenta anos. Além das dificuldades econômicas, trata-se de um projeto com muitos desafios tecnológicos.

Projeto Ozma. Primeiro grande projeto destinado a detectar os sinais provenientes de outras civilizações tecnologicamente desenvolvidas que podem existir na Galáxia. O projeto foi orientado pelo astrônomo norte-americano Frank Drake, do Observatório Radioastronômico Nacional, que empregou uma antena-disco de 27 m de diâmetro, operando no comprimento de onda de 21 cm (frequência de 1.420 MHz) para procurar sinais de duas estrelas muito próximas, Epsilon Eridani e Tau Ceti. O argumento de tal escuta baseava-se no fato de que outras civilizações com tecnologia radioastronômica deveriam ter logicamente escolhido tal comprimento para emitir e receber as mensagens que por acaso desejassem transmitir. Nenhum sucesso foi obtido.

Proteína de estrutura. Proteína que assegura a coesão dos edifícios biológicos.

Proteínas. (de *Proteus*, semideus da mitologia grego-romana que possuía a capacidade de se apresentar sob múltiplas formas + suf. *ina,* natureza de). Compostos orgânicos de grande peso molecular, de incontável diversidade, constituído por longas cadeias de aminoácidos, que desempenham uma ação muito importante para a vida das células e dos organismos. Macromolécula biológica constituída de polipeptídeos, formada por encadeamento de um grande número de aminoácidos.

Protídica. Relativo aos protídios.

Protídios. (de *Proteus,* semideus da mitologia grego-romana que possuía a capacidade de se apresentar sob múltiplas formas + suf. gr. *ydion,* natureza de). Grupo de compostos químicos que compreende as proteínas (q.v.) e seus derivados: polipeptídeos e oligopeptídeos.

Protocometa. Corpo de gelo de enormes dimensões, situado a grandes distâncias dos planetas exteriores e do Sol e que existia no início da formação do sistema solar, transformando-se eventualmente num corneta. Estes protocometas estão situados no anel de Oort.

Protoestrela. Estrela ainda em via de formação. É geralmente uma esfera de gás em contração, cujo processo vai originar uma estrela.

Protossatélite. Matéria cósmica que pelas características físicas, pode transformar-se em um satélite de um planeta.

Pulsar. Fonte de rádio estelar, emissora de impulsos de duração média de 35 milésimos de segundo e que se repetem em intervalos extremamente regulares da ordem de 1,4 segundos, aproximadamente. Tal emissão deve ser produzida por uma muito pequena e densa estrela de nêutron que, ao girar, emite um feixe de ondas de rádio à semelhança dos clarões emitidos por um farol. Os pulsares foram descobertos acidentalmente, em 1967, pelo astrônomo inglês Anthony Hewish (1924-   ) e a sua discípula Jocelyn Bell Burnell, que investigaram as cintilações das fontes de rádio distantes com o novo radiotelescópio da Universidade de Cambridge. O nome pulsar é oriundo da contração da expressão inglesa *Pulsating radio sources,* que equivale a fonte de rádio pulsante.

Púricas, bases. (de *purus,* puro + suf. *ica,* natureza de). Moléculas orgânicas complexas de estrutura cíclica, dentre elas destacam-se a adenina e a guanina que constituem um dos mais importantes componentes dos nueleotídeos.

Quasar. Radiofone de origem cósmica, que, apesar do seu aspecto estelar, nas observações visuais, emite ondas de rádio mais intensamente que qualquer galáxia. Tal termo designa, atualmente, todo objeto de aparência estelar cujo espectro apresenta um intenso desvio para o vermelho.

O primeiro quasar foi descoberto em 1960 pelos astrônomos norte-americanos Thomas Mathews (1919-   ), do Rádio-Observatório do Instituto de Tecnologia da Califórnia, e Allan R. Sandage (1926-2010), do Observatório de Monte Palomar, quando localizaram opticamente a fonte de rádio 3 C 48. Em 1964, após o trabalho de localização óptica de outras inúmeras fontes de rádio, ficou claro que alguns destes objetos não eram radioestrelas. Então, os astrônomos começaram a denominá-los objetos semelhantes a estrelas. Coube ao astrofísico norte-americano de origem chinesa Hong-Yee Chiu (1932-), do Instituto Goddard de Ciências Espaciais da NASA, cunhar o termo quasar, atualmente de uso universal, oriundo da contração da expressão inglesa *quasistellar*.

Regolito. Camada composta de fragmentos de rochas, produzidos por impacto meteórico na superfície da Lua ou de um planeta.

Ribonucleotídeos. (do gr. ribos, laços + nucleotídeos (q.v.). Associação de fosfato com ribose e bases nitrogenadas que podem ser púricas ou pirimídicas. Por polimerização formam as moléculas de RNA.

Ribossoma. (do gr. *ribos*, laços + *soma*, corpo). Elemento de célula onde se efetuou a síntese das proteínas. Constitui a verdadeira usina da célula.

RNA. (do ingl. *ribonucleic acid*). O mesmo que ARN.

Robô. 1. Máquina metálica, capaz de se mover e agir. Às vezes, se assemelha a um ser humano. Acredita-se que os robôs, quanto mais semelhantes aos homens, mais inteligentes devem ser. À medida que os robôs se parecem com os homens, mais complexa é a sua constituição interna. O cérebro de um robô pode ser um sistema mecânico e/ou eletrônico. No momento atual, a força física de um robô é, em geral, superior à dos seres, vivos, embora os seus processos intelectuais sejam ainda inferiores. Alguns são capazes unicamente de obedecer, assim como outros são capazes de tomar decisões com autonomia, baseados em informações com as quais foram programados. 2. Mecanismo automático com comando eletromagnético, capaz de substituir o homem na execução de determinadas operações. Possui a capacidade de modificar por si mesmo o ciclo de sua tarefa e exercer uma determinada escolha. Este termo foi cunhado em 1917 (da expressão tcheca "robota", que significa trabalho forçado) pelo escritor tchecoslovaco Karel Capek (1890-1938) que o divulgou internacionalmente em sua peça R.U.R. - *Rossel Universal Robots* (1921). 3. Dispositivo artificial projetado para executar medidas e registro fotográfico do ambiente sobrevoado e/ou local de descida transmitindo-os para a Terra; nave, satélite, sonda espacial. 4. Controlador programável que executa e monitoriza operações de máquinas, como, por exemplo, uma máquina controlada por computador para reunir e montar os módulos de uma estação espacial; mecânico telerrobótico de voo reparador; robótico de satélites. 5. Sistema autônomo numa linha de produção. 6. Máquina humanoide que anda e fala; androide.

Robótica. (Do francês *robot.* Veja robô). 1. Ciência que estuda os robôs. 2. Referente aos robôs.

Satélite. Corpo celeste que gira em torno de um planeta em consequência da gravitação. Em nosso sistema solar existem 66 satélites. A Lua é o satélite natural da Terra.

Satélites artificiais. São veículos espaciais, tripulados ou não, postos a girar em torno da Terra, de um planeta ou da Lua, geralmente com o objetivo de investigação científica. O primeiro satélite artificial da Terra foi o Sputnik, lançado pela União Soviética em 4 de outubro de 1957. Atualmente existem satélites artificiais utilizados para a pesquisa meteorológica, para o estudo do solo, para pesquisas biológicas e para as retransmissões de rádio e televisão. Os jogos da Copa do Mundo realizados no México, em 1970, foram transmitidos pela televisão brasileira graças ao satélite Intelsat III.

Saturno. É o mais belo planeta do sistema solar, ligeiramente menor que Júpiter (115.200 km de diâmetro), é mais achatado e de densidade mais fraca. É rodeado por três finos anéis constituídos provavelmente por bilhões de pequenos cristais de gelo e partículas de poeira cósmica. A atmosfera é composta de metano e amoníaco. Vinte e dois satélites giram em torno de Saturno: Mimas, Encélado, Tetis, Dione, Reia, Titã, Hiperion, lapeto, Febe e mais ainda onze sem nomes próprios.

Sequência principal. Estreita faixa do diagrama HR onde se situa a maior parte das estrelas.

SERENDIP. Acrônimo da expressão inglesa *Search for Extraterrestrial Rádio Emissions from Nearby Developed Intelligent Populations* (Procura de radioemissões extraterrestres de populações inteligentes desenvolvidas nas vizinhanças) usado para designar o sistema desenvolvido, em 1977, por Stuart Bowyer e seus colegas da Universidade da Califórnia, Berkeley. Programa de procura de seres inteligentes no Universo em curso na Universidade da Califórnia. Sua designação provém do sugestivo vocábulo *inglês serendip*, que deu origem em português a serendipe ou serendipidade, ou seja, a faculdade de realizar descobertas de grande sucesso por acaso. Essas palavras são as adaptações do inglês *serendip* ou *serendipity*, cunhadas no século XVIII, sob a inspiração do conto de fadas persa, *Os três príncipes de Serendipe* (antigo nome do Ceilão, atual Sri Lanka), na qual três heróis fazem, frequentemente, descobertas por pura sorte e perspicácia, o que permite um final feliz às suas aventuras. Bowyer e seus colegas desenvolveram inicialmente o seu sistema com poucas centenas de dólares, mas com uma grande quantidade de trabalho e conhecimentos. Suficientemente compacto para ser transportado de um

observatório para outro, SERENDIP pode ser acoplado a qualquer radiotelescópio, onde os astrônomos estão pesquisando sem que as suas observações em curso sejam afetadas.
O sistema rejeita todos os sinais, exceto possíveis sinais de inteligência extraterrestre. Funciona automática e continuamente durante as 24 horas. Uma segunda versão — o SERENDIP II — varria 65.536 canais e registrava os sinais anormais sobre um disco, sua frequência, sua potência, o instante de detecção e a direção do telescópio, no momento da observação. No início, 4.000 sinais registrados em um mês foram explicados. A maior parte provinha de atividades inteligentes do nosso planeta ou resultava da falha do receptor. Mas, o sistema tem sido constantemente aperfeiçoado para eliminar esses falsos alarmes. Seus receptores viajam por vários radiotelescópios ao redor do mundo e silenciosamente monitorizam os dados recebidos durante as observações de rotinas de outros astrônomos. Sem muito alerta, em 10 de abril de 1992, o grupo de Berkeley desenvolveu um novo receptor com 4 milhões de canais batizado de SERENDIP III, para a antena de 305 m de Arecibo, em Porto Rico. Em seis meses, esse receptor de terceira geração monitorou nas frequências de 425 e 435 megahertz, vigiando todos os objetos: ao alcance do telescópio fixo de Arecibo (aproximadamente uma quinta parte de todo o céu). C. Stuart Bowyer espera que o equipamento permaneça em Arecibo indefinidamente. Em 1994, o grupo de Berkeley expandiu o sistema para 106 milhões de canais. O *hardware* do SERENDIP III será enviado para a Rússia, onde será usado para iniciar as procuras de ET com os grandes radiotelescópios russos.

SETA. Programa proposto para procurar objetos que indicassem a presença de espaçonaves alienígenas no sistema solar. Estes objetos podem ser robôs, ou resíduos deixados por alienígenas ao partirem ou deixarem um planeta ou lua, ou órbita. Seu nome provém da expressão inglesa *Search for Extraterrestrial Artefacts* (Procura de artefatos extraterrestres). Ver: CETI, META, MOP, PHOENIX e SETA.
SETI. Projeto norte-americano de procura de vida inteligente no Universo que visa detectar as radiações eletromagnéticas, por exemplo, ondas de rádios, produzidas por uma civilização tecnologicamente avançada. O número de formas de vida que, no momento, possui tecnologia suficiente para usar comunicação de rádio é muito incerta. Alguns astrônomos acreditam que existem seiscentos milhões de civilizações na Via-Láctea. O projeto SETI *(Seareh for extraterrestrial intelligence*) implica a construção de receptores radioelétricos gigantes voltados em todas as direções do espaço para procurar emissões eletromagnéticas regulares. Ver CETI, META, MOP, PHOENIX e SETA.

Sistema solar. Conjunto formado pelo Sol e seus planetas, satélites, asteroides, cometas e poeira cósmica.

Sol. O Sol é uma estrela, em torno da qual a Terra e os outros planetas giram. Se o compararmos com as outras estrelas que conhecemos, verificamos que o Sol é relativamente de tamanho pequeno e de brilho fraco, parecendo-nos maior e mais brilhante por encontrar-se muito próximo. Sua luz leva oito minutos e meio para atingir a Terra, enquanto a luz da estrela mais próxima (Próxima Centauri) leva quatro anos. O Sol é uma massa de gases quentes, um milhão de vezes maior e cerca de 300.000 vezes mais *pesado* que a Terra.
A temperatura em seu centro é estimada em 20.000.000ºC, e, na superfície, em 6.000∞C (cerca de duas vezes a do filamento de uma lâmpada de mercúrio). Como o Sol não é um corpo sólido, sua rotação é mais rápida no equador (25 dias) e mais lenta nos pólos (34 dias). O Sol não é fixo no espaço; se desloca arrastando consigo todo o sistema planetário na direção de um ponto situado na constelação de Lira.

Solipsista (do lat. *solus,* só). Hipótese segundo a qual o aparecimento, no Universo, de moléculas vivas, é um acidente. Um evento tão pouco provável que só ocorre muito raramente. De acordo com essa hipótese, a vida surgiu uma única vez em toda a extensão do Universo visível. A ela se opõe a hipótese otimista (q.v.).

Solstício. Época em que o Sol, no seu movimento aparente na esfera celeste, atinge o seu maior afastamento do Equador. Existem duas épocas no ano em que ocorrem os solstícios: uma delas é em 22 ou 23 de dezembro, quando o Sol atinge o seu maior afastamento do Equador, na direção do polo sul, e a outra é em 22 ou 23 de junho, na direção do polo norte. No hemisfério Sul, a primeira data se denomina solstício de verão e a segunda, solstício de inverno; todavia, como as estações são opostas nos dois hemisférios, estas denominações se invertem no hemisfério Norte.

Spaceguard. Fundação criada em 26 de março de 1996, em Roma, com fins eminentemente científicos para promover e coordenar atividades que visam à descoberta, acompanhamento e cálculo das órbitas dos Neos, em nível internacional; estimular os estudos teóricos, observacionais e experimentais de características físico-minerais dos pequenos planetas do sistema solar, com especial atenção aos Neos; promover e coordenar uma rede de trabalho em solo, como o *Spaceguard System* e, se possível, também no espaço, com satélites, do tipo Near, para a descoberta e observações astrométricas e físicas dos asteroides.

Spacewatch. Projeto de pesquisa cujo principal objetivo é desenvolver um sistema para descobrir automaticamente asteroides ou cometas que ocasionalmente possam vir a se chocar com a Terra, provocando uma extensa devastação. O Spacewatch utiliza o telescópio refletor de 0,91 rnetro do Observatório

Steward, em Kitt Peak, no sul do Arizona. Uma rede CCD, com o sistema Tektronic de 2048 x 2448 pixeis, é usada durante 18 noites por lunação, centrada sobre a Lua nova para imagear o céu e identificar os NEAs – *Near Earth Asteroides* (Asteroides próximos à Terra). Um novo telescópio de 1,8 metro está sendo construído para dar continuidade e expansão à vigilância além da atual capacidade. Sob a direção de Tom Gehreis, o Observatório Spacewatch, da Universidade do Arizona, descobre cerca de 3 NEAs por mês e centenas na faixa principal dos asteroides. Se por um lado, o Spacewatch varre uma superfície do céu muito mais limitada do que a das pesquisas fotográficas, conduzidas por E. Helin e E.S. Schoemaker, no Observatório do Monte Palomar, por outro, ele é muito mais sensível aos objetos de brilho mais fraco. Em consequência desta sensibilidade, o Space-watch descobriu 1991BA, um dos menores asteroides conhecidos em órbita heliocêntrica, que passou muito próximo à Terra, cerca de 165.000 km, em 27 de março de 1995. Em fins de 1994, o Spacewatch descobriu o asteroide que já passou mais próximo à Terra, o 1994XM1, que atingiu a distância mínima de 105.000 km da Terra, em 9 de dezembro de 1994.

Supergigante. Estrela 50.000 vezes mais brilhante que o Sol e tendo um diâmetro de vários milhares de quilômetros. Sua densidade, no entanto, é baixa.

Supernova. Ver a definição em Nova. Conhecem-se dois tipos de estrelas explosivas: as *novae* e as supernovas. A luminosidade das novas é multiplicada por um fator de 10.000, durante dois ou três dias. Quanto à sua magnitude absoluta no momento máximo, chega a 7. As supernovas se tornam ainda mais luminosas, o seu brilho é multiplicado por um fator de 100 milhões de vezes superior ao brilho normal, podendo atingir a magnitude absoluta de -15. Em cada ano descobrem-se uma média de cinco novas. As supernovas são bem mais raras: uma a cada trezentos anos. Até o momento se conhecem três supernovas observadas em nossa Via-Láctea: a estrela de Tycho (1572), a estrela de Kepler (1604) e a supernova dos chineses (1054) que deu origem à Nebulosa de Caranguejo. Pela observação espectroscópica das novas constatou-se, pelo efeito de Doppler, que a velocidade radial da matéria envolvente da estrela aproxima-se muito rapidamente de nós, como se a explosão desse origem a uma expansão de atmosfera estelar. As causas destas explosões são ainda desconhecidas. Pode-se aportuguesar a forma latina, quando então o plural é o comum. A nomenclatura astronômica exige, entretanto, o vocábulo latino: nova; pl.: *novae.*

Telescópio astronômico. Instrumento de óptica utilizado na observação astronômica. Os telescópios astronômicos são denominados refratares ou lunetas quando utilizamos lentes e refletores, ou telescópios quando empregamos um espelho.

Telescópio é um instrumento capaz de aumentar a imagem dos corpos celestes, fazendo com que pareçam estar mais próximos. O telescópio dá uma imagem do objeto visado e aumenta a imagem. Pelo uso dos telescópios, os astrônomos são capazes de ver e estudar não somente as estrelas e planetas visíveis à vista desarmada, como também estudar inúmeros corpos celestes invisíveis sem telescópios. Realmente, o telescópio é o mais importante instrumento do astrônomo. Existem dois tipos de telescópios: os telescópios refratares e os telescópios refletores. Os telescópios refratares, ou lunetas, são os mais familiares e foram os primeiros a ser inventados. A luneta de Galileu era deste tipo. Um telescópio refrator consiste num tubo especial com uma lente convexa numa das aberturas (objetiva) e uma lente de aumento (ocular). A lente da objetiva coleta a luz do objeto celeste, formando uma pequena imagem, que é aumentada pela ocular. Em 1663, J. Gregory sugeriu o uso de espelhos para substituir as lentes, responsáveis por inúmeras imperfeições dos telescópios refratares. Em 1668, Sir Isaac Newton construiu o primeiro telescópio refletor. O princípio do telescópio refletor é o seguinte: um espelho côncavo coleta a luz do corpo celeste e reflete num espelho plano. O espelho plano reflete a luz e a imagem para uma ocular que aumenta a imagem fornecida pelo espelho côncavo. Os telescópios refletores têm menor inconveniente, pois a luz não passa através de uma objetiva, mas é refletida. A maior luneta existente no Brasil está situada no Observatório Nacional, no Estado do Rio de Janeiro, e muito breve a astronomia brasileira estará de posse de modernos e possantes telescópios refletores.

Tempo universal. Tempo médio referido a um meridiano origem, que, por convenção, é o meridiano de Greenwich, ou em resumo, o tempo civil de Greenwich, isto é, o tempo solar médio de Greenwich. O tempo universal é três horas mais atrasado que a hora legal de Brasília. Assim, quando é 9 horas em Brasília, é 12 horas em Greenwich.

Terra. A Terra é um corpo de forma esferoidal com uma crosta sólida que envolve um núcleo central de ferro e níquel. A Terra apresenta-se envolta por uma massa gasosa – a atmosfera. É o único planeta cuja atmosfera contém grande quantidade de oxigênio – gás necessário à vida. É também o único que contém grande quantidade de água; os oceanos cobrem mais de dois terços da superfície terrestre. A Terra tem um diâmetro de 13 mil quilômetros e está a 150 milhões de quilômetros do Sol. Gira em 24 horas em torno do seu eixo (dia) e leva 365,25 dias para dar uma volta completa em torno do Sol (ano). Quando o polo Norte se volta para o Sol, o hemisfério Norte tem o seu verão. Ao mesmo tempo, quando o polo Sul se distancia do Sol, o hemisfério Sul está no inverno. Seis meses mais tarde, a Terra caminha para o outro lado do Sol: o polo Norte se afasta do Sol, e o polo Sul se volta para ele. O hemisfério Norte tem o seu inverno, e o hemisfério Sul tem o seu verão.

Trânsito. Passagem de um astro menor em face de outro maior.

Transneptuniano. Tipo de asteroide que descreve órbitas com distâncias afélicas situadas além da órbita de Netuno. Alguns destes objetos, em geral, parecem estar em libração com Netuno. Suas distâncias periélicas estão situadas no interior da órbita de Netuno. Até outubro de 2000, foram descobertos 340 transneptunianos.
Unicelular. (do lat. *uni*, um + celular). Ser que possui uma única célula.
Unidade astronômica. Unidade de distância equivalente a 149.600 X 10^6 m. Convencionou-se, para definir a unidade de distância astronômica, tomar-se como comprimento de referência o semieixo maior que teria a órbita de um planeta ideal de M = 0, não perturbado, e cujo período de revolução fosse igual ao da Terra. Sigla: U.A.

Urano. Urano é o terceiro planeta em tamanho no sistema solar, situado a 2.896 milhões de quilômetros do Sol, levando 84 anos para dar uma volta em torno dele. Como os outros planetas exteriores, Urano é intensamente frio e envolto por uma atmosfera de gases venenosos. Tem 21 satélites, sendo os principais: Miranda, Ariel, Umbriel, Titânia e Oberon.

Vento estelar. Prótons e elétrons de alta velocidade que estão sendo constantemente emitidos por uma estrela.

Vênus. É o planeta mais próximo da Terra, e o mais brilhante objeto observado no céu, depois do Sol e da Lua. Sua atmosfera é tão espessa que torna impossível observar-lhe a superfície. Pelas informações transmitidas pelas sondas automáticas Vênus 5 e Vênus 6, lançadas pela antiga URSS, sabe-se que a sua temperatura é de 400∞C, e sua atmosfera composta de 95% de gás carbônico. O período de rotação de Vênus ainda é motivo de controvérsia, apesar de já ter sido determinado o período de 243 dias através de observações com radar. Vênus leva 224 dias para dar uma volta completa em torno do Sol.

Vertical. Plano que passa por um astro sendo a vertical do lugar de observação.

Via-Láctea. Galáxia espiral à qual pertence a Terra. Nas noites escuras é fácil observar uma faixa luminosa que atravessa o céu. A sua aparência leitosa deu origem ao nome Via-Láctea. Observado com um binóculo, este aspecto leitoso desaparece, surgindo em seu lugar inúmeras estrelas isoladas. Ao telescópio iremos descobrir os aglomerados estelares e a nebulosa que, com o Sistema Solar, formam o sistema da Via-Láctea, que compreende cerca de 100 milhares de milhões de estrelas. A Via-Láctea é uma galáxia *espiral,* à qual pertencemos, de diâmetro igual a 100.000 anos-luz, espessura de 16.000 anos-luz.

O que vemos no céu de noite é o plano horizontal dessa espiral. A Via-Láctea gira sobre ela mesma em velocidade decrescente do centro para o bordo. No nível do Sol, a velocidade do grupo é de 280 km/s e a volta completa leva aproximadamente 200 milhões de anos.

Water Hole. Expressão inglesa, usada para designar uma faixa do espectro entre os comprimentos de onda de 18 cm e de 21 cm, que correspondem respectivamente às emissões do hidrogênio neutro e do radical OH, componentes da água.

Na realidade, é extremamente poético imaginar que o encontro através do rádio das civilizações galácticas poderá ocorrer nesta região de comprimento de onda marcado pela água, um dos principais símbolos da vida.

Zênite. Ponto situado na esfera celeste na vertical acima de um observador. A distância zenital de um astro é o ângulo que faz a direção deste astro com a direção do zênite.

Zodíaco. Faixa circular imaginária no céu, determinada pelo movimento anual aparente do Sol, à medida que a Terra gira a sua volta. Tal faixa é dividida em 12 partes, uma para cada mês do ano, sendo cada uma ocupada por uma constelação. São as seguintes as 12 constelações ou divisões existentes no zodíaco: Áries (Carneiro), Taurus (Touro), Gemini (Gêmeos), Câncer (Caranguejo), Leo (Leão), Virgo (Virgem), Libra (Balança), Scorpius (Escorpião), Sagittarius (Sagitário), Capricornus (Capricórnio), Aquarius (Aquário) e Pisces (Peixes).

Zoo. (do gr. *zoo*, animal). Hipótese sugerida pelo físico norte-americano contemporâneo John A. Ball para explicar a não interação entre os extraterrestres com os habitantes da Terra. Tal ausência de interação se justificaria por nos considerarem como uma reserva biológica protegida e observada. Para Ball, esta explicação, além de pessimista, é profundamente desagradável psicologicamente. Pois seria muito mais agradável acreditar que eles gostariam de se comunicar conosco, ou que eles gostariam de falar conosco se soubessem que estamos aqui, como supõe a origem do paradoxo de Fermi.

REFERÊNCIAS BIBLIOGRÁFICAS

AITKEN, Robert Grant. *The binapy stars.* Nova York: 1964.

ALEXANDER, A.EO.D. *The Planet Saturn.* Londres: 1962

———. *The Planet Uranus.* Londres: 1966.

ASIMOV, Isaac. *Eyes on the Universe.* Londres: Andre Deutsh, 1975.

AZEVEDO, Rubens de. *Selene. A Lua ao Alcance de Todos.* São Paulo: 1959.

BAUM, R. *The Planets:* Some Myths and Realities. Londres: David & Charles: Newton Abbot, 1973.

BRUNIER, Serge. *Nébuleuses et galaxies.* Paris: Bordas, 1981.

CAMPBELL, Leon Jr.; JACCHIA, L. *The Story of Variable Stars.* Filadélfia: 1941.

COUDERC, Paul. *Les éclipses.* Paris: 1961.

DELERUE, Alberto. *Nossos planetas.* Rio de Janeiro: 1993.

DUFAY, Jean. *Introduction à l'astrophysique:* les étoiles. Paris: 1961.

———. *Introduction to astrophysics:* the stars. Dover, 1864.

———. *Nébuleuses galactiques et matière interstéllaire.* Paris: 1955.

DYSON, Sir Frank Watson; WOOLLEY, Richard van der Riet. *Eclipses of the Sun and Moon.* Oxford, 1937.

EDDINGTON, Arthur. *Espace Temps, Gravitation.* Paris: Hermann, 1921.

———. *A Travers l'Espace et le Temps.* Paris: Hermann, 1936.

EINSTEIN, Albert. *Les fondements de la theorie de la relativité.* Paris: Gauthier Villars, 1955.

FARIA, Romildo Póvoa. *Visão para o universo.* São Paulo: 1991.

GAPOSCHKIN, Cecilia Helena (Payne). *Variable stars e galactic structure.* Londres: 1954.

GARCIA, Joaquim. *Como construir um telescópio.* Lisboa: 1986.

GODÍLLON, Didier. *Guide de L'Astronome-amateur.* Paris: Doin, 1967.

GREENSTEIN, Jesse Leonard. *Stellar atmospheres.* Chicago: 1961, 1960.

GUEDES, Antônio Rezende. *Geografia astronômica*, Juiz de Fora, UFJF.

HUBBLE, Edwin. *The Realm of the Nebulae.* Nova York: 1958.

JEANS, James. *O universo misterioso.* São Paulo: 1944.

KOPAL, Zdenek. *An Introduction to the Study of eclipsing Variables.* Cambridge Mass., 1946.

———. *Close Binary Systems*, Londres: 1959.

LINK, Frantisek. *Eclipse Phenomena in Astronomy*, Berlim: 1969.

MARTINS, Roberto de Andrade. *Universo. Teorias sobre sua origem e evolução*, São Paulo: 1994.

MATSURA, Oscar T. *Cometas:* do mito à ciência, São Paulo: 1985.

MÉDICI, Roberto *Nogueira. Astronomia de posição.* Rio de Janeiro: 1989.

MEEUS, J. Grosjean, C.C.; VANDERLEEN, W. *Canon of Solar Eclipses.* Nova York: Pergamon Press, 1966.

MOURÃO, R. R. de Freitas. *Atlas celeste.* 1ª ed. Rio de Janeiro: J. C. M. Editores, 1971; 2ª ed. Rio de Janeiro: Civilização Brasileira, 1973; 3ª ed. rev. e aum. Petrópolis: Vozes, 9ª ed. 2000.

———. *Da Terra às galáxias.* Instituto Nacional do Livro e Edições São Paulo: Melhoramentos, 1977. 1ª ed.; São Paulo: Edições Melhoramentos, 1977. 2ª ed.; Petrópolis: Editora Vozes, 1999. 8ª ed.

———. *Astronomia e poesia.* São Paulo; Rio de Janeiro: DIFEL - Difusão Editorial, 1977.

———. *Alô, galáxia (linha ocupada).* Rio de Janeiro: Imago Editora, 1978.

———. *Astronomia e astronáutica.* Rio de Janeiro: Francisco Alves Editora, 1982.

———. *Buracos negros:* universos em colapso. Petrópolis: Editora Vozes, 1995.

———. *Universo:* as inteligências extraterrestres. Rio de Janeiro: Francisco Alves Editora, 1981.

———. *Carta celeste do Brasil.* Rio de Janeiro: Francisco Alves Editora, 1996.

———. *Em busca de outros mundos.* Rio de Janeiro: Francisco Alves Editora, 1982.

———. *Universo inflacionário* (*Introdução à Cosmologia*). Rio de Janeiro, Francisco Alves Editora, 1983. 1ª ed.; Editora Vozes, Petrópolis, 2000. 2ª ed.

———. *Explicando astronáutica.* Rio de Janeiro: Ediouro, 1984.

———. *Explicando o cosmo.* Rio de Janeiro: Ediouro, 1985. 2ª ed.

———. *Astronomia do Macunaíma.* Rio de Janeiro: Francisco Alves Editora, 1984. 1ª ed.; Belo Horizonte: Editora Itatiaia, 2000. 2ª ed.

———. *Introdução aos cometas.* Rio de Janeiro: Francisco Alves Editora, 1985. 1ª ed.; Belo Horizonte: Editora Itatiaia, 2000. 2ª ed.

———. *O Cometa Halley vem aí.* Rio de Janeiro: Editora Salamandra, 1986. 4ª ed.

———. *No rastro do Cometa Halley* - o cometa Halley na imprensa carioca. Rio de Janeiro: Editora JB, 1985.

———. *Explicando a origem do sistema solar.* Rio de Janeiro: Ediouro, 1988.

———. *Explicando a Astronomia e o Poder Religioso.* Rio de Janeiro: Ediouro, 1988.

———. *Explicando a teoria da relatividade.* Rio de Janeiro: Ediouro, 1988.

———. *Explicando os extraterrestres.* Rio de Janeiro: Ediouro, 1988.

———. *Explicando a meteorologia.* Rio de Janeiro: Ediouro,1988.

———. *Explicando os mistérios do Universo.* Rio de Janeiro: Ediouro, 1988

———. *Marte da imaginação à realidade.* Rio de Janeiro: Francisco Alves Editora, 1988. 1ª ed.; Editora Itatiaia. 2ª ed.

———. *ABC da astronomia.* Rio de Janeiro: Editora Salamandra, 1988.

———. *Dicionário enciclopédico de astronomia e astronáutica.* Rio de Janeiro: Nova Fronteira, 1996. 2ª ed. revista e ampliada.

———. *Marte da imaginação à realidade.* Rio de Janeiro: Francisco Alves Editora, 1988. 1ª ed.; Itatiaia, 2000. 2ª reimp.

———. *Uranografia* — descrição do céu. , Rio de Janeiro: Francisco Alves Editora, 1989.

———. Ecologia cósmica. Rio de Janeiro: Livraria Francisco Alves, 1992. 1ª ed.; Belo Horizonte: Editora Itatiaia, 2000. 2ª edição.

———. *Os eclipses, da superstição à previsão matemática.* São Leopoldo: Unisinos, 1993.

———. *Manual do astrônomo.* Rio de Janeiro: Jorge Zahar Editores, 1995.

———. *Nascimento, vida e morte das estrelas.* Petrópolis: Editora Vozes, 1995.

———. *Buracos negros - universos em colapso.* Petrópolis: Editora Vozes, 1996. 2ª ed. revista e atualizada.

———. *Explicando a teoria da relatividade.* (Com apêndice sobre a visita de Einstein ao Brasil). Rio de Janeiro: Ediouro, 1997.

———. *Explicando a teoria da relatividade e a vinda de Einstein ao Brasil.* Ediouro: Rio de Janeiro, 1997.

———. *A astronomia em Camões.* Rio de Janeiro: Lacerda Editores, 1998.

———. *Quem é vivo sempre aparece:* pequeno ensaio sobre a procura dos ETs. Rio de Janeiro: DPA Editora, 1998.

———. *Astronáutica do sonho à realidade* – a história da conquista espacial. Rio de Janeiro: Bertrand-Brasil, 1999.

———. *Sol e a energia do terceiro milênio.* São Paulo: Scipione, 2000.

———. *Astronomia no tempo dos descobrimentos.* Rio de Janeiro: Lacerda Editores, 2000.

———. *O céu dos navegantes.* Lisboa: Pergaminho, 2000.

OPPOLZER E THEODOR, Ritter von. *Canon of Eclipses.* Nova York: 1962.

PECKER, Jean-Claude. *L'Astronomie Expérimentale.* Paris: Presses Universitaires de France, 1969.

PEREIRA, Roberto e PEREIRA, Raimundo Rodrigues. *A Conquista da Lua* – de Galileu até hoje. São Paulo: Edições Veja, Editora Abril.

SANDNER, W. *Satellites of the Solar System.* Londres: 1965, p. 76 e 78.

———. *Die Monde der Grossen Planeten.* Munique: Institut Mannheim, 1966, p. 61-2.

———. *The Planeten-Geschwister der Erde.* Weinheirn, Veriag Chernie, 1971. p. 90, 160, 176 e 181.

SIDGWICK, J.B. *Amateur Astronomers Handbook.* Londres: Faber and Faber.

———. *Observational Astronomy for Amateurs.* Londres: Faber and Faber.

SILVA, Luiz Augusto L. *Temas de astronomia.* Porto Alegre: 1992.

SINGH, Jaggit. *Great ideas and theories of modern cosmology.* Nova York: 1970.

———. *Basic Physics of Stellar Atmospheres.* Tucson: 1971.

TEXEREAU, Jean e VAUCOULEURS, Gérard de. L. Éditions de La Revue D'Optique Theórique et Instrumentale. Paris: 1954.

TEXEREAU, Jean. *La Construction du télescope d'amateur.* Paris: Société Astronomique de France, 1964.

TRAVNIK, Nelson. *Os cometas.* Campinas: 1985.

VAN DE KAMP, Peter. *Principles of Astrometry.* São Francisco: 1967.

VERDET, Jean-Pierre. *Uma história da astronomia.* Rio de Janeiro: Zahar Editores, 1991.

WOOD, Frank B. *Photoelectric Astronomy for Amateurs.* EUA: The MacMillian Company, 1963.

Esta obra, composta
em AGaramond 11,5/17, foi
impressa com miolo em
papel ivory bulk 65g/m² e capa
em cartão supremo 250g/m²
no parque gráfico da Vozes